U0094955

台灣原生蘭

生·態·觀·察·圖·鑑

ORCHIDS OF TAIWAN :
A FIELD GUIDE

Contents

如何使用本書　　　　　　6

推薦序　　　　　　　　　7

　蘭花很難，卻無蘭不歡　　7

　不停歇的山野追蹤　　　　7

　無可救藥的狂蘭症患者余大哥　8

　熱忱與堅持的見證　　　　9

　保護珍稀植物的路上，共同前行　10

　不輕鬆的大老婆！　　　　11

自序　　　　　　　　　　12

第一章 -
蘭科植物的特徵　　　　　16

第二章 -
蘭花的生態習性　　　　　21

第三章 -
蘭科植物的生長環境　　　24

第四章 -
原生蘭的生存威脅　　　　29

第五章 -
裝備建議　　　　　　　　40

第六章 -
為什麼不容易看到原生蘭？　44

第七章 -
原生蘭的種子如何傳播？　46

第八章 -
台灣原生蘭圖鑑　　　　　49

脆蘭屬 / *Acampe*　　　　　　　　　　　　　*50*

罈花蘭屬（延齡鍾馗蘭屬）/ *Acanthephippium*　　*52*

氣穗蘭屬 / *Aeridostachya*　　　　　　　　　　*55*

糠穗蘭屬（禾葉蘭屬）/ *Agrostophyllum*　　　*56*

雛蘭屬（無柱蘭屬、假羽蝶蘭屬）/ *Amitostigma*　*58*

兜蕊蘭屬 / *Androcorys*　　　　　　　　　　　*59*

安蘭屬 / *Ania*　　　　　　　　　　　　　　　*60*

金線蓮屬（開唇蘭屬）/ *Anoectochilus*　　　　*62*

無葉蘭屬 / *Aphyllorchis*　　　　　　　　　　*68*

竹節蘭屬 / *Appendicula*　　　　　　　　　　　*72*

龍爪蘭屬 / *Arachnis*　　　　　　　　　　　　*76*

竹葉蘭屬（葦草蘭屬）/ *Arundina*　　　　　　*77*

白及屬 / *Bletilla*　　　　　　　　　　　　　　*78*

苞葉蘭屬 / *Brachycorythis*　　　　　　　　　*80*

豆蘭屬（石豆蘭屬）/ *Bulbophyllum*　　　　　*82*

根節蘭屬（蝦脊蘭屬）/ *Calanthe*　　　　　　*130*

金蘭屬（頭蕊蘭屬）/ *Cephalanthera*　　　　　*150*

肖頭蕊蘭屬 / *Cephalantheropsis*　　　　　　　*152*

指柱蘭屬（叉柱蘭屬）/ *Cheirostylis*　　　　　*157*

大蜘蛛蘭屬 / *Chiloschista*　　　　　　　　　　*171*

金蟬蘭屬 / *Chrysoglossum*　　　　　　　　　*174*

Contents

隔距蘭屬（閉口蘭屬）/ Cleisostoma 176

柯麗白蘭屬 / Collabium 178

盔蘭屬（鎧蘭屬）/ Corybas 180

管花蘭屬 / Corymborkis 187

馬鞭蘭屬 / Cremastra 188

沼蘭屬 / Crepidium 189

隱柱蘭屬 / Cryptostylis 198

蕙蘭屬 / Cymbidium 200

非洲紅蘭屬 / Cynorkis 225

蘭花雙葉草屬（喜普鞋蘭屬、杓蘭屬）/
Cypripedium 226

肉果蘭屬 / Cyrtosia 232

掌裂蘭屬（凹舌蘭屬、窩舌蘭屬）/
Dactylorhiza 237

石斛蘭屬 / Dendrobium 238

穗花蘭屬 / Dendrochilum 267

錨柱蘭屬 / Didymoplexiella 268

鬼蘭屬（雙唇蘭屬）/ Didymoplexis 269

蛇舌蘭屬（黃吊蘭屬）/ Diploprora 273

鴛鴦蘭屬（雙袋蘭屬）/ Disperis 275

樹蘭屬 / Epidendrum 276

鈴蘭屬（火燒蘭屬）/ Epipactis 277

上鬚蘭屬 / Epipogium 279

絨蘭屬 / Eria 285

小唇蘭屬 / Erythrodes 288

倒吊蘭屬（蔓莖山珊瑚屬）/ Erythrorchis 292

歌綠懷蘭屬 / Eucosia 293

芋蘭屬（美冠蘭屬）/ Eulophia 296

松蘭屬（盆距蘭屬）/ Gastrochilus 300

赤箭屬（天麻屬）/ Gastrodia 312

斑葉蘭屬 / Goodyera 342

玉鳳蘭屬 / Habenaria 365

漢考克蘭屬（滇蘭屬）/ Hancockia 380

香蘭屬 / Haraella 381

早田蘭屬 / Hayata 382

舌喙蘭屬（玉山一葉蘭屬）/ Hemipilia 384

腳根蘭屬（腳盤蘭屬、零餘子草屬）/
Herminium 386

伴蘭屬 / Hetaeria 387

撬唇蘭屬 / Holcoglossum 389

光唇蘭屬（袋唇蘭屬）/ Hylophila 391

皿柱蘭屬（皿蘭屬）/ Lecanorchis 392

羊耳蒜屬 / Liparis 410

金釵蘭屬（釵子股屬）/ Luisia 440

小柱蘭屬 / Malaxis 444

韭葉蘭屬 / Microtis 445

鳥巢蘭屬（雙葉蘭屬）/ Neottia (Listera)　446

雲葉蘭屬 / Nephelaphyllum　464

脈葉蘭屬 / Nervilia　466

莪白蘭屬 / Oberonia　483

小沼蘭屬（擬莪白蘭屬）/ Oberonioides　491

齒唇蘭屬 / Odontochilus　492

僧蘭屬 / Oeceoclades　504

山蘭屬 / Oreorchis　506

粉口蘭屬 / Pachystoma　512

鳳蝶蘭屬（蝶花蘭屬）/ Papilionanthe　513

闊蕊蘭屬 / Peristylus　515

鶴頂蘭屬 / Phaius　522

蝴蝶蘭屬 / Phalaenopsis　527

石山桃屬 / Pholidota　529

芙樂蘭屬 / Phreatia　530

蘋蘭屬（小精靈蘭屬）/ Pinalia　534

粉蝶蘭屬 / Platanthera　538

一葉蘭屬 / Pleione　552

鬚唇蘭屬 / Pogonia　554

繡球蘭屬 / Pomatocalpa　555

小蝶蘭屬（賤蘭屬）/ Ponerorchis　556

角唇蘭屬 / Rhomboda　562

擬囊唇蘭屬 / Saccolabiopsis　563

大斑葉蘭屬 / Salacistis　564

羞花蘭屬 / Schoenorchis　566

苞舌蘭屬 / Spathoglottis　567

綬草屬 / Spiranthes　568

肉藥蘭屬 / Stereosandra　572

絲柱蘭屬 / Stigmatodactylus　573

落苞根節蘭屬 / Styloglossum　574

蜘蛛蘭屬 / Taeniophyllum　580

杜鵑蘭屬 / Tainia　594

八粉蘭屬（短柱蘭屬）/ Thelasis　597

風蘭屬（白點蘭屬、長果蘭屬、風鈴蘭屬）/ Thrixspermum　598

蠅蘭屬（飛鶴蘭屬）/ Tipularia　608

鳳尾蘭屬（毛舌蘭屬）/ Trichoglottis　610

摺唇蘭屬 / Tropidia　612

紅頭蘭屬（管唇蘭屬）/ Tuberolabium　618

萬代蘭屬 / Vanda　619

梵尼蘭屬 / Vanilla　620

二尾蘭屬 / Vrydagzynea　622

長花柄蘭屬 / Yoania　623

線柱蘭屬 / Zeuxine　625

如何使用本書 HOW TO USE THIS BOOK

 地生蘭　 附生蘭　 腐生蘭

生長類型　海拔高度　主要花期

別名、舊名或相關物種

屬描述

屬名

中文名

◯ 標示為台灣特有種

拉丁文學名

特徵

花正面特寫

台灣原生蘭生態觀察圖鑑　50

脆蘭屬 / *Acampe*　　本屬台灣僅 1 種。

  200-900m 7-10 月

蕉蘭　別名：*Acampe rigida*；多花脆蘭
Acampe praemorsa var. *longepedunculata*

特徵　附生蘭，通常附生在樹幹上及岩壁上，也常有地生的情況。大型蘭花，植株高可達 1 公尺，葉線形革質，互生，無葉柄，中肋下凹，葉基具關節。花序自莖側抽出，複總狀花序，約與葉長等長，萼片及側瓣肥厚，外形相似，僅側瓣稍小些，皆為黃色，具紅色橫條紋。花不轉位，成熟果莢外形似香蕉，成熟裂開後內具絲狀物及種子，種子慢慢隨風飄散，絲狀物宿存於果莢內。植物體與伴生的龍爪蘭十分相似，只是龍爪蘭葉較軟，先端凹陷，花序長達 1 公尺以上，很容易區別。

分布　台灣全島零星分布，最常見的地方在高屏溪各支流、濁水溪中上游、立霧溪等河谷地形，附生在河谷兩旁的樹上或直接長在岩壁上。北部南勢溪、油羅溪也有，但數量較少。在南部溪谷，常可見因植株過大，宿主支撐不住而掉落地上，只要地面的光線充足，也能在地上長得很好。南部溪谷常見與龍爪蘭伴生，光線為略遮蔭至全日照的環境。

田野筆記　高雄桃源區以前有一個環保公園，位在老濃溪與拉克斯溪的交會口，2009 年 8 月前公園內有非常多的附生蘭，如蕉蘭、龍爪蘭、台灣金釵蘭、密花小騎士蘭等，是當時賞蘭人士最愛前往的地方。可惜 2009 年 8 月 8 日莫拉克颱風造成的大洪水將公園徹底沖毀，風災後又被作為整建工程工地，至今很多地方仍是光凸凸的一片，想要恢復當年的蘭花盛況應是遙遙無期了。

▼▶ 1. 前後兩年果莢，前一年果莢內充滿絲狀物，種子已飄散。2. 花序抽出處。3. 葉尖不裂，具一凸尖。4. 果莢內具絲狀物及種子。

圖說

形態特徵與棲地環境

推薦序
蘭花很難，卻無蘭不歡

臺灣植物分類學會監事 呂碧鳳

台灣位於亞熱帶地區，具有豐富的蘭科資源，素有蘭花王國美稱，因美麗且具有經濟價值，隨之而來野採問題層出不窮，漂亮稀有物種因人為干擾逐漸消失於自然環境中。「蘭花很難」是想學卻不得其門而入的人常掛於嘴上的話語，既貼切又實際，就是因為對它不熟悉，無法深入了解而覺得困難，既對它不熟悉更遑論愛之、護之，欣聞余大哥在決定出書的同時，蘭花保育這扇大門已悄悄開啟。

認識大哥超過 20 年，我們一起享受山林，跋山涉水共同尋找各自的最愛。蘭花很難，偏偏有人願意一頭鑽入這無底的深淵中，還樂趣無窮自得其樂。目睹余大哥對蘭花的執著，時常笑他已至無蘭不歡的地步，聽其談論蘭花那笑逐顏開愉悅的表情，那氣氛讓你感受到什麼是他的最愛，選擇了便無怨無悔為其付出。

大家都知道，學習開花植物需要看到花朵形態方能確認物種，但想看到開花，需要在對的地點、時間及老天爺恩賜才有機會，在同地點若遇天候影響時間不對，更需要不厭其煩，一趟又一趟造訪，甚至為了那些僅在短時間綻放的一日花或半日花，起早摸黑長途跋涉。許多著生蘭花生長於樹冠頂層，拍攝不易，大哥又不願意採集下來拍，為了它們余大哥一大把年紀還去學習爬樹，精神令人敬佩。因為他專心執著於蘭花，勤於野外調查，進而發現了一些新種或新紀錄種，對蘭花領域貢獻卓著，但他為人低調，不過度彰顯自己的功勞，不求回報，給予後進甚多學習風範。累積 20 年野外經驗，在蘭花的領域中對野外的熟悉度極高，無人能出其右。

期待大哥將畢生累積的經驗、蒐羅的美圖及調查資訊整理成冊付梓，分享給普羅大眾，本書將能提供同好及研究者完整的蘭花資訊，憑藉野外的經驗，書中鉅細靡遺說明種間的差異，小心求證花朵變化情形，是閱讀者一大福音。我希望經由本書讓覺得蘭花很難的讀者能輕鬆入門，讓更多讀者進入蘭花的領域，歡喜接受，開啟因愛而心生保護，將蘭花保育工作推向更新的階段。

推薦序
不停歇的山野追蹤

國立臺灣大學植物科學研究所名譽教授 林讚標

這是亞洲野生蘭眾多著作中出類拔萃的作品！原稿中的生態相片與物種特寫是余勝焜先生窮畢生之力達成他人難以跨越的境界。此一作品勢必獲取普羅大眾的喜愛，維持長期優勢，冷卻了未來有心人的企圖。它的相片構圖清晰宛如線描圖，它的景緻美麗宛如藝術作品，它的取景傳達物種棲地的獨特性，它收錄難得一見的稀有種類，展現出蒐集的完整性。此刻余先生不停歇的山野追蹤應已身心負荷沉重，可以暫時畫下句點。期待再版時努力在名稱上更上層樓，使得生態圖片與名稱相得益彰，讓它獲得歷久不衰的生命。

推薦序
無可救藥的狂蘭症患者余大哥

農業部林業試驗所研究員、「找樹的人 - 巨木地圖計畫」主持人　徐嘉君

同為狂蘭症患者的我從來沒有問過余大哥為什麼喜歡蘭花？那理所當然的程度就有如肚子餓要吃飯、睏了要上床睡覺一樣，蘭花生來就是要被喜愛的。

不過我還記得我是什麼時候中蘭花毒的，不知道是大三還是大四，某次跟成大山協到屏東鬼斧神工溯溪，在水面上撿到一大片掉落的豆蘭，那是我第一次看到附生蘭，就被電到，太可愛了吧！這些肥肥的蘭花仔。

之於蘭花，我是外貌協會的成員，但余大哥一視同仁，連螞蟻才看得到的迷你腐生蘭他也愛得不得了，所以你們這些讀者才有幸看到這本鉅著面市，不管是在深山峻嶺，還是在操場校園，不管是高高在上數十公尺，還是趴在地面用放大鏡才看得到的台灣原生蘭，余大哥都收藏在這本書裡，你只要在家翹著二郎腿就可以輕鬆欣賞台灣原生蘭之美。

與余大哥首次會面是 2008 年 4 月 9 日，我們去天長斷崖找寶島喜普鞋蘭，隔了 4 年再訪，我在熟悉的崩壁邊坡遍尋不著蘭株十分失望，族群似乎是被蘭花獵人一掃而空，我們難過的回程，但殿後的余大哥發揮他死纏爛打的功力，硬是在刺柏中找到 2 株開花株，他也沒有獨享，氣喘吁吁跑來召回我們一起拍攝。

那時我就知道余大哥是表裡如一的人。

此後我展開了 4 年的喜普鞋蘭保育計畫，與余大哥 (有時還有助理偲媽和太魯閣族的夥伴 Buya) 上山下海，尋訪了許多蘭花祕境，過幾年余大哥的太太退休，也加入上山尋蘭的行列。十多年來我們在台灣山林裡建立起生死與共的情感，余大哥終於完成了這本原生蘭鉅著，我比誰都高興，馬上舉手毛遂自薦來寫推薦文。

余大哥十分包容小他 20 幾歲的我，上山總是背最多，到營地後搶著取水。我視他為亦師亦友的典範，但天生反骨的我對他也沒有客氣，記得有一次在拔宇森山，我們對路徑判斷有歧見，爭論起來十分暴烈，我老公 Brian 把過程錄下來，我事後看，還覺得頗有喜感。真的朋友才會吵架，意見不合也從不留心中。其實我覺得因為蘭花而認識余大哥這個好朋友，比發現新種蘭花還令人高興。

願這本書的讀者都能從蘭花之中得到喜樂。

推薦序
熱忱與堅持的見證

農業部林業試驗所研究助理 許天銓

才剛於《台灣附生植物與它們的產地》推薦序中感嘆書中呈現內容僅呈現了菁華之一隅，很快地，我們迎來了余大哥 30 年野生蘭功力集大成之作。記得一開始只是每週三單日往返中、北部的尋蘭之旅，而後一日行程漸次擴展至全島各地，再進一步後開展深山與離島的瘋狂大進擊，小弟有幸參與了那一段燃燒時間、汽油與體力，只為了記錄下那精彩一瞬的歷程，也成為余大哥 30 年如一日熱忱與堅持的見證者。

翻看書中照片，回顧過往，「尋蘭」這件事已發生不少質變。快速道路一一通車後，往來各縣市已十分便利，但林道與山徑的持續崩壞，卻讓更多山區變得遙不可及。環境的變遷更是歷歷在目，近年已多次見

▲ 2005 年 3 月於谷關。（許天銓提供）

識，颱風在短時間內摧毀了脆弱的森林生境，而早年濫墾濫伐加上全球變遷所帶來的廣泛影響，也日漸體現。隨著山林休閒興起、網路社群的推波助瀾，丰采多樣的野生蘭花再度成為眾人追尋的焦點，資訊增加與交流亦同時帶來正面與負面的影響。在這迅速變動的世界裡，余大哥仍保持初衷，唯一的目標就是野生蘭花在原生地的形貌。在一步一腳印的踏查之下，累積的不僅是幾乎所有物種的影像紀錄，同時也得到了最精確的棲地狀態與物候資料，反映在詳實的照片及文字細節之中，成為本書的菁華所在。

站在研究者的角度，對余大哥觀察蘭花的角度只有認同與敬佩。蘭科植物那珍奇絢爛的花朵，與千姿百異的形態並非為人類觀賞而生，而是為適應環境、繁衍後代而與自身所在之生態系統長期互動的結果。因此，對其原生環境以及自然狀態下生活史的觀察與理解，乃是進一步揭開背後演化秘辛的鑰匙。透過本書，蘭花引人入勝的世界，才正要開啟。

《台灣原生蘭生態觀察圖鑑》是協助鑑定的工具書，是野地觀察指南，是自然生態與發現歷程的紀錄史料，當然，也可以是單純的視覺饗宴。傾注了作者 30 年心血，值得典藏。

推薦序
保護珍稀植物的路上，共同前行

國立屏東科技大學森林系助理教授、臺灣植物分類學會理事　楊智凱

我拿到《台灣原生蘭生態觀察圖鑑》的初稿時，竟然趴著看了起來，身體的重量落在雙膝、雙肘和額頭上，完全沉浸其中。翻到一半，我不得不換個姿勢，這次乾脆躺平繼續閱讀。如果說五體投地是佛教中最高的敬意儀式，那麼這本書絕對值得我「翻一圈」，以表達我對它的欽佩。這是一部精心雕琢的作品，開啟台灣蘭花多樣性及其野外生態的原貌。全書涵蓋了台灣 99% 蘭科植物的代表性物種，至於那 1% 應該就是尚未被發現的種類吧！內容包括地生蘭、附生蘭、異營蘭等不同類型，從常見到稀有，特別是這些物種都是在自然環境中以真實姿態呈現。對於熱愛植物和自然生態的人而言，這本書不僅是珍貴的學術資料，也是感受自然之美的視覺盛宴。

台灣位於亞熱帶與溫帶的交界處，具有豐富的地形與氣候變化，孕育了多樣化的蘭科植物。然而，由於棲地破壞和氣候變遷，許多野生蘭的生存受到威脅。透過本書，我們得以一窺這些蘭花的自然生態，彷彿置身於群山密林之中，親眼見證它們的生命奧祕與脆弱性。余大哥擁有敏銳的觀察力與專業技術，捕捉到每一種蘭花在自然棲息地中的獨特姿態，展現出其最真實、動人的一面。值得一提的是，書中每一張照片背後都凝聚著余大哥對自然生態的深刻敬畏。野外拍攝蘭花極具挑戰性，往往需要極大耐心才能捕捉到蘭花在自然環境中的最佳姿態。這種專注和投入，無不展現出余大哥對蘭花的深厚熱愛，也體現了他對大自然的尊重與深刻理解。遺憾的是，書中展示的美麗背後，蘭科植物的生存正面臨前所未有的危機。

台灣許多蘭科植物的棲地正受到嚴重的破壞和分割化，尤其是由於人類活動的擴展，都市化以及基礎建設的發展導致蘭花賴以生存的自然環境日益縮減。蘭花的棲息地逐漸被破碎化，無法再提供足夠的養分和遮蔽。更令人擔憂的是，一些蘭花因其珍稀性和美麗，成為非法採集的對象，甚至被過度「關愛」而離開了原本的棲息地，導致野外的數量急劇下降。許多曾經常見的種類因棲地退化和過度採集而變得稀有，而原本稀有的物種更是直接面臨瀕危甚至滅絕的風險。這些危機使我們不得不反思人類對蘭花的愛護是否走上了錯誤的道路。對其美麗的讚嘆和珍愛，反而變成了威脅其生存的原因。蘭科植物是大自然精心孕育的生命瑰寶，它們的消失不僅是生物多樣性的損失，也象徵著我們與自然間不和諧的關係。

透過這本書，讀者不僅能欣賞到蘭花的壯麗美景，更能感受到自然的力量與其脆弱性。我們應以更謙卑的態度與自然相處，尊重它的秩序和需求，只有這樣，才能真正保護這些珍貴的生命，並為未來的世代留存這份無價的自然遺產。除了視覺上的驚艷，本書同時為蘭花研究與保育提供了豐富的科學資料。每一種蘭花的棲地、外觀特徵及其生態意義都被詳細記錄，無論是研究者還是保育工作者，本書都是無可替代的參考資料。對於普通讀者來說，它則是深入了解台灣蘭花生態

的一扇窗，帶領我們走進美麗且神祕的植物世界。

《台灣原生蘭生態觀察圖鑑》是一本融合美學、科學與教育的典範之作，無論是植物學者、攝影愛好者，還是大自然的愛好者，都能從中獲得感動與啟發。我由衷推薦這本書，期望它能喚起更多人對台灣野生蘭的關注，並在保護這些珍稀植物及棲地的道路上，共同前行。

推薦序
不輕鬆的大老婆！

徐春菊 ⋮⋮⋮

在追花的過程最常被問到，爬山很累很辛苦，為什麼妳願意陪著先生去尋覓蘭花，不覺得很無聊嗎？這話題很有趣，因為外子常戲稱蘭花是他的小三，那身為正宮的我，勢必得擁有寬闊的心胸、廣納小三的情懷才行，甚至携手外出找尋小三時得身兼數職，包括協作（背食物）、燈光助理、攝影遮陽、驅蚊，以及搜尋目標等任務，大老婆當得可不輕鬆啊！

想完成一件事必須先有三分痴，加上時間、財力、體力及持續的行動力，缺一不可。外子自 1999 年開始探索植物世界，初始以看木本植物為主，多年後被繽紛迷人的蘭花所吸引，移情專注於蘭花上，他的熱愛與堅持讓我感動，決心大力支持。

我在山上長大，從小攀岩走壁爬樹不畏懼，熱愛山林的程度不亞於外子。2012 年退休後，正式參與外子南征北討、上山下海的尋蘭之旅，樂此不疲。

有人說爬山是自虐，也有人說是用命交換，所言不虛。但走入叢林可見識到大自然的奧妙，跟隨外子走入山林賞蘭，每次都有無法預期的驚喜，讓歡樂總是多於疲累，即使歷經生死交關、被虎頭蜂群追擊、身上爬滿 30 幾隻螞蝗等至今想來仍有餘悸的場景，依然時時刻刻期待上山。

爬山賞花，除了可以強健體能，還有許多都會區無法得到的體驗，例如我們曾多次救援中陷阱的動物、目睹黃喉貂獵食山羌的血腥畫面、見識到原住民如何抓捕飛鼠與食蛇龜、學習虎頭蜂相關知識，以及撞見山老鼠時如何避開等等。當然山上並不總是美好，我們多次痛心於滿山垃圾，尤其是電池，外子認為電池對環境為害甚大，只要看到都會撿拾，曾數次背了 3 公斤走將近 8 公里去回收。

外子對原生蘭花的熱愛持續了將近 30 年，在他佇足拍攝時，我這個伴遊常有大把時間於附近探索，運氣好時得到山神賞賜，發現了稀有物種，當下竟是憂慮多於喜悅。多年探訪植物也看到了人性，稀有物種一旦被發現，只要地點流出，該物種即迅速邁向滅絕。這是我們夫妻最不樂見之事，台大柳重勝博士曾說過，幸好外子不採蘭花，否則就是台灣原生蘭的生態浩劫。當年香莎草蘭 1 株收購價 2000 元，我們在野外看到一大片上千棵，外子完全不為所動。既然愛它就不要傷害它，讓它們好好待在原生地永續生存。尊重所有動植物，應是熱愛大自然者的最高原則。

自序

我出生農家，在鄉下長大，身邊除了數不盡的農事與農作物，接觸最多的就是野花野草。1950年代的鄉下生活只能勉強圖個溫飽，家中經濟情況不佳，我自小學2年級起就要下田幫忙，犁田、挑擔子、拿鋤頭、插秧、跪著除草、割稻等工作十分累人，只有放牛、拔稗仔時能稍微悠閒。負責放牛時，我會留意牛吃哪些草，哪些不吃，一般植物的外形漸漸深植內心，只是不知名字。問家人大都得不到答案，偶而問鄰居花名，常常得到「狗問花」的回覆，幾次之後就知道自己被罵，便不再問。我立志要自己找答案，這就是長大後對花草樹木特別有興趣的原因。而拔稗仔練就了我對植物的敏銳觀察力，當時我得在田中一路拔除稻叢中的稗草，稻子及稗草從遠處看幾乎一模一樣，近看才能勉強分辨，辨識越快，效率越高，工作越快完成，長久下來，我越來越擅長觀察細節。

1970年代以前，台灣的大專聯考將植物相關學系與醫學系及體育系放在丙組，我自認長在農家，假日須下田工作，較少時間溫習功課，無法與立志就讀醫科的人競爭，因此選擇法商類的丁組，導致無法就讀自己有興趣的學科，只能作為業餘樂趣。

2000年左右，事業穩定小孩長大後，我開始有時間發展自己的興趣，起初跑野外觀察植物，不分物種，兩三年後，發現蘭科植物是如此變化多端，集生物多樣性的精華於其中，因此逐漸將重心放在觀察蘭科植物上。

最初我抱著隨緣態度，沒有特定的賞花目標，每次在野外看到原生蘭開花，心裡總有莫名的悸動。我開始期望看到不同種蘭花開花，除了拍照，也記錄海拔與物候等資料。幾年之間不知不覺累積了300多種蘭花紀錄，出野外看到的幾乎都是已經記錄過的花，雖然還是很興奮，但心中漸漸產生了一股更大的渴望，期望看到尚未見過的蘭花。那時台灣原生蘭已有400多種紀錄，對我來說還有很大的空間。當年有關蘭花的開花季節資訊少又不一定準確，想拍攝一種蘭花開花照可能要跑數次才能完成，於是養成在出門前會先做規畫的習慣。就這樣持續了數年，記錄到450種左右，又朝目標邁進一大步。我步入看到新種比已有紀錄而未見過的蘭花還要容易的階段，至此進入賞蘭的另一個境界，除了偶而聽聞未見過的蘭花會特別前往，又回到一開始無特殊目標的野外觀察，雖然賞蘭目標由無至有再回到無，但看到蘭花開花時，心中的快樂還是一樣的。

我的蘭花觀察可分為三個階段。最早是與鐘詩文博士與許天銓先生一起跑野外尋找蘭花，那時鐘詩文博士還在就讀博士班，許天銓先生還在就讀台灣大學四年級，我們老中青三代一起在山林中奮鬥，尋找蘭花生育地點、生態習性、新種及新紀錄種，那段時間台灣原生蘭生態非常良好，野外很容易就可觀察到豐富的蘭花生態，加上許天銓先生博覽群書，每遇到不認識的蘭花，

總是很快就能找到資料或判斷是否為新種，後來在許天銓先生就讀碩士班時期，能替其碩士論文增加數種赤箭，以及替鐘詩文博士論文增加波密斑葉蘭，可以說是我的代表作。2008年鐘詩文博士出版《台灣野生蘭》後，對尋找台灣原生蘭失去了動力，改而觀察其他植物，我就未再和鐘許二人出野外了。

2009年開始是我觀察原生蘭花的第二階段，此期間因為鐘許二人全心籌畫《台灣原生植物全圖鑑》，出野外不再以觀察台灣原生蘭為重點，但我對觀察原生蘭花的熱忱並未消退，因此改和其他蘭友一起出野外賞蘭。這段時間林試所徐嘉君博士及自然谷的吳杰峰先生教我攀樹技巧，讓我的觀察得以由地生蘭和低位附生蘭擴及高位附生蘭，進而在後期觀察觀霧豆蘭複合群時建立獨到看法。這段時間網路社交軟體發達，賞蘭人士激增，蘭友開始在網路上互換賞花地點，我發現以前與朋友分享的稀有蘭花生育地經常遭人採集，讓我心痛不已。

2012年，內人為了陪我上山賞花提早退休，從此步入我的賞蘭第三階段。夫妻二人上山賞蘭，機動性高，說走就走，賞蘭資訊鮮少與外界分享，或只限於極少數個案，答應朋友不能說的蘭訊，絕對不外洩。為了維護原生蘭花棲地的安全，這是有必要的，也是誠信的原則。

沉浸在欣賞蘭花的喜悅，出書本來不在我的人生規畫中，但之前徐嘉君博士邀約共同寫作《台灣附生植物與它們的產地》，在完稿之後，忽然覺得，如果能將多年來的原生蘭科植物觀察紀錄及心得付梓成冊，就能留給愛蘭人士一些研究參考資料，也是一件美事。雖然文內有些想法尚無研究實證，但在如今生物科技發達的時代，說不定哪天我的想法就被證實了。

蘭花有許多新物種都是由業餘愛好者發現，再交由學者發表，有些學者發表新物種時會註記發現者的姓名，有些則否。發現新物種是可遇不可求的機遇，發現者必須具備基本的蘭花知識，才能判斷是否為新物種，如果一個新物種的發現過程少了發現者，等於是少了一個重要的元素，我想藉出書之便，將知道的發現過程寫出來，以補足蘭花發現史中的一塊缺失，同時能還原坊間部分書上錯誤的紀錄。

以下是本書特點：

1 親自拍攝

本書收錄蘭花 526 種，其中 20 多種是我們夫妻在台灣首見。書中照片多數為我拍攝，僅有 2 種拍攝自標本館，9 種是借用友人照片，這是空前的紀錄。

2 原生地拍攝

我拍攝的物種有 98% 以上是到生育地拍攝，僅有數種無法在原生地找到，拍攝自友人種植。即便如此，我仍會前往原生地觀察，記錄原生環境。即使生長在超過 20 公尺樹上的附生蘭，我仍會用攀樹裝備爬至樹上拍攝特寫。早年的蘭花圖鑑照片大部分是植株採自野外，帶回平地種植開花後所拍，連花盆都入鏡了。之後也許是環境意識覺醒，圖鑑的照片開始朝擬生態方向進行，盡量避開人工環境，營造原生環境的氛圍，但熟悉蘭花生態的人一眼就能看出，所以近期的圖鑑轉向原生地拍攝了。早期的學者採摘蘭花植株回平地種植，大都是基於現實需要，因為那時蘭花資料缺乏且資訊不易取得。現在資訊流通，更要感謝早期學者辛苦建立資料庫，如今不需要採摘野外的蘭花植株回平地種植，即可輕鬆取得他們的成果加以比對。

3 花期最準確

野外觀察想看到蘭花開花，除了要有明確的地點，也要有準確的開花時間。有時為了觀察某種原生蘭開花，跑 10 幾趟原生地才看到開花。甚至有一種蘭花，我跑了幾十次原生地，至今尚未觀察到開花。以往坊間有很多蘭花開花時間的記載，是在野外將植株採回平地種植，於開花後再記錄。但很多原生蘭採回平地種植，花期會改變，例如毛緣萼豆蘭野外開花時間是 9 月，而花友採回平地種植的花期是 5 月，差了很多。這類例子不勝枚舉。本書所記錄的花期絕大多數都是原生環境的花期，所以最為準確。

4 圖文互補

除了文字敘述各種蘭花的特徵，也用大量圖片印證，讓讀者更容易了解如何辨識外觀相似的蘭花。

5 長期觀察心得

包括訪花者，果莢及種子形狀，種
子的傳播方式等。

6 物候資料

本書記載各物種的物候資料，如生
長環境、乾濕環境、光線強弱、海
拔高度、影響開花因素、野生動物
的影響等。

7 實用圖鑑

本書很多物種都有拍攝到重要特
徵，輔以文字說明，是一本最實用
的圖鑑。

Chapter 1

蘭科植物的特徵

如何在野外分辨是不是蘭科植物？以下是幾個蘭科植物具有的特點，其中同時具有蕊柱及花粉塊這點，是蘭科植物專屬。

1 雌雄蕊合生成蕊柱

非蘭科植物的生殖器官是雌雄異花或雌雄同花而雌雄蕊分離。雌蕊單一長柱狀，先端是柱頭，雄蕊則細長多數，先端為花藥，花藥是細小的粉末，是為花粉。

蘭科植物則為雌雄同花且雌雄蕊合生成一個蕊柱，蕊柱有長有短，先端通常具一個藥蓋，藥蓋下面具花粉塊，花粉塊稍下方具一隔板（有些沒有）。此一隔板稱為喙，用來分隔花粉塊與柱頭，以防止自花授粉。有些物種喙退化而成為自花授粉，柱頭位於喙稍下方，大都單一柱頭位於腹面的中間，通常是一個具有粘質物的下凹盤狀物，有時也有兩個柱頭，分別位於蕊柱兩側，是兩個圓形凸出物。

非蘭科植物
花藥
柱頭

蘭科植物
蕊柱

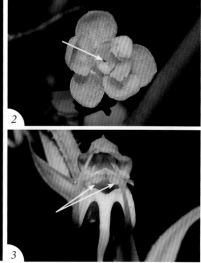

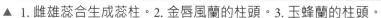

▲ 1. 雌雄蕊合生成蕊柱。2. 金唇風蘭的柱頭。3. 玉蜂蘭的柱頭。

2 具唇瓣

唇瓣由三個花瓣之一特化而成，用來吸引蟲媒前來完成授粉工作。唇瓣通常特別寬大，造型特殊，顏色艷麗，外形多變化，有時邊緣不裂，有時先端裂成二裂，但大多數為三裂，有時中裂片再二裂而成為具四裂片，或側裂片再裂成多裂片。

唇瓣正面亦變化多端，有些平坦無毛或具各式樣短毛或長毛，有些具各種式樣的縱向突起物。唇瓣後段有些物種會特化成距，距會穿過側萼片向後延伸，長短不一，或圓或扁，先端銳尖、圓形、二叉狀不等，內藏蜜或不藏蜜，藏蜜與否可能由觀察距的透明度上下不同而得知，但未曾見過參考文獻，我也沒做過解剖證實，因此本書在這方面甚少論述。側萼片基部合生成距狀物則為頦。

唇瓣的多樣形態

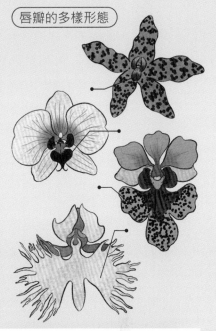

▲ 1. 繡邊根節蘭的唇瓣。2. 日本上鬚蘭的距。3. 小攀龍的頦。

3 具假球莖

假球莖是根莖與葉間膨大的組織，用以儲存水分、碳水化合物及其他養分，可以在開花或萌蘗新植株時提供水分和養分，也可以行光合作用來增加碳水化合物。很多蘭花的生長環境缺乏水分，於是逐漸演化成假球莖來儲存水分，但不是所有蘭科植物均具有假球莖。

▲ 1. 黃花鶴頂蘭的假球莖。2. 毛藥捲瓣蘭的假球莖。

4 果莢大都為蒴果

絕大部分蘭科植物的果莢表面具有縱稜的蒴果，果莢成熟時爆開。僅有台灣梵尼蘭的果實為漿果，肉果蘭屬及蔓莖山珊瑚的種子雖然和其他大部分蘭科植物不一樣，但果莢仍為蒴果。

▲ 1. 報歲蘭蒴果。2. 台灣梵尼蘭的漿果。

5 種子細小數量龐大

蘭花果莢爆開後，裡面種子數量龐大，多到數以萬計。絕大多數種子如粉末狀，能隨風飄揚，散播到很遠的地方。肉果蘭屬及蔓莖山珊瑚的種子四周具環型薄翅，亦能藉風力傳播至遠方。韭葉蘭及上鬚蘭的種子則為砂粒狀，傳播方式不明。台灣梵尼蘭的果實為漿果，種子雖多，但無法靠風力傳播，應該是靠動物的力量傳播，有文獻說是靠鳥力傳播，真相仍有待更進一步觀察。

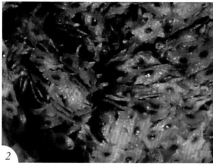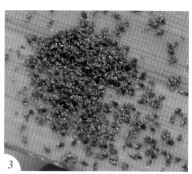

▲ 1. 種子細小數量龐大。2. 山珊瑚的翅果。3. 韭葉蘭的種子。

6 具肥大氣生根的比例高

並非所有蘭花都具有氣生根，以附生蘭具有氣生根的比例較高。附生蘭的氣生根有時可長達一公尺以上，根系發達，有些附生蘭的葉片退化，而以綠色的根系來行光合作用。地生蘭具氣生根的比率較低，但仍有很多具肥大的氣生根，只是發達程度不如附生蘭。有時可藉由氣生根之有無來判斷是否為蘭科植物。如蕙蘭屬蘭花與某些莎草科植物外形非常相似，如其根為鬚根，則可判斷為非蘭花，如根為粗大的氣生根，則可斷定為蘭花。地生蘭的根都長在地下，無葉綠素，無法行光合作用。

▲ 1. 四季蘭具粗大的氣生根。
2. 鳳尾蘭發達的氣生根。

7 葉具關節

有很多蘭花在葉的近基處或假球莖和葉之間，具有一個可目視的環節，這個環節稱為關節，其作用是在乾旱時期或葉片老化時，使葉片斷離的省水構造。這種構造亦可用來辨識是否為蘭花，如常與蕙蘭屬伴生的莎草科植物，蕙蘭屬蘭花具關節，莎草科植物不具關節，一眼即可辨識，不必挖開土層查看是否為氣生根。

葉具關節

8 具花粉塊

非蘭科植物的花粉是極細的粉狀物，蜜蜂會採集花粉。蘭花的花粉則是塊狀或細小的塊狀，蟲媒可能較無法採粉，而是靠色彩、花香及蜜吸引蟲媒前來訪花。在訪花過程中，花粉塊會黏在蟲媒身上而傳至同一朵花或不同朵花的柱頭上，花粉塊內集合眾多花粉，成功傳花粉塊一次就有眾多花粉被傳粉成功，製造傳粉的最高效率。

圈起處的黃色個體是花粉塊

9 大部分花左右對稱

前已言及，蘭花具一特化的唇瓣，那剩下的側瓣則為左右對稱。非蘭科植物也大都具有萼片及花瓣，這些萼片及花瓣形成輻射對稱的形狀。但也不是所有的蘭花都呈左右對稱，有少數蘭花唇瓣花瓣化，如同側瓣一樣，甚或與萼片一樣，所以也呈輻射對稱，這類蘭花有時被冠以輻射或輻形的名稱，如輻射根節蘭、輻射芋蘭。

側瓣左右對稱的花

蘭科植物多為左右對稱

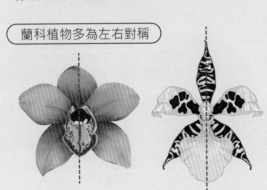

非蘭科植物常出現輻射對稱

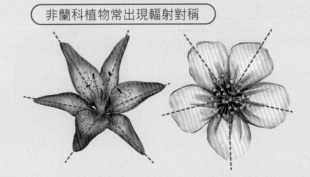

10 花轉位

蘭花的花序都是向上生長，花苞也是先端朝上，有些花瓣特化成唇瓣，花初開時，先端朝上，唇瓣外側緊貼花序軸而生，這種生長方式不利於訪花者前來訪花，因此演化成開花後，花梗或子房旋轉 180 度，這樣就能唇瓣向上，不僅較能吸引蟲媒的目光，亦能當蟲媒的停機坪，方便造訪。有些蘭花開花後並不轉位，如隱柱蘭屬。有些蘭花更演化成單花不轉位而群體轉位的現象，也就是整個花序轉位，如芙樂蘭屬、垂頭地寶蘭屬、風蘭屬、烏來石仙桃及黃穗蘭。

▲ 1.花轉位的尾唇斑葉蘭。2.花不轉位的恆春金線蓮。

11 與蘭菌共生

蘭科植物種子細小，不含胚乳，無法於種子發芽時提供必要的養分，因此發芽時必須另外尋找必要的營養來源，解決之道為吸取共生真菌分解腐植質所產生的養分，過程非常複雜。種子吸取真菌分解腐植質的養分成功發芽後，許多物種會長出葉綠素，自行光合作用成為獨立營生的個體，這類物種的根仍具真菌個體，此時真菌和蘭花就可能變成互利共生。另外還有一些物種，於發芽至長大開花結果始終未長出葉綠素，終生仰賴真菌過活，此類物種即是所謂的真菌異營植物。這種生活方式是互利共生還是完全寄生，目前還未完全釐清。在互利共生與完全寄生之間，可能還存在著半寄生的情況。野外有時可見到一些葉片少且表面積小，但仍會開花結果，開花率高結果率也高，不禁讓人懷疑其養分另有來源，例如絲柱蘭。另有物種於開花期間葉片即乾枯，例如線柱蘭屬，結果期間正是需要大量養分的時期，此期間養分如果僅靠莖內所儲存的養分是否足夠？另有一些物種葉片退化，僅靠綠色的根系行光合作用，但根系通常為灰綠色，是否有足夠的葉綠素行光合作用？蘭科植物與真菌異營是一個非常複雜的問題，需要科學儀器才能研究，讀者如有興趣，可自行上網搜尋不同學者的研究成果。

真菌異營的長花柄蘭　　葉片小的絲柱蘭　　葉片乾枯的線柱蘭　　僅有綠色根的扁蜘蛛蘭

Chapter 2

蘭花的生態習性

除南北極及高山寒漠區以外均有蘭科植物分布，為了適應多樣性的生態環境，蘭科植物演化成不同的生態習性，大致可分為 4 大類生長方式。

蘭科植物依其生長方式可分為地生、附生、岩生、腐生等形態，腐生即是所謂的真菌異營。但這些習性並非涇渭分明一成不變，不少物種可能同時具有 2 種形態，也有同時具有地生、附生、岩生 3 種形態。真菌異營則是較為明確的形態，但仍存在著一些疑問。

▲ 1. 地生蘭，輻射芋蘭。2. 附生蘭，長軸捲瓣蘭。3. 岩生蘭，樹葉羊耳蒜。4. 腐生蘭，蘇氏赤箭。

▼ 5. 高位附生的蘭花需用攀樹繩爬上樹冠層賞花及拍照。

蘭科植物因種子無胚乳，在發芽初期靠吸收真菌分解腐植質生成的營養長大，長大後多數物種可以生成葉綠素而自行光合作用，但通常根部仍有真菌而與真菌共生。這些就有模糊空間，有些物種能完全自行光合作用是毫無疑問的，但有些物種因為葉片較少及較小，花的個體較大，結果率又高，這就令人產生疑問了，這些小型蘭花與真菌是互利共生還是單利互生？此外，有些真菌異營的蘭花，有時裸露的地下塊莖或花序梗具有葉綠素，是不是也有部分養分是靠自身的光合作用產生？還有，全然無葉綠素的物種，與真菌的關係到底是互利共生還是完全寄生？這些都有待學者去研究釋疑。

▼ 6. 山芋蘭的地下莖。

Chapter 3

蘭科植物的生長環境

很多人以為蘭花都是生長在陰暗潮濕的環境，這種認知並不十分正確。陰暗潮濕的環境常有蘭花沒錯，但其他環境也有蘭花，除了南北極及高山地區長期被冰雪覆蓋的環境外，幾乎都有蘭花的蹤跡。以下就依生長環境的不同來介紹。

1 海岸地區

具有較高的鹽分，生長環境較為嚴苛，但仍有蘭花的蹤跡。例如屏東及台東的沿岸地區有禾草芋蘭，蘭嶼的海岸岩石上有燕石斛，花蓮蘇花公路旁及小蘭嶼也有綬草。桃紅蝴蝶蘭、雅美萬代蘭的生長位置均離海岸不遠。颱風來襲時，風雨中可能含有很高的鹽分，上述蘭花均能在如此嚴苛的環境下生長繁衍後代。

▲ 1. 長在海岸岩石上的燕石斛。2. 長在海邊的禾草芋蘭。

2 草原地

公園、校園、公路旁、河谷高灘地、墓地和屋頂花園等全日照環境，可以看到綬草、竹葉蘭、白及、腳根蘭、線柱蘭、紫芋蘭、禾草芋蘭、垂頭地寶蘭、白鳳蘭及韭葉蘭等。

▲ 1. 生長在公園草地上的綬草。2. 墓地上的竹葉蘭。

3 森林

造林地、竹林、雜木林和原始森林是傳統認知蘭花的生長環境，具有大多數的原生蘭物種，地生蘭、附生蘭、岩生蘭、腐生蘭均有，而岩生蘭通常兼具附生蘭的特性，可將之視為附生蘭。地生蘭有根節蘭屬、鶴頂蘭屬、軟葉蘭屬、馬鞭蘭屬、斑葉蘭屬、指柱蘭屬、玉鳳蘭屬、

蕙蘭屬、線柱蘭屬、雙葉蘭屬等。附生蘭則有豆蘭屬、風蘭屬、蜘蛛蘭屬、石斛蘭屬、金釵蘭屬等。腐生蘭則有赤箭屬、無葉蘭屬、肉果蘭屬、皿柱蘭屬等。

▼ 台灣最大的扁柏原始林，蘭花長在樹冠頂層。

4 溼地

穗花斑葉蘭可生長在沼澤區、河岸邊的潮濕地，甚至在小水池中也長得很好。

▲ 長在河流中央的穗花斑葉蘭。

5 高山草原

高山紫外線較強，花的顏色通常較為鮮艷。可以見到的蘭花有紅蘭屬、窩舌蘭屬、粉蝶蘭屬、喜普鞋蘭屬、山蘭屬等。

▲ 高山草原上的南湖雛蘭。

Chapter 4

原生蘭的生存威脅

原生蘭生長於各個角落，種類及數量都很龐大，但早在有紀錄之前，原生蘭數量就已急劇減少，而且還在持續減少。以下從各個角度分析原因：

人類的威脅

1960 年代以前，台灣遍地是蘭花，從報歲蘭、台灣蝴蝶蘭、喜普鞋蘭、香蘭、台灣一葉蘭等隨處可見。這些蘭花在 1960 年代前後，才成為熱門採集排行榜上的名單。在那之前，野生蘭最大的威脅是伐木產業，以及幾無管制的濫墾行為，只是當時對野生蘭的危害並未留下文字紀錄。那個年代物質缺乏，一切行為以經濟為主，蘭科植物被視為雜草，沒有任何價值，更無保育需要。除了學者，沒有人會在野外辨認蘭花。直至 1990 年代以前，也只有上述熱門蘭花遭濫採而變得稀有。但 1990 年代以後，生態環境急速惡化，幾乎所有的野生蘭植株量都直線下降，至今仍在快速減少中。以下摘要敍述幾種具代表性蘭花遭受採集威脅致使數量變少的案例，以及人為影響。

◆ 商業採集

報歲蘭

報歲蘭是國蘭的一種，蕙蘭屬則是廣義的國蘭物種。國蘭很早就有人栽培鑑賞，許多詩詞也有提到，例如「入芝蘭之室，久而不聞其香。」其中芝蘭指的就是國蘭。國蘭很早就得到眾人喜愛，其寶貴之處不只在花香及花的幽雅，它的葉片變化更是愛好者所追求。國蘭的葉片變化在蘭界稱為出藝，是葉緣或葉脈或先端出現黃色或白色的脈紋，面積大小不等，許多種內變異造成的出藝品種在蘭界廣泛流傳。台灣最有名的國蘭是報歲蘭，出藝的種類較多，並有專屬藝名，圈外人統稱為金線蘭。在 1960 至 1980 年代，採集、繁殖或轉手報歲蘭都可賺取高額利潤，因此眾人爭先採集，同行間相互轉手以抬高價格，在高利誘因下，1960 年代採報歲蘭已是全民運動。原來到處都是的雜草，至 1970 年代晚期已很難在野外看見。時至今日，很多人還是看到報歲蘭就採，因此野外族群仍在逐年減少中。報歲蘭最受栽培業者青睞的就是達摩，相傳是於 1970 年代在花蓮瑞穗發現。1980 年代交易金額達到最高紀錄一芽新台幣 1700 萬元，約等同當時台北市區 10 間公寓住宅。之後爆發鬱金香狂熱 (Tulipmania) 現象，價格崩盤，甚至幾十元就可買到一芽，價值差異之大令人無法想像。

◆ 商業採集

蝴蝶蘭

台灣蝴蝶蘭連續奪得世界蘭花比賽的金牌獎，造成全球蘭迷爭相採購。有需求就有採集，台東縣包括蘭嶼原來是台灣蝴蝶蘭生長的天堂，數量龐大，在商業採集的壓力下，野生蘭數量直線下降，商人平地的收購價則是直線上升。蘭嶼還曾有以生活日用品來交換野採蝴蝶蘭的紀錄，如今在野外已很難看到台灣蝴蝶蘭的植株。物以稀為貴，野生植株曾喊價達 4 位數甚至 5 位數，野採行動至今未中斷。

喜普鞋蘭

清水山是喜普鞋蘭的代表處，1 屬 4 種都可在清水山找到。據當地原住民說，清水山的喜普鞋蘭多到一整片，一個族群就可廣達 1,000 平方公尺左右，絕大多數是台灣喜普鞋蘭。1970 年代，喜普鞋蘭大量外銷，採喜普鞋蘭成為當地居民的全民運動，當時的行情是，平地交貨，一棵帶花苞的小苗新台幣 60 元，不帶花苞的 10 元。每年冬末春初，採下來之後，背包內舖一層溼水苔，一層喜普鞋蘭小苗，排滿後就背下山，一次約可背 500 棵，一趟就可賺約新台幣 3 萬元。我曾問當地一位原住民朋友，那幾年收入有沒有兩、三百萬元，他回答，「可能有吧！」因為當時掌握經濟大權的是他的父親，他只能憑印象猜測。當時最早只採有花苞的，沒花苞的種回去等次年再採，但是種回去的植株不到幾天又被其他家族採走，所以短短兩、三年時間大部分的喜普鞋蘭就被採光了。殘存的少數族群 2012 年又被商業採集了一次，目前清水山喜普鞋蘭族群已寥寥無幾。

▲ 台灣喜普鞋蘭被採前的盛況。

▲ 台灣喜普鞋蘭被採後的慘況。

香蘭

香蘭是台灣特有屬特有種，具有寬大及艷麗的唇瓣，吸引全世界愛蘭人士收集，需求量非常高，也引起採集熱潮。全台灣低海拔森林內原本均有分布，如今西部已不易見到，花蓮台東地區也所剩無幾。

台灣一葉蘭

台灣一葉蘭也在世界蘭展得過獎，因此也引起大量採集，時間與喜普鞋蘭的採集時間重疊。據原住民朋友說，當時平地蘭商收購價格為 1 個假球莖新台幣 10 元，相較於 1 棵帶花苞的喜普鞋蘭能賣 60 元，未帶花苞的也能賣 10 元，加上喜普鞋蘭的小苗很輕，而台灣一葉蘭採的是假球莖，比較笨重，只能賣一球 10 元。同樣是背一趟，所得卻差了很多倍，導致台灣一葉蘭比較沒有人要採，所以目前野外仍可見大量族群生長。時至今日，台灣一葉蘭野外仍有零星採集，有時在人跡罕至的地方，前一年看到許多成熟的假球莖，但次年花季去看，只見到少數開花植株，稍晚去又看到一大片小苗，就是被野採的跡象。野採的人只採成熟的假球莖，留下未成熟的假球莖繼續生長，而少數未被採的成熟假球莖會繼續繁衍。由此可見這類野採人士具有永續經營的概念，較能被接受，但以保育的觀點來看，最好還是不要採摘。

▲ 台灣一葉蘭的假球莖。

◆ **公共工程開發**

國家建設有許多公共工程開發案，不論大小或多或少都會影響到蘭花的棲地。例如南迴公路改善工程中的草埔隧道，在開發前的生物環境影響評估中，發現了新的赤箭屬蘭花，而且就在工地旁，所以在工程進行時特別圍繞圍籬保護。先不論保護結果如何，若事先未做環評，生育地必遭毀壞，一個新的物種在未發現前就滅絕了。赤箭屬是真菌異營的腐生蘭花，一生中冒出地面的時間只有 1 個多月，那次剛好是在這期間做環評，若在其他時間做環評，就會遺漏這個物種，因此所有工程都要嚴謹以對。

還有一例，2008 年我在桶后越嶺步道上，看到 10 幾棵冬赤箭生長在路旁空地上，後來步道整建，施工單位將材料堆放在冬赤箭生長的地方，一放就是幾個月，之後那個空地就再也看不到冬赤箭的蹤跡了。

有時是公家單位在無意間成為殺手。2020 年 3 月 21 日早上，我忽然接到一位花友的電話，說新北市某一知名步道有人正在刷洗樹幹上的青苔，並清除樹上的附生植物，大部分是金唇風蘭，希望我能幫忙想辦法阻止。我原本就知道那條步道有很多金唇風蘭，於是馬上請人聯絡主辦人，經過一番努力，終於保存了大部分的附生植物，包括金唇風蘭及烏來黃吊蘭等。事後得知，原來是有遊客向區公所反應，步道旁的路樹長滿青苔及雜草非常難看，區公所就順應民意，發包請人刷洗樹幹並清除附生植物。如果不是現場剛好有花友在賞花，而且熱心搶救，珍稀的金唇風蘭就被當雜草清除了，豈不可惜。雖說區公所是順應民意，但若能建立具有各方面專長的無給職志工顧問團，遇有類似案件可事先諮詢，便不會浪費公帑又成為生態殺手。

▲ 路樹因遊客的投訴而被區公所雇工洗刷。

▲ 樹上原有很多金唇風蘭，因遊客投訴而被區公所發包清除。

另一次就沒有這麼幸運。2020 年前後，台北市大安森林公園的管理單位雇工清除公園內華盛頓椰子及大王椰子的葉鞘，以免葉鞘掉下來打傷遊客，結果施工時將附生在樹幹上的鳳蘭也一併清除，令人痛心。

近年來有政府機關注意到野生蘭保育。比如在東部山區某個政府機關的辦公室周邊有不少台灣喜普鞋蘭，數年前，為了保護蘭花不被盜採，該機關在辦公室旁蓋了溫室，將原生蘭採回種在溫室內。不料 2009 年 8 月超級強颱莫拉克侵襲，創紀錄的雨量造成土石流將溫室沖毀，裡面的原生蘭無一倖免。我有時會想，若那些蘭花未被刻意保護，可能只有一部分被人採走，大部分仍會好好的活在原生地，所謂的保種計劃是好是壞，恐怕見人見智。

◆ 愛之反而害之

近幾年野外賞蘭人口增加，大都是愛花者，會刻意保護蘭花。但是在野外卻常看到花苞被剪斷或植株被移地種植，我推測是為了保護蘭花不被發現採走，另一可能是私心，自己拍到花了就不讓別人拍到。聽說還有人將之集中種在一處，然後收費帶人賞花。不管動機為何，都是不可取的行為，尤其後兩種絕對讓人無法接受。

我曾在野外多次看到原生蘭生育地在開花時，被一大群人踩踏，原本具有地被的環境，被踩成光凸凸的地表，這些足跡都是愛蘭人士拍花時造成的。踩踏過程中難免踏死蘭花植株，即使未踏死蘭花，也會踏實土壤、造成周圍微氣候改變，進而影響到蘭花的生存。建議賞花時不要廣邀朋友同行，並且在拍花時要特別小心，不要影響到蘭花的棲地。

▲ 1. 植被給賞花者踩成寸草不生的慘狀。
　 2. 摺柱赤箭地表落葉被清除，造成植株因環境乾燥而乾枯。

某次我在山區隨機賞花，行前未刻意要找特定的蘭花拍照，結果巧遇金唇風蘭盛開。金唇風蘭是一日花，要碰到開花除非運氣好，不然就要有一段時間密集觀察。賞花過程中碰到一位花友在拍花，禮貌上打聲招呼：「運氣很好哦！剛好碰到開花。」對方回答，「是朋友通知我來拍的，我住那麼遠，沒有開花資訊要拍到花實在不容易，我們通常有花訊就相互分享。」與朋友分享花訊並非不可以，但是要慎防朋友之間有採花者，我早期曾多次與朋友分享蘭花的生育地資訊，後來有些蘭花就被採走了，所以蘭花的生育地最好保密，否則口耳相傳之下，傳了兩輪蘭花就不見了。

2023 年 4 月初，網路上有人詢問一種稀有蘭花白花羊耳蒜是何物種的貼文，並未公布生育地，但當年 11 月有人發現那群白花羊耳蒜全數被人拔走了。推測是採花者向貼文者詢問生育地點，然後在假球莖成熟葉冬枯前，前往採集，再透過市場機制賣給愛好種植野生蘭人士。在此特別呼籲，看到稀有野生蘭花，千萬不要透露生育地點。

◆ 除草劑危害

大約在 2000 年之前，溪頭園區外的孟宗竹園下長了很多原生蘭，物種和數量皆不少，放眼過去，到處都是野生蘭花，但之後逐年漸少，現在很多地方連一棵蘭花都找不到了。2015 年左右，我再度前往齒爪齒唇蘭的生育地找尋，查看是否有長出植株，順便在附近竹林內探索，忽然看到竹林下有一個人在用噴霧器噴某種液體，言談之下得知，他是在噴除草劑。溪頭地區的竹林都是孟宗竹林，農產品就是冬筍，冬筍在冬天剛發育變大，還不會冒出地面，為了採收冬筍，需觀察地表的變化，只要地表稍微隆起或稍微裂開，就代表土中的冬筍可以採收了。為了觀察地表變化，冬筍採收期間地表不能有雜草。2000 年之前多由人工除草，但隨著工資變高，漸漸改為噴除草劑。而蘭科植物對除草劑非常敏感，只要稍微沾到一點點就會產生變異，如花序變短或花被片變形等，沾到稍多則會整片枯死，可能數十年內無法再長。所幸溪頭附近的孟宗竹園並非全面性的每年噴除草劑，在坡度較陡的竹林邊緣或堆疊枯竹的竹堆邊緣有時不會噴，那些角落有少許蘭花苟延殘喘生存著，但能撐多久就不得而知了。也有些孟宗竹林噴了一次或少數幾次就不噴了，竹林下長滿雜草，也許是不再採冬筍，只能期待除草劑的毒性完全消除後蘭花能漸漸長出，或許需要很久的時間才能復原。

還有一次，我於 2010 年 3 月 12 日在苗栗某公墓看到一大片白鳳蘭及許多其他非蘭科的稀有植物，幾年後再次造訪，結果一棵都找不到，十分錯愕。後來有一次經過附近，只見整個公墓都是枯草，忽然間我就明白了，原來是整座公墓被噴了除草劑，蘭花於是凶多吉少。

台灣自 1972 年開始禁獵，之後野生動物緩慢增加，20 年後整體數量成長不少，一般大眾最有感的是台灣獼猴多到造成危害，破壞農作物、搶路人的食物及包包等。對愛蘭人士來說，草食性野生動物愛吃蘭科植物，致使野生蘭越來越少了。2002 年前後，我曾經在苗栗縣找到一處野生蘭花比雜草還要多的地方，常到那裡觀察，後來蘭花越來越少，除了人為採集、環境變化外，最主要的原因是動物啃食。最先被啃食的是地上的根節蘭屬、黃花鶴頂蘭、摺唇蘭屬、蕙蘭屬、齒唇蘭屬等蘭花的葉片，接著啃食黃花鶴頂蘭的假球莖及岩壁上的蘭花，如長葉羊耳蒜、竹葉根節蘭及斑葉蘭屬等，最後連大岩石頂上的竹葉根節蘭也沒倖免。如今那個地方幾乎找不到地生蘭了，只能在枯木堆中找到皿柱蘭屬的殘存果序。

還有一個例子，2011 年 5 月 1 日我前往宜蘭大同的多加神山，在海拔 1,000 多公尺的地方，看到了大片正在開花的闊葉根節蘭，整片花海數量難以估計。時隔 11 年，2022 年 6 月 2 日我再度前往多加神山，從登山口到山頂看到闊葉根節蘭的數量居然只有個位數，雖然那時花期已過，但闊葉根節蘭是較為大型的蘭花，未開花也不影響觀察。不僅如此，在海拔超過 1,800 公尺的山坡地，除了少數蕨類及木本小苗，幾乎是寸草不生光凸凸的一片。地被是殘枝落葉雜亂無章，有非常多動物活動後的蹤跡，不時聽到山羌的鳴叫，我判斷此處是野生動物的天堂，地表的綠葉植物無疑是被野生動物吃掉。

▼ 1. 闊葉根節蘭老葉片被山羌啃食。2. 杉野氏皿蘭被山羌啃食。3. 竹葉根節蘭葉片被山羌啃食後的情形。

野生動物不僅會啃食蘭花，覓食也會威脅到蘭花的生存。在中海拔山林中有很多鳥類，例如藍腹鷴、竹雞、深山竹雞、帝雉等，牠們的食物是藏在表土層中的小昆蟲及細小種子，為了尋找這些食物，鳥需要用爪子扒開表土層，然而許多小型植物包括蘭花就長在森林內的表土層，這些小型蘭花具有淺根生長的特性，被鳥類爪子扒過後整個根系外露，很容易枯死。這種情形在山區一年比一年嚴重，令人憂心。除了鳥類，山豬的覓食行為對蘭花的威脅還更甚之。山豬具強有力且嗅覺靈敏的鼻子，其覓食動作是用鼻子拱開地表泥土，尋找土中的食物，拱開的土層可深達 10 幾公分，拱開後再吃地下的食物，包括大小型蘭花的地下莖。更嚴重的是，在山豬覓食最多的地區，有時數公畝內找不到完整的地被，整片土地就像被耕耘機翻攪了一遍。草食動物是吃蘭花的葉子，山豬的覓食卻是除草又除根，對蘭科植物的生存無疑是雪上加霜，目前山豬的族群已非常多，還在繼續增加中，著實讓人擔心。山豬除了覓食會對野生蘭造成生存威脅，築巢行為也會。山豬在繁殖期間會築巢保護自己及小豬，在山上很容易看到山豬的巢，有時一天之內就可看到 10 幾個山豬窩，由一堆雜草及少數枯木堆成，大部分是芒草或蕨類等，都是就近採集的新鮮植物。有一次我在一個山豬窩看到 10 幾棵含根及葉的四季蘭。山豬會選擇較易採的物種來當巢材，四季蘭具淺根特性，容易拔起，比拔芒草輕鬆，如此看來，大型蘭花如根節蘭、鶴頂蘭、肖頭蕊蘭等也可能被山豬拿來作為築巢材料。

▼ 4. 山豬窩上有許多四季蘭。

4

氣候變遷的威脅是全面性的，影響非常深遠。台灣是海島型氣候，氣候變遷影響較小，但暴雨及霸王級寒流仍對原生蘭造成巨大的威脅。

2012 年 6 月 4 日，我曾在南橫 178.1 公里的地方記錄到一大片的單花脈葉蘭。脈葉蘭是花葉不同季的蘭花，見花不見葉，見葉不見花，當時並非花季，看到的是一整片植株，因為族群頗大，我興起再次前往看花的念頭。次年，新聞報導天龍峽谷附近發生嚴重的山崩，依據內容判斷，可能就在單花脈葉蘭生育地附近甚或就是該地，我一直掛念此事。2014 年 3 月 27 日，正值單花脈葉蘭的花季，我前往該地觀察，只見大崩壁就在生育地隔壁，部分生育地遭波及，少數開花植株已被碎石流壓擠連根浮出表土。拍照當下還有少數碎石屑不斷掉下，我隨手拍了幾張照片就迅速撤退。當年雨季，從新聞報導得知，當地又發生大規模崩塌，事後曾再去觀察，一整片單花脈葉蘭已全數因山崩消失了。

2009 年 8 月 8 日莫拉克颱風帶來了創紀錄的雨量，24 小時及 48 小時降雨量分別為 1,623.5 毫米及 2,361.0 毫米，在南台灣造成空前災害，南橫因此中斷了 12 年多，直到 2022 年 5 月 1 日才恢復通車。山崩造成原生蘭的流失物種及數量無法估計，八八風災後我多次前往南部各地做野外觀察，其中荖濃溪的支流拉克斯溪最讓我感慨。風災前該處原生蘭物種多，數量也多，風災後有些物種數量甚至不到風災前的 1%。

2016 年 1 月下旬，北半球被空前霸王級寒流侵襲，台灣包括陽明山、貓空、北投、烏來、龍潭、楊梅、南庄等地均降下白雪，陽明山鞍部還創下攝氏 -3.7 度的歷史低溫紀錄。此次霸王級寒流公認是氣候變遷所造成極端天氣現象，影響所及十分廣大自不待言，就原生蘭而

▼ 單花脈葉蘭的生育地崩塌持續中。

言，許多低海拔的物種凍死，包括長距石斛、長葉羊耳蒜、樹絨蘭、香莎草蘭、傘花捲瓣蘭、台灣梵尼蘭等，大約是在寒流最強時生長在雪線以上的植株均被凍死。

乾旱則會讓附生蘭掉落，可能是因為附生蘭感覺到乾旱無法在樹上存活，而掉落在地上含水量較高的環境求生存，但掉落在地上常因光線不足無法生存，僅有少數能遇到適合環境繼續存活。在乾旱季節常可在森林底下撿到掉落的風蘭屬、石斛蘭屬、蛇舌蘭屬、隔距蘭屬、松蘭屬、莪白蘭屬等。又，乾旱除了會造成植株枯死外，有一些蘭花開花時會消苞或閉鎖不開，造成無法結果繁衍後代，影響不容小覷。

酷熱對原生蘭的影響並不明顯，因為台灣是海洋性氣候，平地的氣溫雖稍有升高，尚未看到對蘭花的影響，只是酷熱會加劇乾旱的程度，算是間接因素。至於高山上的蘭花，族群數量已有減少，至於原因，由於路途遙遠，我沒有長時間觀察，不便表示意見，有待讀者自行了解。

▲ 這棵長滿厚葉風蘭的大樹已被洪水沖走。

▼ 大腳筒蘭被凍死的植株。

Chapter 5

裝備建議

野外觀察原生蘭所需裝備和郊遊、爬山、生態觀察等一樣，
另建議多攜帶下列物品：

1 食鹽

野外運動常會流失大量的汗水，加上肌肉運動量大，常會因體內電解質不平衡引起抽筋。一旦抽筋，食鹽就是最好的解救良方，不管是直接食用一小撮食鹽或是飲用食鹽水，大多數人都能在短時間內緩解抽筋。我曾多次在野外碰到大小腿抽筋的登山者，經提供少量食鹽後，均能迅速恢復繼續登山。行程中若感覺大腿無力，也可試著食用一點點食鹽，或許有幫助。

2 白醋

野外觀察常會穿入森林草叢尋找蘭花，難免有小蟲上身，如果碰到的是毒蛾幼蟲，又不小心去拍打搓揉，馬上會引起皮膚大面積的紅腫，奇癢無比。野外無法迅速就醫，此時用白醋塗抹，症狀就能迅速獲得緩解。我在鄉下長大，小時候若遇毒蛾幼蟲感染造成紅腫發癢，都會塗抹白醋，效果很好。

3 拔蜱器、鑷子或棉花棒

台灣野外原本就有硬蜱，近年野生動物增加，硬蜱亦是等比增加。歐美的硬蜱帶有萊姆病的病原體，因此歐美人士十分懼怕硬蜱。本土硬蜱未必有萊姆病的病原體，但被咬到時若無拔蜱器，要徒手拔除也是有困難，強扯會讓硬蜱的口器留在體內。拔蜱器的使用方法是用拔蜱器缺口卡住硬蜱，然後旋轉拔蜱器，直到硬蜱離開體內。也可以用鑷子夾住蟲體，然後旋轉鑷子，直到硬蜱離開體內，根據我的經驗，不用擔心硬蜱被夾碎，旋轉出來的硬蜱整個身體完好無缺。至於棉花棒的使用方法，是將棉花沾濕，壓住硬蜱後旋轉，直到硬蜱離開體內，這個方式需要一點技巧。我優先推薦拔蜱器、鑷子，最後才是棉花棒。有人建議綠油精之類的精油塗在硬蜱上，牠便會自動脫落，我沒使用過，不知效果如何。被硬蜱咬到的人會心生恐懼，程度因人而異，嚴重焦慮症患者可能會有不可預期的反應，所以越快移除越好。

4 吸毒黑石

這是一種奇妙又神祕的東西，長約 6 公分，寬 2 至 3 公分，厚 0.5 至 1 公分的長方體物件，通體黑色，易碎。出血性毒蛇及神經性毒蛇均適用，被毒蛇咬傷時，若傷口流血（通常是出血性毒蛇），可直接將吸毒黑石貼在傷口上。若傷口未流血（通常是神經性毒蛇），需將傷口割開一小洞讓血可流出，然後將吸毒黑石貼在傷口，吸毒黑石會自動吸附在皮膚上，直至蛇毒吸盡，便會自動掉落。吸毒黑石掉落後基本上蛇毒已被全部清除，但還是建議至醫院檢查。吸毒黑石使用後，可用物理方式還原，先將使用過的吸毒黑石浸泡在溫開水中 1 至 2 小時，然後取出浸泡在牛奶中（鮮奶或奶粉沖泡均可），數小時後取出再用清水浸泡，浸泡後取出陰乾即完成還原手續，可無限次還原使用。相傳吸毒黑石是非洲巫醫祖傳祕方，人工合成，其方祕而不傳，當地原住民被毒蛇咬傷均會找巫醫用吸毒黑石醫治。2008 年 1 月 15 日我參加林務局的調查工作，在孫海林道的大工寮遇見一位花蓮原住民，我提起了吸毒黑石，想不到他說，「我知道，被毒蛇咬後，要用刀子割開一個傷口，將吸毒黑石放上去，吸毒黑石掉下來就好了。」原來吸毒黑石的流傳不如想像中稀少。據可靠的消息，花東地區於 1983 年初，被吸毒黑石醫好毒蛇咬傷的人剛好滿 400 人。我有幸於 40 餘年前取得吸毒黑石，至今爬山出野外均隨身攜帶，希望永遠都不會用上。

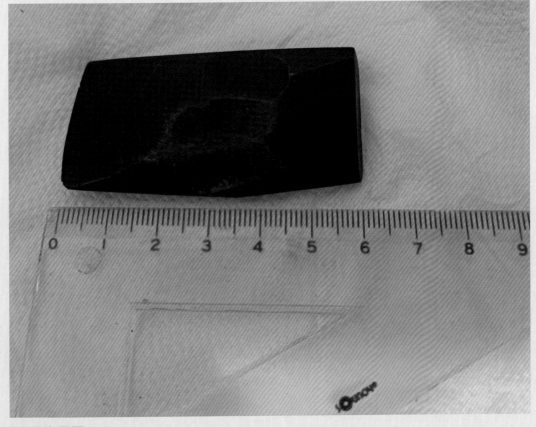

▲ 吸毒黑石

5 防蜂裝備

野外最大的威脅是虎頭蜂，在山區，被虎頭蜂螫死的案例遠多於被毒蛇咬死的案例。虎頭蜂到處都是，防不勝防，尤其是每年秋冬之際，虎頭蜂會主動攻擊進入蜂巢附近的移動目標，所以在山上遇到虎頭蜂的巡邏蜂，不妨先預防性的戴上防蜂頭罩，就算防蜂頭罩無法完全抵擋，但保護頭部較能躲過致命的攻擊。預防蜂螫沒有SOP，最主要是要懂得虎頭蜂的習性，到時可隨機應變。以下舉幾個例子，也許能幫助讀者更加了解虎頭蜂。

◆ 案例一

這案例是聽一位陳姓友人轉述的，多年前他與友人爬奇萊東稜，最後一天在流籠頭到岳王亭的途中出了大意外。即將抵達終點前，隊伍分成兩隊，前後隊的距離已達聲控範圍之外，7 位隊友先行，陳姓友人及另一名隊友墊後，突然遇到大群虎頭蜂攻擊。因山路陡峭，無法快速奔逃，陳姓友人機警拿出露宿袋將全身護住，躲進芒草叢中並拉上拉鍊，同行友人也許沒有適當的防護裝備和應變措施，不幸遭蜂螫往生。陳姓友人敘述，一個多小時內虎頭蜂不斷攻擊他的露宿袋，撞擊聲清晰可聞。事後得知，原來在事件發生的 1 或 2 天前，有人將虎頭蜂巢破壞取走，但未將虎頭蜂全數收走，殘存虎頭蜂被前行隊員通過所驚擾而提高警覺，隨後通過的他們即被報復性攻擊，造成這次不幸的山難。

◆ 案例二

2013 年 9 月 29 日，我到萬大南溪做植物調查，同行者有內人、植物獵人洪信介及另外 3 名友人。當時絕美的黃萼捲瓣蘭正在盛花期，可是約 50 公尺外有一個巨大的虎頭蜂窩，就在大夥全心全意拍照之際，植物獵人想打死在身旁的偵察蜂，結果偵察蜂回巢報信，蜂群傾巢而出要攻擊，還好我們反應快，聽到一人喊：「快逃，虎頭蜂！」由於我們已知虎頭蜂巢的位置，立即往反方向奔跑，幸好地勢平坦，我們均能快速逃離，沒有人遭蜂螫。由此案例可知：一是不要攻擊虎頭蜂的偵察蜂，碰到時屏息不動，偵察蜂很少攻擊人類；二是碰到虎頭蜂群來襲，趕緊逃離蜂巢勢力範圍是上策，所以最好能觀察到虎頭蜂巢的位置，緊急時才能朝正確方向逃離。

◆ 案例三

友人毆思定修士約 70 年前從瑞士來台灣，具有豐富的登山經驗，經常上電視受訪。他曾告訴我有一次在山上碰到虎頭蜂攻擊，在他前面的幾個山友都被螫，也有幾隻虎頭蜂飛到他身邊，他屏息不動，虎頭蜂在他頭上飛繞數圈後即離開，沒有遭到攻擊。事後他將隨身攜帶的抗過敏藥物分給被蜂螫的山友，最後全隊平安撤退。可以的話，隨身攜帶抗過敏藥物。

◆ 案例四

和我經常在一起做野外觀察的呂碧鳳老師談起一次有趣經驗，她和幾位朋友在野外做調查時忽然遭到虎頭蜂群攻擊，一群人快速奔逃，她跑得較慢，即將被虎頭蜂追上時，忽然跌倒趴下去，虎頭蜂越過她的上方繼續往前追，結果跑在前方的友人被螫了好幾針，她反而安然無事。此案例就很難判斷了，也許降低身體並靜止不動，虎頭蜂就會攻擊前面繼續移動的目標，但身處虎頭蜂攻擊範圍內又十分危險，迅速離開才是上策。

6 防蚊液

野外常有蚊蠅，最多的地方是竹林，有時一大片黑壓壓的，讓人恐懼。由於蚊子的口器能穿透較薄的衣服吸血，就算全身包緊緊，有時仍會被叮得滿身包。除了蚊子，有些林下還有很大隻的牛虻，咬人非常痛，也能隔著衣服咬人，這種數量較少較易防範。另一種是小黑蚊，經常出沒在竹林和某些營地，咬人又癢又痛。大部分的小黑蚊天黑後就下班了，最怕的是整晚擾人不斷的小黑蚊。我曾在南勢溪及玉里山碰到整晚會咬人的小黑蚊，即使帳棚有網紗，小黑蚊還是會在人進出營帳時混入內部，讓人整夜不得安眠。除了利用長袖長褲和頭罩防範蚊蠅叮咬，若能再加上防蚊液，效果更佳。

7 吸管

若行程缺水，帶根吸管便能在樹洞、中空的竹管或已乾涸的溪谷窪地找尋水源，即使只有半杯水也不無小補。若無吸管就只能望水興嘆了。小小東西，幾乎沒有重量，卻能在需要時發揮大功效。

8 雨鞋

穿雨鞋遇小溪可直接涉水，走爛泥不怕弄髒褲管，相對防滑，還能防螞蝗和毒蛇，價格又很便宜，可以說好處多多。缺點是透氣性較差，不過如果碰到下雨天就沒差了。雨鞋最好買大一號，再搭配軟厚的鞋墊，就能極大化舒適度。也可依個人需要增添配件。

Chapter 6

為什麼不容易看到原生蘭？

台灣野生蘭花超過 520 種，種類及數量都很可觀，分布也非常廣泛，為何大多數人認為野生蘭花很難發現呢？可能原因如下：

1 形態多變

很多人只認得較具代表性的蘭花，像是蕙蘭屬、蝴蝶蘭屬、一葉蘭等。有些蘭花在未開花時，很像雜草，例如綬草、線柱蘭、長葉根節蘭、細葉春蘭、腳根蘭、長苞斑葉蘭等。

▲ 1. 未開花的綬草。2. 長葉根節蘭的植株。3. 未開花的腳根蘭。

2 生長位置

很多蘭花長在樹上（附生蘭）及地下（腐生蘭），一般人不容易發現。尤其是真菌異營矮小的腐生蘭，未開花時要找腐生蘭簡直是不可能的任務，就算開花時也只微露地表，顏色也和地表差不多，即使長在登山步道邊，若未仔細觀察，幾乎看不到花的存在。只有在果莢成熟果柄抽高時，才比較容易看到。但果莢成熟爆開後立刻萎凋或腐爛，能看到的時間很短。而果莢有些會宿存的皿柱蘭，其宿存果序很像枯枝，若無經驗很難看得出來。至於附生蘭，部分小型附生蘭總是高高在上，即使開花，也很難吸引到人的注意，更別說未開花時外表像極了伏石蕨的小葉豆蘭、小豆蘭、金枝雙花豆蘭，連專家都很難分辨。

▲ 1. 狹萼豆蘭未開花時葉子有如伏石蕨。2. 在枯枝落葉間的閉花赤箭。
　　3. 皿柱蘭屬未開花時地上莖像枯枝或真菌。

3 個體嬌小

很多蘭花個體嬌小，大小不及 5 公分者比比皆是，未開花時除非有超人的眼力，否則很難發現，如絲柱蘭、蘭嶼草蘭、阿里山全唇蘭、紫葉旗唇蘭等。

▲ 絲柱蘭植株矮小，不容易發現。

4 季節限定

有些蘭花只有特定季節才看得到花或植株，冬天時無葉無花也無果。也有些蘭花葉和花不同時存在，開花時無葉片，花期過後葉片才長出來，冬季或乾季葉片乾枯，如脈葉蘭屬。

▲ 單花脈葉蘭每年 10 月葉乾枯，次年 3 月開花後葉才長出來。

5 生存威脅

我在前面章節有提到原生蘭面臨的生存威脅，近年來野生蘭花急劇減少，野外已越來越難找到。

Chapter 7

原生蘭的種子如何傳播？

蘭花的果實絕大多數為蒴果，雖同為蒴果，但因種的不同，蒴果內的構造又有許多差異。不同的構造，再加上果莢內部構造具有控制種子傳播的機制，又巧妙利用大自然的力量，幫助種子傳播，讓種子在最適宜的時間落地生根發芽。其結構大約可分為下列數種：

1 風力傳播的果莢

最普遍的是果莢成熟後就裂開，種子在無風時仍能留在果莢內，有風時就能靠風力傳播，許多地生蘭是這種形態。它們的種子會在短時間內飄散完畢，無法控制種子飄散的遠近及方向。

2 果莢的保護與散布

種子未熟時果莢很矮，可以保護幼果不受外力破壞。種子接近成熟時，果柄或花序柄會抽長，以便種子成熟時蒴果在高處裂開，散布到較遠的地方。這種方式無法增加種子飄散方向的多樣性，只能飄散到更遠的地方。此類型有赤箭屬、脈葉蘭屬、盔蘭屬等。

▲ 1. 一葉罈花蘭果莢裂開後短時間種子即飄散完畢。2. 冬赤箭幼果的果柄很短。3. 冬赤箭果莢成熟後果柄抽長。

3 開花與花柄的彎曲行為

植物體在開花時及果莢未成熟時花序柄向下彎曲，1 花序多朵花者通常不轉位，讓唇瓣正面朝上，以配合蟲媒授粉，1 花序單朵花者轉位與不轉位都有，亦是保護開花及幼果期不受外力破壞。一旦種子接近成熟，彎曲的花序柄會向上伸直，種子成熟時在高處裂開就能散布到較遠的地方。這種方式一樣無法增加種子飄散方向的多樣性，只能將種子飄散到更遠的地方。這一類型蘭花有垂頭地寶蘭、喜普鞋蘭等。

▲ 1. 垂頭地寶蘭開花時花序下垂。2. 垂頭地寶蘭果莢成熟時果柄向上伸直。

4 等待最佳時機的果莢

種子成熟後不立即裂開，等待最適合種子發芽的季節，果莢再裂開散布種子。如羊耳蒜屬蘭花種子成熟後外果皮乾燥不裂開，待適合發芽的季節才裂開散布種子。根節蘭屬蘭花可能也是這樣。

5 絲狀物的散布機制

果莢內具絲狀物及種子，兩者緊密混合相處，果莢裂開時，絲狀物可攔阻種子立即大量飄散。無風時種子不會飄散，風大時才會緩慢散布，期間風向可能轉變，便能使種子隨風向四方飄散，擴大散布的區域。此類蘭花果莢裂開時有些物種裂口朝下，避免種子及絲狀物被雨水淋濕而影響散布功能。果莢內具絲狀物的物種以附生蘭為主。

▲ 1. 脈羊耳蘭的果莢成熟後不會立即裂開。2. 厚蜘蛛蘭果莢內具絲狀物及種子。
3. 厚葉風蘭果莢裂口朝下。

6 薄膜包覆的種子散布

果莢內具薄膜，將種子包覆在內。此類果莢裂開通常僅在一方，果莢裂開後薄膜會護住種子，減緩種子飄散的速度，讓種子飄散的時間長達數月，在這段期間內，風向及降雨均不定期改變，讓種子散布方向多變化，或落到適合發芽的環境。山珊瑚的果莢即屬此類。

▲ 山珊瑚果莢內的薄膜具延後種子飄散的功能。

7 皿柱蘭屬的自爆假設

果莢內具絲狀物並非附生蘭的專利，地生蘭的皿柱蘭屬亦有，只是皿柱蘭屬的果莢還多了一層薄膜。我還未觀察出這一層薄膜的作用，但皿柱蘭屬果莢裂開後很少看到種子，僅存少量絲狀物，因此我假設皿柱蘭屬的果莢具有自爆能力，在適當時間，果莢爆開將絲狀物及種子彈向空中，讓風力飄散傳播。這僅是假設，其理論為薄膜包住種子及絲狀物，一旦絲狀物膨脹超過薄膜支撐的臨界點，就會造成薄膜瞬間爆裂，將種子及絲狀物彈出。是否如此，我會持續關注。

▲ 皿蘭屬果莢疑似具自力傳播種子能力。

Chapter
8

台灣原生蘭圖鑑

台灣原生蘭科植物 500 多種，通常是依屬名及種小名來分類，但分類又有很多系統，由傳統的形態分類到最近的分子分類，種類很多，因此同一物種可能有多種學名或別名，讓人在需要查尋資料時無所適從。為了解決此一問題，本書對同一物種列出經常被用到的學名或別名，讀者可依索引表迅速找到需要的資料，以下即是本書依屬名及種小名的學名順序，依次介紹我所收集的台灣原生蘭物種資料。

脆蘭屬 / *Acampe*　本屬台灣僅 1 種。

蕉蘭 別名：*Acampe rigida*；多花脆蘭
Acampe praemorsa var. *longepedunculata*

200-900m　7-10 月

特徵

附生蘭，通常附生在樹幹上及岩壁上，也常有地生的情況。大型蘭花，植株高可達 1 公尺，葉線形革質，互生，無葉柄，中肋下凹，葉基具關節。花序自莖側抽出，複總狀花序，約與葉長等長，萼片及側瓣肥厚，外形相似，僅側瓣稍小些，皆為黃色，具紅色橫條紋。花不轉位，成熟果莢外形似香蕉，成熟裂開後內具絲狀物及種子，種子慢慢隨風飄散，絲狀物宿存於果莢內。植物體與伴生的龍爪蘭十分相似，只是龍爪蘭葉較軟，先端凹陷，花序長達 1 公尺以上，很容易區別。

分布

台灣全島零星分布，最常見的地方在高屏溪各支流、濁水溪中上游、立霧溪等河谷地形，附生在河谷兩旁的樹上或直接長在岩壁上。北部南勢溪、油羅溪也有，但數量較少。在南部溪谷，常可見因植株過大，宿主支撐不住而掉落地上，只要地面的光線充足，也能在地上長得很好。南部溪谷常見與龍爪蘭伴生，光線為略遮蔭至全日照的環境。

田野筆記

高雄桃源區以前有一個環保公園，位在老濃溪與拉克斯溪的交會口，2009 年 8 月前公園內有非常多的附生蘭，如蕉蘭、龍爪蘭、台灣金釵蘭、密花小騎士蘭等，是當時賞蘭人士最愛前往的地方。可惜 2009 年 8 月 8 日莫拉克颱風造成的大洪水將公園徹底沖毀，風災後又被作為整建工程工地，至今很多地方仍是光凸凸的一片，想要恢復當年的蘭花盛況應是遙遙無期了。

▼▶ 1. 前後兩年果莢，前一年果莢內充滿絲狀物，種子已飄散。2. 花序抽出處。3. 葉尖不裂，具一凸尖。4. 果莢內具絲狀物及種子。

2　　　3　　　1

附生於樹幹上的生態。

罈花蘭屬 (延齡鍾馗蘭屬) / Acanthephippium

假球莖簇生，無明顯地下根莖，假球莖具莖節，葉自假球莖近頂端生出，葉 1 至 4 片，葉具明顯縱稜。花序自假球莖下半部旁抽出，一假球莖通常抽 1 花序，但偶有一假球莖抽 2 花序的現象。

延齡罈花蘭
Acanthephippium pictum

特徵

假球莖簇生，具莖節。新植株自成熟假球莖基部側邊抽出，新植株含假球莖、葉及花序。葉通常 3 片，葉表面具明顯縱稜。單一花序自新植株假球莖下半部側邊抽出，葉與花序約同時生出，花被展開時，葉已先一步展開。花數朵，轉位，萼片與側瓣基部合生成花被筒，花被筒基部具頦，基部黃色微凹陷，萼片及側瓣先端漸次轉為暗紅色，並向後反折。唇瓣三裂，淡黃色。

分布

目前僅知分布於蘭嶼，喜溼潤的環境，生於熱帶雨林的原始森林下，光線約為半透光至略遮蔭的環境。

田野筆記

延齡罈花蘭早期被併入台灣罈花蘭，但外形與台灣罈花蘭差異頗大，為何被併，大概是因為兩者壓成標本時顏色無法顯示，致被誤認。

▼▶ 1. 新植株的葉芽及花芽。2. 生態環境。
　　3. 花正面。4. 花序背面，可見花轉位。

1

2　　　　3　　　　4

一葉罈花蘭
Acanthephippium striatum

特徵

假球莖簇生，假球莖具莖節，新植株自成熟植株的假球莖基部旁抽出。新植株含假球莖、葉及花序。葉通常 1 片，偶有 2 片的現象，有別於台灣罈花蘭通常 2 片葉，及延齡罈花蘭 3 片葉。1 或 2 個花序自新假球莖下半部旁抽出，花數朵，白色，萼片及側瓣基部合生成花被筒，花被筒基部急縮成純尖狀的頷，萼片及側瓣具數條縱向紅色脈紋。花僅半展，唇瓣乳白色，先端漸轉淡黃，近先端處具塊狀紅斑。新假球莖先開花，花謝後葉片才開始生出。果莢成熟約需 8 個月，果莢約於年底至次年初成熟爆開。

分布

台灣全島竹林下或闊葉林下，竹林下較多，喜東北季風盛行區域，地表溼潤地帶或中南部中海拔霧林帶，光線約為半透光環境。

▼ 1. 生態環境。
　 2. 花謝後葉子再展開。
　 3. 假球莖簇生。
　 4. 成熟果莢及種子。

台灣罈花蘭 別名：罈花蘭

Acanthephippium sylhetense

特徵

假球莖聚生，卵圓柱形，具莖節，新植株自成熟假球莖基部附近分蘗生出。葉通常 2 片，少數 3 枚，有別於一葉罈花蘭葉通常 1 片，以及延齡罈花蘭 3 片葉。花序自新植株假球莖下半部側邊抽出，花 2 至 6 朵，萼片及側瓣合生成花被筒，花被筒基部乳白色，萼片及側瓣先端密被紅斑，無縱向條紋，側萼片先端微向後反折。花先開，然後在花尚未凋謝前，新植株的葉片再生出。果莢成熟期約需 10 個月左右，於次年 2 月至 5 月成熟。

分布

台灣全島低海拔零星分布，北部較少，中南部較多，但數量遠較一葉罈花蘭為少，長於竹林下或闊葉林下半透光環境。

▼ 1. 生態環境。
　 2. 新植株。
　 3. 花序。
　 4. 成熟尚未裂開的果莢。

氣穗蘭屬 / *Aeridostachya*

本屬台灣僅1種，細花絨蘭外表與舊絨蘭屬其他物種外形差異頗大，《台灣原生植物全圖鑑》將細花絨蘭另立為氣穗蘭屬，本書從之。

細花絨蘭　別名：*Eria robusta*
Aeridostachya robusta

特徵

植株外形與金稜邊相似，只葉子稍寬些，又同樣是長在樹上，沒開花時很容易誤認。花序約與葉長等長，花密生，花朵極小，約1公分長，花自花序基部漸次向花序先端展開，花向四方伸展，有如細長的瓶刷子，一花序花數可達百朵以上。

分布

目前僅知老佛山及大漢山附近有發現紀錄，但老佛山的棲地已被颱風摧毀，大漢山已多年未再現蹤，目前想一見芳蹤有一定的難度。分布在涼爽潮濕的環境，生於成熟森林樹冠上層樹幹上厚厚的苔蘚中，這種環境代表空氣濕度高且穩定，所以低海拔的雲霧帶是唯一選擇，光線為略遮蔭的環境。

田野筆記

2007年4月4日，在植物獵人洪信介的帶領下，我和郭明裕老師及許天銓先生在老佛山上見到這種珍稀蘭花，第一次也是最後一次。在此要特別感謝洪信介先生，沒有他的協助，我可能就無法拍到這種稀有的物種了。

在我拍到細花絨蘭不久後，颱風在台東大武附近登陸，中心橫掃老佛山，高大樹木幾乎全倒，整個生態系遭到破壞，細花絨蘭也就消失了。颱風後，我曾數度前往老佛山觀察，但因沙勒竹蔓生阻擋去路，無法到達原棲地。直到2016年1月20日終於排除萬難到達山頂，見該地只剩寥寥數棵大樹，殘存樹木不似當年生機盎然，根本找不到細花絨蘭的蹤跡，空氣也異常乾燥，估計短期內即使有細花絨蘭的種源，因環境不對，也不容易長出來。

▼ 1. 花序。2. 開花植株生態。

糠穗蘭屬（禾葉蘭屬）/ Agrostophyllum　　　本屬台灣僅 1 種。

台灣糠穗蘭
Agrostophyllum formosanum

特徵
莖叢生，正面稍扁平兩側稜呈銳角狀，多莖節，葉具關節，長橢圓形生於莖節上。花序頂生，可多年重複開花，花極小，數百朵聚生於莖頂成半球形，於數日內同時開放，花白色，蕊柱淡黃色，果莢似米粒大小。

分布
花蓮、台東、屏東低海拔原始闊葉林下，溫暖潮溼，光線約為半透光至略遮蔭的環境。

田野筆記
以往紀錄均為附生，但我在台東山區看到大片糠穗蘭生長在山坡上的泥土中或岩石上，亦曾見到長在樹上的植株。
同一生育地前一年開花和次年開花的季節會截然不同，所以賞花要靠運氣或勤快多跑幾次觀察。依我的了解，秋季比較容易遇到開花。

本種十分稀有，我曾在台東山區看到兩大族群，兩年後卻全部消失不見，可見盜採極為嚴重。我曾在台東知本的某商店看到上百棵野採糠穗蘭，同時有蘭嶼竹節蘭、黃穗蘭等，大量堆疊在店內的塑膠籃內，均是野採等待販賣的物品，若短期內沒賣完，這些蘭花會面臨存活問題，無法想像販賣野生蘭花的人會以這樣的方式處理。先不論法律層面，我主張不要野採，但理想與現實差異太大，我只希望販賣野生蘭花的人在出售前都會好好珍惜，妥善照顧，最好能以人工繁殖代替野採。

▼ 1. 附生於樹幹上的植株。2. 同一花序可多年重複開花。3. 果莢細小，大約米粒狀大小。

生於岩壁上的植株。

雛蘭屬（無柱蘭屬、假羽蝶蘭屬）/ *Amitostigma*

傳統的分類，本屬還有南湖雛蘭。最新分類有些書甚至已無雛蘭屬。本書本屬仍留 1 種。

小雛蘭　別名：*Amitostigma yuukiana*；*Hemipilia gracile*
Amitostigma gracile

特徵

葉冬枯，於 4 月間始萌芽生出，莖極短或無，新芽含葉 1 枚及 1 花序，葉全緣綠色長橢圓形，表面具不明顯細網格。花序頂生，花序梗可達 10 餘公分，花自底層漸次向花序先端展開，均向光線較強的方向展開，花數多者可達約 40 朵。花粉紅色，上萼片與側瓣形成罩狀，唇瓣三裂不被毛，裂片全緣，中心偏白。蕊柱甚短，向後延伸成距，距圓柱狀，長約為花被片一半的長度。每年 9 月葉開始轉黃漸次枯萎。果莢約於花謝後 2 個月成熟。

分布

目前僅知分布於苗栗及南投中海拔山區，生於苗栗的環境是稜線上生滿苔蘚的地形，是雲霧帶通風良好僅略有遮蔭的環境，附近伴生有絳唇羊耳蒜及腳根蘭。生於南投的環境是雲霧帶迎風坡略有遮蔭的環境，附近伴生有德基羊耳蒜及台灣喜普鞋蘭。

▼ 1. 9 月起葉片漸次枯黃，乾枯前可見葉面具細網格。2. 果莢約於當年 9 月成熟。
　 3. 生於略遮蔭的岩壁上，與苔蘚伴生。

兜蕊蘭屬 / *Androcorys*

《台灣蘭科植物圖譜》將腳根蘭併入兜蕊蘭屬，本書依原分類，保存腳根蘭屬。

小兜蕊蘭 別名：*Herminium pusillum*
Androcorys pusillus

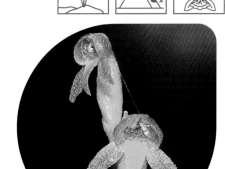

特徵
葉僅 1 枚，圓形或橢圓形，貼地而生。花序自葉基中心抽出，花疏生綠色甚小，子房轉位 180 度成扭曲狀。萼片具緣毛，上萼片與側瓣形成罩狀。唇瓣舌狀不裂，向下伸展，略彎曲。乾枯果序可殘存至次年花季。

分布
中央山脈及雪山山脈針葉林下或林緣箭竹林下，生長在半透光的環境。

田野筆記
花期早晚要看海拔高度而定，海拔低花期較早，海拔高花期較晚。

本種有時會長在高大針葉樹林下的大岩石表面，與苔蘚伴生，我曾在南湖主峰到南湖南峰途中，在一片原始林下看到一個低矮的大岩石上長滿苔蘚，苔蘚內長了許多小兜蕊蘭，與鬼督郵屬植物伴生。

▼ 1. 生態環境。2. 葉僅一枚。3. 花轉位，唇瓣舌狀不裂。4. 萼片具緣毛。5. 開花後次年 6 月的宿存果莢。

安蘭屬 / Ania

具肥大的假球莖，假球莖外表光滑或具縱稜。單葉頂生，葉柄甚長，基出平行脈，具多條縱向皺摺。花序自假球莖基部抽出，花疏生，黃色至紫色。安蘭屬原來屬於杜鵑蘭屬中的一群，經過學者以 DNA 分析，新分類將安蘭屬獨立出來。

香港安蘭 別名：香港帶唇蘭
Ania hongkongensis

特徵

具假球莖，葉 1 枚生於假球莖頂，具數條基出平行脈，表面淡灰綠色，具數條縱向皺摺，外形大致與綠花安蘭相同。單一花序自假球莖基部抽出，整個花序不被毛，花數朵至 10 餘朵疏生。萼片及側瓣分離，半展或全展，紅褐色被多條紫色脈紋。唇瓣三裂不明顯，粗鋸齒緣，基部兩側向上翹起呈 U 字型，微與蕊柱側緣相接觸，未有半包覆蕊柱的現象，先端銳尖不反折，唇盤具 3 至 5 條縱稜。蕊柱基部向後延伸成橢圓球形的短距。

分布

目前僅在南投民間鄉及竹山鎮附近發現，生於乾濕季分明的區域，光線為略遮蔭的環境。

田野筆記

本種是 2021 年魏武錫先生於民間鄉某社區發展協會探勘古道資源時發現，次年再次前往探勘已不見蹤影。

▼▶ 1. 葉表面淡灰綠色，具數條縱向皺摺。2. 具橢圓球形短距。
3. 花序長，花疏生。4. 單一花序自假球莖基部抽出。

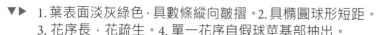

2

3

4

綠花安蘭
Ania penangiana

特徵

植物體常叢生，假球莖圓球形或橢圓球形，紫色至深綠色，具稜或不具稜，較乾旱環境的假球莖常有皺縮的現象。單葉頂生，葉柄甚長，具關節，葉基出平行脈，具數條縱向皺摺，於開花後漸次枯黃。花序梗自假球莖基部抽出，花疏生，黃褐色或紫色。萼片及側瓣內面具多條縱向脈紋。唇瓣明顯三裂，先端向下反折，側裂片常半包覆於蕊柱兩旁。距橢圓球形。以我的觀察心得，假球莖紫色的植株花色為紫色，假球莖為深綠色的植株花色為黃褐色，中間型則花色多樣化。

分布

中南部地區，喜乾溼季分明的區域，生於闊葉林下或竹林下，南投及台南附近常見生於竹林下，屏東常見生於闊葉林下，光線約為略遮蔭的環境。

田野筆記

	唇瓣是否三裂	側裂片或基部	唇瓣先端	葉表顏色
香港安蘭	不明顯	未包覆蕊柱	不反折	灰綠色
綠花安蘭	明顯	半包覆蕊柱	向下反折	綠色

▼ 1.花序。2.紫色假球莖。3.綠色假球莖，環境濕潤假球莖不皺縮。4.距橢圓球形。5.黃褐色花，有訪花者。

金線蓮屬（開唇蘭屬）/ *Anoectochilus*

本屬在台灣共有 4 個物種，均為葉面深墨綠色且具白色網紋，白色網紋有明顯與不明顯的分別，但並不能作為種與種分辨依據。台灣金線蓮的網紋均十分明顯，半轉位金線蓮、恆春金線蓮及香港金線蓮的網紋則是從很明顯到僅中肋具一條白線間連續變化。至於花季，本屬 3 種花季大致重疊，如以大數據來說，以半轉位金線蓮花季較早，恆春金線蓮及金線蓮次之，台灣金線蓮花季較晚。本屬大家印象最深刻的就是傳說中的藥效，所以採集金線蓮就成了商業行為，早期常有大片群落的生長，如今只能在山上稀稀落落的看見。除了人類的大量採集外，近年禁獵有成，山區鳥類族群大量增加，有些鳥類喜啄食金線蓮，且覓食時鳥爪挖土造成植株受損，所以金線蓮的生存已大受威脅。

台灣金線蓮
Anoectochilus formosanus

特徵
葉墨綠色，具明顯白色網紋。花序自莖頂抽出，花轉位 180 度。花序梗、苞片外側、子房、萼片外側明顯被毛。唇瓣白色三裂，兩片側裂片演化為兩列黃色梳齒狀裂片，中裂片則再裂為左右 2 片。上萼片與側瓣重疊形成罩狀，側萼片斜向兩側下方伸展。距半球形尾端略尖不裂，僅微露出萼片基部。

分布
全台灣各地零星分布，生於闊葉林或竹林下，需土地較濕潤乾溼季不明顯的區域，光線為遮蔭較多的環境，通常生長在較陰暗的地方。

▼ 1. 生態環境

田野筆記

台灣金線蓮是金線蓮屬中分布最廣且最常見的物種，各地花期參差，我在海拔 500 公尺以上地區記錄到的花季均為 10 月及 11 月。12 月 8 日在海拔 350 公尺的地方遇過盛花。12 月 25 日在海拔約 100 公尺的地方也記錄到盛花狀況。所以本種花季有可能和海拔高度有關，海拔越高花季越早，海拔越低花季越晚。宜蘭靠太平洋沿岸地區海拔最低。

本種被視為保健聖品，常被有心人士採摘，有人甚至以採野生金線蓮為業，但許多人並不認識金線蓮，導致銀線蓮、小小斑葉蘭、白肋角唇蘭、鳥嘴蓮、雙花斑葉蘭等均被採。因為長年野採，目前野外已不易見到野生植株，野採金線蓮的叫價已到 600 公克新台幣 2 萬元之譜，但高價買到的可能不是真的金線蓮。目前已有人工種植的金線蓮，質純價格又較低，如果真的要買，就買人工種植的產品，保證品質又較不傷荷包。

早期有一次在山上碰到採金線蓮的人士，言談間對方提及金線蓮有母的金線蓮與公的金線蓮，還說母的藥效較好，公的藥效較差。母的當然就是台灣金線蓮了，但不知公的是何種蘭花，當時以為是銀線蓮，數年後才從原住民口中得知，公的是鳥嘴蓮，去掉葉子後，莖與金線蓮不易分別，常被混在金線蓮中出售，原來金線蓮的買賣也存在仿冒。

▼▶ 2. 葉墨綠色，具明顯脈紋。3. 花側面，距微露出側萼片。
4. 果莢，內含種子。

恆春金線蓮
Anoectochilus koshunensis

200-2000m　9-12月

特徵

葉墨綠色，從僅中肋被白色細紋到整個葉面具明顯白色網紋。花序自莖頂抽出，花不轉位，花序梗、苞片外側、子房、萼片外側明顯被毛。唇瓣白色三裂，中裂片則再裂為左右二片，二裂片均往上伸展。二片側裂片較中裂片為小，先端具鋸齒緣。唇瓣基部明顯隆起成二叉狀，蕊柱則生於隆起物的正下方，柱頭則生於蕊柱的兩側，外形如兩個白色半圓球形物體。上萼片與側瓣形成杯狀物，如同由下而上托住蕊柱。距則由蕊柱向後斜上生出，尾端明顯二裂。

▲ 唇瓣三裂，側裂片向兩側伸展，中裂片再二裂，向上伸展。

分布

全台灣各地零星分布，生育地與台灣金線蓮重疊，生育地為土地濕潤乾濕季不明顯的區域，光線為遮蔭較多的環境。

田野筆記

我記錄到海拔最高的是在新竹後山 2,000 公尺處，花期是 9 月上旬，海拔最低處是恆春半島東側 200 公尺的地方，日期是 12 月 29 日，正是盛花期。兩地花期相差甚久，除了海拔高度，緯度亦可能是影響因素之一。

▼ 1. 葉表面不具白色網紋的植株。2. 葉表面具白色網紋植株。3. 花不轉位，距向後伸出，尾端二叉，唇瓣尚未完全展開。4. 唇瓣與距外形呈 V 字形。

金線蓮
別名：*Anoectochilus yungianus* 香港金線蓮；容氏開唇蘭
Anoectochilus roxburghii

400-700m　9-11月

特徵

葉深綠色，僅中肋或三基出脈具淡淡金色脈紋，而香港所產葉表面具明顯黃色網紋，有人會懷疑是否同種，其實這道理很簡單，恆春金線蓮與半轉位金線蓮的葉表面是由中肋被白色細紋到整個葉面具明顯白色網紋，同理，金線蓮的葉面是由中肋被黃色細紋到整個葉面具明顯黃色網紋，這就可以理解了。除葉表有上述問題外，花和香港所產的花是相同的。花序自莖頂抽出，花數朵，花不轉位，花序梗、苞片外側、子房、萼片外側明顯被毛。唇瓣白色三裂，二片側裂片演化為兩列白色梳齒狀裂片，中裂片較小，再分為左右兩裂片。唇瓣基部明顯隆起成半圓筒形的物體，上方具裂口，蕊柱則生於半圓筒形物體的正下方，蕊柱先端的藥蓋向上正對半圓筒物體的裂口。柱頭則生於蕊柱的兩側，外形如兩個白色半圓球形物體。側瓣合生成心形杯狀，將蕊柱托住，上萼片較小，貼合生於側瓣外側。

▲ 唇瓣基部隆起成半圓筒狀。
▼ 生態環境。

分布

目前僅知分布於宜蘭及新北烏來山區，生於原始闊葉林下乾濕季不明顯的區域，光線遮蔭較多的環境。

田野筆記

金線蓮約於 2019 年被屏科大的學生所發現，也帶學者至生育地看過，但聽說後來被動物吃掉了。2020 年及 2021 年分別有登山客發現的紀錄，可見生育地不止一處，但族群極小。

▼ 1. 中肋具淡淡金色脈紋。2. 花不轉位，側裂片演化成兩列梳齒狀裂片，中裂片在上方再裂成二小片。3. 柱頭生於蕊柱兩側。4. 圖上方為距，末端分叉成二銳尖，下方為唇瓣基部，呈二裂圓頭狀。

半轉位金線蓮 別名：寬唇金線蓮
Anoectochilus semiresupinatus

特徵

葉墨綠色，從僅中肋被白色細紋到整葉具明顯白色網紋。花序自莖頂抽出，花轉位90度。唇瓣白色，三裂，中裂片則再分為左右二裂，二中裂片往水平方向伸展。二片側裂片較中裂片為小，先端具鋸齒緣。距平伸或斜向下生出，尾端明顯二裂，外形與恆春金線蓮相似。

分布

已知分布地在北部及東北部、部分生育地與恆春金線蓮生育地重疊，生於乾濕季不明顯的區域，光線遮蔭較多的環境。

田野筆記

	二中裂片朝向	花轉位角度	唇瓣與距外形	唇瓣二裂片
恆春金線蓮	向上	不轉位	V字形	較窄
半轉位金線蓮	水平	轉位90度	> 或 < 符號	較寬

▼ 1. 葉表面具白色網紋的植株。2. 葉表面無白色網紋植株。3. 唇瓣與距外形呈 > 字形。4. 11月底果莢。

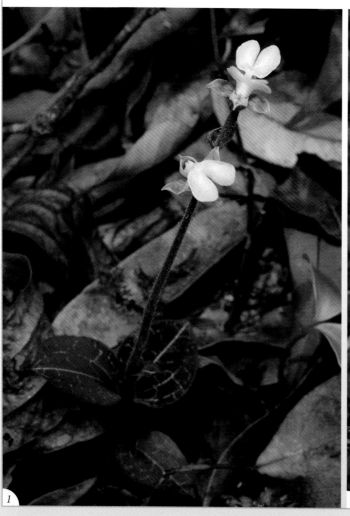

田野筆記

2009 年 8 月 1 日，我和內人前往桃園復興山區做野外觀察，首先看到一大片白赤箭的果莢，拍照時，聽到內人在前面興奮的叫聲，心想準又是發現好東西了。立刻前往察看，果不其然，有幾十棵金線蓮屬的蘭花正在盛開，花的樣子和恆春金線蓮十分相似，但唇瓣較寬，且唇瓣生長的角度也不一樣。和內人討論的結果，判斷是不一樣的物種，回家後請許天銓先生鑑定，許天銓先生也覺得和恆春金線蓮不一樣。同年的 9 月 5 日，我們夫妻和許天銓先生前往苗栗中海拔山區探勘，在海拔約 1,700 公尺的林下再度發現本物種，當時已是花期末，但不影響鑑定花的特徵。許天銓先生鑑定後決定發表為新種，於是以其特徵命名為寬唇金線蓮投稿，那次投稿並不順利，遭到退件。但許天銓先生仍認為和恆春金線蓮有所區別，因此在其新書《台灣原生植物全圖鑑第一卷》第 294 頁中發表為半轉位金線蓮。

依林讚標教授的意見，轉位是行為不是形態特徵，因此本種仍為恆春金線蓮的種內變異，不能視為獨立物種，在此特別說明。

2010 年 8 月 6 日，我再度前往復興山區，想觀察半轉位金線蓮，但到達目的地已無發現，大概又是被採蘭人士採走了。2020 年 6 月初在宜蘭某條登山步道上看到一片金線蓮，查看植株形態，初估是半轉位金線蓮，已經來花苞了。大約算了一下，包括沒花苞的，大小約有 50 棵以上，是近年來發現最大的族群。因此興起開花時再來記錄的念頭，順便印證是不是半轉位金線蓮。7 月 15 日懷著期待前往，但到了目的地，傻眼，一整片金線蓮全不見了。依照往例，第一眼看不到目標物並不會澆熄我對找尋蘭花的熱忱，就在附近做地毯式的搜索，終於在一堆枯枝縫內找到一棵開花株，是半轉位金線蓮沒錯。這和我當初期待看到一整片花的情景落差太大了，一整片金線蓮被採到剩下一棵！我已經歷過很多次這種情形，很多蘭花就因為人為採集而越來越稀少，在此誠懇呼籲，如非必要，請勿採集美麗的蘭花了。

無葉蘭屬 / *Aphyllorchis*

無葉蘭屬植株外形均十分相似，無法以肉眼辨識，唯有花的唇瓣不同，因此 2010 年以前只有山林無葉蘭的紀錄，2011 年以後才相繼發現圓瓣無葉蘭及薄唇無葉蘭。花粉塊生於藥蓋的兩側。

山林無葉蘭 別名：紫紋無葉蘭
Aphyllorchis montana

特徵

花序梗自土中冒出，約 40 至 70 公分，黃紫斑塊混雜，上半部紫色斑塊較多，下半部則較少，外觀由上至下由紫變黃。花淡黃色，轉位，萼片外側帶紫斑，唇瓣分為兩段，近基部一段甚短，兩側三角形向上翹起，等同唇瓣三裂的側裂片。唇瓣中段較寬，兩側向上翹起呈 U 字形。近先端三分之一則較為平展，具粗鋸齒緣，且兩側微翹起呈包覆狀，於鋸齒狀凹處具條狀黃色色暈，延伸擴染漸次擴大至唇盤中央凹陷處。

分布

台灣各地低海拔闊葉林下或柳杉、福州杉、香杉等林下零星分布，新北、桃園、新竹、南投、宜蘭、花蓮、台東等地較常見，光線為半透光的環境。

田野筆記

紫紋無葉蘭開花後，第二年在原地很難再見其開花，到底需若干年後再開花是個謎，所以在野外，紫紋無葉蘭總是不期而遇，令人驚喜連連。

▼▶ 1. 生態環境。2. 花側面。3. 全株黃紫斑塊混雜。
4. 果莢約於 10 月成熟。

薄唇無葉蘭

別名：屏東紫紋無葉蘭
Aphyllorchis montana f. *pingtungensis*

Aphyllorchis montana var. *membranacea*

特徵

和紫紋無葉蘭極為相似，僅唇瓣不同，唇瓣甚薄，唇瓣兩側比唇盤中央更薄，整體僅微凹凸或平展，中段至先端邊緣不翹起包覆，具細鋸齒緣，鋸齒凹處無黃色條狀色暈，外形看起來已有半花瓣化的傾向，尚未完全花瓣化。

分布

目前僅知分布地在壽峠一帶很小的範圍內，但中央山脈南端一帶和壽峠環境相似的還不少，在交通不便渺無人跡處，是否還有薄唇無葉蘭的分布尚未知曉。光線約為半透光至略遮蔭的環境。

田野筆記

2015 年 10 月 28 日，我和內人在壽峠山區觀察，依慣例我在拍照，內人走在前面尋找，約 11 時 14 分，我正在拍攝三裂皿蘭，內人在前頭忽然大聲叫我，心想八成又有新發現了。快步走向前看，是無葉蘭，本以為是山林無葉蘭，但仔細看後，唇瓣不像紫紋無葉蘭，也不是圓瓣無葉蘭，又是一個新的物種。太好了，立刻打電話給許天銓先生，他在電話中的語氣帶著懷疑，問我會不會看錯了。怎麼可能？紫紋無葉蘭及圓瓣無葉蘭我看過太多了。稍後我也打電話給郭明裕老師說明情況及地點，拍照後繼續下個行程。次日郭明裕老師來電，認為是新的物種，許天銓先生則始終未積極處理。直到 2017 年 3 月，才在其與鐘詩文博士共同編輯的《台灣原生植物全圖鑑第一卷》第 29 頁中處理為薄唇無葉蘭。

2015 年底，有愛蘭人士在壽峠附近找到無葉蘭的果實，並分享給同好，他們都以為是紫紋無葉蘭，於次年開花拍照後，仍未看出是新物種。我當時曾和沈伯能先生在電話中討論此問題，並告知我前一年在同地區看過，是不一樣的新種。於是才有人採標本給林讚標教授請求鑑定，林教授後來於 2017 年 5 月 5 日發表為屏東紫紋無葉蘭 *Aphyllorchis montana* f. *pingtungensis*，所以屏東紫紋無葉蘭是薄唇無葉蘭的別名。

▼ 1. 生態環境。2. 花序。3. 花側面。4. 幼果莢。

圓瓣無葉蘭 相關物種：*Aphyllorchis simplex*

Aphyllorchis montana var. *rotundatipetala*

400-800m ｜ 8-9月

特徵 除唇瓣有所不同外，其他部位與山林無葉蘭及薄唇無葉蘭幾無二致，山林無葉蘭唇瓣無瓣化現象，薄唇無葉蘭則唇瓣半花瓣化，圓瓣無葉蘭則唇瓣完全花瓣化。

分布 目前已知分布地有新北、桃園、新竹及台中和平區的谷關山區。生育地大都在稜線上，是乾濕季不明顯的區域。谷關的生育地則在迎風坡面上，是乾濕季明顯的區域，光線則均同為半透光至略遮蔭的環境。

▼ 1.有時會成叢生長。2.花側面。3.果莢約於9月底至10月初成熟。

1

2

3

田野筆記

2011 年的冬天，我及林仕雄先生分別在三峽的一條登山步道上看到無葉蘭的結果株，2012 年的 8 月 21 日，我和內人一起去走該條步道，看到無葉蘭剛開了一朵花，遠觀以為就是紫紋無葉蘭，但近拍特寫時發現唇瓣和紫紋無葉蘭不一樣。當下在現場就打電話給柳重勝老師報告發現一種唇瓣和側瓣一樣的無葉蘭，巧的是，柳老師立刻說他昨天剛收到一份同物種的標本，是林務局的李祈德先生所採，但標本的花尚未開，且只發現一棵，在解剖標本後才確定是新物種，因未取得開花標本，所以需至三峽生育地採一份開花標本。為求慎重，柳老師決定親自到生育地觀察，8 月 30 日我帶柳重勝老師及李祈德先生至生育地記錄生態及採取標本，當時發現約有 10 餘棵開花株，都開著一樣的花朵。本種與 *Aphyllorchis simplex* 外觀相似，發表前，柳重勝老師曾就物種之特徵請教 *A. simplex* 之發表者，最後根據現有證據，還是發表為新種，本人亦是作者之一。

許天銓先生最先將本種視為是 *Aphyllorchis simplex*，但未有詳細之論述，還有討論的空間。我的意見，*Aphyllorchis simplex* 的花瓣較本種薄及較展開，平坦不反捲，而圓瓣無葉蘭的花瓣是縱向反捲的，有相當程度的差異，因此認為是不同種，應用 *Aphyllorchis montana* var. *rotundatipetala* 為學名。

▼ 4. 花序。

竹節蘭屬 / *Appendicula*

莖叢生，不具假球莖。葉密集兩列互生，無葉柄，葉鞘苞莖。花序腋生或頂生，花不轉位。台灣有 4 種，本島 2 種，蘭嶼 2 種，生育地不重疊。除長葉竹節蘭地生兼低位附生外，餘均為附生。

長葉竹節蘭
別名：*Appendicula terrestris*

Appendicula fenixii

特徵

莖叢生，無假球莖。地生者直立莖較短，附生者附生於樹幹之低位，莖平生或斜下垂，較長，長者可達 70 公分。莖細圓柱狀，具莖節，通常無分枝。葉生於莖節上，無葉柄，葉基具鞘，鞘包莖，鞘常宿存呈白色，但宿存葉鞘脫落後，莖表面實為綠色。若莖先端枯死，莖側邊會長出新芽，新芽基部長根，可於著地後另長新植株。葉長橢圓形，葉尖漸尖，葉先端微凹，凹陷處於葉中肋延伸出極細尾尖。花序腋生或頂生，一莖多花序，一花序多朵花，花白色，僅半展，花被片均向前伸展，唇瓣微向下反折，不轉位。花次第開放，一個花序花期可持續數個月或一年以上，偶可見宿存花序約與葉長等長甚或更長。

分布

蘭嶼全島原始林中，屬熱帶雨林區的氣候，生於半透光至略遮蔭的環境。

田野筆記

地生或低位附生，以地生數量較多。

▼▶ 1. 地生植株。2. 葉尾端微凹，凹陷處於葉中肋延伸出極細尾尖。3. 開花植株。4. 1 月初果莢。

1

3

4

多枝竹節蘭
Appendicula lucbanensis

特徵

植株外觀與長葉竹節蘭相似，但常有分枝。葉長橢圓形，近先端具細鋸齒緣，葉尖微凹陷，凹陷處具葉中肋延伸的細尾尖。花序頂生，無腋生花序，花序下垂，未見宿存花序。花僅半展，花被片向前伸展，淡綠色。唇瓣淡綠色，帶紫暈或不帶紫暈，略向下彎折，唇盤中肋平坦或略凸起，先端具尾尖或不具尾尖。蕊柱先端兩側及藥蓋被深紅色斑塊。

分布

目前僅知分布於中央山脈南南段低海拔霧林帶的原始林中，喜歡通風良好且濕度較高的環境，多數長在稜線附近的大樹幹上，光線為半透光至略遮蔭的環境。

田野筆記

本種是許天銓先生及洪信介先生等人於 2014 年（或 2013 年）前往中央山脈南端採得植株攜回林業試驗所種植，於 2014 年 5 月底看到開花，並於 2015 年發表於《林業研究季刊中文版第三十七卷第一期》，共同作者為許天銓先生、洪信介先生、鐘詩文博士。2015 年元旦假期，我隨同許天銓先生及洪信介先生等多人另覓他徑前往該生育地觀察，該地渺無人跡，沒有登山路徑，只能持刀開路前行，外加 GPS 判定方位，那一次花了 3 天，終於完成多枝竹節蘭之探查。2016 年 6 月 2 日，我們夫妻正在南台灣做生態觀察，因正值多枝竹節蘭的花期，臨時決定前往拍攝開花生態照，歷經一番辛苦奮鬥，終於看到剛開花的多枝竹節蘭，如果早來兩天，只能看到花苞了。林試所種植的花於 5 月底開花，比自然環境稍微早了些，可能是人工栽植的關係，所以野外賞花，應該選擇 6 月初以後。能拍到本種開花照，特別感謝許天銓先生及洪信介先生。

多枝竹節蘭的生育地位於雲霧帶，又無明顯路徑及登山路條，近中午常有雲霧籠罩，因此容易迷路。我於 2016 年 6 月 2 日前往拍花時，天微亮就由登山口起登，去程尚稱順利，但中午拍花時已起大霧，方向難辨，回程時因為大霧及處於原始林下，GPS 無法順利抓到衛星，即使抓到衛星，也常有延遲的情形，因此一度在山上打轉，幸好發現的早，改用起登點定向前進，才能順利下山，回到登山口時天色已暗，此一經驗提供花友參考。

▼ 1. 生態環境。2. 葉尖附近細鋸齒緣，葉尖微凹，中肋延生出細芒尖。3. 花序頂生。
4. 唇盤中肋略凸起，延伸至唇瓣先端略成尾尖。

 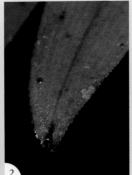  

2　　3　　4

台灣竹節蘭
別名：*Appendicula formosana*
Appendicula reflexa

1200m 以下　　5-11 月

特徵

一株多莖，斜上至斜下生長，莖長圓柱狀，不分枝，長可達 50 公分，常見大片群落聚生。葉長橢圓形，二列互生，葉與葉間距離短，葉具葉鞘，鞘包莖，鞘與葉身間具關節，葉先端微凹，凹陷處具細尾尖，尾尖向前伸或微向上伸。花序腋生或頂生，花序短，不定時不定前後次序自葉腋向葉表面或葉背面方向抽出。花展開度較佳，淡綠色，花被片向前伸展，唇瓣先端略向下彎折。側萼片下緣明顯部分合生，包住唇瓣基部成頦，外形與蘭嶼竹節蘭相似，但蘭嶼竹節蘭花被先端略帶紅褐色，台灣竹節蘭則無，兩者稍有不同。

▼
1. 尾尖較細，向前或向上伸展。
2. 花序頂生植株。
3. 花序腋生植株。
4. 常大片附生於樹幹上。
5. 結果率高。

分布

花蓮、台東、屏東等地東北季風盛行區域，喜溫暖且乾溼季不明顯的區域，光線為半透光至略遮蔭的環境。

1

田野筆記

大都附生於樹幹上，偶見附生於岩壁上，附生於岩壁上的狀態較差，通常植株較小，未發現過較大片的群落。未開花時台灣竹節蘭與蘭嶼竹節蘭外形相似，可由葉中肋延伸的尾尖來區分，台灣竹節蘭的尾尖較細，向前或微向上伸展，蘭嶼竹節蘭的尾尖較粗，微向後反折。

2

3

4

5

蘭嶼竹節蘭 別名：*Appendicula kotoensis*

Appendicula reflexa var. *kotoensis*

特徵
莖叢生，一株多莖，莖細圓柱形具莖節，斜上至斜下生長，不分枝，長約 20 餘公分。葉橢圓形，生於莖節，二列密集互生，葉具葉鞘，鞘包莖，鞘與葉身間具關節，葉先端凹陷，凹陷處具尾尖，尾尖微向後反折，莖及葉較台灣竹節蘭短小。花序腋生或頂生，花序短，不定時不定前後次序自葉腋向葉表面或葉背面方向抽出。花展開度較佳，花被先端略帶紅褐色。

分布
目前僅知分布於蘭嶼，是熱帶雨林氣候區，四季溫暖且空氣濕潤，光線為半透光至略遮蔭的環境。

▲ 花被片帶紅褐色暈。

▼ 1. 附生於樹冠層高處。2. 莖不分枝。3. 葉先端凹陷，凹陷處具向後反折約 45 度的尾尖。
　 4. 花序腋生或頂生。5. 10 月初果莢。

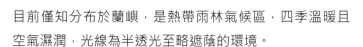

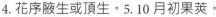

龍爪蘭屬 / *Arachnis*　本屬台灣僅 1 種。

龍爪蘭　別名：窄唇蜘蛛蘭
Arachnis labrosa

  200-800m 7-8 月

特徵

為大型附生蘭，莖圓柱狀，無分枝，可無限制生長，但通常不超過 2 公尺。葉兩列互生，葉基具鞘，鞘包莖，葉與鞘間具關節，葉鞘宿存，莖常長粗大的氣生根。葉長帶狀，先端中裂成二裂片，二裂片等長，先端圓形。花序腋生，下垂花序可長達約 2 公尺以上，花疏生，僅子房基部微轉位或不轉位，子房大多不扭曲，花被片全展，線形，向四方輻射狀伸展，花色為純黃綠色及具紫褐色斑紋兩種，兩種植株常雜處同一生育地。唇瓣三裂，側裂片小且短，上方具圓形凸起附屬物，向兩側上方翹起。中裂片肥厚，唇盤基部兩側隆起。唇瓣與蕊柱僅基部相連，若蟲媒來訪，可上下擺動，有助於傳粉。距於唇瓣中段向下伸展，短圓柱狀。

分布

台灣全島零星分布，以高屏溪中游地區及各支流最多，其他地區零星分布。光線為略遮蔭。

2

田野筆記

多數為附生，但南部河谷地形且日照充足區域，常可見地生情形，研判可能是原為附生，但因乾季缺水而掉落地下求生存，在地上亦長得很好，能開花結果繁衍後代。果莢於次年 3 月以後成熟，內含絲狀物及種子，裂開後種子隨風飄散，絲狀物宿存果莢內。

3

▼▶ 1. 生態環境，莖不分枝，常下垂。2. 黃綠色，不被紫褐色斑塊的花。
3. 花僅於基部微轉位或不轉位。
4. 3 月初果莢。5. 裂果內的絲狀物，種子已散播完畢。

4

1

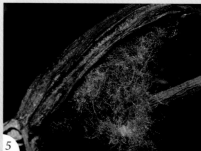

5

本屬台灣僅1種。

竹葉蘭 別名：葦草蘭、鳥仔花
Arundina graminifolia

900m 以下　全年開花

特徵

外型與禾本科蘆竹亞科蘆竹屬的植物相似，高可達1公尺餘，開花時，連花序可高達2公尺餘，植株細長，在短草地區，因日照充足，植株就較粗壯矮小，植株只在1公尺左右或較矮，無需依附而直立生長。若在長草地區，因日照稍差，植株就長得較高，需依附外力才能直立生長，通常依附在鄰近的高草植株上。花序腋生或頂生，總狀花序或複總狀花序，若植株弱小則為頂生之單一花序，若植株強壯，則會有腋生及頂生同時存在之花序，花序也可能會有分枝之情況。花甚大，萼片及側瓣淺紫色，側萼片依托於唇瓣底部不甚開展，唇瓣靠基部近二分之一捲成筒狀剛好護住蕊柱，離基部較遠的二分之一紫色扇形具大波浪緣，先端中裂，唇盤具2條縱稜，縱稜間為黃色。

▼ 1.生態環境。2.萼片及側瓣淺紫色，唇瓣靠基部近二分之一捲成筒狀。3.裂開的果莢。4.種子。

分布

以前竹葉蘭普遍分布於平地地區，但因平地過度開發及濫採，目前所剩之生育地已屈指可數，大致殘存之區域在新北、新竹、苗栗、南投等地。生育環境不外乎無法開發的環境，如新北翡翠水庫水源保護區內一座私人墓園及荒廢耕地，苗栗一處含水坡度很大的大岩盤上，南投分布地也在水源地保護區內，高速公路新竹段邊坡亦曾短暫出現過，推斷可能是人工種植。都是全日照的生長環境。

田野筆記

花期甚長，以春夏秋三季較多。

白及屬 / *Bletilla*

本屬台灣僅 1 種，早年台灣白及、蘭嶼白及分為不同種，如今已合併為台灣白及，詳細說明請參考台灣白及的內容。

台灣白及

別名：*Bletilla formosana f. kotoensis*；蘭嶼白及

Bletilla formosana

特徵

具地下球莖，葉數枚自地下球莖頂生出，狀似禾本科植物，葉表具縱摺。花序頂生，總狀花序，大棵植株花序常有分枝，花由基部依序往頂端展開，花僅半展，白色或具淺紫至深紫之色暈。唇瓣三裂，側裂片向兩側上方翹起呈 U 字形狀，唇瓣表面具 5 條黃色縱稜，先端具或不具紫色暈。

本屬稍早的分類分為台灣白及和蘭嶼白及 2 種，兩者在顏色確實有些許差異，但形態上極為相似，目前分類上已經合併為 1 種。在外表看來，台灣白及的唇瓣先端及蕊柱外側具紫色暈，蘭嶼白及則為純白色。在唇盤方面，兩者均具有 5 條黃色縱稜，但台灣白及唇盤有紫暈及紅棕色斑塊，蘭嶼白及則僅部分有此特徵，大部分僅是純黃色而已。

分布

分布於台灣本島及龜山島、綠島、蘭嶼等外島，最常見之區域為平地淺草地、河床、山坡地、公路邊坡，生育地為全日照的環境。

田野筆記

台灣白及在有些廢耕山坡草地，會有大片生長之現象，新竹寶山就曾經發現這種情形。在 3 號國道開通早期，北端的交流道及公路邊坡，曾見大量的台灣白及生長，所以白及亦可視為先驅植物物種，這在蘭科植物是比較少有的現象。

賞花期 5 月至 7 月最佳，低海拔花季較早，中海拔花季較晚。

▶ 1. 大棵植株具分枝。
2. 長在公路邊坡的台灣白及。
3. 裂開的果莢及種子。
4. 蘭嶼的台灣白及花被片大都為白色。

1

苞葉蘭屬 / *Brachycorythis*

苞葉蘭屬在台灣有 2 種，均十分稀有，可說是瀕臨滅絕的物種。

寬唇苞葉蘭 別名：擬粉蝶蘭

Brachycorythis galeandra

800-3000m　6-7 月

特徵

莖直立或下半部匍匐，上半部及花序梗為綠色。葉互生，長橢圓形，葉緣密被細肉刺。花自上半部植株的葉腋抽出，一片葉 1 朵花，一植株花多者可達 10 餘朵。下半部未開花的葉片與上半部葉腋開花的葉片完全相同。花萼及側瓣黃綠色，萼片先端具短芒尖。唇瓣寬大倒卵形先端微凹，淡紫色。唇瓣後端延生成距，喉部具毛，距尾端微二裂。

分布

苗栗、南投、屏東、中央山脈東部均有發現紀錄，生於竹林下、矮灌叢或矮箭竹林下，光線約為半透光環境。

▲ 花序，側萼片具芒尖。

田野筆記

寬唇苞葉蘭早年僅有零星發現，但 2000 年至 2020 年左右未聽有人見過，2021 年被發現在中部山區竹林下，數量極為有限，加上竹林內有噴除草劑的威脅，已是嚴重瀕臨絕滅的物種。

▼▶ 1. 生態環境。 2. 距側面鈍尖，正面二裂。
3. 花正面，喉部具毛。 4. 果莢。
5. 疑似蟲媒。 6. 葉表面。

1

2

6

4

5

北大武苞葉蘭 相關物種：*Brachycorythis helferi*

Brachycorythis peitawuensis

1500m　8月初

特徵

我未見過北大武苞葉蘭，其他資料不多，因此不做描述，以免誤導讀者。但 KBCC Press 出版之《台灣蘭花》（*The Wild Orchids of TAIWAN*）第118頁有詳細介紹，請自行參考。

分布

目前僅知分布於屏東北大武山區，光線約為半透光環境。

田野筆記

我曾數度前往當初發現地尋找北大武苞葉蘭，也找遍了附近生育環境相同的地方，均無所獲，但對北大武苞葉蘭的生育環境已有相當的了解。

▲ 花正面（王義富攝）。

The Wild Orchids of TAIWAN 書中說北大武苞葉蘭是台灣特有種，稍後出版的《台灣蘭科植物圖譜》又稱泰國有分布（根據林維明），但並未說明正確學名，因此未能在網路上進一步查詢。《台灣原生植物全圖鑑第一卷》所用學名為 *Brachycorythis helferi*，但上網查詢，*Brachycorythis helferi* 花外形變化多端，似乎是園藝種的品系，找不到和北大武苞葉蘭外形相同的。北大武苞葉蘭發表後，野外未曾再發現，據說某機構所種活體已經枯死，要進一步了解恐有難度。

2

3

▼ ▶ 1. 北大武苞葉蘭生育地。2. 花俯視（王義富攝）。
　　　3. 花側面（王義富攝）。4. 開花植株正面（王義富攝）。

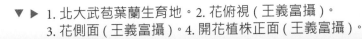

1

4

豆蘭屬（石豆蘭屬）/ Bulbophyllum

豆蘭屬具有漂亮的花朵，是很多人喜愛的目標，在台灣三萬五千多平方公里的土地上就有 40 多種不同的物種，分布海拔高度從不到 100 公尺到 2,500 公尺，有低位附生，也有中位、高位附生的物種，歧異度相當高，其中台灣特有種就超過一半以上。我在二十多年的野外觀察經驗中，發覺本屬有一個有趣的現象，那就是豆蘭屬的植株極易受環境影響。同一物種，在光線強的環境，假球莖較短，葉形較短較圓；在光線較弱的環境，假球莖較長，葉形較狹長。在光線較強的環境，同一物種生長時間短就會開花；在光線較弱的環境，則需較長的生長時間才會開花，生長時間甚至會超過一倍以上。

我在觀察豆蘭屬生態的過程中，曾發現多種豆蘭的葉片及假球莖表面生長出真菌，植株卻無腐敗分解的現象，似乎兩者能和平共存。這種真菌是否就是蘭花的共生菌，需經科學實驗才知道。具有這種現象的有觀霧豆蘭、白毛捲瓣蘭、短梗豆蘭、長軸捲瓣蘭。

豆蘭屬大體上可分為三種類型，均具匍匐根莖。

- 第一種類型為匍匐根莖一個或數個莖節長一顆假球莖，假球莖上長一葉，此類型通常一年新生一顆假球莖，假球莖需數年才能成熟開花。一顆假球莖通常一生僅可開一個花序，但還是有例外，至於假球莖需多久時間才能成熟開花，視物種及生長環境不同，差別甚大。假球莖具膜質托葉，托葉早枯。

- 第二種類型為假球莖退化僅生單葉的類型，此類型花序自莖節抽出，有花序的莖節有長葉，也有不長葉的。

- 第三種類型為葉叢生，此類型花序自葉腋抽出，可數年間自不同葉腋抽出花序。

本屬最複雜的物種是觀霧豆蘭複合群，計有觀霧豆蘭、柳杉捲瓣蘭（燕尾豆蘭）、石仙桃豆蘭、克森豆蘭、北大武豆蘭、寬萼捲瓣蘭、大鹿捲瓣蘭。就植株而言，僅石仙桃豆蘭假球莖較細長，其他種僅花部有少許差別，學者各有不同見解，我僅提出個人觀察心得提供參考，繆誤難免，還請讀者海涵。

紋星蘭 別名：高士佛豆蘭；赤唇石豆蘭

Bulbophyllum affine

特徵

根莖粗壯，假球莖細圓柱狀，表面常具細凹痕，常扭轉，兩假球莖間距離約為 2 至 3 個假球莖長度。葉帶狀長橢圓形，花序從假球莖基部抽出，一個花序單朵花，萼片及側瓣兩面均淡黃色且具多條紫色縱向紋路，唇瓣舌狀，中間黃色，兩側紫色。本種花期甚短且集中，所以常有不容易看到開花的感覺，本種花外表並未有其他類似而難以辨別者。

分布

台灣全島各地低海拔普遍分布，附生宿主不分物種，以柳杉及栓皮櫟最常見。常見大片附生，陽光照射充足則開花性較好，所以在樹冠層高處花開較多，賞花最好準備望遠鏡。生育地為富含水氣的區域，河谷兩旁或迎風坡最為常見。

▲ 側萼片約與上萼片等長，平展不捲曲。

2

田野筆記

在豆蘭屬中，本種植株算是較大型的一種，未開花時與烏來捲瓣蘭類似，分辨要點在紋星蘭假球莖及葉片較細長，兩假球莖間距離較長。烏來捲瓣蘭則葉片橢圓形，較寬，假球莖較粗及圓，兩假球莖間距離較短。

中高位附生，光線為略遮蔭環境，偶見附生於溪谷附近的裸岩上，在空氣含水量高的環境可適應全日照，半透光環境亦可生存，但開花性較差。

3

▼▶ 1. 葉片細長。2. 訪花者。
3. 2 月底果莢。4. 高位附生，光線佳則開花率高。

4

白毛捲瓣蘭 別名：白毛豆蘭

Bulbophyllum albociliatum

特徵 根莖匍匐，假球莖疏生於匍匐根莖上，卵形常皺縮，基部長根，附生於宿主外側。葉綠色，圓形至長橢圓形，陽光強弱常影響葉的長短，兩者差異甚大，光線較弱的環境葉較長，外形與伴生的骨牌蕨相似，形成保護現象，遠看不易發現白毛捲瓣蘭的植株。日照較多處則葉較短較圓。葉中肋凹陷，葉緣顏色為淡綠色。繖形花序，一個花序多為 2 至 5 朵花，整朵花為橙紅色。上萼片及側瓣具白色長緣毛，側萼片最寬處在中段。

▲ 萼片及側瓣具白色緣毛。

分布 台灣全島中低海拔闊葉林下，喜空氣潮溼的環境，多雨的環境反而不易見，附生樹種不限。在人跡罕至地區，常附生於 3 公尺以下之樹幹上，常與苔蘚伴生，因花朵鮮艷，常被愛蘭人士採集，因此登山熱門地點低位附生的通常被採集殆盡，僅在稍高樹上尚可見少數殘存植株，光線為半透光至微透光的環境。低或中位附生，偶見附生於岩石上。

田野筆記 白毛捲瓣蘭與短梗豆蘭、長萼白毛豆蘭、杉林溪捲瓣蘭、維明豆蘭外表相近，花期重疊，不易分辨。唯本種側萼片比長萼白毛豆蘭短，杉林溪捲瓣蘭及維明豆蘭則側萼片較窄，至於短梗豆蘭，花梗非常短，約只 1 公分，而白毛捲瓣蘭的花梗長約 5 公分左右。

▼▶ 1. 光線較強的環境葉片較圓。2. 光線較弱的環境葉片較長。
3. 一個假球莖兩個花序，極少數的例外。4. 7 月下旬的果莢。

1

2

3

4

長萼白毛豆蘭 別名：長萼白毛捲瓣蘭

Bulbophyllum albociliatum var. remotifolium

特徵

根莖匍匐生於樹幹上，與苔蘚伴生，假球莖卵形生於匍匐根莖上，疏生或密生間距不等，根自假球莖基部生出，附生於樹幹上，除幼株外表光滑外，成熟株均外表皺縮。植株及花和杉林溪捲瓣蘭相若，葉橢圓形至長橢圓形，中肋凹陷。花序自假球莖基部抽出，單一花序花約 2 至 4 朵花，花橘紅色。上萼片及側瓣具白色長緣毛，側萼片上緣中間段聚合，下緣離生，無緣毛，長度約 2 公分或更長。側萼片先端分叉長度明顯較杉林溪捲瓣蘭為長。果莢成熟期約 3 個半月。

分布

宜蘭蘭陽溪中海拔山區，位於東北季風盛行區，亦是中海拔雲霧帶，是氣候濕潤乾濕季不明顯的區域，約為半透光環境。

▼ 1. 常與苔蘚伴生。 2. 側萼片狹長，上萼片及側瓣具白色緣毛。 3. 側萼片下緣離生，無緣毛。
4. 9 月上旬果莢，已成熟。

杉林溪捲瓣蘭 別名：杉林溪豆蘭
Bulbophyllum albociliatum var. *shanlinshiense*

特徵

根莖匍匐，假球莖卵形疏生常皺縮。葉橢圓形至長橢圓形，中肋凹陷。花序自假球莖基部抽出，花橘紅色，上萼片及側瓣具白色長緣毛，側萼片無緣毛。特徵與維明豆蘭、白毛捲瓣蘭、短梗豆蘭、長萼白毛豆蘭等十分相似。唯本種側萼片最寬處約在唇瓣基部附近，而白毛捲瓣蘭側萼片最寬處則較靠近先端。長度比白毛捲瓣蘭及短梗豆蘭瘦長，但比長萼白毛豆蘭短。蕊柱旁的針狀附屬物不彎折，維明豆蘭蕊柱旁的針狀附屬物向下90度彎折，可資分別。

分布

僅見於南投杉林溪地區、郡大林道、八通關古道、新中橫以及南橫向陽山區，皆為中海拔霧林帶，與維明豆蘭生育地多處重疊，附生樹種不限，常與苔蘚伴生，約為半透光環境。

田野筆記

我曾於花蓮山區見過杉林溪捲瓣蘭及長萼白毛豆蘭的中間型，上萼片緣毛的顏色為淺橙色，因所見樣本有限，不多說明。

本種早期被許多業餘觀察者認為是白毛捲瓣蘭（*Cirrhopetalum albociliatum*），直至2013年12月6日才由林讚標教授於台灣大學期刊 *Taiwania* 發表為杉林溪捲瓣蘭，但在應紹舜教授所著《台灣蘭科植物彩色圖誌第一卷》（1996.10.15出版）中已有台中石豆蘭（*Bulbophyllum taichungianum*）之物種，其圖像及描述特徵均與本種極其相似。然而台中石豆蘭是否有合法的發表，是否就是杉林溪捲瓣蘭，仍需求證。

▼ 1. 生態環境。2. 植株與白毛系列相似，外觀無法判斷，只能於開花時判斷是何種。
3. 長萼白毛豆蘭與杉林溪捲瓣蘭的中間型。4. 蕊柱兩旁附屬物向前伸展，未向下彎折。

1

2

3

4

維明豆蘭 別名：*Bulbophyllum weiminianum*；維明捲瓣蘭
Bulbophyllum albociliatum var. *weiminianum*

  1800-2200m 5-6 月

特徵
根莖匍匐，假球莖卵形疏生表面常皺縮。葉橢圓形至長橢圓形。花序自假球莖基部抽出，長度約為葉叢 2 倍長。繖形花序，側萼片細長。與杉林溪捲瓣蘭外表相似度極高，僅蕊柱旁的針狀附屬物向下 90 度彎折，側瓣和上萼片具有較長及較密的絲狀緣毛是其特徵。

分布
生育地為南投縣及高雄市中海拔的霧林帶，附生於空氣潮濕的迎風坡樹上，已知分布點為南橫及新中橫一帶，均與杉林溪捲瓣蘭重疊，生育地均為原始林區，附生樹幹並不粗大，常有苔蘚伴生，約為半透光環境。

▲ 蕊柱兩側附屬物向下彎折。

田野筆記
本種十分稀有，自發表後受到野生蘭愛好者爭相收集，野外非法採集十分嚴重，南橫一處的生育地，非法採集加上山坡地崩塌，植株幾已絕跡，若有愛蘭人士知道其他生育地，一定要嚴守地點，以免又被有心人士採集。

▼ 1. 常與苔蘚伴生。 2. 上萼片及側萼片具白色絲狀長緣毛。
　 3. 唇瓣表面密被細毛，蕊柱兩側附屬物向下彎折。4. 9 月初果莢。

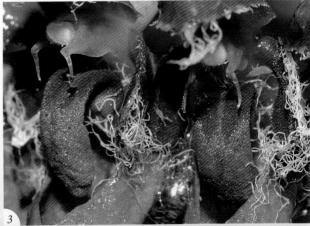

1

3

2

4

短梗豆蘭

別名：短梗捲瓣蘭；
Bulbophyllum albociliatum var. *brevipedunculatum*
Bulbophyllum brevipedunculatum

  1600-1900m 3-4月

特徵

根莖匍匐或懸垂，具莖節，生育環境較濕潤者匍匐根莖多匍匐，較乾燥者多懸垂。假球莖疏生，卵形，常皺縮，基部長根，附生於宿主外側。葉橢圓形，綠色，中肋凹陷。花序自假球莖基部抽出，花序梗比假球莖略長，一個花序約1至4朵花。花橘紅色，上萼片及側瓣具白色長緣毛，側萼片約與假球莖等長，大部分離生。太平山區所產上萼片及側瓣緣毛均為白色，萼片外側具白色腺點，少數個體萼片外側具細短腺毛。木瓜溪、花蓮溪流域所產的上萼片及側瓣緣毛除白色緣毛外，尚有部分個體緣毛為淡黃色，萼片外側則僅具白色腺點，無具腺毛的現象。

外型與白毛捲瓣蘭較為相似，白毛捲瓣蘭花序梗遠比葉長，短梗豆蘭花序梗極短，自可加以區別。

分布

目前僅知分布於宜蘭太平山山區及花蓮木瓜溪、花蓮溪流域，均為霧林帶原始林，為闊針葉混合林地區，常與苔蘚伴生，分布相當狹隘，不過其生育地相同的環境甚多，因此相信在廣大的宜花地區應還有不少族群存在，光線為半透光環境。

田野筆記

2006年4月2日，我與鐘詩文博士及許天銓先生到木瓜溪流域找尋寶島喜普鞋蘭，因為當時資訊不明確，因此選擇隨機走動。我首先找到一個保線路的入口，建議往上走，得到二人贊同，我們沿著保線路走到盡頭並無所獲，再往前就無路跡了，但山坡平坦，生態豐富，因此繼續往上走，沒多久，鐘詩文博士及許天銓先生就撿到掉在地上的豆蘭，並在附近樹幹上找到不少植株，正值花期，這是我第一次看到短梗豆蘭。2008年許、鐘二人發表為短梗豆蘭，發表文章刊登於2008年3月出版的 *Taiwania*。

▼▶ 1. 上萼片及側瓣具白色緣毛，蕊柱白色，唇瓣舌狀紅色。
　　2. 生於潮濕環境，莖附生於樹幹上的植株。
　　3. 側萼片離生，下緣無緣毛。4. 生於乾燥區域，根及莖懸垂的植株。

毛緣萼豆蘭 別名：毛緣萼捲瓣蘭
Bulbophyllum ciliisepalum

 特徵

根莖匍匐，假球莖圓球形，密集生長或間隙小。葉片與假球莖大小約略相等，橢圓形，葉中肋下凹。花序自假球莖基部抽出，花序梗長度介於假球莖直徑長度及葉叢長度之間。單一花序約 3 至 7 朵花，側萼片長約等於葉叢的 1 至 2 倍，上萼片及側瓣均具白色緣毛，側萼片上緣聚合，下緣常分離，側萼片分離處及聚合處均具橘色緣毛。上述緣毛並非整齊的線形，而是凹凸不平整，且有些具有分叉，與之類似的有長軸捲瓣蘭、畢祿溪豆蘭和天池捲瓣蘭，這幾種依形態分類具有某種含意，但還沒見過學者做過這方面的分子研究。

▲ 側萼片下緣離生，聚合及離生處均具緣毛。

 分布

觀霧山區、南投郡大山區、台中大雪山山區、苗栗大安溪上游、花蓮立霧溪上游山區，均為霧林帶原始林，附生宿主均為高大的樹木，以黃杉、鐵杉、台灣杉為主，附生高度約為 20 公尺左右甚或更高，略遮蔭的環境。

田野筆記

毛緣萼豆蘭經多年觀察，僅 2015 年開花較多，其他年度開花狀況均不理想，甚至 2019 年觀察結果，其中一棵樹上有上千顆的假球莖，看到的花朵不到 20 個花序。2018 年的觀察結果開花數稍多，我均有爬到樹冠層觀察，沒有漏看的道理。2019 年夏天下雨天數超乎尋常，雨量多則日照少，開花少似乎與此有關。在生長位置方面，長在樹冠層頂端陽光照射充足的植株開花性較好，長在陽光照射差的植株均不開花，掉在樹下的植株就更不用說了。若想拍到毛緣萼豆蘭開花照，必須爬到樹冠層，不然就是撿拾掉在樹下的植株回來種，等開花後才能拍到花。另外，撿回平地種的花期和原生地不同，我看過朋友及同好拍的開花照是 3 到 5 月，我的照片都是爬到樹冠層上方拍的，原生地拍到花的日期是 9 月。由此推斷，毛緣萼豆蘭的開花因素和溫差及日照強度均可能有關，因為平地的溫差在春天較大，秋天反而不明顯，而中海拔的溫差在秋天是很大的。找樹的人團隊於 2019 年 9 月 29 日在苗栗縣南坑溪實測一棵台灣杉的高度達 72.9 公尺，在接近樹頂超過 70 公尺的地方，看到毛緣萼豆蘭的族群正在開花，應是至今蘭花附生高度最高的紀錄。

▼ 1. 大都附生於高位枝幹的上部，與苔蘚及蕨類伴生，環境滿布松蘿。2. 側萼片上緣聚合。3. 上萼片及側瓣及唇瓣先端均具白色緣毛，葉片表面具氣孔。4. 側萼片具斷尾現象。

斷尾捲瓣蘭 別名：*Bulbophyllum setaceum* var. *confragosum*
Bulbophyllum confragosum

2200-2500m　8月

特徵

根莖粗壯，貼生或懸垂於樹幹。假球莖橢圓球形，疏生，間距約一個假球莖大小的距離，基部長根，無論距離樹幹遠近，根均會附生於樹幹上。葉橢圓形，單生於假球莖頂端，革質，中肋凹陷。花序自假球莖基部抽出，花序梗長度約為葉叢等長。花黃綠色，萼片及側瓣均具白色長緣毛，側萼片上緣聚合，下緣離生，藥帽下端不規則撕裂狀。

分布

目前僅知分布於南投信義鄉海拔約 2,300 公尺霧林帶原始林地區，附生樹種闊針葉樹都有，光線為半透光環境。

▲　最左方花的唇瓣有變異。

田野筆記

當初發表時是憑一棵在產地撿回種植後開花的標本，因該標本具有側萼片先端急縮的特徵，因此被命名為斷尾捲瓣蘭。我多次前往生育地，均未攝得側萼片先端急縮的照片，推估是當年從山上撿拾掉落的植株携回平地種植後開花，可能因人為干預及環境改變而造成側萼片先端急縮的現象。但我在原生地所拍攝的照片，其他特徵均如發表文獻所述，側萼片並無先端急縮現象。側萼片急縮的謎，有待更進一步觀察才能定論。

我數次在野外看過他種豆蘭側萼片先端具斷折的現象，所以不排除模式標本有可能只是個體變異，可參考我所拍攝的毛緣萼豆蘭 *Bulbophyllum ciliisepalum* 及長軸捲瓣蘭 *Bulbophyllum sui*。雖然如此，斷尾捲瓣蘭的其他部位特徵仍可證明其為一個獨立的種。

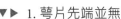
▼▶ 1. 萼片先端並無自然斷尾現象。
2. 上萼片及側瓣具白色長緣毛。
3. 花序自假球莖基部抽出。

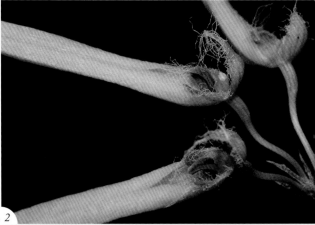
2

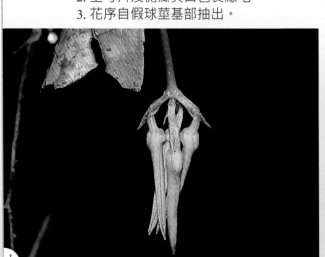
1

3

低位附生。

柳杉捲瓣蘭 別名：柳杉豆蘭；燕尾豆蘭
Bulbophyllum cryptomeriicola

特徵

根莖粗壯，部分附生於枯枝上，部分糾結成團，根系發達，裸露於空氣中。假球莖橢圓形，間距約為假球莖的長度，花序梗自假球莖基部抽出，花序梗長度約為葉叢長度。花約 3 至 5 朵，橘紅色，上萼片及側瓣均具白色緣毛，側萼片下緣疏被緣毛，基部最寬，漸縮至尾尖。

分布

目前僅知分布於阿里山區，位於雲霧帶，空氣一年四季富含水分，附生於樹冠中下層，半透光至微透光的環境。但因開花性不佳，推斷原生育空間是在樹冠層高處，光線需求比目前生育環境更高。

▼ 1. 因簇生於短枯枝上，所以植株糾結成團，此非正常現象。 2. 先端算起第 8 個假球莖才抽出花序，模式標本是第 11 個。 3. 花背面。

田野筆記

本種是愛花人士於 2018 年 10 月初所發現，當時我和內人正在神木村參與樟樹公探勘，聞訊後即於次日趕往阿里山區找尋，幸運在一處柳杉林內找到植株並採了一個花序當標本，但因標本不全有瑕疵，需再採一份完整標本，此後連續數年在花季前往生育地，均未開花未能採得標本，直到 2021 年 10 月才再次看到開花株。從所採標本及原生地的植株觀察，通常豆蘭屬的植株 1 年長 1 顆假球莖，而所採的標本，開花位置在第 11 棵假球莖，代表這顆假球莖是長了 11 年才開花。通常豆蘭屬的假球莖約 3 至 5 年即可成熟開花，11 年才開花代表生育環境不佳造成營養不良而延後開花，因此生育環境不對是其主要原因。觀察其原生環境，是在柳杉林最下層的枯枝上，而且假球莖聚生成團，顯然已有幾十年的歲月，因此推估是幾十年前柳杉樹還未十分高大時就有植株存在，當時是在樹冠層的頂層，陽光較為充足，但幾十年過去後，當年的樹冠頂層變成了樹冠底層，陽光不再充足，因此需累積多年光合作用的養分才能開花結果。據此推斷，在阿里山區，應該還有不少柳杉捲瓣蘭存在，而且樹種不限於柳杉，因為柳杉樹是外來種，數十年前能於柳杉樹上繁衍，種源應該是生在附近的原生樹種上，若能在附近的原生樹種上找到柳杉捲瓣蘭，就能證實我的理論。

燕尾豆蘭首先由 2006 年 8 月 5 日出版的《台灣野生蘭賞蘭大圖鑑（下）》第 126 頁所報導，但未正式發表，文中指出花朵長度比克森豆蘭長將近一倍。但在保種中心 *The Wild Orchids of TAIWAN* 一書中燕尾豆蘭的照片被植入觀霧豆蘭名下，學名則是用 *Bulbophyllum kuanwuensis var. kuanwuensis*，所以一般人認為燕尾豆蘭就是觀霧豆蘭，但是觀霧豆蘭與燕尾豆蘭花的外形比起來實在是差太多了，我也是為了這個問題疑惑多時，但我並不氣餒，還是持續追蹤，時常翻閱相關資料。終於在柳杉捲瓣蘭出現第二個生育地後，發現附生樹種雖仍為柳杉，附生位置卻高低位附生都有，高位附生吻合我當初的推斷，低位附生則是在稜線上疏林邊，側光能直接照射的位置，這和當年燕尾豆蘭的生育環境是相符的，植株和花的外形更是與燕尾豆蘭相似度達 99%，因此燕尾豆蘭就是柳杉捲瓣蘭。

▼ 4. 側萼片上緣聚合，下緣大多離生，離生處可見緣毛。

小豆蘭
別名：耳唇石豆蘭；*Bulbophyllum aureolabellum*
Bulbophyllum curranii

特徵

假球莖退化，與狹萼豆蘭、小葉豆蘭、金枝雙花豆蘭等外形相似，未開花時相似度甚高，不易以植株分辨。根莖匍匐，多莖節，莖節具分枝，每隔一至三莖節上生1片葉，葉具細鋸齒緣，乾旱時葉表常皺縮。花序自莖節抽出，花序梗短於葉片，一花序2至3朵花，開花期間陸續開放，單朵花壽命僅1天，中午最為開展。花白色，花被片均不具緣毛，唇瓣橙黃色。花期為12月，1月初偶見花。中低位附生，也附生於稜線迎風坡的岩石上。

分布

東北季風盛行區，大體自桃園、新北、宜蘭、花蓮、台東至屏東，多生於原始未經開發的區域，半透光至略遮蔭的環境。

田野筆記

2016年新北三峽地區的花期在12月中旬，僅開少數，大部分的花在2017年1月初才盛開，比往年慢了約半個月。2016年入秋後氣溫下降比往年慢，至12月才稍有涼意，可能氣溫下降的早晚是影響開花早晚的主要因素。

小豆蘭單一花序為2至3朵花，狹萼豆蘭單一花序單朵花，小葉豆蘭單一花序為2朵花或極少數為3朵花，金枝雙花豆蘭單一花序為2朵花，開花時容易分辨。

▼▶ 1. 4月中旬果莢。 2. 葉具細鋸齒緣。
　　3. 一個花序2或3朵花。
　　4. 附生於樹枝上的小豆蘭，常與伏石蕨伴生。
　　5. 附生於岩壁上的植株，常與苔蘚伴生。

1

2

3

4

5

狹萼豆蘭

別名：*Bulbophyllum drymoglossum* var. *somae*；
Bulbophyllum somae

Bulbophyllum drymoglossum

300-2400m 3-5月

特徵
本種假球莖退化，葉片外觀與伏石蕨極為相似，唯葉間具匍匐根莖相連可與伏石蕨分別。花序自葉基處抽出，花序梗明顯較葉長，花被片均不具緣毛，側萼片離生。外觀與小豆蘭、小葉豆蘭、金枝雙花豆蘭相似。狹萼豆蘭一個花序單朵花，小豆蘭、小葉豆蘭、金枝雙花豆蘭單個花序花均多於 1 朵花，可資分別。花謝後，宿存花梗先端未分叉，可在未開花時用以分辨。

▲ 一個花序 1 朵花。

分布
台灣全島及蘭嶼。台灣本島分布極廣，喜通風日照充足環境，各地原始林及次生林均可見，附生不分樹種，但以中海拔台灣杜鵑樹上的數量最多，陽明山國家公園區內亦有分布。光線為半透光至略遮蔭環境。

田野筆記
在早期的自然觀察中，並未在陽明山國家公園區域內見過豆蘭屬蘭花，加上許多學者也說陽明山山區內無豆蘭屬蘭花，甚有學者放話說如有人在園區內找到，他可請吃一頓飯。直至近幾年，我才在園區內看到狹萼豆蘭與紫紋捲瓣蘭，均附生在陽光充足且迎風之岩石上，未見過附生在樹木上的，這是比較特別的地方。

▼ 1. 生於樹幹上的植株。 2. 果莢。3. 果莢內具絲狀物。
　4. 長在半透光的環境，右方光線太強，左邊及下方光線太弱，均不適合生長。5. 生於岩壁上的植株。

1

2

3

4

5

流蘇豆蘭 別名：流蘇捲瓣蘭
Bulbophyllum fimbriperianthium

1300-1500m　8-9月

特徵

假球莖橢圓形稍皺縮，基部長根附生於樹幹上，表面呈霧狀，兩假球莖間的距離約為假球莖的長度。葉長橢圓形，革質，中肋凹陷。花序自假球莖基部抽出，繖形花序，一個花序約 4 至 8 朵花，花序梗約與葉叢等長或稍長。上萼片及側瓣被白色或黃色流蘇狀長緣毛，側萼片下緣分離，被黃色或淡黃色肉質粗緣毛。

分布

南部中海拔霧林帶，目前僅知分布地在大漢林道一帶原始林中，附生在高大的樹木上，較低之樹幹上偶可見植株生長，但開花性不佳。光線為略遮蔭的環境。

田野筆記

本種發表於 2006 年 9 月的 *Taiwania*，作者是林讚標教授及林維明先生等三人，因為十分特殊及稀有，當時曾造成一股野採風潮，原生地之植株被濫採。本人有幸於 2006 年 9 月初在友人帶領下前往該地拍攝開花的生態照，但因生長位置太高無法照到近拍特寫。之後有人為了採集該物種，竟將大樹鋸斷，導致生育地數量明顯變少，要照到特寫似乎越來越難了。2018 年 9 月初，再次前往找尋，幸運找到一棵樹上開著盛花的流蘇豆蘭，順利掛好繩索爬上樹，終於如願拍到特寫照片。

▼ 1. 高位附生。2. 假球莖緊密貼合生於樹幹上。3. 側萼片下緣具緣毛，上緣無毛。4. 花序背面。

1

2

3

4

翠華捲瓣蘭 別名：黃花石豆蘭 *Bulbophyllum makoyanum*
Bulbophyllum flaviflorum

特徵

假球莖密生於匍匐根莖上，假球莖圓球形至長橢圓球形，表面明亮或皺縮。葉卵形至長橢圓形，革質，中肋凹陷。花序自假球莖基部抽出，花序梗細長，但長度不如鸛冠蘭及長軸捲瓣蘭，終年可見殘存花序。繖形花序，花黃綠色，上萼片及側瓣具緣毛，側萼片細長。中高位附生，喜附生在樹皮粗糙深裂且不長苔蘚的樹幹，偶有附生於岩石上的情形。

分布

台灣本島低至中海拔的霧林帶，中部以南較多，常有大面積附生，北部也有，但族群較少，光線為半透光至略遮蔭的環境。

▲ 低位附生的花容易被動物啃食。

▼ 1. 高位附生的花。 2. 繖形花序，花黃綠色，上萼片及側瓣具緣毛。
   3. 假球莖密生於匍匐根莖上。4. 側萼片長，先端過半分離。

1

3

2

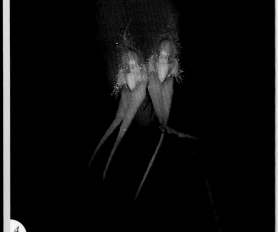

4

溪頭豆蘭
Bulbophyllum griffithii

1000-1500m　　9-10月

特徵

匍匐根莖不明顯，假球莖密生或聚生，大小不一，小的圓球形，較大者圓錐狀略歪斜，若歪斜角度稍大者，植株外形和阿里山豆蘭相似，但個體較小。花序自假球莖基部抽出，花序梗極短。花 3 個萼片及側瓣大小顏色均十分相似，約呈三角形，外表被紅斑，在豆蘭屬中十分特殊，不同族群的花或為閉鎖花，或為開展，或部分閉鎖部分開展，其影響閉鎖或開展的原因不明。結果率甚高，應是自花授粉的結果。少部分花被展開的個體應能行異花授粉，促進群體間基因之交流。

分布

分布於雲林、嘉義、南投等地霧林帶原始林及次生林中，空氣含水量多的環境。附生樹種不拘，除原生樹種外，園藝種樹如杜鵑、櫻花等也常見附生，岩石上亦曾見大面積生長。無論附生於樹上或岩石上，均常與苔蘚伴生，光線為半透光的環境。

▼▶　1. 附生於岩石上的植株。2. 結果率高。
　　　3. 附生於樹幹上的植株。4. 常與苔蘚伴生。

花蓮捲瓣蘭

Bulbophyllum hirundinis

別名：朱紅冠毛蘭；低山捲瓣蘭；*Bulbophyllum hirundinis* var. *pinlinianum*；
張氏捲瓣蘭 *Bulbophyllum hirundinis* var. *puniceum*

 特徵

假球莖疏生或密生於匍匐根莖上，生育環境較佳者假球莖密生，較差者假球莖疏生。根生於假球莖基部，附生於樹幹上。葉生於假球莖頂，一莖一葉，葉綠色革質，中肋凹陷。花序自假球莖基部抽出，一假球莖一花序，長度約為二倍葉叢長度，繖形花序。花的側萼片細長，上半部聚合，下半部離生，黃色至橙紅色。上萼片、側瓣及唇瓣橙紅色，具橙紅色緣毛。新北市及桃園市開花期較早，在 7 月，花蓮及台東在 8 月和 9 月。

▲ 原名為張氏捲瓣蘭的花，花色橙紅。

 分布

花蓮、台東海岸山脈、台東及以南的太平洋沿岸最多，新北坪林、桃園復興山區、台中和平山區及南投山區分布較為零星，光線為半透光至略遮蔭的環境。

 田野筆記

花蓮捲瓣蘭常被野採，20 幾年前在海岸山脈靠南部之一座山上看到許多花蓮捲瓣蘭，因為該地生態十分豐富，所以常去觀察，但所看到的植株逐年減少，至今已很難再見到了。花蓮捲瓣蘭與無毛捲瓣蘭僅有些微差異，其差異處在花蓮捲瓣蘭側萼片較長且近基部附近具短緣毛，無毛捲瓣蘭側萼片較短且基部無緣毛。

生於坪林的植株曾被報導為低山捲瓣蘭，但無論植株及花均與花蓮捲瓣蘭一模一樣，低山捲瓣蘭是為別名。張氏捲瓣蘭（*Bulbophyllum hirundinis* var. *puniceum*）植株及花的外形均與花蓮捲瓣蘭極相似，僅花色較橙紅，其他特徵相同，且生育地與花蓮捲瓣蘭重疊，應該只是花蓮捲瓣蘭的種內變異。

▼ 1. 花序正面。2. 花序背面。3. 花序梗甚長，約為 2 倍葉叢長度。4. 原名低山捲瓣蘭的花蓮捲瓣蘭。5. 無人為干擾的地方，尚有許多族群。

無毛捲瓣蘭

別名：*Bulbophyllum electrinum* var. *calvum*；
Bulbophyllum karenkoensis var. *calvum*

Bulbophyllum hirundinis var. *calvum*

  300-600m 7-8月

特徵

與花蓮捲瓣蘭外表十分相似，僅側萼片橘紅色、較短及基部無緣毛有所不同。

分布

台東南端的低海拔地區，當地離海不遠，且為東北季風盛行區，空氣常年濕潤，附生在大樹幹上，光線為半透光至略遮蔭的環境。

田野筆記

無毛捲瓣蘭生育地附近豆蘭屬有台灣捲瓣蘭及花蓮捲瓣蘭分布，因為台灣捲瓣蘭花色為橘紅色，與無毛捲瓣蘭相同，有人據以推斷無毛捲瓣蘭為台灣捲瓣蘭及花蓮捲瓣蘭之雜交種，但無毛捲瓣蘭植株找不到台灣捲瓣蘭的影子。

又，無毛捲瓣蘭與張氏捲瓣蘭極度相似，張氏捲瓣蘭僅為花蓮捲瓣蘭的種內變異，因此推斷無毛捲瓣蘭亦僅為花蓮捲瓣蘭變異種，而非台灣捲瓣蘭與花蓮捲瓣蘭的雜交種。

無毛捲瓣蘭生育地於 2015 年 8 月 8 日因蘇迪勒颱風過境遭重創，境內大樹傾倒或折斷甚多，無毛捲瓣蘭及台灣捲瓣蘭族群受損嚴重，估計族群減少 8 成。無毛捲瓣蘭目前已經很難有近距離的花可觀賞了。

▼ 1. 生態環境。2. 附生在樹幹上。3. 外形與花蓮捲瓣蘭相似，僅側萼片較短。4. 側萼片上下緣均無緣毛。

穗花捲瓣蘭 別名：黑豆蘭
Bulbophyllum insulsoides

特徵

匍匐根莖生於苔蘚層內，不易察覺。假球莖黑色，密生於匍匐根莖上。花序自假球莖基部抽出，花序梗約略長於葉叢，總狀花序，一個花序花數可達 10 餘朵。苞片宿存，花不轉位，花序梗、苞片外側、子房均不被毛。上萼片及側瓣具短緣毛，側萼片分離，向內捲曲，無緣毛。唇瓣基部及兩側具紫紋。

分布

台灣全島中海拔霧林帶內的原始林，富含水氣的區域，常與苔蘚伴生，光線為半透光環境。

田野筆記

近年遭嚴重採集，尤其在交通便利的北橫及南橫山區，幸好在交通不便的中南部廣大山區仍有大量族群存在，短期內無生存威脅。穗花捲瓣蘭假球莖黑色，花友暱稱其為黑豆。

▲ 花不轉位，上萼片及側瓣具短緣毛，側萼片無緣毛。

▼ 1. 假球莖黑色，花友暱稱其為黑豆。 2. 總狀花序。3.10 月中旬的果莢，結果率尚可。
4. 無人為破壞的環境，仍有大量族群存在。5. 長在地上的族群。

日本捲瓣蘭　別名：瘤唇捲瓣蘭
Bulbophyllum japonicum

300-1500m　5-6月

特徵

假球莖疏生於匍匐根莖上，間距約為一個假球莖的長度，假球莖具細縱稜。假球莖頂生單葉，葉片帶狀先端漸尖。花序自假球莖基部抽出，繖形花序，長度短於葉叢。花黃綠色，花被片無緣毛。上萼片及側瓣具明顯紫紅色縱紋，側萼片大部分先端部分聚合，少部分完全離生。唇瓣紫紅色，先端具一塊白色瘤狀附屬物。

分布

東北季風範圍的冷涼森林內，包括桃園、新竹、苗栗、新北、宜蘭、花蓮，喜乾濕季不明顯的環境，均在東北季風盛行區內，光線為微透光至半透光的環境。

田野筆記

我曾在苗栗南庄山區位於約 1,100 公尺的原始森林下，看到一塊巨石上長滿大面積的日本捲瓣蘭，長在北向較陰暗的面向，其他面向並無生長，原始森林下本就光照不佳，連大腳筒蘭都只長在大石頭的南向方位，可見日本捲瓣蘭耐陰性極佳。

▼▶　1. 1 月上旬果莢。
　　　2. 唇瓣先端具一塊白色瘤狀附屬物。
　　　3. 大片族群附生於岩壁上。
　　　4. 假球莖具縱稜，頂生單葉。

1

2

3

4

觀霧豆蘭 別名：觀霧捲瓣蘭
Bulbophyllum kuanwuense

特徵
根莖粗壯，假球莖圓球形，密生或間距不大，生於匍匐根莖上，基部長根，附生於樹幹上。葉圓形或橢圓形，單生於假球莖頂，硬革質，中肋凹陷。花序梗極短，短於葉叢，因此開花時都隱藏在葉叢中。因為是高位附生，即使在樹下用望遠鏡觀察，仍然不容易找到花，只有使用攀樹工具爬上樹梢才能拍到照片。一個花序約 3 至 7 朵花，花序呈圓周狀排列或不規則排列。花紅色，上萼片緣及側瓣緣均被白色長緣毛。側萼片聚合成鞋狀，最寬處在基部，表面明顯布滿疣狀物，兩側緣稍呈弧狀，先端銳尖，上緣聚合處長度與寬度比約為 1.5：1。

▲ 倒木上的花正面。

分布
苗栗、新竹，生長在霧林帶內原始林的大樹上，喜冷涼空氣富含水氣的環境，光線為略遮蔭的環境。

▼ 1. 原生環境的觀霧豆蘭族群，花序短於葉叢。 2. 生態環境。
　 3. 花序斜上方往下看。 4. 原生環境花序正面。

1

2

3

4

克森豆蘭 別名：克森捲瓣蘭
Bulbophyllum kuanwuense var. luchuense

  1800-2500m 9-10 月

特徵

植株形態與觀霧豆蘭相同，僅花的部位有少許不同可以分別。側萼片上緣聚合，下緣近先端一半聚合，靠基部一半不聚合，先端銳尖，表面疣狀物不明顯。萼片兩側外緣約呈直線平行狀，萼片較長，上緣聚合處長寬比約為 2：1，呈狹長狀，且上下寬度約略相等。

分布

目前僅知分布於南投山區，生長在霧林帶內原始林的大樹上，喜冷涼空氣富含水氣的環境，光線為略遮蔭的環境。中高位附生。

田野筆記

克森豆蘭資料極少，我又於第一時間錯過拍花的機會，因此克森豆蘭的生態及特徵我一直處於摸索狀態，還曾一度認為克森豆蘭就是觀霧豆蘭，一直到 2021 年 10 月底看到一種未曾見過的豆蘭，經過一段時間的找尋資料及比對，終於在林維明先生《台灣野生蘭賞蘭大圖鑑（下）》找到了克森豆蘭的原圖，確定了克森豆蘭的地位。

▲ 側萼片長，兩側直線，先端銳尖。

▼ 1. 生態環境。2. 花側面。
　 3. 近年發現的生育地，附生在紅檜大樹上。
　 4. 花背面。

1

2

3

4

北大武豆蘭 別名：北大武捲瓣蘭

Bulbophyllum kuanwuense var. *peitawuense*

 2100-2500m 9-10月

特徵

植株形態與觀霧豆蘭大致相同，僅花的部位有少許不同可以分別。側萼片表面滿布明顯疣狀物，外緣呈圓弧狀，側萼片上緣聚合部位長寬比約為 1：1，呈上寬下窄狀，先端鈍尖，與觀霧豆蘭相比，觀霧豆蘭側萼片上緣聚合部位長寬比大約為 1.5，且先端銳尖，外緣則呈較小幅度的弧狀，兩者有別。

分布

中高位附生，附生在原始林中的高大樹幹上。目前僅知分布於北大武山區，生長在霧林帶內原始林的大樹上，喜冷涼空氣富含水氣的環境，光線為略遮蔭的環境。生育地常有枯枝斷木上可見落難的北大武豆蘭的植株，但掉落的植株因日照不夠，較不易開花，因此我還是選擇攜帶攀樹繩爬到高處記錄最真實的生態照片。

▲ 花序正面，側萼片外緣呈圓弧狀。

▼ 1. 生態環境。2. 花序上方往下看。
3. 與狹萼豆蘭伴生。
4. 與臘著頦蘭伴生。

2

4

石仙桃豆蘭 別名：石仙桃捲瓣蘭
Bulbophyllum kuanwuense var. *rutilum*

特徵
葉及假球莖長橢圓形，比觀霧豆蘭狹長。花序梗短於假球莖。花紅色，側萼片常分離，下緣具白色短緣毛，上萼片緣及側瓣緣均具白色長緣毛。

分布
目前僅知分布於南投山區，生長在霧林帶原始林內闊葉樹的樹幹上，該地雖然冬季十分乾燥，但位於霧林帶內，富含水氣，光線為遮蔭較多的環境，可惜發表後兩年內全部被採光，目前不知其他地方是否還有植株存在。

▲ 側萼片下緣離生，聚合及離生處均具緣毛。

田野筆記
石仙桃豆蘭最早見諸文獻是 2006 年 8 月 5 日出版的《台灣野生蘭賞蘭大圖鑑 (下) 》作者林維明先生，該書指出，石仙桃豆蘭是 2005 年 8 月由林信安先生首先發現，因其植株外形像烏來石仙桃，因此稱其為石仙桃豆蘭，當時具有花苞，但帶下山後乾枯未能開花。

我在 2006 年 9 月 23 日於生育地攝得石仙桃豆蘭開花的生態照片，當時只發現一個族群，但該族群在我拍到花後當年就被採走大部分。數年後我再次赴該地觀察，植株已全然消失，目前要找到石仙桃豆蘭可能有一定的難度。

豆蘭屬的假球莖常會因日照的強弱而改變外形，通常是生長在陰暗處假球莖呈長橢圓球形，而在陽光充足的地方呈圓球形，如白毛捲瓣蘭及鸛冠蘭。但無論其葉及假球莖是長是短，花大致相同，不會有重大變異。《台灣原生植物全圖鑑第一卷》作者就在觀霧豆蘭一篇中指出「生長於遮蔭處個體植物體拉長曾被發表為石仙桃豆蘭。」意思是石仙桃豆蘭是觀霧豆蘭，到底石仙桃豆蘭是否就是觀霧豆蘭，因石仙桃豆蘭在野外可能已成絕響，只能依其他蛛絲馬跡來分析了。前已言及，白毛捲瓣蘭及鸛冠蘭無論其葉及假球莖是長是短，花仍大致相同，不會有重大變異。而石仙桃豆蘭的花和觀霧豆蘭的花差異甚大，因此我主張石仙桃豆蘭並非觀霧豆蘭。

▼ 1. 生態環境，已成歷史鏡頭。2. 假球莖長橢圓形。3. 花序由上往下看。4. 花序自假球莖基部抽出。

大鹿捲瓣蘭
Bulbophyllum sp.

特徵

植株與觀霧豆蘭極度相似，僅花的側萼片可以分別，觀霧豆蘭側萼片先端銳尖，大鹿捲瓣蘭側萼片先端圓鈍，特徵明顯。又，同具側萼片先端圓鈍的尚有寬萼捲瓣蘭，但寬萼捲瓣蘭側萼片上窄下寬，花序梗長度是大鹿捲瓣蘭的 3 至 4 倍長，所以兩者亦可明確區別。

分布

觀霧地區。

▲　花正面，側萼片先端圓鈍。

田野筆記

在林務局觀霧地區服務的李聲銘先生，曾在觀霧大鹿林道附近撿拾掉在地上的豆蘭植株，種在觀霧山區的樹上。2020 年 10 月上旬及 2021 年 9 月下旬，這些豆蘭前後分別開花，我都有前往觀察並拍照，這種蘭花側萼片先端較為圓鈍，花序梗很短，和觀霧豆蘭側萼片先端銳尖不同，但基本上仍為觀霧豆蘭的複合群之一，在此暫時命名為大鹿捲瓣蘭，供學者及花友做後續的觀察與研究。

蘭花異地移植常有變異的情形產生，本種是在大鹿林道附近撿拾掉在地上的植株，種在觀霧地區，基本上環境及海拔高度並無重大變化，還有，移植後應無人工化合物干擾，所以我認為側萼片先端圓鈍是天然形成並無變異，其特徵與觀霧豆蘭複合群其他物種可以明確區別，所以本書將之列為新物種。

▼　1. 生態環境。2. 花序圓周狀。3. 花苞。4. 花側面。

寬萼捲瓣蘭
Bulbophyllum sp.

2000-2300m　　9-11月

特徵

匍匐根莖粗壯，假球莖圓球形，密生或間距不大，生於匍匐根莖上，基部長根，附生於樹幹上。葉圓形或橢圓形，單生於假球莖頂，硬革質，中肋凹陷。花序自假球莖基部抽出，花序梗較葉叢長，約為觀霧豆蘭的 3 至 4 倍長。上萼片及側瓣具白色長緣毛，側萼片寬大，最寬處在近先端處，上緣聚合，下緣部分聚合部分分離，具短緣毛。最大特點在兩側萼片的先端圓鈍，兩側萼片僅先端一小段分離。

分布

南投及嘉義山區的霧林帶，乾濕季明顯，但霧林帶內空氣含水量高，適合具氣生根的蘭花生長，光線為半透光至略遮蔭的環境。

▲ 側萼片寬，先端鈍或截形。

田野筆記

寬萼捲瓣蘭是我在南投山區所發現，當時是帶著攀樹工具爬上樹梢拍下特寫，回來後比對資料，發現寬萼捲瓣蘭與觀霧豆蘭特徵相差甚多，所以獨立列為新種。寬萼捲瓣蘭特徵與觀霧豆蘭相較有二個明顯不同點，其一為花序梗長度相差 3 至 4 倍，觀霧豆蘭較短，寬萼捲瓣蘭較長。其二為萼片不同，觀霧豆蘭萼片表面具明顯疣狀物，最寬處在近基部處，萼片先端銳尖，寬萼捲瓣蘭萼片表面疣狀物不明顯，最寬處在近先端處，先端圓鈍。

▼ 1. 生態環境。 2. 花序梗較葉叢長。 3. 花序圓周狀，仰望。 4. 花序圓周狀，俯視。

烏來捲瓣蘭 別名：一枝瘤
Bulbophyllum macraei

特徵 匍匐根莖不明顯，假球莖密生於匍匐根莖上，假球莖粗大圓形不皺縮，是豆蘭屬中較大型的物種。單葉生於假球莖頂，寬大橢圓形。花序自假球莖基部抽出，繖形花序，花數朵，淡黃色。花被片不具緣毛，側萼片細長常分離，長度約為上萼片 3 倍長，側瓣長度約為上萼片長度的一半。

分布 台灣全島低海拔山區，以北台灣及東台灣較多，喜潮溼空氣流通，光線為半透光至略遮蔭的環境。因此較開闊的溪谷及迎風坡的大樹上是最佳環境，最典型的是附生於河流兩旁的大茄苳樹上，一棵樹上可能就有數千棵烏來捲瓣蘭。

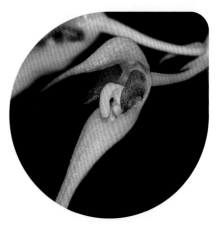

▲ 花被片不具緣毛。

▼ 1. 生態環境。2. 側萼片晚期離生，葉片卵形寬大。
3. 常附生於茄苳樹冠上層，果莢與花同時存在。4. 果莢。

1

2

3

4

天池捲瓣蘭
Bulbophyllum maxi

2000-2500m　8-9月

特徵

具匍匐根莖，假球莖生於匍匐根莖上，假球莖圓形，間距約為 1 個假球莖至 3 個假球莖直徑。葉圓形至長橢圓形，表面具密集氣孔。花序自假球莖基部抽出，單個花序約 2 至 4 朵花，花橙紅色。萼片及側瓣均具長緣毛，緣毛白色粗細不均勻，且有分叉。側萼片上緣聚合下緣分離，表面基部具疣狀物，中段至先端具縱向皺摺，藥帽下端呈鋸齒狀。

分布

目前僅知分布於高雄南橫天池及南投信義中海拔地區，生於霧林帶原始林的樹幹上，中高位附生。光線為半透光至略遮蔭的環境。

▲　上萼片及側瓣均具白色長緣毛，側萼片基部表面具疣狀物。

田野筆記

天池捲瓣蘭最早見諸文獻是 2006 年 8 月 5 日出版的《台灣野生蘭賞蘭大圖鑑（下）》，作者林維明先生指出，天池捲瓣蘭是劉源文先生於 2003 年 9 月在南橫天池一棵倒木上發現，採回種植後於 2004 年 5 月開花，並未完成正式發表程序。

2016 年 8 月 4 日，我和內人及沈伯能先生相約至郡大林道做野外觀察，內人眼尖，看到一棵倒木上附生許多豆蘭，其中有一叢具有即將開花的一枝花序，由沈伯能先生攜回觀察。8 月 8 日該叢豆蘭開花了，我又專程南下拍攝開花照。事後沈伯能先生將照片提供給林讚標教授鑑定，林教授鑑定是新物種，並要沈伯能先生到原生地採集開花標本。2020 年 8 月 25 日，沈伯能先生與我再度前往郡大山區採集標本，林教授取得標本後，鑑定發表為天池捲瓣蘭。

▼　1. 生態環境。2. 側萼片表面具縱向皺摺。3. 側萼片上緣聚合疏被白色緣毛，下緣分離密被白色緣毛。4. 側萼片緣毛凹凸不平整，且具有分叉。

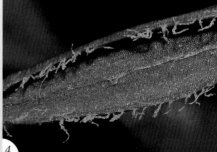

紫紋捲瓣蘭
Bulbophyllum melanoglossum

特徵

匍匐根莖明顯易見，假球莖疏生於匍匐根莖上。單葉生於假球莖頂端，硬革質，長橢圓形，中肋凹陷。花序自假球莖基部抽出，花序扇形排列，花多者可達16朵左右。花萼片及側瓣具紫色條紋，上萼片及側瓣被紫色緣毛。植株與黃萼捲瓣蘭相似，可分辨的特徵為紫紋捲瓣蘭葉較硬，花序梗較長，約葉叢的2倍長；黃萼捲瓣蘭葉較軟，花序梗較短，約與葉叢等長。花謝後花序梗常宿存，所以未開花時可由宿存的花序梗加以分辨。南部花期4月即開始，5月及6月是盛花期。北部花期約晚1個月，盛花期6月至7月，8月底北部還可見盛開的花朵。

▲ 花正面。

分布

台灣全島可見，主要分布地在桃園、新竹、苗栗、新北、宜蘭、花蓮、台東及屏東，光線為半透光的環境。中低位附生，亦有不少族群附生在迎風坡的岩石上。紫紋捲瓣蘭在陽明山區也有分布，附生在岩壁上。

▼▶ 1. 一個假球莖一個花序，兩個花序是極少數的例外。2. 花序扇形排列，一個花序可達16朵花。3. 1月19日的果莢。4. 宿存花序梗約為葉叢的2倍長，未開花時可與黃萼捲瓣蘭區分。5. 上萼片及側瓣具緣毛，側萼片不具緣毛，通常聚合，離生是少數例外。

毛藥捲瓣蘭
Bulbophyllum omerandrum

1400-2000m　　10-4 月

特徵

匍匐根莖常生於苔蘚上層，較易見。假球莖疏生，表面光亮常皺縮。葉長橢圓形，革質，中肋凹陷。花序由假球莖基部抽出，總狀花序，因為花序軸短，不易觀察，因此很少人見到總狀花序。花序梗約與葉叢等長，花序約呈水平伸展，花朵都朝光線較強的方向開展，單一花序 1 至 6 朵花，花不轉位。花蓮地區的族群花數較多，3 至 5 朵很平常，多可至 6 朵，西部的族群花數大多為 1 至 3 朵。上萼片先端及側瓣先端被紫色斑塊及緣毛，藥帽下端具毛，或許就是命名為毛藥的由來。花季因地域不同而相去甚遠，東部花季自 10 月開始，西部花季 12 月開始，甚至西部較乾燥地區要到 3 月才開始開花。

分布

僅見於東部及中南部，約在花蓮、台東、南投、嘉義、高雄等中海拔地區，生育地為冷涼溼潤的環境，皆屬中海拔霧林帶區域，光線為半透光的環境。

田野筆記

在南投八通關越嶺古道西段的族群，花季約在 12 月，南投新中橫附近的族群花季卻在 3 月，兩地相距不遠，花期卻相差達 3 個月，影響因素令人費解。

▼ 1. 宿存總狀花序，花序梗略短於葉叢。2. 訪花者。3. 花不轉位。4. 花都朝光線較強的方向展開。5. 藥帽下緣具毛。

樂氏捲瓣蘭

Bulbophyllum ✕ *omerumbellatum*

  1500-2000m 3月

特徵

是毛藥捲瓣蘭和傘花捲瓣蘭的天然雜交種，兼具兩者特徵，最大的特點在上萼片及側瓣。毛藥捲瓣蘭上萼片及側瓣先端被紫色斑塊及緣毛，傘花捲瓣蘭上萼片及側瓣先端全緣不被紫色斑塊，樂氏捲瓣蘭上萼片及側瓣先端全緣被淡紫色斑塊。

分布

目前僅知分布於阿里山區，生育環境與毛藥捲瓣蘭及傘花捲瓣蘭相同並重疊。

田野筆記

豆蘭屬在台灣僅有這一次的雜交紀錄，非常難得，我至今尚未見過。　▲ Y.H. Liao 攝。

▼ 1. 生態環境（Y.H. Liao 攝）。2. 花正面（Y.H. Liao 攝）。3. 假球莖（Y.H. Liao 攝）。

白花豆蘭　別名：非豆蘭

Bulbophyllum pauciflorum

1000m 左右　9-12 月

特徵

據我觀察，白花豆蘭植株與植株間無匍匐根莖相連，與同屬其他物種均具匍匐根莖相連大異其趣，不過我希望再有機會做詳細觀察才能定論。植株直立，莖短，葉叢生，假球莖退化，花序自葉腋抽出，花序梗短於葉叢，一植株一年僅抽一花序，不同點位的葉腋可分年開花，一個花序大都為 2 朵花，花乳白色，不被毛。

分布

台灣東北部、東部及東南部均有過紀錄，是非常稀有的物種。我追蹤多時，經友人指點，僅在台東南部山區見過，當地距太平洋不遠，夏天午後即有雲霧，冬季有東北季風吹拂，是四季潮溼、乾溼季不明顯的環境，附生於高大的樹木上，伴生蘭科植物有臘石斛及狹萼豆蘭等，光線為半透光至略遮蔭的環境。

▲　花序自葉腋抽出。

▼　1. 12 月初的果莢。　2. 附生於樹冠層高處樹幹上。　3. 與臘石斛伴生。　4. 與狹萼豆蘭伴生。

1

2

3

4

阿里山豆蘭 別名：百合豆蘭 *Bulbophyllum transarisanense*
Bulbophyllum pectinatum

600-2400m　5-7月

特徵

假球莖緊密單列生長，有時可側邊分枝增殖，多數有向上側彎的現象。因假球莖幾無間距，因此匍匐根莖不易察覺。一假球莖單生 1 葉，葉革質，長橢圓形，中肋凹陷。一個假球莖僅能抽出一個花序，一個花序單朵花，花序梗短於假球莖的長度。花甚大，黃綠色，上萼片與側瓣約略等長，側萼片稍大，均無緣毛，且均不捲曲。蕊柱足甚長，向前向上伸展，接唇瓣基部，唇瓣基部兩側具鋸齒緣，先端舌狀向前伸，具紫色細小斑點。

每年 5 月植物體開始抽出新芽及花序，新芽大部分自匍匐根莖先端抽出，偶有從兩個假球莖間抽出的情形，花序則大部分自 4 年前抽出新芽長成的假球莖旁抽出，所以一個假球莖需成長 4 年以上才會開花。單朵花壽命約 5 至 6 天。

分布

台灣本島中海拔山區，喜霧林帶空氣潮溼的環境，新北及宜蘭因北降因素，分布海拔可低至 600 公尺甚或更低，嘉義山區海拔 2,400 公尺仍有大量族群的分布，光線為半透光至略遮蔭環境。

▼ 1. 蕊柱足接唇瓣基部。2. 假球莖成列生長，下半部橫向生長，上半部向上彎曲。
　　3. 常叢生於樹幹上。4. 9 月中旬的果莢。

1

2

3

4

屏東捲瓣蘭 別名：大花豆蘭；屏東石豆蘭
Bulbophyllum pingtungense

特徵

常大片面積附生，根莖附生於宿主樹幹上，明顯易見。假球莖疏生，兩假球莖相隔約 5 公分左右。表面光滑油亮，具 4 至 6 個縱稜。一假球莖葉 1 枚，長橢圓形，革質，中肋凹陷。花序自假球莖基部抽出，花序梗約與葉叢等長，一個花序大多 2 至 3 朵花。花外側黃綠色內具紅斑，上萼片及側瓣具緣毛，緣毛單生或具分叉，側萼片分離不具緣毛。唇瓣基部被短毛，花朵開放時具有強烈異味，應是其吸引蟲媒的機制。

分布

台東南端及屏東東南端，即台東大武鄉、達仁鄉及屏東牡丹鄉、滿州鄉等地，東臨太平洋，冬季不乏東北季風吹拂，乾濕季較不明顯，日照較多處開花性較好，反之則開花較少。中高位附生，常見附生於木荷及灰背櫟或其他殼斗科的大樹上。

田野筆記

屏東捲瓣蘭通常長在較高的樹上，有一次我爬到樹上拍花，為了適應拍照姿勢及維持身體重心，將臉部貼近花朵，觀察到呼吸的氣流便能讓唇瓣上下擺動。此種機制應是讓蟲媒訪花時會上下擺動而加大傳粉成功的機率，部分豆蘭屬物種具此功能，部分則無。

▼ 1. 生態環境。 2. 樹木枯死後，在全日照環境下仍能開花。3. 圓圈內的細腰狀組織是唇瓣與蕊柱往下沿伸連結處，較窄且薄，如有蟲媒造訪即可造成唇瓣上下擺動。4. 花的側面。

1

2

3

4

黃萼捲瓣蘭
Bulbophyllum retusiusculum

特徵
常與苔蘚伴生，假球莖疏生於匍匐根莖上，未開花時，植株型態與紫紋捲瓣蘭十分相似，區別的特徵在黃萼捲瓣蘭葉片較軟，宿存的花序梗較短，約與葉叢等長或較短，而紫紋捲瓣蘭的葉片較硬，宿存的花序梗較長，約葉叢的 2 倍，所以不難分辨。花序自假球莖基部抽出，繖形花序，單一花序約 3 至 10 朵花。上萼片及側瓣深紫色，不具緣毛，側萼片黃色上緣聚合，下緣分離不具緣毛。

分布
台灣全島山區普遍分布，新北基隆交界地區海拔 300 公尺即有生長紀錄，大雪山地區海拔高度可達 2,400 公尺以上，光線為半透光的環境。

田野筆記
黃萼捲瓣蘭分布海拔差距可達 2,000 多公尺，最佳環境為海拔約 1,000 公尺至 1,800 公尺，在此生長環境開花數較多，若海拔較低或較高，則開花數較少。

▼ 1. 生態環境。2. 花背面。3. 花序梗約與葉叢等長。4. 6 月底的果莢，結果率低。

紅心豆蘭

別名：鳳凰山石豆蘭 *Bulbophyllum fenghuangshanianum*

Bulbophyllum rubrolabellum

1200-1800m　7-10 月

特徵

常與苔蘚伴生，假球莖單列緊密排列，表面光亮，具密集縱向細稜，不易見到匍匐根莖。花序自假球莖基部抽出，一假球莖可抽 1 至 2 個花序，以豆蘭屬來說，一個假球莖具兩個花序是較少見的現象。花序梗長度不及假球莖的長度，一花序花數朵，簇生於花序頂端。花萼及側瓣淺黃色，均不具緣毛，萼片三角形，展開度甚佳，唇瓣紅色，向下彎折。在屏東捲瓣蘭曾提及唇瓣會因為蟲媒造訪而上下擺動，提升傳粉的成功率，紅心豆蘭也具有此功能，造成此功能的構造是唇瓣的基部與蕊柱足連接處內凹成為細腰狀，請參考所附照片。

分布

本種數量不多，零星分布於桃園、新竹，苗栗、南投、台東等地方，其中以南投山區數量較多，喜溼潤的環境，生育地大都在中海拔的雲霧帶，附生宿主不拘，光線為半透光至微透光的環境，比較不適合光線較強的地方。

田野筆記

早年曾在竹山山區看到一些族群，近期再前往觀察已難發現，後來在附近的一處民宅發現種有大量紅心豆蘭，原來該族群已被搜刮怠盡。除了紅心豆蘭，該民宅還種有香蘭、新竹石斛等稀有蘭花，民宅主人表示其種植的野生蘭都是為了要出售圖利，我想如果沒有人購買，那些蘭花就不會被野採了。

▼▶ 1. 生態環境。
2. 一個假球莖抽二個花序的植株。
3. 假球莖具細縱稜。
4. 圓圈內的細腰狀組織能提高傳粉效率。

1

2

3

4

綠花寶石蘭 別名：*Sunipia andersonii*
Bulbophyllum sasakii

特徵

根莖粗壯附生於樹幹上，部分懸垂不貼生。假球莖疏生於莖節上。葉 1 枚生於假球莖頂端，葉革質，中肋凹陷，葉尖裂成淺二叉狀。假球莖初生時表面光滑具光澤，隨後光澤漸消，表面漸次轉為霧面進而至不規則細皺紋。花序自假球莖基部抽出，花序梗粗且短，一個花序多為 2 朵花，少數為 1 朵或 3 朵花。花黃綠色，具淡紫或深紫縱向條紋，上萼片與側萼片離生且外形相若，側萼片不捲曲。側瓣向兩側展開，基部兩側具緣毛。唇瓣基部淺碗狀，先端反捲成長尾尖。

綠花寶石蘭與黃萼捲瓣蘭常伴生，未開花時外形相似度又高，所以不容易分辨，兩者差異較明顯的地方在綠花寶石蘭假球莖不具縱稜，黃萼捲瓣蘭則假球莖外表具縱稜。

▲ 萼片長度約等長，側萼片不捲曲，側瓣基部具緣毛，唇瓣基部淺碗狀。

分布

台灣全島中海拔原始森林內，屬高位附生，高大樹上常見大面積族群生長。生長環境為雲霧帶空氣富含水氣通風良好的區域，常和黃萼捲瓣蘭伴生，光線為半透光至略遮蔭環境，有時樹木枯死，生育環境變成全日照，只要水氣夠，仍能維持一段時間生長良好。

▼ 1. 生態環境，常和黃萼捲瓣蘭伴生。2. 一花序 2 朵花植株。葉尖淺裂成二叉狀。3. 假球莖不具縱稜，花序自假球莖基部抽出。4. 9 月初果莢，結果率高。

鵠冠蘭 　別名：梨山捲瓣蘭
Bulbophyllum setaceum var. *setaceum*

特徵

根莖匍匐貼生於宿主表面。假球莖密生或間距短，長橢圓球形至圓形。葉 1 枚，生於假球莖頂，硬革質，中肋凹陷，長橢圓形至圓形。假球莖及葉在不同生育地及不同環境變化極大。花序自假球莖基部抽出，花序梗長可達 20 公分以上，是豆蘭屬中花序梗最長的物種。單一花序花約 5 至 10 餘朵，上萼片及側瓣均具細長白色緣毛，緣毛頭尾均勻一致，側萼片中段部分聚合，先端未聚合，呈深二叉狀，未聚合及聚合部分長度約略等長。側萼片緣毛多寡或長短因分布地或植株個體而有所不同，有的緣毛既長且密，有的或有或無，短短的寥寥數根。花顏色為黃綠色至橙紅色，通常花剛開時偏綠，數天後漸漸轉橙紅色。

▲　側萼片部分聚合，部分離生。

分布

台灣全島中海拔區域，原始林或人造林均有，尤其在原始林中的大樹上最多，一棵樹常有數百顆假球莖甚或上千顆假球莖的紀錄。生育環境為霧林帶氣候，需有較溼潤的空氣。台灣北部常生長在海拔 1,000 公尺左右地區，中部則常生長於 1,500 公尺左右，南部普遍生長於 2,000 公尺左右，光線為半透光至略遮蔭環境。

▼　1. 生態環境。

田野筆記

高位附生，偶而可見附生於林緣有苔蘚的地面，或附生於岩石上。花期以 3 月至 8 月較多，同一植株每年的開花季節不甚相同。

鸛冠蘭、畢祿溪豆蘭及長軸捲瓣蘭三種外形相似，其分辨要點可觀察側萼片下緣的緣毛，比較表如下：

	側萼片下緣	緣毛顏色	緣毛粗細及均勻度
鸛冠蘭	短緣毛，聚合處較短	白色	緣毛細，頭尾均勻，不具分叉
畢祿溪豆蘭	長緣毛，聚合處較短	淡黃色	緣毛粗，頭尾不均勻，部分有分叉
長軸捲瓣蘭	長緣毛，聚合處較長	金黃色	緣毛粗，頭尾不均勻，部分有分叉

▼ 2. 生於岩壁上的族群。花序梗長 10 餘公分。3. 花背面。
　　4. 上萼片及側瓣具白色細長緣毛。5. 8 月初果莢，結果率低。

畢祿溪豆蘭 別名：畢祿溪捲瓣蘭

Bulbophyllum setaceum var. *pilusiense*

  2100-2500m 5-6月

特徵

根莖匍匐生於樹幹上，兩假球莖間距小於假球莖的長度，假球莖卵形，常皺縮。葉圓形至橢圓形，一假球莖單生一葉，葉革質，中肋凹陷，植株與鸛冠蘭十分相似。花序自假球莖基部抽出，花序梗約 10 餘公分，單一花序花約 4 至 8 朵花。萼片及側瓣均具淡黃色長粗緣毛，緣毛頭尾粗細不均勻，部分緣毛有分叉，花初開時側萼片上緣聚合，先端未聚合，呈深二叉狀，未聚合及聚合部分長度約略等長。後半期則兩側萼片完全分離。

分布

目前僅知分布於畢祿溪流域，生於溪流兩側山坡上的原始林中，附生於高大針葉樹幹上，當地為乾濕季分明的區域，但位於溪流上方，且位於霧林帶區域內，空氣富含水氣，光線為半透光至略遮蔭的環境。

▼▶ 1. 生態環境。2. 緣毛粗細不均勻，少數有分叉。3. 柱頭下方具兩粒圓凸。
4. 上萼片及側瓣具粗緣毛。5. 花序背面，側萼片下緣具粗緣毛。

1

田野筆記

2013 年 6 月 3 日，徐嘉君博士邀約同至畢祿溪做調查，趁空檔我特地前往之前看到不明豆蘭的地點，正巧看到掉落地面的一截斷枝上有豆蘭正在開花，初步觀察和鵠冠蘭有些不同，因此採了花的標本請徐嘉君博士轉交給許天銓先生鑑定。許天銓先生於 2016 年 2 月出版的《台灣原生植物全圖鑑第一卷》318 頁發表為畢祿溪豆蘭。

鵠冠蘭、畢祿溪豆蘭及長軸捲瓣蘭三種蘭花外形相似，其不同點請參考鵠冠蘭最後段的比較表。

長軸捲瓣蘭 　別名：*Bulbophyllum electrinum var. sui*
Bulbophyllum sui

特徵

假球莖圓球形或橢圓球形，兩假球莖緊鄰或間距短，基部長根，根附生在樹幹上。葉橢圓形。花序自假球莖基部抽出，花序梗長，花橙色或黃綠色，萼片及側瓣具金黃色粗緣毛，緣毛通常基部較細，先端較粗，且基部至先端時粗時細凹凸不均勻，部分緣毛具分叉。側萼片上緣初開時常聚合，僅先端少部分未聚合，聚合部分遠較未聚合部分長，約為未聚合部分的 3 至 5 倍長，花後期側萼片上緣及下緣常分離。

鶴冠蘭、畢祿溪豆蘭及長軸捲瓣蘭三種蘭花外形相似，其不同點請參考鶴冠蘭最後段的比較表。

分布

新北、桃園、新竹、宜蘭山區，生育地為東北季風盛行區域，喜空氣潮溼、光線為略遮蔭的環境。

▼　1. 生態環境。2. 緣毛粗細不均勻，部分緣毛具分叉。3. 花背面。
　　4. 假球莖圓球形，葉卵形厚革質，少數假球莖表面長出真菌。

台灣捲瓣蘭
Bulbophyllum taiwanense

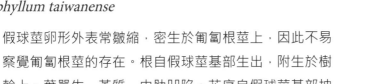

特徵

假球莖卵形外表常皺縮，密生於匍匐根莖上，因此不易察覺匍匐根莖的存在。根自假球莖基部生出，附生於樹幹上。葉單生，革質，中肋凹陷。花序自假球莖基部抽出，花序梗約葉叢的 2 倍長，總狀花序，花橘紅色，單個花序花約 3 至 9 朵。上萼片及側瓣密被橘紅色長緣毛，側萼片分離不聚合，具較疏較短緣毛，長度約上萼片 2 倍長，後半段縱捲成細尾尖。

分布

台東太麻里以南靠太平洋沿岸地區，該地多為原住民保留地，地主可 申請小面積砍伐，因此常化整為零的砍伐，導致台灣捲瓣蘭的生育面積正在逐年減少。當地秋冬兩季吹拂東北季風，因此乾濕季不明顯。光線為半透光至略遮蔭環境。中位附生，常附生在百年樹齡以上大樹的中層樹幹，常見大面積生長，附生物種以灰背櫟及木荷居多。

▲ 花被片完全分離，側萼片不扭曲。

▼ 1. 生態環境。2. 植株形態。3. 上萼片及側瓣具長緣毛，側萼片僅上緣具短緣毛或鋸齒緣。
4. 5 月底的果莢，結果率低。

1

2

3

4

金枝雙花豆蘭

Bulbophyllum tenuislinguae

相關物種：*Bulbophyllum hymenanthum*
建議學名：*Bulbophyllum hymenanthum var. tenuislinguae*

特徵

匍匐根莖生於樹幹或岩石上，假球莖退化，葉疏生於匍匐根莖側邊，葉圓形至橢圓形，肉質甚厚，葉基長根，附生於樹幹上或岩石上，根與匍匐根莖粗細相若。花序自葉基或兩葉間匍匐根莖側抽出，花序梗約葉長2倍，一花序2朵花。花淡黃色，萼片分離，全展不捲曲，無緣毛，具3條紫色縱向細脈紋。側瓣較小，中間具一塊紫色斑塊。唇瓣於中段強烈反折，反折後的唇瓣先端呈三角形狀，唇盤具紫色縱向脈紋或斑塊，基部常具大面積的深色紫暈。

▲ 一花序兩朵花。唇瓣反折角度大，先端三角形。

金枝雙花豆蘭、小葉豆蘭、狹萼豆蘭植物體在未開花時幾乎難以分辨，僅開花時較易區別。狹萼豆蘭單一花序僅單朵花可輕易區分，小葉豆蘭及金枝雙花豆蘭單一花序大多2朵花，僅能以唇瓣的差異來區分。金枝雙花豆蘭唇瓣中段強烈反折，反折後的唇瓣先端呈三角形狀，唇盤常具大面積的深色紫暈及3條縱向脈紋。小葉豆蘭唇瓣雖有反折，但反折角度不若金枝雙花豆蘭強烈，反折後的唇瓣先端圓鈍，基部僅中肋具小面積的淡紫色暈。同時金枝雙花豆蘭花朵較大，小葉豆蘭花朵較小。茲將3種豆蘭的特徵整理如下表：

	單一花序	唇瓣反折程度	唇瓣先端	唇盤表面
狹萼豆蘭	1朵花	………	………	………
金枝雙花豆蘭	2朵花	強烈	三角形	具大面積的深色紫暈及3條縱向脈紋
小葉豆蘭	2或3朵	緩和	圓鈍	僅中肋具小面積的淡紫色暈

▼ 1. 生態環境。2. 植株外形，葉片先端不裂。

分布

已知分布地在台中市和平區武陵農場附近、新竹、苗栗等地中海拔霧林帶原始林，性喜光線較充足及水氣較多的地方，在大甲溪上游支流曾發現大片附生於岩石上，光線為半透光至略遮蔭的環境。

田野筆記

據許天銓先生的論述，本種與喜馬拉雅地區的 *B. hymenanthum* 有密切的關聯，在其著作的《台灣原生植物全圖鑑》中將本種的學名引用為 *B. hymenanthum*，但許天銓先生也認為尚需更詳細的比對。我曾到網路上找尋資料，未能取得十分清楚的花圖片來比對，但至少找到清楚的 *B. hymenanthum* 葉片特徵，葉片先端微凹陷成二裂，而金枝雙花豆蘭葉片先端則不裂，因此判定兩者可能為不同種。但因花十分相似，建議將學名改為 *Bulbophyllum hymenanthum* var. *tenuislinguae*

早在 2010 年之前，我就在苗栗哈堪尼山山腰的一棵倒木上看到一種豆蘭和狹萼豆蘭外表一樣，當初也沒有懷疑是不同的豆蘭。2012 年 3 月 25 日，我和陳金琪先生一行 4 人同到武陵農場附近做生態觀察，陳金琪先生就指引我觀察他之前發現的蘭花，正值花期，也留下了攝影圖檔。當時雖覺得花朵較小葉豆蘭大了許多，但因外形相似，也不以為意，就當作是小葉豆蘭，直到金枝雙花豆蘭的文章發表，才恍然大悟。

▼ 3. 常與苔蘚伴生。4. 假球莖退化，葉柄直接自匍匐根莖生出，花序自葉基抽出。

小葉豆蘭

別名：小白花石豆蘭 *Bulbophyllum derchianum*

Bulbophyllum tokioi

1000-1900m　4-5月

特徵

常大面積附生於樹幹上，根莖細長，假球莖退化，葉片與伏石蕨及狹萼豆蘭、金枝雙花豆蘭極為相似，伏石蕨的走莖被覆稀疏鱗片且有孢子葉可與之明顯區別。與狹萼豆蘭及金枝雙花豆蘭則有待開花時才能明確的區分。葉疏生於匍匐根莖側邊，葉圓形至橢圓形，肉質甚厚，葉基長根，附生於樹幹上，根與匍匐根莖粗細相若。花序自葉基或兩葉間匍匐根莖側抽出，花序梗約葉長2倍，一花序2朵花，少數3朵花。花淡黃色，萼片分離，全展不捲曲，無緣毛。唇瓣中段弧形反折，反折後的先端圓鈍，唇盤僅中肋具小面積的淡紫色暈。

金枝雙花豆蘭、小葉豆蘭、狹萼豆蘭植物體在未開花時幾乎難以分辨，僅開花時較易區別，其特徵請參考金枝雙花豆蘭後面的比較表。

▲　唇瓣圓弧狀反折，先端圓鈍。

分布

台灣全島中海拔霧林帶原始森林，喜空氣富含水氣通風良好的區域，光線為半透光至略遮蔭的環境。

▼　1. 生態環境。
　　2. 一個花序2朵花的植株。
　　3. 盛花期在5月。
　　4. 一個花序3朵花的植株。

1

2

3

4

傘花捲瓣蘭 別名：繖形捲瓣蘭
Bulbophyllum umbellatum

特徵

成熟假球莖圓錐狀、常皺縮，表面光亮，密生於匍匐根莖上。假球莖基部長根，附生於樹幹上或岩石表面。葉1 枚，生於假球莖頂，葉革質，中肋凹陷。花序自假球莖基部抽出，花序梗短於葉叢，繖形花序，花 3 至 6 朵。花被片均全緣無緣毛，密被紅褐色細小斑點，側萼片向內捲曲。唇瓣與蕊柱足連接處，和阿里山豆蘭相似。西部花期為 2 月至 3 月，東部花期為 3 月至 4 月。

分布

零星分布於西部及東部中低海拔森林中，附生樹種不限。生育環境為通風良好，空氣濕潤，光線為半透光的環境。

▼ 1. 訪花者。2. 附生於樹幹上。3. 常見附生於岩壁上。4. 3 月底果莢。

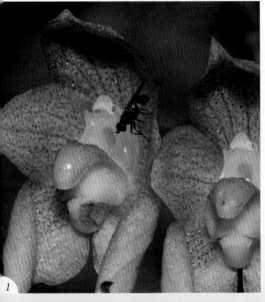

根節蘭屬（蝦脊蘭屬）/ Calanthe

假球莖通常被葉及早生葉所包覆，不易見到，只在葉枯掉落後始能外露樣貌。假球莖小，上具多條橫紋，橫紋所在即葉及早生葉生長遺痕，是為假球莖的莖節。除種子繁殖外，亦可行無性生殖，無性生殖時新植株於成熟株基部側邊抽出，新植株基部為假球莖，含葉及花序。花序由新植株假球莖中段側邊抽出，一假球莖1花序，少數一假球莖2花序，花序梗圓柱形被細短毛或少數不被毛，苞片至果莢成熟前後才會脫落。另一群物種苞片於開花期間脫落者，本書將之分類至落苞根節蘭屬 Styloglossum。

近年中海拔野生動物大量增加，而野生動物喜食根節蘭的葉子，所以近年根節蘭的族群在野外急速減少，若未有適當的因應措施，不出 20 年，所有根節蘭屬的物種可能都會變成稀有物種。

細點根節蘭
Calanthe alismifolia

400-1500m　　5-8月

特徵

葉柄甚長，葉片深綠色橢圓形，明顯比本屬其他物種圓。一假球莖1花序，花序約與葉叢等長，花密生於花序頂端，花序梗、苞片、萼片外側及子房表面密被黑、白兩色細毛。唇瓣三裂，裂口甚深，側裂片甚小，位於唇瓣基部兩旁。中裂片再於先端裂成2片。唇瓣基部具黃色肉凸，肉凸下緣具淡紫色暈。果莢成熟期約需半年。

分布

以新竹、桃園、新北、宜蘭、花蓮地區較多，是東北季風盛行區，上述區域外偶見，喜歡氣溫涼爽乾溼季不明顯的區域，日照需求相對較小，生育環境是在日照比較少的林下，光線為遮蔭較多至半透光環境。

▲ 花內側除唇瓣喉部外均不具毛，花淡紫色唇瓣三裂，基部具黃色肉突，側裂片細長。

▼ 1. 生態環境。2. 花序梗、苞片、萼片外側及子房表面密被黑、白兩色細毛。

1

2

▼　3.花密生於花序頂端。4.果莢11月底至12月初成熟，於次年梅雨前或期間才裂開。5.種子白色細長。

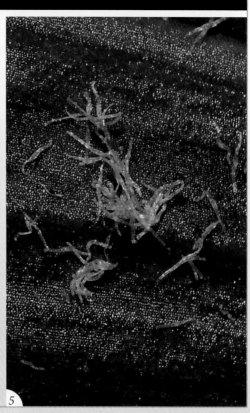

羽唇根節蘭

別名：流蘇蝦脊蘭；*Calanthe fimbriata*

Calanthe alpina

  1800-2600m 5-7月

特徵
葉約 4 枚左右，綠色倒卵狀長橢圓形，葉具波浪緣。花序約 2 倍葉叢高，單花序花約 10 餘朵至 20 朵，花序梗、苞片外側、子房被短毛，萼片及距稀被毛或不被毛。花萼及側瓣外側淡紫色，唇瓣內側具紫褐色條紋及流蘇狀粗緣毛，外側則被紫褐色斑點，先端向內摺疊成銳尖狀，蕊柱向兩側延伸成扁平狀。距甚長，向後伸展。

分布
宜蘭及花蓮中央山脈中海拔地區原始林下，是根節蘭屬中分布區域及植株最少的物種，生於霧林帶內終年氣候涼爽空氣濕潤，光線為半透光的環境。

田野筆記
我和友人分別於 2020 年 6 月 11 日及 6 月 15 日前往觀察同一棵羽唇根節蘭，6 月 11 日開了 3 朵花，還有 1 朵半開，6 月 15 日開了 6 朵花且第 1 朵開的花還很新鮮，所以推估 1 至 2 天開 1 朵花，單朵花壽命至少 1 星期。

▼▶ 1. 花序軸及子房外側被短毛。2. 葉表面。
3. 花序。4. 生態環境。5. 花背面。

尾唇根節蘭 別名：弧距蝦脊蘭

Calanthe arcuata

特徵

葉狹長，邊緣呈波浪狀。單花序略長於葉叢，花序梗、子房、萼片均被細短毛。花萼片及側瓣紅褐色，中肋及邊緣被黃綠色縱向條紋。唇瓣三裂，中裂片先端銳尖不分裂，初開時為白色，之後漸次轉為淡黃色。距微彎不甚長。

分布

台灣全島中海拔山區均有分布，但以台中、宜蘭、花蓮、南投、嘉義等地山區較多，均為霧林帶空氣涼爽濕潤的區域，光線為半透光的環境。

▲ 花初開時白色。

田野筆記

在中海拔山區公路兩旁的狹長廊帶，由於人車活動，野生動物比較不敢靠近，根節蘭相對較多。大禹嶺附近公路旁就比較容易看到尾唇根節蘭。至於公路狹長廊帶以外地區，理論上生態會較為完整，蘭況比較好，但事實不然，離公路較遠的尾唇根節蘭因被動物啃食，已變得十分稀少。雖然如此，尾唇根節蘭似乎有因應之道，離公路較遠的尾唇根節蘭大都長在樹上，我看過一叢幾十棵的植株長在 2 公尺高以上的大樹側枝上，長久下去，尾唇根節蘭可能就會演化成為附生蘭了。

▼ 1. 花末期淡黃色。2. 生態環境。3. 5 月長在 2 公尺樹上的族群，果莢裂開，種子已飄散。4. 10 月中旬果莢。

1

2

3

4

阿里山根節蘭
Calanthe arisanensis

  600-2000m 11-3 月

特徵

假球莖密生，葉 3 至 4 枚。通常 1 假球莖 1 花序，亦有少數 1 假球莖 2 花序。部分植株花序梗、苞片、萼片及子房均不被毛，有部分個體各部或被稀疏細毛，我懷疑這些個體是否具有翹距根節蘭的雜交基因。花疏生，約 10 餘朵，花白色或少部分淡紫色。唇瓣三裂明顯，中裂片先端具尾尖，尾尖後彎，唇盤具稍微隆起的 3 條縱向稜脊。距向上伸出後弧形向下彎曲，部分筆直向上翹起，向上翹起又具備了翹距根節蘭的特徵。

分布

台灣全島闊葉林下，生育環境為乾溼季較不明顯的區塊，生於闊葉林或竹林下，光線約半透光至略遮蔭的環境。

田野筆記

花季每年 11 月從台東及屏東開始，逐漸往北開花，但北部比較向陽的坡面 11 月仍有機會看到早花的阿里山根節蘭。在同一生育地低海拔的阿里山根節蘭會較早開花，高海拔較晚開花。所以緯度、日照多寡、海拔高度均會影響開花先後。

	花部被毛	唇盤稜脊	唇瓣三裂	距翹起或彎曲
阿里山根節蘭	不被毛或疏被毛	3條不明顯	明顯三裂	弧形向下彎曲
翹距根節蘭	密被毛	多條明顯隆起	不明顯	直向上翹起

上列特徵並非絕對，就花部被毛部分，如果純種阿里山根節蘭花部不被毛，那疏被毛的個體就具有翹距根節蘭的基因。在唇盤稜脊部分，具明顯凸起稜脊的個體就是翹距根節蘭應無疑問，但小部分唇盤稜脊不明顯的個體唇瓣三裂又不明顯，且花部被毛，顯然又是兼具兩者的特徵。而許多具有阿里山根節蘭特徵的植株，距又直向上翹起。以上幾點現象在花東地區較少見，但在新竹尖石山區卻很常見，因為尖石山區是兩種根節蘭分布重疊的地方。綜合以上現象推測，阿里山根節蘭及翹距根節蘭可能有雜交種，但因特徵不十分明顯，所以至今尚未有學者研究此一現象。

▼ 1. 花序梗光滑無毛，一棵抽 2 個花序的植株。2. 花側面。

▼ 3. 生態環境。4. 距向上翹起且被毛的植株，可能有雜到翹距根節蘭的基因。
5. 訪花者。6. 次年 1 月裂開的果莢及種子。

3

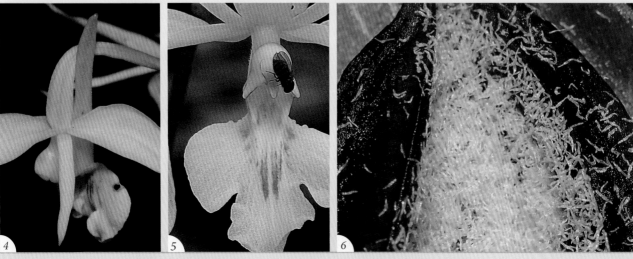

4

5

6

翹距根節蘭 別名：闊葉根節蘭
Calanthe aristulifera

特徵
假球莖密生，葉自假球莖側邊生出，葉 2 至 3 枚。花序自假球莖中下段抽出，通常一假球莖 1 花序，亦有少數 2 花序。花序梗、苞片、子房、萼片外側均被細短毛。花白色至淡紫色。唇瓣三裂不明顯且下垂，唇盤具 3 至 5 條明顯隆起的肉質稜脊，因唇瓣下垂，因此距上翹，此為其名稱的由來，距大都不彎曲。

分布
以北台灣為主，分布於桃園、新竹、苗栗、新北、宜蘭及花蓮地區，生育環境為東北季風盛行較冷涼的區域，乾溼季不明顯。生長海拔和阿里山根節蘭的生長海拔重疊或稍高，生於闊葉林下，光線為半透光環境。

田野筆記
花形與阿里山根節蘭相似，不容易分辨，兩者的特徵請參考阿里山根節蘭內容的比較表及其下方的說明。

▼ 1. 生態環境，紫色花的植株。
　2. 白色花的植株。
　3. 同一棵抽 2 個花序的植株。
　4. 花及花序軸均密被細毛。
　5. 次年 3 月裂開的果莢。

1

2

3

4

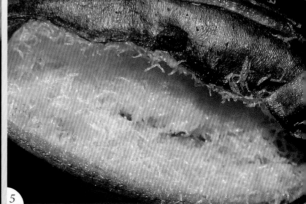
5

長葉根節蘭
Calanthe davidii

1000-2000m　5-8月

特徵

葉狹長橢圓形至線形，寬度變化甚大，葉寬者多縱稜，特徵明顯，未開花時容易辨識，但葉窄如線形者，外觀與伴生的莎草科植物幾無不同，除非開花，不然是最難辨識的，葉的特徵與變化和松田氏根節蘭相同。花序甚長，約可達葉叢的 4 倍長，花序梗、苞片、子房均被細短毛。花黃色，與白色花的松田氏根節蘭中間有連續性的變化。花被片向後反折近 180 度，唇瓣三裂，中裂片先端再二裂，側裂片比中裂片的二裂片還大許多，唇瓣基部表面具肉凸。距圓柱形，微彎，長度約為花被片的 2 倍至 3 倍長。

▲ 花被片強裂反折，距往後伸展，唇瓣三裂，表面具肉凸。

分布

台灣本島中海拔地區，以中部、北部、東部較多，生於乾濕季較不明顯的環境，中部則生於雲霧帶或河流兩岸附近，常與莎草科植物伴生，有時與松田氏根節蘭生育地重疊，光線為半透光至略遮蔭的環境。

▼ 1. 出藝的葉片。2. 花序可達葉叢的 4 倍長。3. 生態環境。4. 裂開果莢，只剩少數種子。

1

2

3

4

松田氏根節蘭
Calanthe davidii var. matsudae

1000-2000m　5-8月

特徵

葉長橢圓形至線形，寬度變化甚大，葉寬者多縱稜，特徵明顯，未開花時容易辨識，但葉窄如線形者，外觀與伴生的莎草科植物幾無不同，除非開花，不然是最難辨識的，葉的特徵與變化和長葉根節蘭相同。花序甚長，約可達葉叢的4倍長。花序梗、苞片、子房均被細短毛。花白色，與黃色花的長葉根節蘭中間有連續性的變化，花被片向後反折近180度。唇瓣三裂，中裂片先端再2裂，側裂片比中裂片的2裂片還大許多，距圓柱形微彎，長度約為花被片的2倍至3倍長。

分布

台灣本島中海拔地區，以中部、北部、東部較多，生於乾濕季較不明顯的環境，中部則生於雲霧帶或河流兩岸附近，常與莎草科植物伴生，與長葉根節蘭生育地重疊，光線為半透光至略遮蔭的環境。

田野筆記

松田氏根節蘭與長葉根節蘭外形相同，僅顏色不同，但兩者花色之間具連續性的變化，且生育地常有重疊，到底是長葉根節蘭的變種，或僅是種內變化或只是土質酸鹼度不同而產生的變化，至今尚未有人深入研究，是一個值得探討的問題。

▼ 1. 生態環境。2. 葉片寬窄不一，外表極似莎草，三片葉片兩側為松田氏根節蘭，中間為莎草科植物。3. 花密生，花序軸長，花數多。4. 花序軸甚長，結果率普通。

1

2

3

4

長距白鶴蘭

Calanthe × *dominyi*

 特徵

本種是長距根節蘭與白鶴蘭的雜交種，外表變化多，大體上可由唇瓣中裂片來辨識，中裂片的形狀介於長距根節蘭與白鶴蘭之間，白鶴蘭的側裂片與二裂的中裂片是等大的，如果中裂片大於側裂片，且顏色介於白色與紫色兩者之間，就可視為是長距白鶴蘭。不過長距白鶴蘭仍有少數唇瓣顏色為純白色或純紫色的個體，所以長距白鶴蘭在中裂片大小及顏色之間具有連續性的變化，是一個變化多端的物種。

 分布

台灣本島及蘭嶼低海拔潤葉林下，生長環境的耐旱度介於長距根節蘭及白鶴蘭之間，喜溫暖，因此低海拔較易見其蹤影，光線為半透光的環境。

▲ 紫色花及花序。

▼ 1. 生態環境。2. 白色花序。3. 白色花正面。4. 淡紫色花正面。

1

2

3

4

細花根節蘭 別名：纖花根節蘭
Calanthe graciliflora

700-1400m　3-4 月

特徵

葉約 2 至 4 枚，葉柄短，長橢圓形。1 假球莖抽 1 花序，花序長約葉叢的 2 倍長，少部分植株會出現一株 2 個花序。花序梗、子房、萼片外側、距均密被細短毛。花疏生。花萼及側瓣內側黃褐色，外側帶紫暈。唇瓣及蕊柱白色，唇盤被黃暈及紫斑，具 3 條縱向凸起龍骨，唇瓣三裂，中裂片不裂，具尾尖。距尾端漸尖，長度略短於側瓣或等長。

分布

分布於台北、新北、桃園、新竹、苗栗、宜蘭等地闊葉林下，生育環境是東北季風盛行區內乾濕季不明顯的區域，零星分布，族群不多，是根節蘭屬中族群偏少的一個物種，光線約為半透光的環境。

▼ 1. 少數一假球莖抽 2 個花序的植株。2. 生態環境。
　3. 花開並蒂。4. 花背面。5. 花側面。

1

3

4

5

新竹根節蘭
Calanthe × *hsinchuensis*

特徵
葉片與黃根節蘭相似，花淡黃色，距的長度介於黃根節蘭與阿里山根節蘭之間，約超過子房一半的長度，唇盤具 3 條低矮連續的縱向稜脊。未開花時，很難以葉片來區分黃根節蘭及新竹根節蘭，開花時，可從花的顏色、大小、距的長短及唇盤稜脊來區分黃根節蘭及新竹根節蘭。黃根節蘭花黃色、較大、距短，唇盤稜脊較高。新竹根節蘭花淡黃色、較小、距較長，唇盤稜脊較低。

分布
桃園、新竹、苗栗均有分布，但苗栗較少且侷限於苗北地區，新竹最多，集中於尖石及五峰，桃園數量次之。生於柳杉林下最多，闊葉林下或竹林下亦有分布，生育環境為涼爽及乾濕季較不明顯的中海拔地區，生育地均與黃根節蘭重疊，光線為半透光的環境。

田野筆記
新竹根節蘭是黃根節蘭與阿里山根節蘭的雜交種，雜交後又經過多次回交，因此造成新竹根節蘭的特徵已是介於黃根節蘭與阿里山根節蘭間連續變化。我曾於新竹根節蘭的生育地做廣泛觀察，發現新竹根節蘭的植株已遠多於黃根節蘭，甚或懷疑是否還有純種的黃根節蘭。又，我曾數次多地觀察到花萼外側淡紫色的新竹根節蘭，其中有一處與淡紫色的阿里山根節蘭伴生，因此推斷此種花萼外側淡紫色的新竹根節蘭是黃根節蘭與淡紫色阿里山根節蘭的雜交種。

本種第一次見諸文獻是 2006 年 8 月 5 日出版的《台灣野生蘭賞蘭大圖鑑（下）》，書中用的中文名是黃阿里山根節蘭，非正式發表。後由李勇毅博士發表，發表文獻刊於 2018 年 8 月 30 日出版的 *Botanical Studies*。

▼ 1.生態環境。2.乳白色的新竹根節蘭。3.距向後方伸出，後半段向下彎折，像阿里山根節蘭。4.側瓣展開時僅 4 公分。5.2 月初的果莢。

黃翹距根節蘭
Calanthe × *insularis*

特徵

葉片與黃根節蘭及新竹根節蘭相近，但葉柄較長，質地稍硬且顏色稍深綠，寬度比翹距根節蘭更寬，顏色比翹距根節蘭稍淺綠，用心觀察不難發現其差別。花序長度約為葉叢的 2 倍長，花序梗、子房、花萼和距均被毛。花與黃根節蘭及新竹根節蘭相近，但可由花色、距長度及唇盤稜脊加以區別。黃翹距花淡黃色，距長度超過子房一半的長度，直向後上方翹起，唇盤有 5 條高聳隆起如劍龍背脊不連續縱向稜脊。黃根節蘭的花鮮黃色，距直或微彎，較短，長度不及子房長度的一半，唇盤具有 3 至 5 條連續凸起的稜脊，但凸起高低差不如黃翹距根節蘭。新竹根節蘭花淡黃色，距長度約與黃翹距根節蘭等長，但後半段彎曲向下，唇盤具 3 條低矮連續的稜脊，有時花被片被紫暈。

分布

目前僅見分布於新竹尖石鄉山區，生育地在霧林帶人造柳杉林下，空氣涼爽，乾濕季不甚明顯，光線約為半透光環境。

▼ 1. 生態環境。

1

田野筆記

黃翹距根節蘭第一次見諸文獻是 2006 年 8 月 5 日出版的《台灣野生蘭賞蘭大圖鑑（下）》，作者林維明先生記載是 2004 年初春由張志慶先生所發現。

之後於 2014 年 KBCC Press 出版的 *The Wild Orchids of TAIWAN* 第 208 頁亦有介紹此花。

2018 年 4 月上旬，先後有兩位花友寄圖檔要我鑑定物種，初時不以為意，認為是新竹根節蘭，但仔細看後，才驚覺是沒看過的物種。我問明大約地點後上山尋找，現場鑑定為黃根節蘭與闊葉根節蘭的雜交種，就是黃翹距根節蘭。

2019 年 3 月 18 日我再度上山觀察黃翹距根節蘭，現場只見抽出一個花序，和前一年十餘個花序相比，花況相差甚多。隔年我再上山觀察，只見植株遭人為破壞，數量明顯變少，且新抽出的芽苞被人剪除，之後兩年都是如此。也不知破壞者是誰，立意為何？此舉實不可取，維持現狀不加干涉是賞花者的基本準則。

2024 年 3 月我再度上山觀察，植株已全數消失，顯然是人為採集所造成，連附近的闊葉根節蘭亦遭受波及。

Calanthe × kibanakirishima 是 *The Wild Orchids of TAIWAN* 所用學名，而 *Calanthe × insularis* 則是《台灣蘭科植物圖譜》所用學名。*Calanthe × kibanakirishima* 和 *Calanthe × insularis* 均為韓國或日本的原生蘭物種，外形與黃翹距根節蘭神似，但並未完全相同。為何黃翹距根節蘭會使用僅是外形神似的物種為學名？可能是黃翹距根節蘭極為稀有，學者無法取得標本致未能深入研究，或是學者雖然取得標本，因研究及比對工作有難度，至今未有結論。

▼ 2. 未開花植株。3. 花側面。4. 2020 年芽苞遭人為剪除。

長距根節蘭 別名：長距蝦脊蘭

Calanthe masuca

特徵

葉片與白鶴蘭相似，不易分辨，但有顏色較深綠的傾向，但這種傾向極可能因環境日照較少所造成。花序長約葉叢的 2 倍長，苞片宿存，花序梗、苞片、子房、萼片外側均被細短毛。花淺紫色。唇瓣三裂，側裂片甚小，中裂片寬大先端淺凹裂，基部具約 3 至 5 條深紫色至紅色肉突所形成的縱稜，唇盤中肋凹陷。花朵初開時為淡紫色，晚期唇瓣漸漸轉為淡黃色至橘黃色。新北山區偶可見白變種，花被片白色，白變種唇瓣基部肉突則為淺紫至橘紅色，花晚期花被仍會漸漸轉為淡黃色至橘黃色。

▲ 紫白相間的花。

分布

台灣本島中低海拔闊葉林或竹林下，以新北山區最多，喜歡潮濕的環境，因此河谷兩旁坡地最適合生長，數量也最多，光線為略透光至半透光的環境。烏來及坪林山區約分布在海拔 200 公尺左右，北大武山區可分布至 1,600 公尺。

▼ 1. 生態環境含葉片。2. 白色花，將謝前花色轉為黃色。3. 紫色花將謝前轉為橙色。
　 4. 12 月底果莢尚未裂開。5. 種子。

反捲根節蘭 別名：*Calanthe reflexa*
Calanthe puberula

特徵

葉片霧面，長橢圓形稍狹長，在根節蘭屬中屬於比較小型的葉片，葉緣波浪狀，少數葉片具黃綠線條交織，即園藝界所謂的出藝。花序剛抽出時呈垂頭狀，隨著花朵的開展而漸次往上伸直。花序梗、萼片、子房外側均被細短毛，花約 10 餘朵至 20 餘朵。無距，萼片反捲，花初開時紫色或淺紫色，將謝前漸次轉成淺黃褐色，果莢表面無明顯的稜，苞片及果莢常宿存。

分布

台灣本島東北季風可到達的區域或霧林帶，生長在闊葉林或人造林下，中海拔人造柳杉林下常是其生長的好地方，光線約為半透光的環境。

▼ 1. 生態環境。2. 花側面。3. 花將謝前漸次轉成淺黃褐色。4. 無距。5. 12 月中旬的果莢。

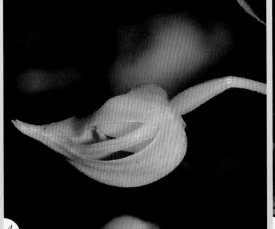

黃根節蘭
Calanthe sieboldii

別名：*Calanthe striata*；*Calanthe kawakamii*；
大黃花蝦脊蘭

特徵

葉片紙質柔軟，甚寬大，與新竹根節蘭甚難區分，在根節蘭屬中葉片是最寬大的物種。葉片與翹距根節蘭相較，黃根節蘭葉片質地較軟，顏色較淺綠，翹距根節蘭質地較硬顏色較深綠，有明顯的區別。花序長約葉叢的 2 倍長，花數約數朵至近 20 朵，花朵大，鮮黃色，距甚短，多數不及子房的一半長，花有一股特殊的香氣。少部分植株會有一株 2 個花序的現象，花序梗、子房、花萼外側均密被短細毛。唇盤具 3 至 5 條較高連續的稜脊。與新竹根節蘭相較，新竹根節蘭花朵較小，顏色較淺黃，距較長較彎曲，唇盤具 3 條低矮連續的稜脊。

分布

桃園、新竹、苗栗均有分布，但苗栗較少且偏北部分布，新竹最多，集中於尖石及五峰兩地，桃園數量次之。生育地常與新竹根節蘭重疊，生於通風良好的迎風坡面，光線為半透光的環境。

▼ 1. 生態環境。

▼ 2. 相鄰兩棵各抽出兩個花序，相當罕見。3. 花長約 6 公分。4. 花側面。
5. 次年 3 月果莢裂開內有種子。6. 新竹根節蘭與黃根節蘭同框。

繡邊根節蘭 別名：三板根節蘭；三稜蝦脊蘭
Calanthe tricarinata

1900-2800m　3-5 月

特徵

葉片無明顯特徵可供辨識，約與阿里山根節蘭外形相似。開花時唇瓣具特色可供分辨，唇瓣三裂，側裂片甚小，向兩側水平伸展。中裂片紅褐色，圓形深皺摺波浪緣，先端微凹裂，具明顯 5 條不規則片狀肉突縱稜脊。花序梗、子房、萼片外側均被短細毛，無距。

分布

零星分布於中央山脈東西兩側中海拔山區，生於原始林下，生育地均為霧林帶，四季空氣涼爽濕潤，族群數量及生育地點均不多，光線為半透光至略遮蔭的環境。

▼ 1. 生態環境。2. 花序。3. 花側面。4. 假球莖。5. 被山羌啃食的植株。

白鶴蘭　別名：三褶蝦脊蘭

Calanthe triplicata

特徵

葉片表面霧狀，與長距根節蘭相似，不易分辨，但有顏色較淺的傾向。1 假球莖 1 花序，偶可見 1 假球莖 2 花序的情形，但第 2 花序較短。花序梗圓柱形，密被細毛。苞片、子房、花萼及距均密被短細毛。苞片宿存，花通常數十朵，白色，少數淡黃色，花晚期漸次轉為淡黃色，唇瓣外形如上下雙人形，上端的人字形是唇瓣三裂的側裂片，中裂片再深裂為下端人字形。

分布

白鶴蘭是根節蘭屬中分布最廣的物種，台灣本島及蘭嶼均可見其蹤影，開花率高，花期又長，生長區域又是低海拔容易到達的區域，是賞花最容易的物種。喜歡較乾燥的環境，因此常生長於山坡及寬廣的稜線上，相對的也喜歡日照稍多，約半透光至略遮蔭的環境。

▼ 1. 生態環境。
　 2. 花背面。
　 3. 蘭嶼的白鶴蘭唇瓣裂片較寬。
　 4. 開花次年 3 月初果莢內種子。
　 5. 12 月中旬果莢。

田野筆記

我曾在奧萬大附近記錄到 10 月仍開花的特殊情形，蘭嶼花期可持續到 12 月。

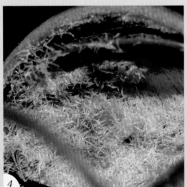

金蘭屬 (頭蕊蘭屬) / *Cephalanthera*

金蘭屬在台灣有 2 種，高山金蘭及銀蘭，兩者外形差別大，甚易分辨。高山金蘭葉披針形，距不明顯，子房轉位；銀蘭葉橢圓形，有短距，子房不轉位。

銀蘭
Cephalanthera erecta

  1900-2600m　 5-6 月

特徵　葉橢圓形，平行脈，葉輻較寬。花序頂生，花微開半閉鎖，子房不轉位，具明顯短距。唇盤具 3 至 5 條縱向龍骨，龍骨被黃斑。花序軸、萼片、子房被短毛，萼片外側疏被白色短毛。

分布　目前僅知分布於宜蘭大同鄉山區，生長區域在寬稜或稜線兩側闊葉林下，當地氣候涼爽，是東北季風吹拂範圍內，乾季不十分明顯，半透光環境。

田野筆記　本種早年即有文獻紀錄，但近年無發現紀錄，所以多數文獻均無記載。我原先是為了尋找傳說中的鳥巢蘭，經多年收集日據時代的登山路線資料，再加上許天銓先生協助收集的資料，我和內人及許天銓先生於 2012 年 7 月首度由宜蘭大同前往鳥巢蘭紀錄中的生育地探祕，但因花期已過故無所獲。2016 年 5 月下旬，原班人馬加上 2 位友人再度前往，我無意間於山腰附近發現了有如神話傳說中的銀蘭，算是意外的收穫，可惜鳥巢蘭始終無緣相見。

▼▶ 1. 生態環境。2. 花側面。3. 花大都不轉位，半閉鎖花，僅微展。4. 葉長卵形，表面具平行脈。5. 幼果果莢。

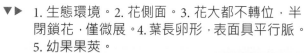

高山金蘭 別名：高山頭蕊蘭；*Cephalanthera alpicola*
Cephalanthera longifolia

2000-3200m ｜ 5-7 月

特徵

葉狹長披針形，平行脈，葉較狹長。花序頂生，花微開半閉鎖。花轉位但不下垂，距不明顯。唇盤具 3 至 5 條縱向龍骨，龍骨被黃斑。花序軸具細縱稜。花序軸、苞片、子房、萼片外側均被白色腺點。

分布

中高海拔山區，北部合歡山區，中央尖山山區及南二段山區均有相當大的族群，生於雲霧帶的原始林下，光線為半透光至略遮蔭的環境。

▼ 1. 生態環境。2. 花半閉鎖，僅微展。
3. 葉表面。4. 9 月中旬果莢。

肖頭蕊蘭屬 / *Cephalantheropsis*

莖細圓柱狀，葉生於莖節，具長葉鞘包覆於莖外側，花序梗自中下段的莖節抽出，同屬植株均十分相似，惟有細葉肖頭蕊蘭的植株較小巧，其他種未開花時外觀實難以分辨，故只能靠開花時花部的特徵加以分辨。花序梗、苞片、子房、萼片外側均密被細毛，苞片於花被展開前即已掉落。

白花肖頭蕊蘭

別名：長頸肖頭蕊蘭
相關物種：*Cephalantheropsis longipes*

Cephalantheropsis dolichopoda

  200-1100m 10-1月

特徵

本種異名為長頸肖頭蕊蘭，頸部是指唇瓣中裂片與側裂片間較窄部位，這個部位較長。花序自下半部莖節抽出，一莖可抽 1 至 5 個花序，一花序花多為 10 至 20 餘朵。花序梗、子房、花被片內外側均被毛。唇瓣側裂片外緣為全緣或細鋸齒緣，唇盤具 2 條凸起縱稜脊，稜脊由唇瓣基部延伸至頸部，先端平順未隆起。花初開時為白色，僅唇瓣為黃色，隨後萼片及側瓣漸次轉為淡黃色，唇瓣轉為黃色，蕊柱則維持白色。

▲ 唇段中裂片至側裂片間距較長。

分布

東北季風盛行區，包括台東、花蓮、宜蘭、新北、桃園。喜乾溼季不明顯的區域，東北部迎風河谷分布海拔高度可降至 100 多公尺。生育地與綠花肖頭蕊蘭重疊，但綠花肖頭蕊蘭的佔比或生育地面積都大的多。海岸山脈的南段數量較多，光線約為半透光至略遮蔭的環境。

▼ 1. 花後期轉為淡黃色，側裂片較為平順。2. 生態環境。3. 花初開時為白色，僅唇瓣頸部為黃色。4. 4 月中下旬果莢。

田野筆記

本種以前的學名是 *Cephalantheropsis longipes*，是另一種分布於東南亞地區極度相似的物種。直到 2014 年 12 月，林讚標教授才於 *Taiwania* 將本種正名為 *Cephalantheropsis dolichopoda*。

白花肖頭蕊蘭與三伯肖頭蕊蘭外形相似，僅開花時可以分辨，其不同處請見三伯肖頭蕊蘭後段的說明。

1

2

3

4

細葉肖頭蕊蘭 別名：*Calanthe kooshunensis*
Cephalantheropsis halconensis

特徵

相對於肖頭蕊蘭的其他種，本種植株明顯小了一號，除了較矮小，葉片也較細，因此葉片細小即其特徵。花序自下半部莖節抽出，一莖可抽 1 至 3 個花序，一花序花多為 10 朵左右。花序梗、子房、花萼外側密被毛，側瓣外側稀被毛。唇瓣無明顯頸部，唇盤具 2 條稜脊，2 稜脊先端由黃色肉凸形成的半圓形所連接，呈倒 U 字形，半圓形肉凸兩旁及倒 U 字形內密被腺點或腺毛。花初開時為白色，僅唇盤中間為淡黃色，之後全花漸次轉為淡黃色。花僅半展。

▲ 花初開時為白色。

分布

台灣東南部沿海不遠的迎風山坡，乾溼季不明顯區域，生育地與白花肖頭蕊蘭及綠花肖頭蕊蘭重疊，光線半透光至略遮蔭的環境。

▼ 1. 生態環境。2. 花僅半展。3. 花末期轉為淡黃色。
  4. 苞片早脫落，苞片不被毛。

1

2

3

4

三伯肖頭蕊蘭 別名：長軸肖頭蕊蘭

Cephalantheropsis longipes

  1200-1500m 11 月

特徵

本種與白花肖頭蕊蘭極為相似，僅唇瓣中裂片與側裂片間較窄部位較短。花序自下半部莖節抽出，一莖可抽 1 至 2 個花序，1 花序花多為 10 餘朵。花序梗、子房、花被片內外側均被毛。唇瓣三裂，側裂片向兩側上方伸展呈 U 字形，外緣為粗鋸齒緣。中裂片先端為鋸齒波浪緣，先端微二裂。唇盤具 2 條凸起稜脊，稜脊由唇瓣基部延伸至頸部，先端明顯隆起。

分布

目前僅知分布於中央山脈南段稜線附近及東面迎風坡，但因本種與白花肖頭蕊蘭相似，誤認的可能性很高，不排除還有其他地區的三伯肖頭蕊蘭未被認出。生育地與綠花肖頭蕊蘭重疊。

▲ 唇盤稜脊末端明顯凸起，側裂片明顯鋸齒緣。

田野筆記

本種是由林士賢先生於中央山脈最南段稜線附近所發現，由林讚標教授發表於 2014 年 12 月 *Taiwania* 期刊，學名 *Cephalantheropsis longipes*，是之前白花肖頭蕊蘭的學名，同時把白花肖頭蕊蘭的學名正名為 *Cephalantheropsis dolichopoda*。

白花肖頭蕊蘭與三伯肖頭蕊蘭不僅植株相似，花也十分相似，僅唇瓣中裂片與側裂片間較窄部位的長短有別，白花肖頭蕊蘭較長，三伯肖頭蕊蘭較短。側裂片先端是否明顯鋸齒緣亦是兩者不同之處，白花肖頭蕊蘭側裂片先端全緣或細鋸齒緣，三伯肖頭蕊蘭側裂片先端粗鋸齒緣。另唇盤上 2 條稜脊先端是否明顯隆起也是分辨兩者的依據。稜脊延伸至頸部平順未隆起是白花肖頭蕊蘭，稜脊先端明顯隆起是三伯肖頭蕊蘭。

▼ 1. 生態環境。2. 花序軸、子房、萼片外側被毛。3. 花初開時為白色。4. 花末期轉為淡黃色至黃色。

淺黃肖頭蕊蘭

Cephalantheropsis obcordata var. *alboflavescens*

特徵
與綠花肖頭蕊蘭極度相似，唯唇瓣中裂片與側裂片間較窄部位較短，但此特點與台灣本島所產部分綠花肖頭蕊蘭近似，所以並非很好的種別特徵，可視為綠花肖頭蕊蘭的種內變異。

分布
目前僅知分布於蘭嶼山區。

田野筆記
我在台灣本島也發現多處有頸部較短的綠花肖頭蕊蘭，是否就是淺黃肖頭蕊蘭，或是淺黃肖頭蕊蘭的分類要重新檢視，還需進一步討論。

▲ 花被淡黃色，頸部較短。

▼ 1. 花初開者唇瓣為白色，將謝前轉為淡黃色。2. 生態環境。3. 花序。
4. 台灣產頸部較短的肖頭蕊蘭，是否為淺黃肖頭蕊蘭，可能需用分子鑑定。

綠花肖頭蕊蘭 別名：黃花肖頭蕊蘭
Cephalantheropsis obcordata var. *obcordata*

200-1500m　11-12 月

特徵

花序自莖下半部的莖節抽出，一莖可抽 1 至 5 個花序，一個花序花多者可達 50 朵或更多，花黃綠色或黃色。花序梗、子房、蕊柱密被毛，側瓣內側稀被毛，唇瓣內外側密被腺點或腺毛，中裂片與側裂片間較窄部位較長，是與淺黃肖頭蕊蘭唯一區別的特徵。

分布

東北季風能到達的區域較多，且開花性很好。在中南部溪谷兩旁水氣較多的山谷偶見，但開花季是乾季，由於水分不足，該地的花常不開展，為閉鎖花。綠花肖頭蕊蘭在肖頭蕊蘭屬中分布地最廣，生育地常與他種肖頭蕊蘭重疊，光線約為半透光的環境。

▲ 花初開時唇瓣為白色，頸部較長。

田野筆記

果實約結果後 4 個月成熟，果莢於 2 月底 3 月初爆開。

▼ 1. 生態環境。2. 一枝莖多者可抽 5 個花序。3. 基部生長結構。4. 花將謝時唇瓣轉為黃色。5. 4 月裂開果莢及種子。

具肥大的根莖，匍匐於地表、岩石表面、樹幹上，或淺生於地表腐植質土中，根莖或香腸狀或圓柱狀，常於表面裂開長出根毛。花序頂生不分叉，花無距。往往兩兩相對，就是兩種指柱蘭間只有唇瓣不相同，其他部位完全相同的情形。這種情形有雉尾指柱蘭相對的斑葉指柱蘭，琉球指柱蘭相對的德基指柱蘭，羽唇指柱蘭相對的舟形指柱蘭，和社指柱蘭相對的紅衣指柱蘭，擬和社指柱蘭相對的擬紅衣指柱蘭，全唇指柱蘭野外已有發現唇瓣具唇裂的個體，中國指柱蘭野外已發現無唇裂的個體，這種兩兩相對的情形在蘭科植物並不少見，但比率遠高於其他屬。

中國指柱蘭
別名：台灣指柱蘭；中華叉柱蘭
Cheirostylis chinensis

特徵

根莖肥大，貼地橫生，如香腸狀，根莖常可見根毛長出，東部地區曾見附生於樹幹上。直立莖自根莖頂端生出向上生長，葉 3 至 6 枚叢生於基部。花序頂生，花序梗、子房及萼片外側密被毛，苞片外側稀被毛。側瓣白色與花萼合生成花被筒，唇瓣白色寬大先端二深裂，側裂片緣淺裂為粗鋸齒緣。

目前並無正式的唇瓣舟形物種與之兩兩相對，但已經有唇瓣全緣化的紀錄，只是很少。

分布

台灣本島中部、南部及東部低海拔闊葉林下，乾濕季明顯的西南部較多，常見於道路邊坡或河谷旁，廢棄林道兩旁也常見其蹤跡，東部迎風坡因雨量較多，有附生於樹幹上的現象，光線為半透光至略遮蔭的環境。

▼ 1. 單株最多可開 10 餘朵花。
2. 葉叢生於莖頂。
3. 匍匐根莖。
4. 唇瓣全緣化的花朵。
5. 1 月初的果莢，苞片、子房、萼片外側均被細毛。

全唇指柱蘭

別名：*Cheirostylis takeoi*；阿里山指柱蘭

Cheirostylis chinensis var. *takeoi*

200-1400m　2-4 月

特徵
根莖肉質肥大，貼地橫生，具多條莖節，莖自根莖頂端生出直立生長，葉 3 至 5 枚叢生於基部，葉表面具不明顯斑紋，開花前後漸次枯萎。花序頂生，花序梗可達 10 餘公分，一花序花數朵至 10 餘朵。花序梗、花苞片、子房及花萼外側密被毛。側瓣白色與花萼合生成花被筒，花僅微展。唇瓣白色全緣僅外露一小截，如舌向下伸出狀。

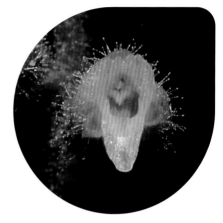

分布
台灣全島闊葉林下，生長在排水良好的山坡地，喜濕潤，半透光至略遮蔭的環境。

田野筆記
全唇指柱蘭並無植株相同且唇瓣寬大的物種，但野外偶可見唇瓣寬大但不甚對稱的變異花朵，顯然指柱蘭屬兩兩相對的基因亦存在於全唇指柱蘭，只是並未大至長出一整個族群均為唇瓣寬大的植株。

我曾經在苗栗象鼻部落附近一個公家建築的水泥屋頂上看到大片族群，該建築位在大樹底下，屋頂堆滿枯枝落葉，每天有部分時間陽光照射，在約 20 平方公尺的面積上長滿了全唇指柱蘭，有數百棵之多，甚是壯觀，可惜後來可能因清除枯枝落葉而被鏟除了。

▼ 1. 生態環境。2. 匍匐根莖。3. 唇瓣舌狀，全緣。4. 唇瓣寬大的變異個體。5. 苞片、子房、萼片外側密被毛。6. 水泥屋頂長滿了全唇指柱蘭。

琉球指柱蘭

別名：墨綠指柱蘭

Cheirostylis liukiuensis

  300-1700m 1-3月

特徵 根莖貼地橫生，莖節凹陷不明顯，莖自根莖頂部抽出，向上生長。葉深綠色，約 3 至 5 枚生於莖的基部。花序自莖頂抽出，花序梗密被毛、子房及萼片外側疏被毛。側瓣白色，與萼片合生成花被筒。

分布 台灣本島及蘭嶼，闊葉林下，遮蔭較多至半透光環境，乾溼季較不明顯區域，生育地與德基指柱蘭重疊，兩者常伴生。

田野筆記 本種植株與德基指柱蘭完全相同，僅花的唇瓣不同。德基指柱蘭唇瓣短小先端全緣，琉球指柱蘭唇瓣寬大先端二裂，兩者明顯有別。

▼ 1. 生態環境。2. 更新能力強。3. 匍匐根莖。4. 葉片。5. 花正面。6. 4 月初的果莢。

2

3

5

6

德基指柱蘭 別名：*Cheirostylis derchiensis*
Cheirostylis liukiuensis var. *derchiensis*

特徵

根莖貼地橫生，莖節凹陷較不明顯，莖自根莖頂部抽出，向上生長。葉約 3 至 5 枚生於莖的基部，深綠色。花序自莖頂抽出，花序梗密被毛、子房及萼片外側疏被毛。花僅微張，側瓣白色，與萼片合生成花被筒。唇瓣白色短小全緣，僅外露出一小截。

分布

台灣本島低至中海拔山區零星分布，遮蔭較多至半透光環境，生於闊葉林下或竹林下以及溪谷旁，生育地與琉球指柱蘭重疊，兩者常伴生。

田野筆記

本種與琉球指柱蘭唇瓣寬大先端二裂明顯有別。又，唇瓣短小全緣與斑葉指柱蘭、全唇指柱蘭及擬紅衣指柱蘭類似，但德基指柱蘭子房及萼片外側疏被毛；斑葉指柱蘭子房及萼片外側不被毛；全唇指柱蘭子房及萼片外側密被毛。擬紅衣指柱蘭葉片則為紅色，與德基指柱蘭葉片為墨綠色有別。又，德基指柱蘭與南投指柱蘭外部無法分辨，必須解剖花部後方能分辨，本種唇瓣解剖圖中段不捲折也不被毛，南投指柱蘭解剖圖則唇瓣中段具捲折並被腺毛。以上 2 種花部解剖構造說明係參考林讚標教授所著 *The Orchid Flora of Taiwan*。

▼ 1. 生態環境。2. 葉片。3. 匍匐根莖。4. 花序。5. 3 月中旬果莢成熟裂開，種子立即向外飄散。

南投指柱蘭 別名：*Cheirostylis nantouensis*

Cheirostylis liukiuensis var. *nantouensis*

1500-1600m　2月

特徵

南投指柱蘭和德基指柱蘭外形幾無分別，僅解剖花部後方能看出不同處，即唇瓣中段具捲折並被腺毛，而德基指柱蘭唇瓣解剖圖中段不捲折也不被毛。本文係參考林讚標教授所著 *The Orchid Flora of Taiwan* 中南投指柱蘭的線描圖。

分布

目前僅知分布於南投信義鄉山區，農業開墾區邊緣的闊葉林下，雖處於霧林帶內，但無大樹遮蔽，保水性差，因此冬季十分乾燥，光線為半透光的環境。

▼ 1. 生態環境。2. 葉片。3. 匍匐根莖。4. 外表與德基指柱蘭完全相同。5. 花側面。

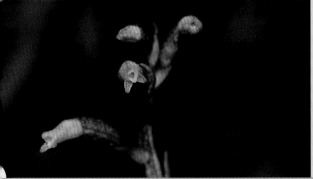

雉尾指柱蘭
別名：*Cheirostylis cochinchinensis*

Cheirostylis monteiroi

特徵　根莖貼地橫生，莖節凹陷明顯。莖自根莖頂部抽出，向上生長，葉 2 至 3 枚生於莖的基部，葉表面具明顯花紋，開花前後漸次枯萎。花序頂生，花序梗密被毛，苞片、子房及花萼外側光滑無毛，側瓣與花萼合生成花被筒。唇瓣白色寬大先端二裂，二裂片再裂成多條細裂片。

分布　中南部竹林下或闊葉林下，半透光乾溼季明顯的環境。

田野筆記　斑葉指柱蘭植株與本種完全相同，斑葉指柱蘭的唇瓣短小全緣，可明顯區隔。又，本種的唇瓣與中國指柱蘭相類似，但雉尾指柱蘭側裂片較深裂，且子房及花萼外側光滑無毛，與中國指柱蘭密被短毛可明顯區別。

▲ 單朵花正面照，唇瓣具多數小裂片。

▼ 1. 一花序花多者可達 10 餘朵。2. 生態環境。3. 葉片。4. 匍匐根莖。5. 苞片、子房、萼片外部均不被毛

1

2

3

4

5

斑葉指柱蘭

別名：*Cheirostylis cochinchinensis* var. *clibborndyeri*

Cheirostylis monteiroi var. *clibborndyeri*

  400-1500m 2-4 月

特徵

根莖貼地橫生，莖節凹陷明顯，莖自根莖頂部抽出，向上生長，葉 2 至 3 枚生於莖的基部，葉表面具明顯花紋，開花前後漸次枯萎。花序自莖頂抽出，花序梗被毛，子房及花萼外側光滑無毛。側瓣白色與花萼合生成花被筒，花僅微展。唇瓣白色短小如舌狀，僅外露一小截。嘉義以北唇瓣大都全緣，以南具微鋸齒緣。

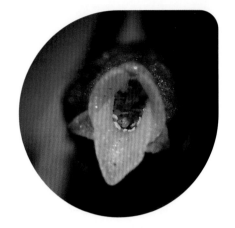

分布

台灣本島東部及中南部竹林下或闊葉林下，蘭嶼亦有分布，乾濕季明顯或不明顯區域均有，光線為半透光的環境。台中以北未曾見過，但宜蘭有分布。

野筆記

本種植株與雉尾指柱蘭完全相同，雉尾指柱蘭唇瓣寬大先端二裂，二裂片再細裂，斑葉指柱蘭唇瓣短小如舌狀，兩者明顯有別。又，與斑葉指柱蘭唇瓣類似的全唇指柱蘭、德基指柱蘭，亦可在子房及花萼外側有無被毛加以區隔。斑葉指柱蘭子房及花萼外側光滑無毛；而全唇指柱蘭及德基指柱蘭子房及花萼外側均被短毛。

▼ 1. 生態環境。2. 花序。3. 匍匐根莖。4. 葉表面。5. 苞片、子房、萼片外部均不被毛。

羽唇指柱蘭
Cheirostylis octodactyla

特徵

根莖通常生於腐葉堆中，不易觀察。莖自根莖頂部延伸向上生長，葉綠色約 5 至 7 枚，叢生於莖頂。花序自莖頂抽出，花序梗極短，單一花序花約 1 至 5 朵。子房及萼片外側無毛，萼片與側瓣白色，兩者合生成花被筒。唇瓣白色寬大先端二裂，二裂片再各自深裂約 4 至 6 個裂片，與舟形指柱蘭唇瓣狹小全緣可資區別。

分布

台灣全島中海拔地區闊葉林下，半透光的環境，主要生長在霧林帶內空氣含水量豐富的區域。西部均為地生，東部偶有附生的情況。

田野筆記

羽唇指柱蘭及舟形指柱蘭的花序梗極短，果莢成熟後，花序梗會抽長，以利種子傳播，這是一個較特殊的現象。如今野生動物眾多，可降低在開花過程中被動物咬食的風險，在演化上自有一定的意義。而本屬其他物種花序梗較長，果實成熟過程中花序梗並不會抽長。

▲ 先端二裂，兩端裂片再各自深裂約 4 至 6 個裂片。

▼ 1. 生態環境。2. 花側面，花序梗很短。3. 11 月初果莢。4. 果莢於 2 月底成熟後，花序梗會抽長。

舟形指柱蘭

Cheirostylis octodactyla forma *cymbiformes*

特徵 植株與羽唇指柱蘭完全相同，子房及萼片外側無毛，僅唇瓣舟形可供區別。

分布 目前僅知分布於新竹尖石山區，霧林帶內闊葉林或柳杉林下，半透光的環境。

田野筆記 舟形指柱蘭在 2015 年之前就由周台鶯小姐、蔡錫麒先生、謝牡丹小姐首先發現，由許天銓先生在 2016 年出版之《台灣原生植物全圖鑑第一卷》報導，但非正試發表，後由黃大明先生於 2018 年採集標本，林讚標教授於 2019 年正式發表。

▼ 1. 生態環境。2. 葉表面及幼果。3. 花及葉片正上方照。4. 花側面。

2

4

沈氏指柱蘭

Cheirostylis pusilla var. simplex

特徵

根莖通常裸露在地表，也許是剛好那區塊的竹林地質堅硬及落葉較少所致。根莖肥大，莖節處明顯凹陷，且常有分枝，莖自根莖頂部或根莖節處抽出，斜向上生長，葉數枚，疏生於莖上。花序頂生，花細小，最明顯的特徵是全株及整個花序均無毛。萼片外側白色，與側瓣合生成花被筒，花被筒先端僅具一小洞。花為半閉鎖花，唇瓣舟形呈捲舌狀，僅一小截伸出花被筒的小洞，亦有唇瓣未伸出小洞的個體。

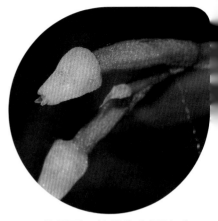

▲ 花側面，整個花序不被毛。

分布

目前僅知分布於南投和社山區，霧林帶竹林下，微透光的環境，生育地冬天十分乾燥，但該地位於霧林帶，空氣濕潤。

田野筆記

2012 年初我認識了沈伯能先生，之後常一起在中部山區做蘭花觀察，有一次經過信義鄉一處蘭況頗佳的地方，我指著上方山坡地對他說：「這一帶我一直想去，但距離台北太遠了，您住南投就近觀察比較方便，有好東西再告訴我。」後來沈先生在這一帶陸續發現了沈氏指柱蘭、南投指柱蘭及間型上鬚蘭。沈氏指柱蘭是在 2016 年 11 月發現的。

▼ 1. 生態環境。2. 葉表面。3. 匍匐根莖細長，末端向上生長。4. 花被筒先端僅具一小洞，唇瓣舟形呈捲舌狀，僅一小截伸出花被筒的小洞。

1

2

3

4

和社指柱蘭
Cheirostylis tortilacinia

特徵

根莖肥大莖節凹陷不明顯，根莖側偶可見具有根毛，生於地表或腐葉之中，莖自根莖頂端生出，大部分葉片於秋季轉為紅色，但仍有少數生育地的葉片於秋季不轉色，其轉色與不轉色的原因不明。花序頂生，花序梗、子房、苞片外側、萼片外側均密被毛。側瓣白色，與萼片合生成花被筒。唇瓣白色先端二裂，左右裂片再裂為約 3 至 5 條淺裂片。花開後，葉片即漸次枯萎。

分布

苗栗、台中、南投、嘉義、屏東等地均有分布，生於竹林或闊葉林下，半透光的環境，乾溼季明顯的區域，部分族群與紅衣指柱蘭生育地相隔不遠。

▲ 唇瓣白色，先端二裂，左右裂片再裂為 3 至 5 條淺裂。

▼ 1. 生態環境。2. 約 9 月左右，葉片常轉紅。3. 根莖靠基部匍匐，先端直立。
4. 開花時葉片未轉紅的植株。

紅衣指柱蘭 別名：*Cheirostylis rubrifolia*
Cheirostylis tortilacinia var. *rubrifolia*

特徵

本種植株外形與和社指柱蘭完全相同，但葉片表面是否為紅色，需視氣候條件，我看見的紅衣指柱蘭顏色即為偏綠色，影響葉面顏色的原因目前還不確定，需要進一步觀察。花序頂生，花序梗、苞片、子房及萼片外側均密被毛。花半閉鎖，花被僅微張，唇瓣舟形捲舌狀，僅外露一小部分，且開花期極短，所以極少人在野外拍到唇瓣外露的照片。若未拍到微露唇瓣的特徵，與和社指柱蘭是無法分辨的。

分布

目前僅知分布於屏東三地門山區，闊葉林下，半透光的環境及乾濕季明顯區域，生育地 300 公尺內亦發現和社指柱蘭，但個體較南投和社地區的植株小很多。

田野筆記

紅衣指柱蘭之所以命名為紅衣，是因為在一定環境下，葉片的顏色會顯現紅色，這種環境可能是要光照程度與濕度相互配合，再深度觀察必定會是一個很有趣的題材。這種現象同樣存在於和社指柱蘭、擬紅衣指柱蘭及擬和社指柱蘭，所以未看到開花的唇瓣，是無法分辨何者為紅衣指柱蘭或是和社指柱蘭的。

紅衣指柱蘭唇瓣舟形捲舌狀，與擬紅衣指柱蘭唇瓣舌狀向下彎折可以分別外，依據林讚標教授發表資料的解剖圖顯示，紅衣指柱蘭唇瓣基部內側被短毛，擬紅衣指柱蘭唇瓣內側光滑無毛，此為兩者另一個最大不同處。

▼ 1. 生態環境。2. 匍匐根莖。3. 唇瓣捲舌狀，僅微吐。4. 花謝後約 2 個月果莢。

擬和社指柱蘭

Cheirostylis sp.

特徵

植株外形及葉片與和社指柱蘭相同，唇瓣也相似，但偶有黃色個體，和社指柱蘭則無。另，唇瓣先端二裂片的夾角有所不同，本種唇瓣不裂或裂片夾角不到 30 度，而和社指柱蘭唇瓣二列片的夾角介於 60 度到 90 度，此乃外形不同處。和社指柱蘭與紅衣指柱蘭的棲地相距不遠，擬和社指柱蘭與擬紅衣指柱蘭的棲地亦相距不遠。又，前已述及指柱蘭屬往往有兩兩相對只有唇瓣不相同，而其他部位完全相同的情形，紅衣指柱蘭唇瓣囊袋內側被短毛，擬紅衣指柱蘭唇瓣囊袋內側光滑無毛。故我大膽假設，擬和社指柱蘭與擬紅衣指柱蘭又是兩兩相對的情形，擬和社指柱蘭可能唇瓣囊袋內側光滑無毛。我僅為野外觀察者，未對擬和社指柱蘭做侵入性的觀察，並未驗證，待有心了解此一問題的學者解剖觀察加以釐清。

▲ 唇瓣中裂縫細長平行的個體，偶可見具黃色唇瓣。

分布

目前僅知分布於屏東三地門山區，次生闊葉林下，冬季十分乾燥，光線為半透光的環境。

田野筆記

擬和社指柱蘭未經發表，而是我在野外觀察中發覺其形態與和社指柱蘭有所不同，又據指柱蘭屬同一棲地常有兩兩相對的情形加以推測而來。

1. 葉片與擬紅衣指柱蘭相同。
2. 根莖與紅衣指柱蘭相若，具根毛，其作用為附生在枯木上。
3. 唇瓣中間不分離的個體。
4. 生態環境。
5. 花謝後約 1 個月果莢。

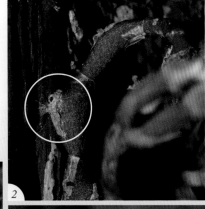

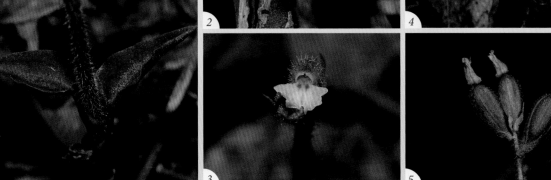

擬紅衣指柱蘭

Cheirostylis tortilacinia var. *wutaiensi*

特徵
植株外形與和社指柱蘭及擬和社指柱蘭相同，僅唇瓣外形不同，唇瓣舌狀下彎。

分布
目前僅知分布於屏東三地門山區，次生闊葉林下，冬季十分乾燥，需耐旱蘭花才能生存，光線為半透光的環境。

田野筆記
擬紅衣指柱蘭除了唇瓣舌狀下彎狀，與紅衣指柱蘭唇瓣舟形捲舌狀可以分別外，依據林讚標教授發表資料的解剖圖顯示，紅衣指柱蘭唇瓣囊袋內側被短毛，擬紅衣指柱蘭唇瓣囊袋內側光滑無毛，此為兩者最大不同。

▲ 花側面。

▼ 1. 生態環境。2. 未開花前葉片紅色，開花後葉片即枯萎。3. 花被筒先端僅裂開一小洞，唇瓣全緣，由小洞中伸出後下凹。4. 花謝後 6 週果莢。

莖不明顯，粗大氣生根輻射狀向四方伸出，所以莖不容易看見，葉雖大部分退化，但少部分仍可見到葉片存在，根及葉均可行光合作用。又，本屬在分類上雖有寬囊大蜘蛛蘭及大蜘蛛蘭兩種，但外形極相似，又有中間型，未開花時無法辨識，僅開花時以囊袋寬窄來分辨，不過差異極小。至於褐色斑塊，大蜘蛛蘭有被褐色斑塊及不被褐色斑塊的情形，斑塊大小及密度差異甚大。而寬囊大蜘蛛蘭目前所見均為密度較大且斑塊面積較大，顯然也不能以斑塊有無來做區分，所以在分類上實有再進一步研究之必要。我為了釐清差異，多次進入產地觀察，仍未能確定。

寬囊大蜘蛛蘭
Chiloschista parishii

特徵

與大蜘蛛蘭外表相同，根系發達，綠色，通常不長葉，僅偶爾長出葉片，主要以綠色根系行光合作用。花黃綠色，萼片及側瓣均被褐色斑塊，唇瓣囊袋圓鈍。大蜘蛛蘭雖然有時被褐色斑塊，通常斑塊較少，較疏。還有，大蜘蛛蘭囊袋底部較尖銳，寬囊大蜘蛛蘭囊袋底部較圓鈍，但差異極小。

分布

屏東三地門山區，除河流兩岸外，也有生長在離河甚遠的山坡上，該山坡為霧林帶迎風坡，空氣富含水氣，光線為半透光至略遮蔭的環境。附生樹種以針葉樹為主，中高位附生。

▲ 囊袋較寬，底部較圓鈍，花被及囊袋均布褐色斑塊。

▼ 1. 生態環境。2. 長在枯枝上的寬囊大蜘蛛蘭。3. 少數植株仍會長出葉片。4. 花的背部。

大蜘蛛蘭

Chiloschista segawae

  600-1300m 3-4 月

特徵

與寬囊大蜘蛛蘭外表相同，根系發達，綠色，通常不長葉，僅偶爾長出葉片，主要以綠色根系行光合作用。花黃綠色，除囊袋被褐色斑塊外，萼片及側瓣僅區域性的植株會被褐色斑塊，但斑塊密度及數量均較寬囊大蜘蛛蘭為疏為少。此外，兩者囊袋亦不同，大蜘蛛蘭囊袋底部較尖銳，寬囊大蜘蛛蘭囊袋底部較圓鈍，但差異極小。

分布

以高屏溪、濁水溪、大甲溪三大河流的中游及支流，具寬闊河谷的兩岸為主，半透光環境，空氣的濕度需求較高。中低位附生，附生樹種以闊葉樹為主，亦常附生在藤本植物的攀緣莖上。

▲ 花被不具褐色斑塊的大蜘蛛蘭。

田野筆記

八八風災之前，我曾在荖濃溪中游的一條支流做過生態觀察，河床兩旁植物相非常豐富，樹幹上長滿苔蘚及各種附生植物，空氣中飽含水氣，附生的蘭科植物也不少，包括大量的大蜘蛛蘭、台灣風蘭和密花小騎士蘭。八八風災時，大水沖毀河床上的植物，兩岸山坡上的也無一倖免，大樹都被連根沖走。風災後數年，我多次重返該地，發覺風災對生態有長期影響。以大蜘蛛蘭而言，風災沖毀了 9 成以上的植株，僅存不到 1 成的大蜘蛛蘭生長於兩岸大水未曾波及的樹幹或藤本植物上，風災過後的短期間內，殘存的大蜘蛛蘭還有少數能勉強支撐，但因風災沖毀了溪谷及兩岸的大樹，造成微氣候改變，空氣變得乾燥，日照較強烈，再碰上極端氣候，如 2020 年到 2021 年的大旱，殘存的大蜘蛛蘭便凶多吉少了。

▼ 1. 生態環境。2. 未開花時的生態環境。3. 少數植株仍會長出葉片。4. 3 月下旬的果莢，可能是前一年的果莢。5. 花被片被斑塊的大蜘蛛蘭。

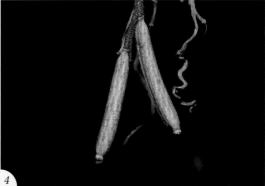

金蟬蘭屬 / *Chrysoglossum*

金蟬蘭屬台灣僅有 1 種，外觀卻有 2 種形態，賞花者常把這 2 種形態分為台灣黃唇蘭及金蟬蘭，兩者外觀也確實有些區別。本書將分別介紹這 2 種的特徵，但台灣黃唇蘭已併入金蟬蘭，台灣黃唇蘭僅是金蟬蘭的種內變異，這是讀者需要事先了解的。

台灣黃唇蘭

Chrysoglossum formosanum

700-1500m　5-7月

特徵

假球莖綠色，莖卵狀圓錐形，外形與金蟬蘭不同，金蟬蘭假球莖圓柱狀墨綠色，所以兩者植株即可明顯區分。花序頂生，不分枝，花序梗綠色，花序梗、苞片、子房、萼片等均不被毛。花被全展，萼片及側瓣黃綠色，具多條縱向脈紋，內外均被褐色斑塊。唇瓣白色被紫色斑塊，唇盤具 3 條白色縱向稜脊，稜脊兩旁較高中間較低，蕊柱基部白色。

分布

台灣全島低至中海拔，闊葉林或竹林下，半透光環境，乾濕季較不明顯的區域。

▲ 唇瓣表面白色，被紫斑，具 3 白色縱向稜脊。

◀▼ 1. 生態環境。2. 假球莖綠色圓錐形。3. 花側面，花序梗綠色。4. 10 月中旬果莢。5. 葉片表面

金蟬蘭
Chrysoglossum ornatum

400-900m   2-6月

特徵

假球莖圓柱狀具或不具墨綠色斑，外形與台灣黃唇蘭不同，台灣黃唇蘭假球莖卵狀圓錐形綠色，兩者植株可明顯區分。花序梗紫色，花序梗、苞片、子房、萼片等均不被毛。花僅半展，花相對展開幅度較小。萼片及側瓣黃綠色，具多條縱向脈紋，內外均被褐色斑塊，唇瓣白色被紫色斑塊，唇盤具 3 條黃色縱向稜脊，稜脊兩旁較高中間較低，蕊柱內側淺黃暈。

分布

台灣南北兩端低海拔闊葉林下，中等偏強的光照，乾濕季較不明顯的區域。

▲ 唇瓣表面白色，被紫斑，具 3 條黃色縱向稜脊，花序梗紫色。

田野筆記

台灣黃唇蘭與金蟬蘭的特徵列表如下：

	假球莖	花序梗	唇瓣稜脊	蕊柱基部
台灣黃唇蘭	圓錐形綠色	綠色	白色	白色
金蟬蘭	圓柱狀具或不具墨綠色斑	紫色	黃色	淺黃

▼ 1. 生態環境。2. 假球莖長圓柱狀，具或不具墨綠色斑，花序偶分叉 (左方花序)。
3. 花側面。4. 6 月初果莢。

1

2

3

4

隔距蘭屬（閉口蘭屬）/ *Cleisostoma*

隔距蘭的屬名是意名，其意義是距的入口有物阻隔，關閉了距的入口，阻隔物是花本身附屬物，在野外，這個特徵是很難觀察到的。果莢內具絲狀物及種子，果莢裂開後種子隨風飄散，絲狀物宿存果莢內。

虎紋隔距蘭　別名：虎紋蘭

Cleisostoma paniculatum

特徵

莖不分枝，葉線形二列，硬革質，先端深二裂，葉基具關節，未開花時，外形與豹紋蘭十分相似。虎紋隔距蘭下半段常自莖側長出粗大氣生根，氣生根常懸垂，未附生，十分顯眼，豹紋蘭莖側則僅偶生少數氣生根，此特徵於遠距離觀察即可判定。花序自莖側抽出，甚長且多分枝，均不被毛，花數量多，但甚小，花萼及側瓣兩側被縱向褐色條紋。

分布

分布於宜蘭、新北、台北、桃園、新竹、苗栗地區，是台北轄區內能看到的附生蘭之一。乾濕季不明顯，附生在通風良好的山坡地樹木上，半透光至略遮蔭的環境。

▲ 花萼及側瓣兩側被縱向褐色條紋

◀▼ 1. 生態環境。2. 葉尖深二裂，二裂等長或不等長，先端圓鈍。3. 花序分枝多，花數眾多。4. 花序自莖側邊抽出。5. 3 月底果莢，果莢內具絲狀物及種子，右側果莢表面可見少數細小種子。

1

2

3

4

5

綠花隔距蘭 別名：烏來閉口蘭；烏來隔距蘭

Cleisostoma uraiensis

200-450m

3-4 月

特徵

莖不分枝，近基部下半段常自莖側長出粗大的氣生根，葉自莖側生出，互生，線形二列，硬革質，先端微凹陷，凹陷程度遠較虎紋隔距蘭為小。花序短且少分枝，花也甚小，花萼及側瓣黃綠色，不被條紋。

本種異名為烏來隔距蘭，但烏來並未分布。推測為早年發表者早田文藏處理標本時，誤將標本放在烏來所採的標本堆中，因而命名為烏來隔距蘭。

分布

目前僅知分布於蘭嶼原始林中，四季多雨，長於通風良好的山坡地樹木上，半透光的環境。

▼ 1. 生態環境。2. 葉尖兩側不等長。
　 3. 花序。4. 花側面。5.10 月上旬果莢。

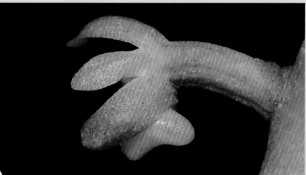

柯麗白蘭屬 / Collabium

具發達的匍匐根莖，根莖具莖節，常有分枝，每莖節均生出膜質葉鞘包覆根莖，葉生於最先端根莖的頂端，僅單葉，最重要的特徵在花被扭曲不對稱。

柯麗白蘭 別名：烏來假吻蘭
Collabium chinense

特徵
具發達的匍匐根莖，具莖節，多分枝，最先端匍匐莖向上生長轉為直立莖。葉生於直立莖頂端，單葉，長卵形，表面被紅斑，基出平行脈，具明顯多條縱向皺摺，葉基心形，與台灣柯麗白蘭相似，但較大。花序自匍匐根莖節抽出，花萼及側瓣綠色全展。唇瓣白色三裂，基部被紅褐色斑塊，唇盤具 3 條縱向凸起龍骨，蕊柱微向右扭轉。

分布
目前僅知分布於新北烏來、坪林以及宜蘭山區，極罕見，生育地為闊葉林下，半透光環境，結果率極低，常見繁殖方式為無性生殖，即匍匐根莖向外增殖，或許是因為無性生殖造成基因單一化而形成結果率低。

◀▼ 1.生態環境。2.單葉，葉表面被紅斑，葉基心形
3.具發達的匍匐根莖，具莖節，多分枝。
4.具粗大的距。

1

2

3

4

台灣柯麗白蘭
別名：台灣假吻蘭；台灣吻蘭

Collabium formosanum

  1000-2000m 5-6月

特徵

具發達的匍匐根莖，多莖節，常有匍匐生於樹幹上成為攀緣生長的情形。最先端匍匐莖向上生長成直立莖，單葉生於直立莖頂端。葉長卵形，被紅斑，葉脈基出平行脈，具明顯多條縱向皺摺，與烏來假吻蘭相似但較小。花序自莖節抽出，一花序數朵花。唇瓣白色三裂，不規則扭曲，被紫紅色細斑塊，中裂片先端鋸齒緣，再二裂或不裂，蕊柱微向右扭轉。唇盤兩側各具 1 條明顯龍骨，中間 1 條低矮龍骨，兩側龍骨於先端漸次靠攏，再與中間龍骨近距離向前延伸。側瓣及萼片綠色，先端紫色。結果率低。偶有岩生的情形，部分生長良好的區域可見低位攀緣附生。

▲ 唇瓣不規則扭曲，唇盤具三條龍骨。

分布

嘉義、南投以北中海拔霧林帶，以桃園、新北、新竹山區較多，常生長於枯木腐爛後的鄰近區域，地生或岩生或攀緣樹幹而生，喜溼潤環境，但生育地若過於溼潤且日照較弱，常會因冷水麻屬的植物繁殖過快而消失在其中。因此較理想的生育環境為枯枝及落葉較多且不會太潮溼的環境，也就是冷水麻屬植物較不會生長的區域，微透光至半透光的環境。

▼ 1. 生態環境。2. 葉綠色，長卵形，表面布紫紅色斑塊。3. 長在岩石上的族群。
4. 一個花序多朵花，蕊柱向後延生成距，距深紅色，尾端微二裂。

2

4

2006 年之前，盔蘭屬在台灣只有紅盔蘭及辛氏盔蘭 2 種紀錄，其中紅盔蘭只發現 1 棵，經過 30 多年未再發現。2006 年之後，盔蘭屬的發現大放異彩，先是重新發現紅盔蘭，又陸續發現了喜馬拉雅盔蘭及艷紫盔蘭，還有 1 種極可能是新種的盔蘭，可惜追蹤了 10 餘年均未看到開花。我有幸參與其中，特將經過敘述於各種之中。盔蘭屬最大特徵在於側萼片及側瓣演化成線形，各種間可在花序梗長短、唇瓣是否全緣及線狀萼片是否合生等特徵加以分辨。

艷紫盔蘭

Corybas puniceus

特徵

葉冬枯，春夏之際始冒出地面，葉近地面展開，葉綠色，表面具淡綠色網紋。花序自心形葉基抽出，花序梗長約葉的 2 至 3 倍長，一花序單朵花。花深紫色，側萼片及側瓣線形，甚長且完全分離，上萼片長橢圓形先端漸尖。唇瓣筒狀邊緣外翻。距明顯分裂成二叉狀，側萼片由二叉中間向前伸出，側瓣則由距後方向兩旁上方伸展。艷紫盔蘭最大的特徵為具較長的花序梗，相較於本屬其他 3 種花序梗極短，一眼即可分辨。

分布

雲林、嘉義、南投等地低海拔地區，生於竹林下或林緣，芒草叢下也見過，生長環境是乾濕明顯的區域，半透光至略遮蔭的林下。

▲ 距尾端明顯裂成二叉狀，唇瓣筒狀邊緣外翻。

田野筆記

2006 年秋天，我和許天銓先生在瑞里山區的竹林下看到盔蘭的葉子，但花期已過，無從判斷是何種盔蘭，心想可能是已知 3 種盔蘭（辛氏盔蘭、紅盔蘭、杉林溪盔蘭）中的 1 種，所以並未放在心上。2007 年 5 月 6 日，我和羅友志先生同遊舊地，並未見其蹤影，因羅友志先生住南部，於是請他追蹤該地盔蘭的開花情況。2009 年 7 月中旬，羅友志先生傳來在雲林及嘉義交界附近找到了不一樣的盔蘭正在開花，距離瑞里山區先前提到的盔蘭生育地不遠，環境也雷同，共同發現者為羅友志先生、林信安先生及張克森先生。他們在 2008 年先發現植株，隔年 7 月前往追蹤發現開花，並採集標本給林讚標教授。同年 12 月，林讚標教授及林維明先生在 *Taiwania* 發表，命名艷紫盔蘭。稍後在瑞里山區竹林下的盔蘭也確定是艷紫盔蘭。

▼ 1. 生態環境。2. 距兩叉中間向前伸出的是側萼片，距背後斜向上伸出的是側瓣。3. 葉面。4. 與苔蘚伴生。

杉林溪盆蘭

Corybas purpureus

別名：*Corybas shanlinshiensis*；新竹盆蘭 *Corybas shanlinshiensis* f. *hsinchui*
相關物種：喜馬拉雅盆蘭 *Corybas himalaicus*；*Corybas taliensis* 大理盆蘭

1700-1800m　　7月

特徵

葉冬枯，春夏之際始冒出地表。葉心形，具葉柄，花序自葉基處抽出。花單朵，花序梗短。唇瓣白色全緣，內側自基部起具連續或不連續的紅色弧形線條。側瓣及側萼片線形，甚長，自後穿過二叉距中間向前伸展，側萼片基部合生。上萼片橢圓形，生於唇瓣上方成罩狀。唇瓣基部向下延伸成距，距後端二叉，呈八字形。

分布

目前僅發現於南投、新竹、桃園山區，生育地是中海拔雲霧帶，闊針葉混合林下，當地乾濕季明顯，半透光至略遮蔭環境。

▲ 距二叉狀，呈八字形。

▼ 1. 上萼片寬大。2. 曾被發表為新竹盆蘭的植株。3. 9月底果莢。4. 花側面。

1

2

3

4

田野筆記

2006 年 7 月 22 日，鐘詩文博士、許天銓先生、謝東佑先生和我前往杉林溪，在海拔 1,800 多公尺的一片台灣杜鵑及柳杉混合林下，許天銓先生首先看到了一群盛開的盔蘭。因為我不久前才看過紅盔蘭及辛氏盔蘭，因此第一時間就認為非上述二種盔蘭，應是新種或新紀錄種。謝東佑先生時任中研院彭鏡毅教授的助理，某日在翻看本種相片時被林維明先生撞見，也認為與辛氏盔蘭不同。林維明先生在 2007 年前往杉林溪採得開花標本，由林讚標教授、林維明先生及許天銓先生於 2007 年在 *Taiwania* 發表為杉林溪盔蘭。

2006 年發現新種盔蘭後，許天銓先生比對西藏南鄰的某國植物誌，鑑定是喜馬拉雅盔蘭，鐘詩文博士即著手撰寫發表文章，準備在次年開花前以喜馬拉雅盔蘭之名投稿，但在投稿前夕，鐘博士的筆電及文稿放在車中遭竊，因未留下備份，只好重新搜集資料及撰寫，完成時已落在杉林溪盔蘭發表之後了。

後來，鐘詩文博士及許天銓先生在 2008 年 3 月發行的《臺灣林業科學》期刊發表為喜馬拉雅盔蘭。因此有一段時間本種種名到底是杉林溪盔蘭還是喜馬拉雅盔蘭讓人混淆。

2009 年林讚標教授及林維明先生比對《高黎貢山原生蘭科植物圖鑑》，鑑定本種與大理盔蘭相同，於 2009 年 12 月的 *Taiwania* 訂正本種為大理盔蘭 *Corybas taliensis*，因此大理盔蘭又被用了一陣子。2022 年 6 月，林讚標教授所著的《台灣蘭科植物圖譜》中，將杉林溪盔蘭、喜馬拉雅盔蘭、大理盔蘭三種盔蘭做了鉅細靡遺的比對說明，終將本種定位為杉林溪盔蘭。但此非最後定論，林讚標教授在《台灣蘭科植物圖譜第二版》中指出，Pascal Bruggeman 來信告知杉林溪盔蘭印度也有，學名是 *Corybas purpureus*（Indian Forest. 93: 815. 1967）。

新竹尖石山區有一種盔蘭植株與杉林溪盔蘭外形相同，僅花的上萼片較小，以及距先端二分叉相平行（杉林溪盔蘭距先端二分叉呈八字形），可與杉林溪盔蘭勉強分別，因此曾經被發表為新竹盔蘭，但兩種的差異實在太小，新竹盔蘭應僅為杉林溪盔蘭的種內變異。

▼ 5. 生態環境。

辛氏盔蘭
Corybas sinii

1700-2100m　　5-7月

特徵

葉冬枯，春夏之際始於地下冒出。葉心形綠色，表面具淡綠色網紋，葉貼地而生或生於厚厚的苔蘚之中。花序自葉基抽出，花序梗極短，花 1 朵。唇瓣白色具流蘇狀緣，表面自基部起具連續或不連續的弧狀紅色粗線條，基部具距，距深裂成八字形。側瓣及側萼片線形，甚長，完全分離，自後方穿過二叉距中間向前伸展。上萼片橢圓形，生於唇瓣上方成罩狀。

分布

台中、南投、嘉義、宜蘭等地。

田野筆記

本種首先由植物學家辛樹幟於 1931 年 11 月 6 日在廣西省猺山金秀縣古陳地區發現，並採集到標本，因此用辛氏命名紀念其發現（網路資料）。1994 年 6 月師範大學碩士班研究生呂玉娟於南投山區發現本種盔蘭，外觀與紅盔蘭略有不同，但因當時紅盔蘭標本僅有一份，初步被鑑定為紅盔蘭，外觀不同被認為可能是族群間的差異，直到 2000 年才由蘇鴻傑教授訂正為辛氏盔蘭。

▲ 潮濕的環境與苔蘚伴生。

▼ 1. 花側面。2. 地下球莖天然露頭。3. 9 月初的果莢，花序柄抽長。
　　4. 側瓣與側萼片完全分離，均自距二叉之間向前伸出。5. 生態環境。

1

2

3

4

5

桃園盔蘭
Corybas sp.

特徵

葉心形，具不明顯網脈，很高比率會於葉柄長出第 2 片葉片，盔蘭屬僅紅盔蘭極少植株具有相同特微，我推測為新種或新紀錄種盔蘭，但 10 幾年來數十次追蹤，從未看到開花，只能等待有緣人追蹤到開花再說了。未開花原因推斷可能是植株均長在較陰暗的環境，因日照不足而未開花。

分布

目前僅在桃園復興見過三個族群，生於闊葉林下，半透光至光線稍弱的環境。當地鳥類甚多，常因覓食而攪動地被，能否生存下去令人擔心。

▲ 有很高比率於葉柄長出第 2 片葉。

▼ 1. 天然狀態下遭鳥類翻攪後仍能生存一小段時間。2. 地下莖抽出葉芽的情況。
3. 葉背面。4. 地下莖及地下球莖。

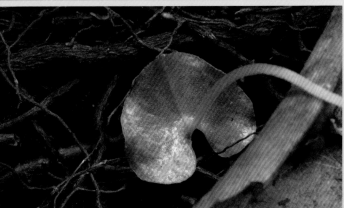

紅盔蘭 別名：台灣鎧蘭
Corybas taiwanensis

  1300-1800m 6-7月

特徵

葉冬枯，春夏之際始冒出地面。葉貼地而生，葉綠色，表面具淡綠色網紋。花序自葉基處抽出，花序梗極短。唇瓣中間白色，由中間往外具由疏轉密紅色斑塊，唇瓣緣流蘇狀，唇瓣基部具距，距先端深裂成二叉狀。側萼片及側瓣線狀，均由距二分叉中間向前伸出。側萼片基部合生，側瓣較長，側萼片較短。上萼片橢圓形，生於唇瓣上方成罩狀。

分布

桃園、新竹、苗栗、南投等地，生於中海拔霧林帶闊針葉混合林下，半透光的環境。

田野筆記

林讚標教授於《台灣蘭科植物2》指出，本種是1974年8月4日在桃園那結山集水區由呂勝由老師發現，僅發現1棵。直到2006年，鐘詩文博士、許天銓先生和我再度在尖石山區找到一群為數不少的族群。之後陸續在桃園、新竹、苗栗、南投山區看過不少族群，紅盔蘭並不如想像中的少。

▲ 生態環境。

▼ 1. 花側面。2. 側萼片基部合生。
　 3. 極少數植株具兩片葉。
　 4. 7月中旬果莢。

1　　2　　3　　4

管花蘭屬台灣僅 1 種，分布於蘭嶼及屏東縣涼山地區，蘭嶼的生育地十分侷限，數量不多，而涼山地區聽說只有 1 棵，所以生育地保護有迫切需要。

管花蘭
Corymborkis veratrifolia

特徵

植株有如放大版的仙茅摺唇蘭，莖由地下生出，單生或叢生，具莖節，葉由莖節處生出，具葉鞘，基出平行脈，具縱向皺摺。花序自葉腋抽出，花序短，約僅葉片長度的三分之一，一個花序花約數朵至 10 餘朵。花白色，唇瓣先端反折，基部包覆長蕊柱成長管狀，應為其中文名命名之原由。結果後長蕊柱宿存朝上，長度僅比果莢略短，十分特殊。

分布

目前僅知兩個生育地，一在蘭嶼，族群較大，另一個在屏東涼山，僅發現 1 棵。蘭嶼的植株普遍矮小，不到 1 公尺，可能是因為季風盛行，迎風坡面的植物通常較矮；涼山的植株高達 2 公尺，長於山谷中，較少強風吹拂，所以植株較高。

▲ 花序腋生，唇瓣先端反折，基部包覆長蕊柱成長管狀。

田野筆記

花期不定，全年均有機會看到開花，但以 5 月至 12 月機會較大。同一植株一年內可開花數次，所以常見花果並存的現象。羊是蘭嶼當地人主要的家畜之一，採自然野外放牧方式，因此羊群可在野外隨地啃食植物。管花蘭是羊群的食物之一，所幸羊只是啃食葉片，不會連莖一起啃食，所以管花蘭仍能在蘭嶼生存。

▼ 1. 生態環境。2. 常有花果並存的現象，蕊柱宿存，比果莢略短。3. 葉片常有被羊啃食的現象。

1

2

3

馬鞭蘭屬 / *Cremastra*　　馬鞭蘭屬台灣僅 1 種。

馬鞭蘭
舊名：*Cremastra appendiculata* var. *variabilis*
Cremastra appendiculata var. *appendiculata*

1100-2300m　3-5 月

特徵
假球莖生於土中不易發覺，頂生葉 1 枚，葉長橢圓形，基出平行脈，葉面常有黃色斑點。花序自假球莖側邊抽出，1 球 1 花序，高約與葉叢等長。花多朵，花轉位，於子房近頂端彎曲向下垂，花萼、側瓣、唇瓣和蕊柱均甚長，花萼內外側及側瓣外側被不明顯紫色斑點，側瓣內側與唇瓣被明顯紫色斑點。唇瓣基部半包覆蕊柱，先端三裂，蕊柱先端微往上揚，藥蓋黃色，微向上翹起。

分布
全島中海拔原始林下或次生林下或竹林下，喜生育地潮溼，以冬季東北季風吹拂範圍，乾溼季不明顯區域較多，其他地區中海拔雲霧帶亦有分布，半透光至略遮蔭環境。

▲ 蕊柱先端微往上揚，藥蓋黃色，微向上翹起，蕊柱長度約達唇瓣裂口處。

▼ 1. 生態環境。2. 葉長橢圓形，基出平行脈，葉面常有黃色斑點。3. 7 月底的果莢。4. 唇瓣半包覆蕊柱，先端三裂。

1

2

3

4

沼蘭屬 / *Crepidium*

莖肉質不分叉，葉具縱摺，花序頂生，花甚小，不轉位，花序不被毛。《台灣原生植物全圖鑑》
將廣葉軟葉蘭另分為無耳沼蘭屬 DIENIA。

裂唇軟葉蘭 別名：涼草；蘭嶼小柱蘭 *Malaxis bancanoides*
Crepidium bancanoides

特徵

具地下根莖，根莖具萌蘗新植株功能，根莖先端向上延
伸成地上莖，葉多枚散生於莖上，葉兩面均為綠色，具
縱摺。花序頂生，1 莖 1 花序，花序軸具縱稜，花密生，
向四面展開，花黃色，不轉位。唇瓣三裂，中裂片與側
裂片交會處各具 1 至 3 枚齒狀凸起，中裂片先端全緣微
凹至微鋸齒緣。

分布

蘭嶼全島闊葉林下及台東臨太平洋沿岸，生育地為四季
潮濕，半透光的環境。

▲ 唇瓣中裂片先端凹陷。

▼ 1. 生態環境。2. 花序軸具縱稜，花密生，向四面展開。
3. 花序頂生，單一花序，不分叉。4. 12 月初果莢。

2

4

紫背軟葉蘭

別名：*Crepidium roohutuense*；
Malaxis roohutuense

Crepidium bancanoides var. *roohutuense* ined.

特徵
外形與裂唇軟葉蘭極為相似，全株除葉表以外均為紫色或紫紅色，裂唇軟葉蘭全株為綠色。花不轉位，唇瓣三裂，中裂片與側裂片交會處各具 1 至 4 枚齒狀凸起，中裂片先端二淺裂至微鋸齒狀。

分布
主要分布於恆春半島，喜溫暖且乾濕季不明顯的區域，光線為半透光的環境。

田野筆記
台東都蘭山區具有特徵介於紫背軟葉蘭及裂唇軟葉蘭的物種，葉表面綠色，葉背及花序梗僅微具紫暈，花則盛花時為綠色，將謝時轉為淡紫色，有可能是紫背軟葉蘭及裂唇軟葉蘭的雜交種。蘭嶼僅有裂唇軟葉蘭的紀錄，但我曾記錄到花微具紫暈的情形，葉片則為全綠，這種現象是否也是說明紫背軟葉蘭及裂唇軟葉蘭具有雜交種，或是紫背軟葉蘭為裂唇軟葉蘭的種內變異？原學名為 *Crepidium roohutuense*，如無法視為種內變異，至少應視為裂唇軟葉蘭的變種，所以學名應改為 *Crepidium bancanoides* var. *roohutuense*。

▲ 唇瓣中裂片先端中央淺裂植株。

▼ 1. 都蘭山區淡綠色的花。2. 外形與裂唇軟葉蘭相似，但紫色系列與裂唇軟葉蘭的綠色系列明顯有別。3. 生態環境。4. 10 月初果莢。5. 淡綠色花的生態，疑似雜交種。

心唇小柱蘭
Crepidium × cordilabium

特徵
是廣葉軟葉蘭及凹唇軟葉蘭的雜交種，特徵介於兩者之間，最具特色是其唇瓣為心形，蕊柱自心形基部伸出。花未開時為黃綠色，已開則變紅色，花序長像廣葉軟葉蘭，花疏生則較像凹唇軟葉蘭。

分布
目前只發現一處生育地，位於桃園復興，生於廢林道竹林林緣，半透光至略遮蔭的環境，當地有廣葉軟葉蘭及凹唇軟葉蘭伴生，且族群不小，當初發現心唇小柱蘭僅有 1 棵開花株。

▲ 花正面。郭淑慧攝。

田野筆記
根據《台灣蘭科植物圖譜》，本種是林秋玫小姐於 2018 年 6 月 15 日及郭淑慧小姐於 2018 年 6 月 29 日分別發現，一個新種蘭花在半個月內分別由不同人所發現，實在是很巧。模式標本則是王金源先生於 2020 年 6 月採集，最後一次紀錄是 2020 年 7 月 4 日，我於 2021 年 5 月前往觀察就沒見到了，據聞在這段時間內被別人移往他處。這又是一例蘭花發表後遭刼。

▼ 1. 生態環境。郭淑慧攝。2. 花側面。郭淑慧攝。3. 花序。郭淑慧攝。

凹唇小柱蘭
別名：凹唇軟葉蘭；*Malaxis matsudae*
Crepidium matsudae

特徵
葉冬枯，具細長假球莖，假球莖基部具萌蘗新植株功能，葉多枚散生於莖上，葉綠色，有時帶紫暈，葉基歪斜，表面具約4條向下凹陷的縱摺。花序頂生，花疏生，常帶紫暈，花甚小，不轉位。上萼片長橢圓形（花的下方），側萼片橢圓形（花的上方），有如米老鼠的一對耳朵。側瓣線形，唇瓣三裂，中裂片先端二裂，側裂片向後生長成耳狀，先端交疊或僅靠近不交疊，蕊柱於耳狀側裂片中心生出，甚短。

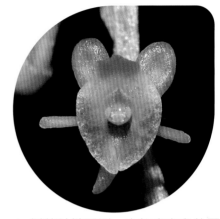

▲ 側萼片橢圓形，有如米老鼠的耳朵，因此被花友戲稱為米老鼠。

分布
台灣全島低海拔地區，數量不少，長於闊葉林或竹林下，喜中等遮蔭至略遮蔭的環境。

田野筆記
本種與紫花軟葉蘭十分相似，其差別為凹唇軟葉蘭葉基歪斜左右不對稱，紫花軟葉蘭葉片左右對稱。本種中裂片先端的裂口較淺，紫花軟葉蘭裂口較深。

▼ 1. 生態環境。2. 只要環境適合，凹唇軟葉蘭可成群生長。3. 唇瓣先端深裂內凹，蕊柱甚小，自唇瓣中間伸出。4. 同一植株開的花，有紫色及黃綠色。5. 10月初的果莢。

1

2

3

4

5

廣葉軟葉蘭
Crepidium ophrydis

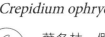

別名：花柱蘭；貓尾蘭；闊葉沼蘭；
Malaxis latifolia；*Dienia ophrydis*

特徵

葉冬枯，假球莖肥大直立叢生，假球莖基部具萌蘖新植株功能，葉 3 至 5 枚，葉具 3 至 5 條基出下凹縱摺。花序頂生，單生，花細小密生於花序軸四周如撢狀，花數由數十朵至 200 餘朵，由基部往上次第開放，花苞及初開花朵為黃綠色，隨後即轉為紫紅色，花不轉位。

分布

台灣全島低中海拔山區及龜山島、蘭嶼，生於闊葉林下及竹林下，可適應乾濕季分明及冬季不十分乾燥的區域，約為半透光至略遮蔭的環境。

1. 生態環境。2. 假球莖肥大直立。3. 葉 3 至 5 枚。4. 花細小，密生於花序軸四周如撢狀，花數多。5. 11 月果莢。

▲ 花苞及初開花朵為黃綠色，隨後即轉為紫紅色，花不轉位。

4

3

5

壽卡小柱蘭

別名：*Dienia shuicae*；南仁山小柱蘭；三伯花柱蘭
Malaxis sampol；*Malaxis shuicae*

Crepidium ophrydis var. *shuicae* ined.

特徵

外表與廣葉軟葉蘭完全相同，僅花的顏色為淡黃褐色，與廣葉軟葉蘭花色會由黃綠色轉為紫紅色有所不同，應視為廣葉軟葉蘭之種內變異。

分布

分布於恆春半島及蘭嶼，是乾濕季不明顯的區域，約為半透光至略遮蔭的環境。

▼ 1. 生態環境。2. 11 月果莢。3. 外表與廣葉軟葉蘭
完全相同，僅花的顏色為淡黃褐色。

1

2

3

紫花軟葉蘭 別名：*Malaxis purpurea*
Crepidium purpureum

 300-700m 6-8月

特徵

葉冬枯，具假球莖，假球莖基部具萌蘗新植株功能，葉綠色，長橢圓形，具數條縱向皺摺，左右對稱。花序頂生，花序梗及花均為紫紅色，花不轉位。唇瓣不明顯三裂，裂口僅微凹。中裂片先端深二裂，側裂片向後生長呈 A 字形，蕊柱自 A 字形側裂片中心長出，甚短。

分布

目前僅知分布於南投至台南低海拔山區。

田野筆記

本種與凹唇軟葉蘭十分相似，其差別為紫花軟葉蘭葉片左右對稱，唇瓣中裂片先端裂口較深。凹唇小柱蘭則葉片左右不對稱，唇瓣中裂片先端裂口較淺。

▲ 唇瓣不明顯三裂，裂口僅微凹，中裂片先端深二裂。

▼ 1. 生態環境。2. 葉長橢圓形，葉基左右對稱，和凹唇軟葉蘭葉歪基不同。3. 花側面。
4. 被折斷的果梗，10 月初的果莢。

黃綠沼蘭
Crepidium sp.

特徵 形狀與紫花軟葉蘭完全相同，僅花的顏色為黃綠色，可視為紫花軟葉蘭的種內變異。

分布 目前僅知分布於南投至台南低海拔山區。

▼ 1. 外形與紫花軟葉蘭相近，顏色黃綠色。2. 8月下旬果莢，結果率高。3. 生態環境。

1

2

圓唇小柱蘭　別名：圓唇軟葉蘭；*Malaxis ramosii*
Crepidium ramosii

200-500m　8-10月

特徵

具假球莖，假球莖基部具萌蘗新植株功能。葉綠色，2 至 3 枚，長橢圓形，具數條縱向皺摺，左右對稱。花序頂生，花疏生，橘色不轉位。唇瓣圓形，中央具一咖啡豆形狀的肉突。

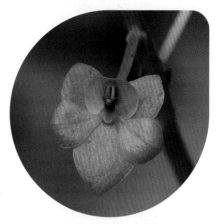

分布

僅分布於蘭嶼，生於熱帶雨林森林邊緣，約為半透光至略遮蔭的環境。

▼ 1. 花不轉位，唇瓣圓形。2. 花疏生漸次展開。3. 生態環境。

▲ 唇瓣中央有一個如咖啡豆的肉突。

隱柱蘭屬 / *Cryptostylis*

本屬屬名是蕊柱被隱藏起來的意思，事實上只是蕊柱生於唇瓣基部凹陷處，較不顯眼。

滿綠隱柱蘭
Cryptostylis arachnites

特徵

葉基生，肉質，表面深綠色，葉脈網狀與葉面同一顏色，葉表面無斑點或僅具少數墨綠色小斑點。花序自葉基旁抽出，總狀花序向四面展開，花不轉位。花萼及側瓣線狀披針形，開花時向內縱向捲曲。唇瓣長卵形，中段以後漸縮成狹長型，上方具紅色圓形斑點。蕊柱短，生於唇瓣基部凹陷處。

分布

台灣西部及東部、宜蘭、花蓮、台東低海拔地區，僅恆春半島未曾見過，生長在土地濕潤，約為半透光的環境。

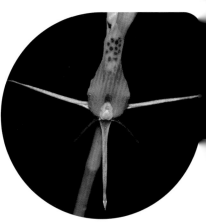

▼ 1. 生態環境。2. 葉綠色或深綠色，肉質，不具或疏具深綠色細小斑點。3. 葉基生，具粗大實心的根，單葉或兩枚葉，花序自葉基旁抽出。4. 8 月中旬果莢。

▲ 花不轉位，蕊柱極短，由唇瓣基部伸出。

蓬萊隱柱蘭
Cryptostylis taiwaniana

特徵

葉表面綠色，葉脈方格網狀深綠色，葉表面常有較大墨綠色點狀斑塊，但也有少數不具斑塊。花序自葉基旁抽出，總狀花序向四面展開，花不轉位。花萼及側瓣線狀披針形，開花時向內縱向捲曲。唇瓣卵形，相較於滿綠隱柱蘭，唇瓣中段以後內縮較不明顯，所以較為寬大，唇瓣上方和滿綠隱柱蘭同樣具紅色圓形斑點，但數量較滿綠隱柱蘭為多。蕊柱短，生於唇瓣基部凹陷處。

分布

台灣東部花蓮以南地區至恆春半島，生長在土地濕潤光線半透光的環境。

▲ 花不轉位，唇瓣表面深色斑塊明顯比滿綠隱柱蘭密且多。

▼ 1. 生態環境。2. 葉基生，具粗大實心的肉質根，單葉或兩枚葉，兩葉基部間可見宿存花序。3. 葉綠色，肉質，具深綠色粗大斑塊，葉面具明顯網格。4. 蕊柱短，隱藏在唇瓣向內凹陷處。

3

4

蕙蘭屬 / *Cymbidium*

蕙蘭屬除大根蘭無葉片及竹柏蘭複合群葉片橢圓形外，其他葉片均為線形，外觀類似桔梗蘭或莎草或禾草，因此未開花時不易分辨是否為蘭科植物，但把握要點仍可於未開花時認出是蘭科或非蘭科植物，其要點是蕙蘭屬有粗大的氣生根以及部分物種葉片基部有關節存在。又，蕙蘭屬約半數開花時具有清香味，容易在野外聞香找到蘭花。

香莎草蘭　別名：*Cyperorchis babae*
Cymbidium cochleare

600-1800m　11-1月

特徵
假球莖長圓錐狀，葉自假球莖莖節生出，葉線狀披針形，表面具光澤，葉基具關節。植株外觀與鳳蘭極為相似，未開花時不易辨識，可用手指觸摸葉背的葉緣，香莎草蘭可感覺至少一邊葉緣反捲，鳳蘭則無反捲。還有香莎草蘭成熟株葉片通常 9 片以上，鳳蘭則在 8 片以下。香莎草蘭花序下垂，約 40 公分，花也下垂，花不轉位，僅半展開，黃褐色，無明顯氣味。花萼及側瓣線狀倒披針形。唇瓣三裂，側裂片長，半捲成 U 字形，內壁密被紅褐色斑塊，中裂片三角形具波浪緣。唇盤具二條凸起縱稜。果莢外觀與鳳蘭極其相似，但香莎草蘭果莢宿存的蕊柱長度約與果莢長度相若，鳳蘭宿存的蕊柱則極短。常見白化種，白化種整朵花綠色，不具斑塊。

▼ 1. 葉緣微反捲。2. 花黃褐色，花被內面滿布紫色斑點的植株。3. 花不具紫色斑點的個體。

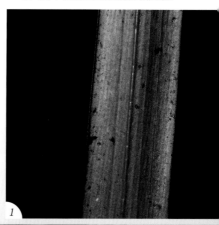

分布
分布在新北烏來、桃園復興、宜蘭、花蓮、台東、台中和平、南投、嘉義、高雄、屏東中低海拔地區的原始林中，附生在樹上或岩壁上，空氣含水量極高的區域，通常長在低海拔的河谷兩旁或中海拔的霧林帶，尤以河谷的瀑布旁最適合其生長。光線為半透光的環境。已發現的生育地不多，植株也只有少數，算是較稀有的物種。結果株常被花友整棵採走，是少數採結果株不採開花株的例子。

2

3

田野筆記

賞花期 11 月中旬至 12 月中旬最佳。產地偏遠需長途跋涉，且植株少，賞花難度較高。果莢成熟期需一年以上，通常開花時，前一年的果莢尚未爆開。

香莎草蘭在同一產地分布海拔相當一致，但不同產地分布海拔又差距極大，在台中和平及南投、嘉義的分布地海拔約 1,800 公尺，在新北、桃園、宜蘭等地區的生育地海拔僅約 600 公尺至 1,000 公尺。2016 年初的霸王寒流，台灣北部低海拔很多地方都降下瑞雪，同年的 11 月中，我前往宜蘭觀察香莎草蘭開花狀況，結果看到一片慘狀，香莎草蘭植株死掉九成以上，應是該年初霸王寒流大雪凍死所致。因此推斷東北部及北部因東北季風當道，冬季濕冷，不利香莎草蘭渡過寒冬，至於中南部，因東北季風無法到達，冬天乾冷，香莎草蘭可在乾燥氣候下渡過寒冬，這大概就是產地不同而分布海拔差異極大的原因吧。

香莎草蘭與鳳蘭在未開花時外表十分相似，分辨特徵請參考鳳蘭最後說明的比較表。

▼▶ 4. 一棵植株 9 枚葉以上。5. 宿存蕊柱約和果莢等長，果莢成熟期約為一年以上。6. 附生在岩石上。7. 附生在樹幹上。8. 果莢懸垂，若族群大，結果率甚高。

4

5

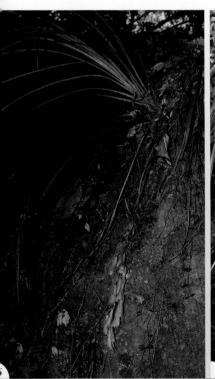

7

8

鳳蘭 別名：冬鳳蘭
Cymbidium dayanum

特徵

植株外形極似香莎草蘭，但葉緣不反捲，單株葉片 8 片以下。果莢宿存蕊柱長度不及果莢的五分之一。花序下垂，長約 30 公分，花白色，不轉位。唇瓣三裂，唇盤具 2 條縱稜，縱稜上密被白色腺毛，側裂片短，具紅色條紋，向兩側翹起呈 U 字形，中裂片兩側紅色中間黃色。蕊柱紅色，萼片及側瓣中肋具一紅色縱向條紋。單朵花壽約 1 至 2 週，花無明顯氣味。極少數花有白化現象，但白化種常被愛花者採集，野外已難得一見。

分布

全台灣低海拔平地及山區，不分人造林或次生林或原始林，甚耐旱，連平地的校園、公園或農場都可看到自然繁衍的鳳蘭植株，生長環境從半透光到全日照均可，半日照開花性較差，全日照開花性極好。

1

2

3

4

5

田野筆記

鳳蘭的根系十分發達，若長在枯樹上，其根系常可穿過樹幹而布滿整段樹幹。究竟其發達的根系和樹木的枯死有無關係，是一個值得研究的題目。同一區域花期相差甚多，有可能是因為日照強弱不同的關係，遮蔭較多的可能較早開花，日照較長的可能較晚開花。果莢成熟需一年以上至一年半。果莢內具絲狀物及種子，果莢裂開後絲狀物及種子一起飄散。

在 60 年代，埔里一帶均稱鳳蘭為樹蘭，故早一代的人所稱樹蘭即是指鳳蘭，和如今所稱的攀緣樹蘭不同。

鳳蘭與香莎草蘭未開花時外表十分相似，兩者可分辨的特徵如下表：

	單株葉片數	葉緣	宿存蕊柱長度
香莎草蘭	9片以上	微反捲	約與果莢等長
鳳蘭	8片以下	不反捲	不及果莢長度的五分之一

▼ 1.葉緣平整不反捲。2.蕊柱變異的植株。3.果莢。果莢成熟需約一年半。4.果莢裂開後，絲狀物及種子同時飄散，表面殘存的絲狀物及種子。5.生態環境。

四季蘭 別名：焦尾蘭；建蘭

Cymbidium ensifolium

特徵

葉細長，基部具關節，中肋下凹呈淺 V 字形。花序梗自假球莖基部側邊抽出，長約 30 公分。總狀花序，花多朵，轉位，花淡綠色，單朵花壽可達 1 至 2 週。萼片及側瓣具 5 條紅褐色縱向條紋，側瓣中肋條紋較粗大，但其他條紋較不明顯。唇瓣則被明顯的紅褐色斑塊，唇盤基部具 2 條向內傾斜的縱稜。花具清香味。

分布

全台中、低海拔林下，果園、竹園、人造林、次生林、原始林等均可見其蹤跡，喜土質透水性佳，半透光至略遮蔭的環境。

▲ 萼片及側瓣具紅褐色縱向條紋，唇瓣具紅褐色斑塊。

田野筆記

本種稱為四季蘭，並非四季會自然開花，但若加以外力，如將其植株鬆土或移植，或野外常有山豬鬆土覓食，剛好鬆動其根部泥土而未將其根部全部拔除，則其植株可能就會在 1 或 2 個月後開花。四季蘭在 50 年代以前族群非常多，現已今非昔比，除了生育地被開墾及人為採集外，我也看過不少四季蘭成為山豬窩的材料，山豬在生育前會拔取周圍植物如芒草、箭竹、蕨類、小樹枝來築巢，而四季蘭的根是氣生根，著地力不強，很容易被拔起。有一次在桃園復興山區看到一個山豬窩，上面有幾十棵四季蘭，有點震撼。

▼ 1. 生態環境。2. 粗大的氣生根偶因環境因素自然裸露。3. 12 月的果莢。4. 花側面。

一莖九華 別名：九華蘭
Cymbidium faberi

特徵

葉長 50 公分至 100 公分，基部無關節，明顯細鋸齒緣。花序梗高約 50 公分，花淡黃色或黃綠色。唇瓣密被紅色斑塊有時反折近 360 度成圓筒狀，有時不反折。唇盤近基部具 2 條向內傾斜縱稜。花味清香幽雅，能飄香甚遠。

分布

南投、台中、宜蘭等地山區，生育環境為原始林或人造林，多生於林緣或稜線上，光線為略遮蔭的環境。如日照較多，則會雜處於芒草叢或疏箭竹林內。

田野筆記

1973 年初，我利用寒假前往南投埔里打工渡假，有一次在眉溪附近海拔約 800 公尺的地方，看到四季蘭、細葉春蘭及一莖九華等三種當時認識的蘭花，植株非常多，多到用麻布袋都裝不完，那時我對蘭花幾無概念，不然可能會記錄到更多種類。那次是我首次看到一莖九華，葉長近 1 公尺，印象非常深刻，據聞開花時香氣能飄香數里。2006 年重返，只見該地已開墾成茶園，令人不勝唏噓。

▼ 1. 生態環境。2. 常與台灣蘆竹、芒草、玉山箭竹等禾本科植物伴生。3. 花被片淡綠色，唇瓣不規則外形，表面密被紅色斑塊。4. 唇瓣反折近 360 度者。5. 花側面。

3

4

5

金稜邊 別名：多花蘭
Cymbidium floribundum

特徵

葉線形細長，基部具關節。長在陽光充足環境的植株像四季蘭，長在較陰暗環境的植株像報歲蘭，葉尾有旋轉扭曲的現象。花序自假球莖靠基部側邊抽出。一個花序花可達數十朵花，花無明顯味道。萼片及側瓣紅色，唇瓣白色被紅色斑塊，唇盤具 2 條黃色縱稜。

分布

台灣本島霧林帶山區，以新北、桃園、新竹、苗栗、宜蘭及南投等地最多。生育環境為乾濕季不明顯，空氣富含水氣的霧林帶或河谷附近，附生在大樹幹上或長滿苔蘚的大石壁上，半透光至全日照的環境，全日照環境則需要空氣含水量極高，光線較弱則開花性不佳。

▼ 1. 生態環境，花與未爆開的成熟果莢。2. 一個花序數十朵花，花不轉位。3. 附生在岩石與苔蘚旁生。4. 花側面。5. 6 月初的果莢，果莢成熟期需將近一年。

田野筆記

我曾在桃園復興山區看到一棵胸徑約 3 公尺的紅檜被山老鼠鋸倒，樹上有數十棵金稜邊與無數的豆蘭屬蘭花及其他附生植物，生態十分豐富。山老鼠只為了盜取木材，就破壞了一個小型的生態系，十分惡質。

台灣春蘭
別名：*Cymbidium goeringii* 春蘭

Cymbidium formosanum

特徵

葉寬比細葉春蘭寬。花序自假球莖靠基部側邊抽出，花序僅 10 餘公分。花多為單生，花淡綠色，萼片與側瓣具多條紅色縱紋，側瓣平整不扭曲。唇瓣具紅色粗斑塊，唇盤具 2 條向內傾斜的縱稜，頂部約略相觸。蕊柱內側具紅色細斑點。具淡雅香氣。

分布

中央山脈季風氣候區霧林帶的原始林下，生育環境為空氣富含水氣的區域，光線則為半透光至略遮蔭。早期文獻將台灣春蘭併入春蘭，但春蘭側瓣顏色偏綠，與台灣春蘭明顯有別，因此本書將春蘭處理為相關物種。

▲ 花被長橢圓形，具紅色縱向紋路，平整不扭曲。

▼ 1. 生態環境。2. 花側面。3. 唇瓣反折，具紅色斑塊。4. 唇瓣背面。

2 3 4

細葉春蘭
別名：*Cymbidium formosanum* var. *gracillimum*；
朵朵香

Cymbidium goeringii var. *gracillimum*

1000-2400m　12-4月

特徵

葉線形細長，是蕙蘭屬中葉片最窄最細的品種，葉寬僅約 2 至 5 公釐，寬窄長短之間變化甚多，較陰暗處葉較長，可達約 60 公分，日照較多地區僅長約 20 公分。花序長約 10 餘公分，一花序花單朵至 5 朵，白色或綠色或紅色。萼片及側瓣多條細縱紋或單條粗條紋或無條紋，變化甚多。唇瓣表面具紅色斑塊，唇盤近基部半段具 2 條向內傾斜的縱稜。花具清香氣味，我覺得本種蘭花香味最具代表性，清香怡人，讓賞花永不厭倦。

▲ 花被片具縱紋。

分布

分布於台灣全島低至中海拔地區，生育環境多為腐植質豐厚的土質，半透光至略遮蔭的環境，因此稜線附近、林緣、疏林、斷崖邊、短草叢中是較易發現蹤跡之處。陽光照射較多處開花率高，較陰暗的地方開花率小。林讚標教授主張將本種學名改為 *Cymbidium formosanum* var. *gracillimum*。常與細小型的莎草科植物伴生，兩者幾乎無法分辨，是最好的擬態生長。

▼ 1. 通常單株一花序，一花序單朵花。

田野筆記

春蘭與細葉春蘭兩者差異不大，如以葉片的寬窄來分，除了葉窄及葉寬外，又具有中間型，如以葉片橫斷面是 V 型或 U 型來區分，我也看過同一植株，葉片既有 V 型也有 U 型，所以有些植株不易分辨是春蘭還是細葉春蘭，但大部分的植株還是可以分辨的。

◀▲ 2. 與莎草伴生，未開花很難分辨。
3. 白色花。
4. 純淡綠色花。
5. 變異很大的細葉春蘭。
6. 9 月果莢

摺柱春蘭
Cymbidium sp.

特徵

植株與春蘭幾不可分,僅花部特徵明顯有別。花序含花超過 20 公分,子房明顯比一般春蘭要大一號。蕊柱向內橫向彎折。唇瓣橫向反折 360 度成捲筒狀。最特殊處為唇盤無縱稜,僅有 2 條紅褐色縱向條紋。蕙蘭屬蘭花除本種之外,唇盤均有 2 條明顯的隆起縱稜,但本種唇盤十分平坦,並無隆起跡象,更別說是兩條縱稜了,可能是本種蘭花已朝向花瓣化演化,值得深入研究。

分布

目前僅知分布於中央山脈東側花蓮境內。

田野筆記

2008 年 4 月巧遇此花,但因行程匆匆,未詳細觀察,只拍了 3 張照片就離開,十分可惜。2024 年 3 月底,我重返該生育地,想再做詳細的觀察紀錄,可惜生育地整片崩塌,附近也未見相同物種,只能等待有緣人去發覺了。

▼ 1. 生態環境。2. 花側面,唇瓣反折成圓形。3. 花正面,唇瓣腹面無稜脊,蕊柱反折。

寒蘭
Cymbidium kanran

700-1800m　11-12月

特徵

葉片像是大一號的四季蘭，花序高約 60 公分，其特徵為花萼及側瓣細長，花有紅色及綠色 2 種色系，表面具數條深色脈紋或不具。唇瓣表面被紅褐色斑塊。唇盤近基部半段具 2 條縱向稜脊向中央伸展靠攏，近先端半段唇盤則具數條細小縱紋。唇瓣先端大都反折，但反折弧度不一。花味淡雅清香。

▲ 寒蘭紅色花。

分布

主要分布區域有新北、桃園、新竹、苗栗、宜蘭、花蓮、台東等地闊葉林下或人造林下，喜乾濕季較不明顯，溼潤、半透光、通風良好的環境，常見於稜線附近，通常伴生在中型莎草科植物旁，兩者葉片極為相似，若不開花結果，即使近距離觀察也極難發現。

▼ 1. 紅色花的植株。2. 寒蘭綠色花生態環境。3. 唇瓣表面具細小縱紋，基部具兩條縱向稜脊向中央伸展靠攏。4. 次年 11 月寒蘭果莢。

綠花竹柏蘭
Cymbidium lancifolium var. *aspidistrifolium*

特徵
葉長橢圓形，葉基具關節，葉緣平滑。花序自假球莖近基部側邊抽出，花數朵，淡綠色，略寬於竹柏蘭。唇瓣表面被紅褐色斑塊，唇盤近基部半段具 2 條縱向稜脊向中央伸展靠攏。唇瓣近先端三分之一處反折約 180 度。花無特殊味道。

分布
台灣全島低海拔闊葉林或人造柳杉林下，半透光環境。

田野筆記
綠花竹柏蘭與竹柏蘭外形相似，但仍可由葉尖有無鋸齒緣、花色及花被片寬度區別。綠花竹柏蘭葉尖全緣無細鋸齒，花綠色，花被片較寬。竹柏蘭葉尖具細鋸齒緣，花被片較窄，花色偏白。

▼ 1. 假球莖長橢圓形，花序自假球莖中段抽出。2. 生態環境，氣生根並不粗大。3. 花側面。4. 葉先端無鋸齒緣。5. 次年 6 月果莢。

1

2

3

4

5

竹柏蘭
Cymbidium lancifolium var. *lancifolium*

特徵

葉長橢圓形綠色，葉基具關節，葉尖附近的葉緣具細鋸齒緣，是與綠花竹柏蘭最大的不同處。花序由假球莖近基部側邊抽出，在花的部分，本種花被片較窄較長，顏色為淡綠色，花東石灰岩地區偶可見粉紅色花被片的個體。花無特殊味道。

竹柏蘭與綠花竹柏蘭外形相似，其差異處請參考綠花竹柏蘭的比較說明。

分布

台灣全島低中海拔原始林下及次生林下。

▲ 花正面，萼片較長，中肋被縱向紫色紋路。

▼ 1. 盛花植株。2. 葉尖細鋸齒緣。3. 花東石灰岩地區的植株。4. 9 月中旬果莢。

2

4

矮竹柏蘭
Cymbidium lancifolium var. *papuanum*

特徵

葉長橢圓形，葉基具關節，相對於竹柏蘭，葉較淺綠，葉鞘較短，植株較矮小。葉尖端附近的葉緣具細鋸齒緣，與竹柏蘭相同。在花的部分，本種花被片較短，顏色為淡綠色。

分布

台灣北部及東部中海拔原始林下。

田野筆記

矮竹柏蘭與竹柏蘭外形相似，葉尖同具細鋸齒緣，僅植株較為矮小及花被片較短，是否為竹柏蘭的種內變異，見人見智。

▼ 1. 生態環境。2. 葉尖附近具細鋸齒緣。3. 植株及花序均矮小。4. 花側面。

白葉竹柏蘭
Cymbidium sp.

特徵

全株無葉綠素，葉僅 2 片，葉先端兩側全緣無鋸齒，推測是綠花竹柏蘭的變異株，本書之所以提出變異株，是因為無葉綠素的變異可能演化成與真菌異營或寄生於真菌上，目前學界對此種演化過程所做研究極少，在野外難得一見無葉綠素的變異，因此提出供大家參考。

分布

目前僅知分布於桃園復興區，生於柳杉人造林下，約為半透光的環境。

▼ 1. 生態環境。2. 葉先端兩側全緣。3. 全株無葉綠素。

璧綠竹柏蘭

Cymbidium sp.

特徵

葉長橢圓形,葉基具關節,矮小,花萼片及側瓣通體璧綠,蕊柱及唇瓣淡綠色,唇瓣密被暗紅色細斑塊,唇盤近基部之半段具 2 條向內傾斜的縱稜。通常竹柏蘭複合群的側瓣均具紫紅色縱向線條,但我看到的璧綠竹柏蘭則整片側瓣均為純綠色,無任何紫紅色線條,加上唇瓣表面密被細小紫紅色斑塊,亦是其他竹柏蘭所不及的。

分布

台灣西部台中以北低海拔原始林的林緣或林中透空處,半透光,乾季不十分明顯的環境。

▲ 花被片通體璧綠,唇盤近基部之半段具兩條向內傾斜的縱稜,唇瓣被暗紅色細斑塊。

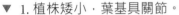

▼ 1. 植株矮小,葉基具關節。

田野筆記

2000 年之前，我在苗栗南庄山區發現幾十棵竹柏蘭的生育地，因未見到開花，認為是綠花竹柏蘭，未加以重視，也未特別去追花。當時生育地長滿各種蘭花，種類多，植株也多，是一個蘭花比雜草還多的地方。但因氣候因素及野生動物急劇增加，當地生態快速變化，2004 年 10 月 3 日重臨該地，蘭花數量明顯減少，竹柏蘭的生育地因野豬覓食拱成一堆亂土，只剩下幾棵氣生根外露的植株，葉片也遭山羌啃食。慶幸的是，有一棵竹柏蘭抽出 1 個花序，上面開了 1 朵花及 1 個花苞，花色通體璧綠，花被片未具任何斑點及線條，只唇瓣密被細小紫紅色斑塊，是十分特殊的物種，因當時未有適當的資料可供參考，只能暫時擱置。

2006 年 8 月 5 日《台灣野生蘭賞蘭大圖鑑（中）》出版，第 68 頁介紹了璧綠竹柏蘭，仔細比對後，與我發現的蘭花僅側瓣多了一條紫紅色線條，其他特徵完全一樣，尤其是唇瓣密被細小紫紅色斑點與我在南庄發現的完全一樣，至於側瓣的紫紅色線條，可視為種內變異，所以兩者同為璧綠竹柏蘭。

▼ 2. 假球莖。3. 葉表面。

大竹柏蘭
Cymbidium lancifolium var. syunitianum

特徵

植物體高大，假球莖圓柱狀細長，可長達 20 公分以上，最大特徵是裸露粗大的氣生根，約可達到原子筆桿一般粗。葉長橢圓形，葉尖全緣，葉基具關節。花序自假球莖側邊抽出，花淡綠色，通常在 10 朵以下。唇瓣白色被紅褐色斑塊，外形變化多端，唇盤近基部之半段具 2 條向內傾斜的縱稜。萼片大多淡綠色不被斑塊。側瓣大多淡綠色表面中肋被紅褐色長條狀斑紋。花無特殊味道。

分布

桃園、新竹、苗栗、台中、南投等地原始林及人造林下，生於乾溪溝或迎風坡等較溼潤的地方，半透光至略遮蔭的環境。

▲ 一般外形的花。

田野筆記

大竹柏的個體甚多變異，唇瓣變化最為明顯，有的較寬，有的較窄，有的先端較圓鈍，有的先端三角形，有的先端反折，有的先端不反折。萼片也有變化，有的萼片不反折，有的萼片強烈反折。同一植株果莢成熟期前後差異甚大，大約 10 個月至 14 個月。

花東地區近太平洋溪谷沿岸，有一種竹柏蘭外形介於大竹柏蘭與綠花竹柏蘭之間，單花序花可達 10 餘朵，花色為淡綠色，花被片比大竹柏蘭細長，假球莖較大竹柏蘭細，特徵和大竹柏蘭稍有不同，是否就是大竹柏蘭，值得深入探討。

1

2

▼ 1. 生態環境，假球莖長如竹枝。2. 花東地區溪谷的大竹柏蘭外形稍有不同。3. 氣生根粗大如原子筆大小。4. 萼片反折的植株。5. 唇瓣三角形的植株。6. 唇瓣寬大不反折的大竹柏蘭。7. 果莢成熟期需一年以上。

大根蘭
Cymbidium macrorhizon

特徵

無葉片，植物體生於地表之下，僅開花及結果生出地面，花被片被紅色粗條紋或斑塊，花無特殊味道。花期甚長，有些已結果，部分仍含苞待放。

分布

目前僅知分布於南橫東端及台東蘇鐵保護區內兩個生育地，生於乾濕季分明的二葉松疏林下淺草區，約為半透光的環境。

田野筆記

綜合花友的觀察，大根蘭的族群並非每年都開花，就好像無葉上鬚蘭的開花性一樣，令人捉摸不定。又，大根蘭似乎對水氣之需求甚高，若花序已冒出地表，碰到多日不下雨，則花會成為閉鎖花或直接消苞。有人跑了5次均無功而返，令人又愛又恨。

▲ 花萼中肋具縱向粗大紅色條紋，側瓣及唇瓣具不規則紅色斑塊。

▼ 1. 無葉片花序直接自地中抽出。
2. 花序不分枝。3. 生態環境。4. 唇盤近基部之半段具兩條向內傾斜的縱稜。5. 8 月初的幼果。

1

2

3

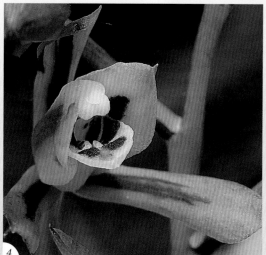

4

5

四季竹柏蘭
Cymbidium ✕ *oblancifolium*

特徵

本種推估是四季蘭與竹柏蘭類群的雜交種，葉子寬度介於四季蘭與竹柏蘭之間，花則類似四季蘭及綠花竹柏蘭。花無明顯味道。

園藝界早年有人做四季蘭及竹柏蘭的人工雜交，並在市面買賣。本種究竟是天然雜交或人工雜交種逸出已不可考。

分布

目前僅知分布於宜蘭低海拔山區。

▼ 1. 葉片寬度介於四季蘭及竹柏蘭之間。2. 假球莖。3. 花側面。

報歲蘭 別名：拜歲蘭
Cymbidium sinense

  300-1500m 12-2 月

特徵

葉線形，葉基具關節，未開花時外觀極似百合科的桔梗蘭 *Dianella ensifolia*，生育地兩者重疊，所以在野外很難分辨。辨識特徵有三：其一，報歲蘭葉基有關節，桔梗蘭則無；其二，報歲蘭有粗大的氣生根，桔梗蘭則是細小的鬚根；其三，報歲蘭有橢圓形的假球莖，桔梗蘭無假球莖。花序自假球莖側邊抽出，花大都為紅褐色，少部分粉紅色或淡綠色。唇瓣表面被紅褐色斑塊，先端反折，唇盤近基部半段具 2 條向內傾斜的縱稜。側瓣及萼片均具多條顏色較深的縱向條紋。花具香味。

分布

全台灣低海拔闊葉林或桂竹林下，曾經歷大規模經濟採集，野外已所剩無幾，目前比較容易找到的地區在花蓮及台東山區，另新北、桃園、南投、嘉義還有一些族群，生長環境為乾濕季較不明顯的區域，光線約為半透光的環境。

▼ 1. 果莢與花同時存在。2. 生態環境。

田野筆記

花期南北有差異，恆春半島 12 月花已展開，但北部需到元月才會開花，同一植株花期甚長，前後可達一個多月。

報歲蘭在野外偶有葉面具黃色或白色縱向脈紋的變異，這種變異園藝界稱為金線蘭，在國蘭界曾風靡一時，圈內人又將之細分為無數品種，其中最有名的就是達摩。達摩相傳 1970 年代在花蓮瑞穗被發現，1980 年代交易金額最高紀錄一棵新台幣 1,700 萬元（網路資料），之後達摩崩盤，甚至新台幣 100 元左右就可買到一棵，前後差距之大，令人無法想像。早在達摩之前金線蘭就價值連城，1960 年代採集報歲蘭已是全民運動，原來到處都是的雜草，到 1960 年代晚期已很難在野外看見，直到目前，報歲蘭對一般人而言，仍是難得一見的物種。

2018 年 2 月 27 日，我在新北三峽山上看到一棵枝葉茂盛的黃藤，因基部土石掏空而倒下，壓到稍下方的報歲蘭，幾乎把它全蓋住。我順手清理了黃藤枝葉，露出一棵花色偏綠的報歲蘭，因為花色偏綠，所以我將之列為追蹤目標。隨後數年，均因乾旱花苞未及開展而消苞，直到 2022 年 2 月 7 日才再度看到開花，結果花色是普通報歲蘭的顏色。我猜測開花前適度遮光或許是報歲蘭能開出綠花的方法。又，2022 年的花期比 2018 年早了 20 天，應該是 2021 年夏天以後北部不缺雨，濕潤的土壤環境讓花期提早許多。

▼ 3. 2018 年抽花苞時被黃藤遮蔭，開花呈綠色。
4. 2022 年無遮蔭，開紅色花。
5. 裂果及種子，果莢成熟期約 1 年。

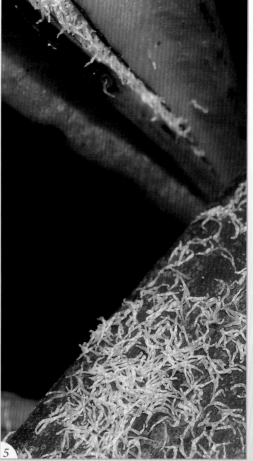

3

4

5

菅草蘭 別名：闊葉春蘭
Cymbidium tortisepalum

1000-1900m | 1-2月

特徵

葉表面光滑柔軟，具細鋸齒緣。花序自假球莖靠基部側邊抽出，一花序花約 2 至 5 朵。花白色或淡粉紅色。萼片全展開，稍有捲折歪斜，側瓣僅半展，亦稍有捲折歪斜，均具多條縱向較深色條紋。唇瓣被紅褐色斑塊，先端反折，唇盤近基部半段具 2 條向內傾斜的縱稜。

分布

台灣全島中海拔地區，以台東、南投、台中、新竹較多，通常生長在原始森林下具深厚腐植質的泥土中，約為半透光至略遮蔭的環境。

田野筆記

我曾在新竹尖石山區看到一叢菅草蘭，葉長超過 70 公分，花被片狹長，約比普通菅草蘭長 1 倍，最大特點是萼片斜向捲折超過 360 度，有如彩帶，和普通菅草蘭的萼片稍有捲折歪斜大有不同。到底是新種或是種內變異或是多倍體，有待學者研究。

▼ 1. 生態環境。2. 萼片全展，側瓣通常僅半展，花被片通常扭曲不平整。3. 花側面。4. 花被長 1 倍的菅草蘭。5. 2 月中旬裂果及種子，成熟期約 1 年。

▲ 唇瓣被紅褐色斑塊，先端反折，唇盤近基部半段具兩條向內傾斜的縱稜。

本屬台灣僅 1 種，是近年園藝逸出的外來歸化種。

非洲紅蘭
Cynorkis fastigiata

500-1700m　6-9 月

特徵

葉 1 至 3 枚貼地而生，花序頂生，花白色帶粉紅色暈，上萼片及側瓣形成罩狀。萼片及子房近花被端稀被短腺毛。唇瓣三裂，中裂片再深裂為 2 片。距及子房均甚長，約為唇瓣長度的 2 倍長。

分布

是歸化種，零星分布於北部及中部略遮蔭或全日照的開闊草地。

▲ 上萼片及側瓣形成罩狀，唇瓣三裂，中裂片再深裂為 2 片。

▼ 1. 葉 1 至 3 枚。2. 萼片及子房近花被端稀被短腺毛。3. 花背面。4. 距及子房均甚長。

2

蘭花雙葉草屬（喜普鞋蘭屬、杓蘭屬）/ *Cypripedium*

常群聚而生，但植株並不緊密相鄰，是透過地下莖發芽繁殖而形成整個群落。葉冬枯，無假球莖，花序頂生，唇瓣囊袋狀，花大都十分艷麗，常成商業採集的對象。

小喜普鞋蘭　別名：小老虎七
Cypripedium debile

特徵
葉 2 枚對生，葉冬枯，葉柄、葉表及葉背不被毛，葉緣具細緣毛，幼株外表常被誤認為鳥巢蘭屬。花序自兩葉中間抽出，花不轉位，花單朵，花梗彎曲向下，花朝向地面展開。唇瓣囊狀，表面具紫色條紋。花梗、子房、花被片均不被毛。果莢將成熟時花梗漸次向上伸直，最後呈直立狀，以利種子能在較高位置散播到較遠的地方。

分布
中央山脈北段及雪山山脈中至高海拔山區，生於原始林下或玉山箭竹林下，潮濕霧林帶，約為半透光的環境。東部迎東北季風區域的生長海拔有較低的傾向。

▼ 1. 生態環境。花序於兩葉間抽出。2. 花朝向地面展開，唇瓣囊狀，表面具紫色條紋。3. 每年 9 月新植株芽苞自舊植株旁抽出。4. 花背面。花不轉位，側萼片下緣合生。5. 果莢成熟前垂頭，約於 9 月至 10 月成熟，成熟時漸次往上伸直。

台灣喜普鞋蘭 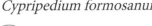 別名：台灣杓蘭
Cypripedium formosanum

特徵

葉冬枯，葉 2 枚圓形近對生，基出平行脈，具縱摺，葉緣被極細緣毛。花序頂生，花單生。萼片、側瓣及囊袋淡粉紅色被紅斑，花被基部內側被細長毛，子房及苞片被短毛。

分布

中央山脈、玉山山脈、雪山山脈等地中高海拔地區，南起台東、高雄，經南投、花蓮、台中至宜蘭，以宜蘭、花蓮、台東地區較多。生長在原始疏林下、芒草叢中，土質具腐植質且較濕潤，約為半透光至略遮蔭的環境。

野筆記

台灣喜普鞋蘭在清水山曾經有非常大的族群，族群減少原因請參考本書第 4 章。

▲ 花正面，花背基部被毛及紅斑。

2011 年 5 月 3 日我曾前往合歡山北峰山下觀賞一群台灣喜普鞋蘭，一小片約 10 平方公尺的區域開了約 200 朵花，十分壯觀，據了解，是當地原生族群再加上有人刻意維護，所以特別茂盛。不久後，中視的《MIT 台灣誌》播出了該族群的盛花。2012 年 4 月 15 日我再度前往賞花，只見該地光凸凸的，一整片台灣喜普鞋蘭全部消失，又是一個悲慘的結局。

▼ 1. 合歡北峰山腰，2011 年台灣喜普鞋蘭的開花盛況。2. 合歡北峰山腰族群第二年被破壞後的慘況。3. 花背面。4. 花側面。5. 9 月至 10 月果莢成熟。

寶島喜普鞋蘭 別名：黃花老虎七；寶島杓蘭
Cypripedium segawae

 1300-2100m 3-4月

特徵

植株單生，葉 3 至 4 枚，互生，橢圓形至長橢圓形，具縱稜，葉緣具短細毛，外形似百合科寶鐸花屬的葉片，未開花時很容易誤判。花序頂生，花梗、子房密被短毛，苞片葉片化，苞片外側及葉緣、萼片外側疏被短毛，花被內側基部密被長毛，側萼片下緣大部分合生，僅先端一小段離生。花序頂生，花黃色，1 朵或 2 朵。部分地區產的囊袋有紅斑，木瓜溪流域的植株較少有紅斑，但花蓮溪流域以北產的比較多有紅斑，而且紅斑較多。

分布

花蓮木瓜溪流域、花蓮溪流域、立霧溪流域以及南投馬海僕溪流域，生育環境多為石灰岩地質及陡峭地形，生於刺柏灌叢下或雜草叢中，土地較為濕潤的區域，略遮蔭的環境。

▼ 1. 一個花序 2 朵花的植株。2. 生態環境，一個花序 1 朵花的植株。3. 花由上往下看。4. 前一年的果莢

田野筆記

1998 年清明節假期，任職林業試驗所的徐嘉君博士在能高越嶺古道上發現了一大群寶島喜普鞋蘭，正值花期，據徐嘉君博士估計同時有 200 多棵盛開的花朵。之後在 1998 年到 2005 年之間，老山羊林文智先生帶領衛視中文台《台灣探險隊》電視攝影團隊經過能高越嶺，拍到了盛花的寶島喜普鞋蘭，並在節目中播出。2006 年 4 月 2 日及 2007 年 4 月 10 日我兩度前往能高越嶺傳說中的生育地找尋，均無所獲。2008 年徐嘉君博士學成歸國，同年 4 月 9 日在徐嘉君博士的帶領下，我和鐘詩文博士第 3 度踏上尋找寶島喜普鞋蘭之路，到達目的地後發現崩塌嚴重，尋找數小時均無結果，因天色已晚，眾人開始撤退，我仍不死心，向徐嘉君博士說：「你們先走，我再找 5 分鐘。」我再往懸崖下方之前未找過的區域看看，5 分鐘過去了，當我準備放棄時，眼前出現了一棵似乎是百合科寶鐸花屬的植物，我不以為意，再往前瞄去，又是一棵類似的植物，但是這一棵多了黃色的花苞，並不是寶鐸花，真是皇天不負苦心人啊！踏破鐵鞋無覓處，最後一分鐘終於找到要找的花，趕緊去召回已撤退下山的人，終於了卻一樁尋找寶島喜普鞋蘭的心願。高興之餘，又思及之前的紀錄是一大片開花的寶島喜普鞋蘭，但這次只記錄到個位數的花朵，絕大多數的植株都消失不見，很可能就是在電視節目播出後到 2008 年之間被蘭花商人僱工採走了，而被採走的植株最後可能流向歐洲，因為歐洲有許多寶島喜普鞋蘭的園藝栽培。2008 年之後我又多次前往觀察，只見生育地因山崩逐年流失，2024 年 3 月是成書前最後一次前往，整片生育地已全數崩毀，只見一棵植株孤零零的長在危坡邊緣，開著黃色耀眼的花。我有點感傷，看來這一個比較親民的賞花點快成絕響了。

▼ 5. 寶島喜普鞋蘭的生育地。

奇萊喜普鞋蘭
Cypripedium taiwanalpinum

  2000-3700m 3-7月

特徵

葉 2 至 5 枚,互生,植株叢生,夏初自土中冒出,部分具花苞。花序頂生,苞片葉片化,葉片、苞片兩面、葉緣、花梗均被短毛,花粉紅色至淡紫色,極少數為白色。萼片及側瓣具紅或紫色縱紋,側瓣基部內側被長毛,側萼片下緣合生,僅先端一小段分離,全花被紅色斑點。白色花無紫色縱紋及紅色斑點。

分布

中央山脈中段以北及雪山山脈中高海拔地區,玉山箭竹林下、矮灌叢林下及裸露岩石區,矮灌叢以玉山圓柏為主,略遮蔭的環境。

田野筆記

奇萊喜普鞋蘭最初發表時的學名是 *Cypripedium macranthos*,但因奇萊喜普鞋蘭外形與 *Cypripedium macranthos* 唇瓣囊袋有差異,已由李勇毅博士及林讚標教授於 2019 年更正學名為 *Cypripedium taiwanalpinum*,中文名則沿用奇萊喜普鞋蘭,更正文章刊登於 2019 年 9 月的 *Taiwania* 期刊。

▼ 1. 長在玉山圓柏林下的花。

▼ 2.長在箭竹林下岩屑地的花。3.由上往下看。4.遭動物啃食的花朵，加害者可能是蝗蟲。
5.9月的結果株。

肉果蘭屬 / *Cyrtosia*

真菌異營物種，無葉綠素，具粗大的地下莖，根系發達。花序頂生或側生，一次可同時抽出數個花序，花序梗具分枝，花數十朵至數百朵。果莢為蒴果，種子多數，種子周圍具圓形膜質，台灣產蘭科植物僅肉果蘭屬及倒吊蘭屬的種子具此特徵。

山珊瑚　別名：*Galeola lindleyana*；毛萼山珊瑚
Cyrtosia lindleyana

1400-2500m　5-7月

特徵

花序自肥大的地下莖抽出，全株黃色，複總狀花序，高可達 2 公尺餘。外形與小囊山珊瑚大致相同，區別有二：其一，山珊瑚分枝小花序較不發達，花數較少，小囊山珊瑚的分枝小花序則較發達，花數較多；其二，山珊瑚唇瓣基部平滑無凹陷深溝，小囊山珊瑚唇瓣基部外側有 V 形凹陷深溝。

▲ 唇瓣腹面密被毛，外形與小囊山珊瑚相似度極高。

分布

台灣全島闊葉林、人造林、柳杉林、竹林下，半透光至略遮蔭，常見於林緣、步道或馬路旁、疏林下，與小囊山珊瑚生長環境相同。

田野筆記

山珊瑚與小囊山珊瑚生育地部分重疊，花期相同，我見過兩種植株相距不到 30 公尺，且花同時盛開。依經驗可能會有雜交的情形，但迄今尚未發現過雜交的植株。海拔分布高度部分與小囊山珊瑚重疊，生長海拔上限較小囊山珊瑚高。

▼ 1. 花序分枝較短，花數較少。2. 無葉綠素，花序高可超過 2 公尺。3. 唇瓣基部外側平順無凹陷，是山珊瑚最大特點。4. 8 月果莢。5. 種子。

小囊山珊瑚

別名：*Cyrtosia falconeri*；*Galeola falconeri*；直立山珊瑚

Cyrtosia lindleyana var. *falconeri ined.*

  800-2000m 5-7月

特徵

花序自肥大的地下莖抽出，一棵植株可抽數個花序，花序全株黃色，複總狀花序，高可達 2 公尺餘，多分枝，花序梗主幹及苞片外側被疏毛，花序分枝、萼片外側、子房密被細毛，唇瓣內面具眾多細小肉突。外形與山珊瑚大致相同，區別有二：其一，小囊山珊瑚分枝的小花序較發達，花數較多，山珊瑚的分枝小花序則較不發達，花數較少；其二，本種唇瓣基部外側有 V 形凹陷深溝，山珊瑚唇瓣基部外側平滑無凹陷深溝。

分布

台灣全島闊葉林、人造林、柳杉林、竹林下，半透光至略遮蔭的環境，常見於林緣、步道或馬路旁、疏林下，與山珊瑚生長環境相同。

野筆記

山珊瑚與小囊山珊瑚兩者外形幾無不同，唇瓣雖有差異，但差異甚小，其中一種應視為變種。山珊瑚發表在前，因此小囊山珊瑚應為山珊瑚的變種，小囊山珊瑚的學名應改為 *Cyrtosia lindleyana* var. *falconeri*。

1. 地下根莖肥大。2. 唇瓣基部凹陷成溝。3. 無葉綠素，花序高達二公尺以上。4. 花序分枝較長，花數較多。5. 果莢粗大，結果率高。

▲ 花正面與訪花者。

血紅肉果蘭
Cyrtosia septentrionalis

1000-1200m　5-6月

特徵

地下莖具鞘狀苞片，花序自地下莖頂抽出，複總狀花序，高度約為1公尺。全株花序除唇瓣及蕊柱為黃色外，其餘部分為橙紅色。花序梗、子房、萼片外側及側瓣外側均被細毛，唇瓣內側密被不規則肉突，果莢為紅色。

分布

目前僅知分布於台東海岸山脈及苗栗南庄，都生於稜線上，植被為闊葉林，半透光的環境。海岸山脈生育地乾濕季不明顯，苗栗的生育地則冬季少雨。

▼ 1. 無葉綠素，花序高約1公尺左右。2. 唇瓣黃色，背面平滑無毛。3. 果莢未乾裂前為紅色。

1

2

3

本種在台東海岸山脈的生育地，開出來的花是橘紅色，苗栗生育地的花則稍偏黃色，原因不明，仍需更多觀察，但兩地的果實均為紅色。

本種是王唯任先生於 2017 年 7 月或 8 月間於登山過程中發現結果植株，後來葉美邵小姐與王唯任先生聯絡，當年 8 月王唯任先生帶領葉美邵小姐及蔡錫麒先生至生育地，拍下果莢的照片。2018 年我估計開花季節並取得 GPS 航跡後，5 月 17 日我們夫妻和葉美邵小姐及蔡錫麒先生共同前往該生育地，拍下盛花照片。同年 8 月 16 日，我和內人再次前往想拍攝血紅肉果蘭漂亮的紅色果莢，但到了原生地，傻眼了，均不見果莢，只剩前一年乾枯的舊果序孤伶伶挺立。後來得知 7 月間有人上山採集做標本及保種，將所有果莢採摘一空。可惜採下來的果莢並未成熟，僅能做標本，保種方面可能全部報廢。個人空跑一趟事小，但稀有物種的果莢未能在原棲地完成傳宗接代的任務，才是最大的損失。

我於 2020 年 10 月 13 日前往南庄記錄血紅肉果蘭的時候，看到果序已稍微乾枯並倒下，花序梗基部已折斷離位。如果只是單純的缺雨乾枯而倒下，花序梗基部應不會折斷離位，推測是前面的花友將花序梗折斷集中拍照，此種行為實不足取。

▼▶ 4. 花萼及側瓣橘紅色，唇瓣及蕊柱黃色，唇瓣腹面具長毛。5. 第二個產地的花色及花形略有不同。

4

肉果蘭 舊名：*Cyrtosia javanica*

Cyrtosia taiwanica

特徵

花序高僅數公分，全株花序除唇瓣及蕊柱為黃色外，其餘為橙紅色。果莢則為紅褐色。子房、萼片、側瓣外側被短毛，唇瓣內側密布絨毛狀組織。

分布

目前僅記錄到一個生育地，在南投竹山地區，生於霧林帶的孟宗竹林下，半透光的環境。當地孟宗竹是人工種植，每隔數年會有一次疏伐，次年肉果蘭開花株會明顯增加，隨著新竹漸次成蔭，開花株也漸次變少。由此可見，雖是真菌異營植物，但光線強弱仍會影響生長。

田野筆記

本種是柳重勝博士最早在溪頭發現，發表時所用學名為 *Cyrtosia javanica*，後來被正名為 *Cyrtosia taiwanica*，是台灣特有種。

▼ 1. 無葉綠素，花序直接自地下莖抽出，低矮。2. 萼片及子房外側密被細絨毛。3. 花僅半展，花萼及側瓣橙紅色，花不轉位，唇瓣及蕊柱黃色。4. 果莢。

掌裂蘭屬 (凹舌蘭屬、窩舌蘭屬) / *Dactylorhiza*

本屬台灣僅 1 種，生於 3,000 公尺以上，是生長在最高海拔的蘭花之一。

綠花凹舌蘭　別名：窩舌蘭

Dactylorhiza viridis

 特徵

葉冬枯，植株春季自土中長出，葉數枚長橢圓形，基部
最大片，向上漸次縮小。花序頂生，花序梗具多條細縱
稜。苞片甚長，下半部比整朵花還長約 1 倍，往上漸次
縮短，至頂端約與整朵花等長。花綠色帶紅褐色暈，向
地面方向半展開。唇瓣長方形，先端二淺裂，裂口有一
小三角形凸出物。全株無毛。

 分布

台灣北部及中部高海拔地區，以中央山脈北段及雪山山
脈為主，生育環境為陽光照射較充足的淺草區或灌木叢
下，是略遮蔭至全日照的環境。

1. 花密生，花轉位，花朝下方展開，僅半展。2. 生態環境。3. 下半部苞片較長，上半部苞片較短。4. 距。

石斛蘭屬 / *Dendrobium*

本屬大多結果率不高，種子細小，能隨風散播較遠。附生於樹幹上或岩石上，早年的著頦蘭屬及暫花蘭屬均已併入石斛蘭屬。

黃花石斛

別名：黃石斛；清水山石斛
Dendrobium tosaense var. *chingshuishanianum*

Dendrobium catenatum

特徵

植株外觀近似石斛，長於樹幹上，日照較少的植株較細長，開花數較多。長在裸露岩石上全日照的植株較粗短，開花數較少。花序在莖節旁抽出。花淡黃色至淡綠色，唇瓣內部中段具紅斑，也有少數植株不具紅斑。

分布

分布於東北部低海拔山區，包括花蓮東部及宜蘭蘭陽溪流域及新北東部，生育地在河谷兩旁或迎風山坡空氣富含水氣的環境，亦有不少植株長在全日照的岩壁上。在宜蘭縣曾見過長在離海岸邊不遠的茄苳樹上，海拔高度不到 10 公尺。光線為略遮蔭至全日照的環境。附生於樹幹上或岩石上，附生不分樹種，高位附生或低位附生皆有，亦可見長於山坡上的土石中。

▲ 不具紅斑的個體。

▼ 1. 長在全日照下的岩壁上

黃花石斛在 2011 年前後遭受大規模採集，尤以宜蘭的生育地最為嚴重，相傳是高雄的業者出資收購，然後用卡車運回高雄。被採集前，不管是小樹幹或是大樹幹，都可見密集的族群，但被採集後，所有植株被掃一空，為了採集高大樹上的黃花石斛，連大樹都被鋸倒。只為個人微小利益，做出如此破壞生態的行為，實在是不可原諒。本種傳統學名為 *D. catenatum*，林讚標教授認為應改為 *Dendrobium officinale*。

▼ 2. 長在半遮蔭的樹林內。3. 細長花序花數多。4. 傳粉者。

4

長距石斛 別名：戀大石斛；鷹爪石斛
Dendrobium chameleon

300-1500m　9-12 月

特徵

莖下垂，中段會分枝，分枝的莖也會再重複分枝，若年代夠久，莖總長可超過 1 公尺。葉疏生於莖兩側，冬季有時落葉，花序自落葉的莖近先端數節抽出，一開花莖花多者可達近 20 朵。花不轉位，花近白色或淡綠色，可能初開者為淡綠色，盛開時轉為白色。萼片及側瓣具明顯紫色縱紋。雖名為長距石斛，但距外側被側萼片包覆，嚴格來說只是具長頦，稱之為長頦石斛較為適合。有極少數花為黃色的植株，花初開時為淡黃色，將謝前轉為黃色。

分布

台灣東南部沿東部太平洋沿岸至新北東部及東北部，大體上是東北季風盛行區，喜溫暖潮溼，光線為半遮蔭至略遮蔭的環境。

▲ 花黃色的長距石斛，初開時為淡黃色。

▼ 1. 盛花的長距石斛。

田野筆記

長距石斛不適低溫環境，2015 年之前，在新北及桃園東部山區賞花甚為容易，常可見大族群開花的盛況。但 2016 年初的一次寒流凍死了海拔約 600 公尺以上的長距石斛，越往東北部受影響族群的海拔越低，東南部則影響有限。2014 年前後，我曾多次前往新北的網形山做生態觀察，那裡是長距石斛的天堂，從山腰到山頂，在登山步道兩旁就記錄到數百棵植株。但 2016 年以後再去看，一棵都找不到。長距石斛或許需要數十年或百年以上才能恢復昔日盛況，也或許永遠都無法恢復了。

▼ 2. 花都開在落葉的莖上。3. 花的背面，花不轉位。4. 2016 年初寒流凍死的長距石斛。
5. 7 月底的果莢及種子，無絲狀物。

金草

Dendrobium chryseum

  1000-2000m 5-7月

特徵

莖直立或斜上生長，黃綠色，花序自落葉靠頂端的莖節抽出，一莖有 1 至 2 個花序，單一花序花 1 至 3 朵。花金黃色，萼片急縮成凸尾尖，側瓣向兩側展開，大於萼片。唇瓣近圓形，側萼片包覆唇瓣基部成短頦。南部開花較早，北部開花較遲，中南部開花性良好，每次花季大量開花，東北部尤其是宜蘭東北季風風衝地區，開花性不佳，每次花季僅零星開花。影響開花多寡的因素到底是日照、緯度還是乾濕季，尚不明確，極可能是日照多寡影響較大。

分布

全台中海拔區域，喜空氣溼潤日照較佳的環境，全日照環境下也可生存良好，因此中南部霧林帶原始林是最佳生育地，附生於大樹的中高層枝幹。光線為略遮蔭至全日照的環境。高位附生，偶爾可見長在日照充足的岩石上。

▼ 1. 生態環境。

日野筆記

金草是鄒族原住民的重要代表性植物，走進達邦社區即可見牌樓上種滿了金草，集會所門口可種兩盆金草，但住家門口只能種一盆金草。

▼ 2. 達邦社區牌樓上的金草植栽。3. 長在懸崖峭壁的上方。4. 生長在大石壁上。5. 8 月中旬的果莢。

鬚唇暫花蘭

別名：木斛；*Flickingeria comata*

Dendrobium comatum

特徵　莖細長具莖節，假球莖生於莖頂，假球莖頂生單葉，開花點位於假球莖頂葉基的前後兩側。1 個開花點有 1 至 4 個花序，可一次全開或分次開花。花白色，唇瓣三裂，中裂片淡黃色下垂，先端裂成多數長條捲曲絲狀物，單朵花壽僅 1 天。

分布　分布地以屏東及台東為主，開闊河谷及迎風山坡地較常見，喜中等偏強的日照，生長在高大闊葉樹的高位枝幹上，有與大腳筒蘭伴生的現象。通常生育地為原始林，次生林較少見，原住民常在住家旁樹上種植。光線為略遮蔭的環境。

▲ 唇瓣淡黃色，先端裂成鬚狀物。

▼ 1. 開花點內花序一次全開及訪花者。2. 開花點位於假球莖頂葉基的前後兩側。1 個開花點有 1 至 4 個花序。3. 成熟的果莢。4. 開花點花序分次開花。

1

2

3

4

田野筆記

常見大叢生長，大者一叢有數百枝枝條，十分壯觀，我曾數次在原生地看過掉在地上的植株，一叢重達數十公斤，但掉在地上的植株因為缺乏日照，通常無法存活。以往蘭界有個錯誤的認知，就是全台的鬚唇暫花蘭會同一天開花，起初我也深信不疑，但經多年觀察，發現鬚唇暫花蘭各地的開花時間並不同，花期大致是 5 月到 8 月，影響其開花機制是下雨。每年 5 月初起，只要一場大雨，雨量在一天內約達 50mm 以上，就會啟動鬚唇暫花蘭的開花機制，花苞開始急速發育，約 7 至 10 天即開出盛開的花朵，如果一天雨量達 200mm 以上，則約 7 或 8 天花就盛開。2016 年 7 月 8 日強烈颱風尼伯特侵襲太麻里，在台東降下約 400mm 的雨量，一週後的 7 月 15 日，台東地區的鬚唇暫花蘭即盛開。2020 年 7 月 29 日恆春半島下大雨，8 月 7 日當地鬚唇暫花蘭當年第三次開花。2021 年創紀錄乾旱，恆春在 6 月 6 日才降下大雨，當地鬚唇暫花蘭在 6 月 12 日盛開。蘭界之所以認為同一天開花，可能是梅雨期各地同時下大雨，於是各地鬚唇暫花蘭同一天開花。同一棵鬚唇暫花蘭絕大多數的花都會在同一天開花，但有時也會連續兩天分批開花，光線充足的在第一天開花，日照較少的在第二天開花。

▼ 5. 生態環境。

鴿石斛

Dendrobium crumenatum

特徵

以附生在岩石上為主，亦有長在淺草叢中或樹幹上的現象。莖自植物體基部抽出，基部常會萌櫱新枝，莖基部肥大成假球莖是為儲藏區，是儲藏養分及水分所在，新株儲藏區具包膜，老株包膜脫落。儲藏區以上長葉部分是營養區，兩旁長葉片司光合作用之職，此區亦常萌櫱分枝。營養區以上未長葉部分是生殖區，細長的生殖區有節點，具鞘狀膜質苞片。花序由節點抽出，花序可不定時不按次序重複自節點抽出，每一節點每次多為 1 個花序，少數有 2 個花序的情形，1 個花序 1 朵花。單朵花壽命僅 1 天，開花時間不定，分批開，所以很難掌握開花時間，花的側面有如一隻飛翔的鴿子。

分布

目前僅在綠島發現。傳說在南投南北東眼山間稜線曾有發現，不過尚未得到實證。光線為略遮蔭至全日照的環境。

▼ 1. 營養區及生殖區。

因綠島交通不便，加上開花日期不定，且單朵花壽僅 1 天，所以賞花難度很高，需要有很好的運氣，或是要有長期抗戰的打算，常跑綠島或是在綠島住上一小段時間。

▼ 2. 花序。3. 花的側面。4. 花序可不定時不按次序重複自節點抽出。5. 果莢。
6. 莖基部常會萌糵新枝，近基部肥大假球莖是為儲藏區，是儲藏營養及水分所在。

燕石斛
Dendrobium equitans

特徵

莖叢生於基部，具莖節，僅近基部一或二莖節稍膨大。葉二列互生，扁平，具關節，關節以下圓桶狀包覆莖。花序生於最後葉片的葉基，花白色，不定時開花，單朵花壽命僅 1 天。頦三角錐狀，和唇瓣呈一直線。

分布

目前僅發現於蘭嶼。光線為略遮蔭至全日照的環境。

▼ 1. 長在裸露岩石上全日照之植株較粗短，向上生長。2. 花的側面有如一隻飛翔的燕子。3. 莖叢生於基部，沒有明顯膨大現象，長於樹幹上日照較少之植株較細長向下生長，葉二列互生呈一平面。4. 花序生於最先端葉片之葉基，花白色。5. 果莢。

▲ 唇瓣基部淡黃色，唇盤及邊緣具肉質長毛。

新竹石斛
別名：紅鸝石斛；串珠石斛；

Dendrobium falconeri

Dendrobium falconeri var. *erythroglossum*

900-2000m　4-8月

特徵

莖深紫色粗細不均勻，具莖節，莖節常不定節數不定位置膨大後再縮小。莖節常有分枝，花序自莖節抽出，花被片淡紫色，唇瓣喉部具深紫色及黃色斑塊，唇盤及唇緣密被細毛。

分布

西半部中海拔原始林或人工林內，半透光溼潤的環境，分布於開闊河谷或霧林帶迎風坡的樹幹上。闊葉林以殼斗科為主，尤其是栓皮櫟樹上最多，針葉樹則以人造柳杉林為主。半透光的環境。

▼ 1. 莖深紫色粗細不均勻，多分枝，常不定節數膨大後再縮小。2. 花序自莖節抽出，1 花序 1 朵花。3. 生態環境。4. 10 月中旬果莢，結果率低。

白花新竹石斛
Dendrobium sp.

  900-2000m 6-8 月

特徵

莖綠色，長圓柱狀，具莖節，莖節間凹凸狀不明顯，常有分枝，花序自莖節抽出，花外形與新竹石斛相同。花被片白色，唇瓣喉部具黃色斑塊，唇盤及唇緣密被細毛。

分布

目前僅知分布於台中及南投山區，與新竹石斛生育地重疊，生育條件與新竹石斛相同。

田野筆記

2008 年我在台中山區發現一叢莖綠色且前後粗細均勻的石斛，與新竹石斛伴生，葉形外觀看起來像新竹石斛，但未看到花，無法判定。我於 2011 年 7 月 27 日再次前往觀察，果然看見白花新竹石斛雜處在新竹石斛中開著美麗的白色花朵。隔年花期再度前往賞花，僅見新竹石斛開著幾朵花，白花新竹石斛則被採摘一空，從此不復見。之後在谷關及奧萬大山區曾見到疑似白花新竹石斛植株，但因往來費時，未持續追蹤，所以無法確定。

▲ 花被片白色，唇瓣喉部具黃色斑塊

▼ 1. 生態環境。
  2. 開花後隔年就不見蹤影。
  3. 莖綠色，長圓柱狀，具莖節，節間凹凸狀不明顯，常有分枝。
  4. 花背面。

雙花石斛 別名：大雙花石斛
Dendrobium furcatopedicellatum

特徵

莖叢生，外表黑褐色，葉疏生於莖節上，葉鞘完全包覆莖。花序自莖側邊抽出，1 花序 2 朵花。花淡黃色，萼片及側瓣具細長尾尖，內側被紫紅色斑點，側萼片基部未完全合生，僅半包覆距。唇盤密被長毛。雙花石斛與小雙花石斛植株相似度極高，未開花時僅能靠莖的顏色來分辨，雙花石斛莖黑褐色，小雙花石斛莖綠色。

分布

花蓮、宜蘭、新北較多，生長在光線較充足及空氣潮溼的環境，因此在河流兩岸大樹上最容易發現。光線約為半透光至略遮蔭的環境。附生於高位樹幹上，亦有不少族群長在岩壁上。

▲ 花淡黃色，萼片及側瓣具紫紅色斑點且具細長尾尖。

田野筆記

2006 年 6 月 24 日，許天銓先生和我在花蓮秀林山區見到雙花石斛正含苞待放，估計 2 日內會開花，許天銓先生於次日即赴原地察看，記錄到開花及尚有花苞未開，我於 6 月 26 日前往察看，也記錄到開花，未見到花苞，前一天的花已謝，因此推斷雙花石斛每次的開花期為 2 日，單朵花壽命為 1 天。

▼ 1. 附生於河流旁之樹幹上。2. 長在稜線上的族群。3. 莖黑褐色，花序自莖側抽出，開花前一日花苞。4. 8 月中旬果莢。

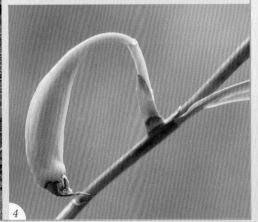

紅花石斛 別名：紅石斛
Dendrobium goldschmidtianum

400m 以下 | 全年

特徵

莖叢生，兩端細小，中段肥大，具莖節。葉二裂互生於莖節上。花序自落葉的莖側抽出，1 花序花可達 10 餘朵。花被卵形至橢圓形，紫紅色，具紫色縱向條紋，唇瓣花瓣化。

分布

目前僅蘭嶼有紀錄，附生在溫濕多雨的熱帶雨林樹上。光線為半透光至略遮蔭的環境。

▲ 深紫色花被片之花。

▼ 1. 花序自落葉的莖節抽出，一莖可數個莖節同時抽出花序，1 個花序花約 3 至 10 餘朵。2. 花被片紅色，具紫紅色縱向條紋。3. 莖兩端細小，中段肥大。4. 4 月初的果莢。

1

2

3

4

細莖石斛
Dendrobium leptocladum

特徵

地生蘭或附生於岩壁上。莖叢生，具莖節，偶有分枝。葉二列互生於莖節上，葉線形。花序自莖側邊抽出，1花序花約 1 至 3 朵。花白色僅半展，唇盤被長柔毛，唇緣具短毛。

分布

中部及南部迎西南季風山坡及大河谷兩側，生長於地上或岩石上，喜光線充足的環境，全日照環境下生長良好，有時生長於環境惡劣的裸露岩壁上，或常與雜草伴生。

▼ 1. 生長於岩壁上的族群。2. 花序自莖之下半部莖節抽出，一莖可同時數個莖節抽出花序。3. 1 個花序 1 至 4 朵花。4. 果莢。

▲ 花白色，唇瓣腹面密被長毛。

2

4

櫻石斛　別名：金石斛
Dendrobium linawianum

特徵

莖叢生，中後段稍粗大，原生地常數百株叢生，向上向下或向兩旁生長，包覆整枝樹幹，外觀有如雞毛撢子，十分壯觀。可惜近年被大量採集，原生地植株已不多。花被片基部淺紫色，越向先端越紫。唇瓣基部被毛及深紫色斑塊，先端半截為紫色。結果後約半年至 10 個月果莢成熟，不同植株成熟所需時間相差甚多。

分布

目前僅知分布南勢溪中上游、大漢溪支流、基隆河上游及新竹五峰山區，生長於溪谷兩旁富含水氣的大樹上，光線為半透光至略遮蔭的環境。

▲ 花被片先端夾角為銳角。

▼ 1. 花被片基部淺紫，越向先端越深紫。2. 果莢。3. 原生大叢族群。

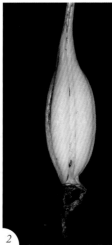

1

2

3

2010 年前後，我和鐘詩文博士及許天銓先生立志要找尋野生的櫻石斛，曾數次深入南勢溪上游找尋，均未能如願。之後經友人介紹認識了種植櫻石斛的達人劉先生，他收集了許多櫻石斛，當地原住民只要採到櫻石斛，就會賣給劉先生。經劉先生指點櫻石斛的生長環境，終於在 2012 年 4 月順利在南勢溪上游找到兩個生育地。其中一個生育地，一棵樹上有三枝大樹幹上各長了一大叢櫻石斛，每叢均具數百枝條及盛開數百朵的花，該棵樹長在陡坡上離步道甚遠，我手腳並用爬到樹下拍照。2015 年 4 月 7 日前往賞花，三叢櫻石斛只剩一叢，另兩叢已經不見了。2016 年再度前往觀察，僅剩的一叢也消失了。對我而言，最容易入鏡的三大叢櫻石斛就如此走入歷史。至於另一個生育地，櫻石斛是長在南勢溪對岸很高的峭壁上，用望遠鏡看到的至少有十幾大叢，但距離甚遠，用高倍長鏡頭也只能照個模糊的影子，相信小叢的也為數不少。南勢溪水量甚大，峭壁又陡又高又滑，足以保護那個生育地的櫻石斛不被採摘，暫時安全無虞。至於劉先生，他在忠治新烏路上開小吃店，在我拍到櫻石斛生態照後不久，小吃店在某夜間失火，劉先生因為腳不方便，很遺憾的沒能逃出來，他所收集的櫻石斛下落如何我並不清楚。另有一位住在新店的王先生，當年也種了不少原生的櫻石斛，2010 年秋天，我曾向他要了 20 幾顆櫻石斛的果莢，無條件分送給幾個學術單位及幾位民間愛花達人做瓶苗，算是櫻石斛的復育工作。據了解，當年接受果莢者大都成功播出瓶苗並分送出去，至今仍有許多健在開花的植株。

▼ 4. 花序自莖節處抽出，一枝莖可同時抽出數個花序。

呂宋石斛
Dendrobium luzonense

特徵

莖細長，大面積叢生，應是數十年或更久自然生長成的族群。莖表面綠色，具莖節，葉二列互生，長帶狀。花序自莖側抽出，一次可抽出數個花序，1 花序 2 朵花。萼片及側瓣黃綠色，唇瓣具紫色斑紋。側萼片基部部分合生成頦。

分布

目前僅知分布於台東河谷旁的大樹上，主要附生在茄苳樹中高位樹幹上，喜溫暖潮濕，較充足的光線，約為略遮蔭的環境。

▼ 1.2006 年的呂宋石斛生態。2. 花序自莖側抽出，1 個花序 2 朵花。3. 花不轉位，唇瓣具紫色斑紋。

▲ 1 個花序兩朵花，相互對生。

白石斛 別名：石斛蘭
Dendrobium moniliforme

特徵

莖叢生，外表綠色或黃綠色或紫黑色，莖具莖節，葉二列互生。花序多自落葉的莖側抽出，但並非絕對。一莖可同時抽出多個花序，1 花序花約 1 至 3 朵。花白色、乳黃色、黃綠色、粉紅色或淡紫色。唇瓣基部被毛，並具一圈黃褐色或紫褐色暈。

莖的顏色與花色具相當大的關聯性，粉紅色或淡紫色花均開於莖紫黑色的植株，但莖紫黑色的植株開花不一定是粉紅色或淡紫色。

分布

全島中低海拔山區，新北山區海拔可低至 400 公尺，花東山區海拔可高至近 2,600 公尺。附生位置高低位均有，附生樹種不拘，需空氣富含水氣的環境，東部及東北部較多，中南部僅中海拔霧林帶內有分布。

▼ 1. 光線較弱莖較長，平伸或下垂。2. 果莢，結果率低。
3. 紫色的莖開淡紫色暈的花。4. 花側面。

2

4

琉球石斛 別名：*Dendrobium okinawense*
Dendrobium moniliforme var. *okinawense*

1000-1700m　3-6 月

特徵

與白石斛極相似，僅花較大及花被片較狹長差可分辨，但與白石斛的花具有連續性的中間型，是否僅是白石斛的種內變異還有待進一步釐清。3 月至 6 月為主要花期，10 月至 11 月偶見。

分布

全島中海拔山區，以花東地區為主。

▼ 1. 與白石斛極其相似。2. 花較大及花被片較狹長。

1

2

臘石斛

別名：臘著頦蘭；臘連珠；*Epigeneium nakaharae*

Dendrobium nakaharae

特徵

根莖匍匐，假球莖綠色單列密生，表面油亮皺縮，葉革質，橢圓形至長橢圓形，中肋凹陷，先端微裂，自假球莖頂端生出。花序自假球莖頂端抽出，1 假球莖 1 花序，1 花序單朵花。花萼及側瓣黃棕色，唇瓣紅棕色，全花表面具油亮光澤。主要附生於大樹的高位枝幹，亦有附生於岩石上。

分布

全島原始林中，宿主不分樹種，但海岸山脈的灰背櫟樹上常可見大量族群附生，西部地區常附生於殼斗科樹上，桃園復興山區可見附生於岩石上。喜光線稍多，約為略遮蔭的環境。

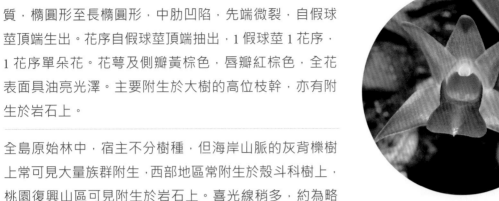

▼ 1. 莖匍匐，假球莖綠色單列密生偶分叉。2. 花序自假球莖頂端抽出，1 個花序單朵花。3.10 月底的果莢。4. 花不轉位。

2

4

台灣石斛

Dendrobium nobile var. *formosanum*

特徵

植株與櫻石斛極度相似，若未開花，不容易辨識。莖叢生，不分枝，具莖節，中後段稍粗大，根系發達，牢牢附生於宿主樹皮上。葉長橢圓形，革質互生，中肋凹陷，具5至7條基出平行脈。花序自莖節處抽出，一莖可抽出數個花序，一莖可分數年抽出花序，1個花序大都為3朵花。花被片基部淺紫色，越向先端越紫。唇瓣基部為頰，綠色，中段呈捲筒狀，先端寬大圓形，中間具深紫色心形圖案。

分布

目前僅知分布於苗栗風美溪流域及新北南勢溪流域。生育環境與櫻石斛相同，附生於溪谷兩旁通風良好的樹上，若無人為採集，甚至連低矮的樹枝上都可見到附生。在南勢溪流域生育地與櫻石斛重疊，若未詳細觀察，容易誤判為櫻石斛。

▲ 花正面，花被片先端圓鈍。

▼ 1. 唇瓣喉部紫黑色。

台灣石斛發表於 1883 年，沒有標本，也沒有野外紀錄。十幾年前，謝東佑博士提起曾在風美溪看過台灣石斛，並留下照片。2012 年，我在南勢溪畔的原住民住宅院子看到櫻石斛旁邊有一叢台灣石斛，當時我不了解台灣石斛，竟將其誤認為金釵石斛。後來我在原生地看到天然植株，再回該原住民家中，才確認院子樹上的蘭花竟然是極稀有的台灣石斛，原來是附近的原住民在南勢溪畔採給他種的，當地原住民都認為是櫻石斛。

台灣石斛與金釵石斛 *Dendrobium nobile* 外形極度相似。最大的差別是台灣石斛唇瓣先端圓鈍，而金釵石斛唇瓣先端具尾尖，一眼即可看出其差異。

▼ 2. 生態環境。3. 民宅所種台灣石斛，可惜樹已毀，美景不在。4. 金釵石斛唇瓣及花被先端具尾尖，與台灣石斛有別。5. 莖基部相連。

3

5

世富暫花蘭

別名：*Flickingeria parietiformis*；*Flickingeria shihfuana*

Dendrobium parietiforme

1000-2000m5-9月

特徵

莖細長下垂，具分枝。假球莖生於莖頂，葉及開花點生於假球莖頂，開花點位於葉基後方較多，葉基前方亦有，但較少見。開花點具數個花序，分次開花，一次 1 朵。花為白色，唇瓣較寬大可與尖葉暫花蘭及淺黃暫花蘭區別，單朵花壽命僅 1 天。

分布

僅有一次發現紀錄，據說是在屏東小鬼湖附近一截斷枝上所發現，該斷枝是工人或獵人在野外帶回工寮準備做為升火燃料之用，植株由黃世富先生攜回培養，開花後由林讚標教授發表為世富暫花蘭。

田野筆記

我曾於 2011 年 12 月上旬深入雙鬼湖山區探訪，期望看到傳說中的世富暫花蘭，8 天行程雖然收穫滿滿，但仍沒能找到，頗為可惜。當時走的是傳統路線，八八風災後，雙鬼湖的傳統路線崩塌嚴重，整個山頭走山移位，在多納林道近登山口及歡喜山附近吃足了苦頭，我想這條路線現在大概沒人走了吧。

▼ 1. 花側面，開花點的花序分次開花。2. 開花點位於葉基前方的植株。裂果內可見種子細長。
3. 莖細長下垂，假球莖疏生於莖節或莖頂，葉生於假球莖頂。4. 距圓形。

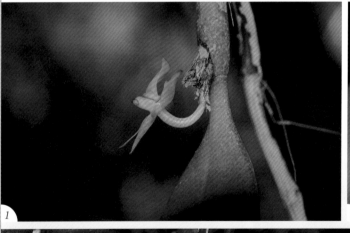

小攀龍

別名：*Dendrobium fargesii*；著頦蘭；三星石斛；
Epigeneium fargesii

Dendrobium sanseiense

  800-2200m 5-6月

特徵

根莖匍匐，假球莖深褐色單列密生，花序自假球莖頂端抽出，1 個花序單朵花，花白色，萼片及側瓣具紫紅色縱向條紋。附生在高大樹木的高位樹幹或附生在大岩壁上，台東東向山坡可見附生在較低矮的樹幹上。

分布

全島未經開發的區域，常長在陽光及水氣充足的地方，如河谷中央的大石頭或河谷旁的大岩壁上，霧林帶的原始林大樹上及岩壁上也有不少，附生樹種不限。但北部地區以大樹為主，海拔稍高處常可見鐵杉樹上高處滿布小攀龍的植株，較低矮的樹幹上則無。南部原始林中則可在低矮的樹幹上看到非常大的族群。何以南北有別，可能是南部陽光直射時間較久，日照較充足，所以小攀龍在遮蔭處就可獲得所需的光線，而北部相對的日照較弱，就需要長在較高的樹上以獲取較多的日照，在全日照的岩石上也長得很好。

野筆記

我曾於 2015 年元月參加學界植物探勘隊，經北大武山稜線轉東下把宇森山，再經太麻里溪出太麻里，在途中稜線上看到無數樹木的低矮處長滿了小攀龍。我之前不知道小攀龍的數量如此之多，附生位置可到如此低矮。2010 年前後，陳金琪先生傳來消息，在羅葉尾溪的一個西向岩壁上長滿了小攀龍。我於 2011 年及 2012 年先後前往賞花，記錄到盛花的景象，一個岩壁開滿了數千朵的花。可惜不久之後，小攀龍因為乾旱缺水而整片崩落，當年盛況已不復見。

▼ 1. 莖匍匐，假球莖深褐色單列密生。2. 9 月下旬果莢。3. 花序自假球莖頂端抽出，1 個花序單朵花。4. 霧林帶可見大片附生於岩壁上。

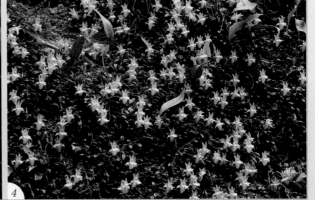

小雙花石斛

Dendrobium somae

特徵

莖綠色叢生，莖細長，具莖節，不分枝，但莖側具萌櫱新芽行無性生殖的功能。葉生於莖節上。花序自莖側邊抽出，1 花序 2 朵花。花淡黃色，花被不具長尾尖。側萼片基部不完全合生，未完全包覆距。唇盤被毛較疏較短。單朵花壽命為 1 天。小雙花石斛與雙花石斛未開花時可靠莖的顏色分辨，小雙花石斛莖為綠色，雙花石斛莖為黑褐色。

分布

花蓮及台東低海拔山區，附生於溪谷兩側或溪中巨石或岩壁上，亦見附生於富含水氣的迎風坡樹木上或生於地上，翡翠水庫上游也曾發現，光線約為略遮蔭的環境。

▲ 整個族群開花同為一天或連續兩天。

▼ 1. 莖叢生，未開花時與雙花石斛很難分辨。2. 果莢。3. 莖近尾端可萌櫱新芽行無性生殖。4. 莖下半部黃褐

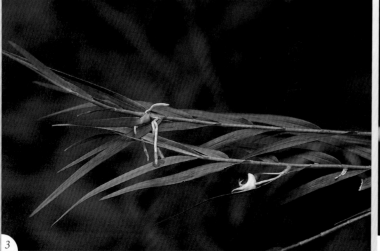

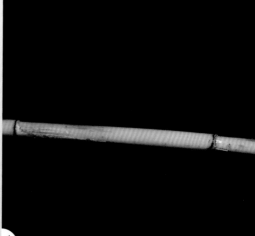

淺黃暫花蘭
Dendrobium xantholeucum

特徵

莖叢生，多分枝，分枝頂端生出膨大的假球莖。葉生於假球莖頂端，葉革質長橢圓形，中肋凹陷。開花點在假球莖頂端葉背基部前後方，一開花點大都具 1 個花序，少部分具 2 個花序，1 花序一次開 1 朵花。花黃綠色。唇瓣三裂，中裂片再二裂，單朵花壽命僅 1 天。和尖葉暫花蘭唇瓣花瓣化明顯有別。

分布

目前僅知分布於恆春半島塔瓦溪河谷旁的岩壁上，僅發現 1 個族群，但該岩壁被洪水沖毀，已無原生植株存在。我和多名花友曾多次分別前往生育地附近做地毯式搜索，期能找到第 2 個族群，可惜均未如願。

▲ 花正面，花黃綠色，唇瓣三裂。

田野筆記

淺黃暫花蘭可能是呂順泉先生首先發現，後由許天銓先生及鐘詩文博士等人於 2012 年發表於 *Taiwania*。

▼ 1. 莖叢生直立多分枝，分枝頂端膨大為假球莖，單葉生於假球莖頂端。2. 花側面，右方假球莖開花點具 2 個未開花的花序。3. 花苞。

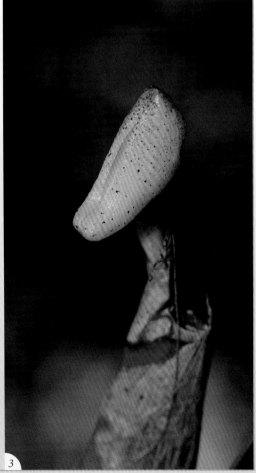

尖葉暫花蘭 別名：輻射暫花蘭；*Flickingeria tairukounia*
Dendrobium xantholeucum var. *tairukounium*

特徵

莖叢生直立或下垂，多分枝，莖節或頂端生出假球莖，葉生於假球莖頂端，葉革質，中肋凹陷。假球莖及葉與淺黃暫花蘭外表相似。開花點在假球莖頂端葉背基部，一開花點大都僅 1 個花序，少部分具 2 個花序，1 個花序一次僅開 1 朵花。花黃綠色，花有時閉鎖，有時全展。唇瓣花瓣化，與側瓣相似，此特徵與淺黃暫花蘭唇瓣三裂有明顯區別。單朵花壽命僅 1 天。

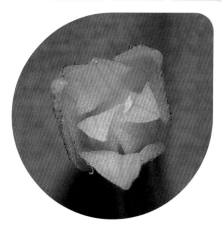

▲ 花瓣全展的花，可見唇瓣花瓣化。

分布

花蓮、台東、屏東南部低海拔山區，恆春半島也有分布。

田野筆記

2002 年大旱，連石門水庫都創下蓄水以來的最低水位，造成花蓮的尖葉暫花蘭大量自樹幹上掉落，族群所剩無幾。不過掉落的植株若位於光線較適合其生存之處，在地上也能生長得很好。

▼ 1. 若地上環境許可，亦可生長良好。2. 1 個開花點具 2 個花序的植株。3. 閉鎖或半閉鎖花。4. 生態環境。5. 果莢。

穗花蘭屬 / *Dendrochilum*

本屬台灣僅 1 種黃穗蘭。《台灣蘭科植物圖譜》將黃穗蘭歸在貝母蘭屬 *Coelogyne*，本書仍將黃穗蘭歸在穗花蘭屬。

黃穗蘭 別名：穗花蘭，*Dendrochilum formosanum*；*Coelogyne uncata*
Dendrochilum uncatum

1000m 以下　10-11 月

特徵

假球莖長圓錐狀，密生成叢，新植株自成熟假球莖基部側邊生出。1 假球莖生 1 葉，葉長橢圓形，初生時成捲筒狀。花序自捲筒狀葉中心抽出，花序下垂，花鮮黃色不轉位，二列互生，苞片包覆子房周圍，花開後假球莖才漸次抽長及膨大。

分布

蘭嶼及恆春半島北端，蘭嶼的生育地大都在迎風山坡或溪谷的大樹上，恆春半島的生育地大都在稜線的大樹上，光線均為半透光至略遮蔭的環境。

▲ 訪花者。

▼ 1. 一花序一葉自舊植株旁長出，此時假球莖尚未長大，開花後假球莖才漸次長大。
2. 生態環境。3. 花二列互生，花鮮黃色不轉位。4. 4 月中旬的果莢，圓球形。

2

3　4

錨柱蘭屬 / Didymoplexiella

錨柱蘭屬是真菌異營的物種，僅開花時才冒出地表，結果率又不高，因此較難發現。台灣僅 1 種。

錨柱蘭
Didymoplexiella siamensis

特徵

花序梗黑褐色，自地面抽出，不分枝，不被毛。花生於花序頂端，在花季期間由下至上依序開放，一次同時存在的花最多為 3 朵，單朵花壽僅為 2 天左右。花謝時並不乾枯，而是整朵直接掉落，因此拍照時，切記不要碰觸植物本體，以免花不新鮮時會掉落。萼片外側具疣狀物，上萼片與側瓣約二分之一合生成罩狀。側萼片下緣約二分之一合生，上緣基部與側瓣小部分合生。唇瓣帶藍紫暈，較小且薄，兩側翼狀下垂或向前伸，先端呈半圓球形凸起。最大特徵為蕊柱兩側具附屬物，附屬物向下彎曲如船錨，應為名稱的由來。

▲ 花側面。

分布

目前已知分布地區是恆春半島、新北三峽及烏來、桃園復興。我曾在宜蘭發現另一族群，依宜蘭的生育環境推測，花東沿海應該還有許多未被發現的生育地。

田野筆記

我觀察錨柱蘭不下 20 次，未曾見過結果，推測錨柱蘭的結果率很低。
地下莖狀似蚯蚓狀，2016 年 4 月 28 日我和科博館的一位學者到新北某個據點找錨柱蘭，該學者因為研究需要採了一棵活體，我才有機會看到錨柱蘭的地下莖。

▼ 1. 無葉綠素，花序直接從地下莖抽出。2. 花正面，唇瓣兩側翼狀下垂或向前伸，先端呈半圓球形凸起。3. 蕊柱兩側具附屬物，狀如船錨。4. 側萼片約二分之一合生。5. 錨柱蘭的地下莖。

鬼蘭屬的各物種均為真菌異營植物，台灣目前有 4 個物種，外形均十分相似，因此早年只有吊鐘鬼蘭的紀錄。其中小鬼蘭外形較特殊，於 2007 年由許天銓先生及鐘詩文博士在 *Taiwania* 期刊上發表。其他 3 種外形相似度極高，僅有些微特徵不同。早年沒有人留意其差異，因此南投鬼蘭和蘭嶼鬼蘭至近年才被分類學者發表或報導為不同變種。

小鬼蘭
Didymoplexis micradenia

400m 以下　3-6 月

特徵

顧名思義，小鬼蘭花形較小，可與其他種鬼蘭明顯區隔。花序自地下莖頂抽出，不分枝，花多朵，由下往上漸次開放，每次僅見 1 至 2 朵花盛開。唇盤密被黃褐色肉凸，萼片及側瓣外側具疣狀物，上萼片與側瓣約過半合生，側萼片下緣亦過半合生，側萼片上緣與側瓣僅有少部分合生。除花個體小之外，唇瓣邊緣具粗鋸齒緣，與本屬其他種鬼蘭唇瓣均為全緣不同。果梗於果莢成熟時抽長。

分布

分布於南投、高雄、屏東、台東及蘭嶼，生於竹林或闊葉林下，約為半透光至略遮蔭的環境。

▲ 唇盤密被黃褐色肉凸。

▼ 1. 生態環境。2. 上萼片與側瓣約過半合生，側萼片上緣與側瓣僅有少部分合生。3. 花側面。
4. 側萼片下緣過半合生。5. 果莢，成熟期約 1 個月，種子細長棉絮狀。

2

4

5

吊鐘鬼蘭 別名:鬼蘭

Didymoplexis pallens

特徵

於梅雨季開始下雨數天後,花序自地下莖頂端抽出,花序梗光滑不具疣狀物。花自下端漸次往上開,分次開花,每次可開 1 至 3 朵花,單朵花壽僅 1 天。花白色。唇瓣上凹成 U 字形,僅唇瓣中央具黃色肉凸。萼片外側具稀疏疣狀物,上萼片與側瓣約過半合生,側萼片下緣亦過半合生,側萼片上緣與側瓣僅有少部分合生。果梗於果莢成熟時抽長。

吊鐘鬼蘭、南投鬼蘭、蘭嶼鬼蘭 3 種不同特徵,請見南投鬼蘭最後的說明。

▲ 花白色,僅唇瓣中央具黃色肉凸

分布

分布於南部及恆春半島闊葉林或竹林下,淺草區亦可見,略遮蔭至全日照的環境。

▼ 1. 生態環境。2. 上萼片與側瓣約過半合生,側萼片上緣與側瓣僅有少部分合生。3. 上萼片與側瓣約過半合生 (花背面看)。4. 根生於地下莖與花序柄抽出處。5. 果莢,果柄無疣狀物。

南投鬼蘭

Didymoplexis pallens var. *nantouensis*

400-700m　4-6月

特徵

花序梗自地下莖頂端抽出，花序梗基部長根，花序梗平滑無疣狀物。花自下端漸次往上開，每次僅開 1 朵，花壽僅 1 天。花白色，唇瓣上凹成 U 字形，唇盤滿布黃色肉凸，側瓣內側具小面積的不規則黃色肉凸。萼片外側具稀疏疣狀物，上萼片與側瓣約過半合生，側萼片下緣亦過半合生，側萼片上緣與側瓣僅有少部分合生。果梗於果莢成熟時抽長。

分布

目前僅知分布於南投低海拔山區，乾濕季分明，半透光至略遮蔭的環境。

▲ 側萼片下緣合生過半。

田野筆記

南投鬼蘭唇盤滿布黃色肉凸，側瓣內側具小面積的不規則黃色肉凸；吊鐘鬼蘭則僅唇瓣中央具黃色肉凸，側瓣內側不具黃色肉凸，兩者不同。吊鐘鬼蘭及南投鬼蘭花序梗光滑無疣狀物，蘭嶼鬼蘭花序梗具疣狀物，可資分辨。

▼ 1. 側萼片上緣與側瓣下緣僅少部分合生。2. 上萼片與側瓣過半合生。3. 側瓣內側具小面積的不規則黃色肉凸。4. 萼片外側稀被疣狀物。5. 果柄無疣狀物。

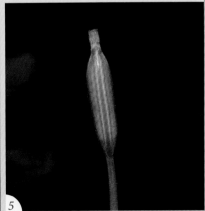

蘭嶼鬼蘭
Didymoplexis sp.

特徵

本種最大的特徵在花序梗表面密被疣狀物，與吊鐘鬼蘭及南投鬼蘭花序梗不具疣狀物可資分別。

分布

目前僅知分布於蘭嶼原始林下，溫暖濕潤的氣候，半透光的環境。

  200-400m 4-6月

▼ 1. 果莢生態環境。2. 果莢表面及果柄具疣狀物。3. 種子細長棉絮狀。

▲ 剛抽出地表的花序，果梗及花苞片表面具疣狀物。

蛇舌蘭屬（黃吊蘭屬）/ *Diploprora*

本屬花的唇瓣先端二叉狀，似毒蛇吐信，為其中文屬名的由來。一般認為本屬只有 1 種，但仔細觀察可發現北部的物種和南投及恆春半島的物種有一些差異，應紹舜老師的《台灣蘭科植物彩色圖誌第一卷》將本屬分為 2 種，倒垂蘭和烏來倒垂蘭。本屬果莢內含種子及絲狀物，種子飄散後絲狀物會宿存。

黃吊蘭 別名：倒垂蘭

Diploprora championii

特徵
莖懸垂。具莖節，葉自莖節長出，長橢圓形二列互生，葉尖微二裂。花序自莖側方抽出，花序不被毛，不分枝，花疏生，黃色。唇瓣內面兩側各具有 3 條紅色斜橫紋，唇瓣中間具有倒八字形粉紅色斜紋。唇瓣先端的蛇舌二叉狀裂片變化甚大，有時完全退化，有時退化成 1 條，有時並不退化，但均甚早就枯萎。

分布
台灣中南部及恆春半島，中南部通常是乾濕季分明的氣候區，冬季乾燥氣候不利黃吊蘭的生長，所以黃吊蘭生長在山區小溪谷旁的樹上，小溪谷中空氣富含水氣，能在乾旱季節提供所需水氣。恆春半島則長在迎風坡的樹上，亦是較為濕潤的環境。光線為半透光至略遮蔭。

▲ 唇瓣內面兩側具有紅色斑紋，唇瓣中間具有反八字形紅色斜紋，唇瓣尾端二裂片不等長之個體。

田野筆記
目前蘭花界普遍認為烏來黃吊蘭即是黃吊蘭，但實際上黃吊蘭及烏來黃吊蘭確實有明顯差異。黃吊蘭附生於樹上或岩石上，少數能長在土石坡上，較常見的附生樹種是水同木。

▼ 1. 生態環境。2. 唇瓣尾端二裂片退化成一條之個體。3. 葉尖二淺裂，約略等長。4. 裂開果莢，只剩絲狀物，種子已全數飄散。

烏來黃吊蘭 別名：烏來倒垂蘭

Diploprora championii var. *uraiensis*

特徵
植株形態與黃吊蘭完全相同，僅花的唇瓣略有差異，唇瓣腹面具黃色斑塊及 2 條從基部向下弧狀延伸的稜脊。唇瓣先端的蛇舌二叉狀裂片完整不退化，也無早枯的現象。

分布
台灣北部及東部，包括新北、桃竹苗及宜蘭低海拔乾濕季不明顯的區域，光線為半透光的環境。

▼ 1. 花序不分枝，總狀花序疏生。2. 葉鐮形，略歪基，先端二淺裂，略不等長。3. 唇瓣先端蛇舌狀之二裂片，均等長且無早枯的現象。4. 11 月初果莢。

▲ 唇瓣腹面具黃色斑塊，及 2 條從基部向下弧狀延伸的稜脊。

本屬台灣僅 1 種。

蘭嶼草蘭 別名：雙袋蘭

Disperis neilgherrensis

400m 以下　7-11 月

特徵 莖肉質，具多條縱稜。葉無柄，基部心形抱莖，葉 1 至 3 枚。花序頂生，單株花 1 至 3 朵。上半部為側瓣與上萼片，兩者貼合成盔狀，盔內如 T 字狀物體是唇瓣及蕊柱，T 字的橫向構造是唇瓣，豎直構造是蕊柱，蕊柱兩旁的黃色塊狀物是花粉塊。下半部看起來有如唇瓣二裂，其實是側萼片下緣一半合生。

分布 僅分布於蘭嶼及恆春半島東部臨太平洋區域。

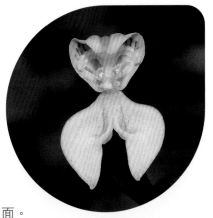

▼ 1. 生態環境。2. 葉 2 至 3 枚，葉基心形抱莖。3. 幼果果莢。4. 花側面。

樹蘭屬 / *Epidendrum*

台灣本無樹蘭屬的分布，是園藝栽培種外逸馴化的品種。

雜交樹蘭
Epidendrum × *obrienianum*

  700-1500m 2-6月

特徵

外形變化甚多，開花植株可達成人的高度，花紅色或紫色。

分布

雲林及嘉義山坡廢耕地，全日照芒草叢中及廢耕地邊坡。

▼ 1. 生態環境。2. 某一馴化品種。3. 果莢裂開種子短期即掉落完畢，果皮上還有一粒種子。4. 雜交樹蘭已成功馴化結果。

鈴蘭屬（火燒蘭屬）/ *Epipactis*

莖直立，葉片似百合科植物，高可達 50 公分以上，開花時苞片甚長，花相對很小，看起來相當不起眼，所以早期並未引起採蘭人的興趣。但近年情況改變，尤其是火燒蘭，因為族群少，物以稀為貴，往往一個生育地被發現傳出去後，不久就被採走了，族群正在快速減少中。

火燒蘭 別名：余氏鈴蘭 *Epipactis fascicularis*
Epipactis helleborine

1900-2400m　6-9月

特徵 外形與台灣鈴蘭相近，區別在葉較寬，花較密較多，花的唇瓣帶紫暈且較開展，開花時可見柱頭附近滿布花粉小塊，可能具自花授粉的功能。

分布 台中、南投及花蓮山區，生長在疏林下或公路兩旁光線偏強的區域，可適應全日照的環境。

田野筆記 火燒蘭通常花期比台灣鈴蘭為早，花期甚長。2021 年 9 月底仍有開花紀錄，是少數個體的現象或是氣候的影響，還有待後續觀察。

2013 年 6 月底，蔡錫麒先生告訴我在台中山區看到台灣鈴蘭開花，我回答台灣鈴蘭不可能那麼早開花，極可能是新種或新紀錄種。我和沈伯能先生在蔡先生的帶領下，於 7 月 1 日赴生育地看到了本種蘭花，當場就確定與台灣鈴蘭是不同種。在蔡先生授意下，採了一份標本交給林讚標教授，林教授表示最好能再採一份台灣鈴蘭的標本做為比對，但當年因氣候因素，未能採到台灣鈴蘭標本。直到 2015 年 8 月初才採得標本。林教授於 2015 年 12 月 15 日出版的 *Taiwania* 發表為 *Epipactis fascicularis* 余氏鈴蘭。發表前林教授有告訴我，要以我的姓氏命名，但我表明非我所發現，無法承受之意，但正式發表時仍以本人姓氏做為中文名的種小名，讓我深感不妥。

▼ 1. 生態環境。2. 花序長，花密生。3. 花側面。4. 葉片橢圓形，較台灣鈴蘭為寬。

台灣鈴蘭

Epipactis ohwii

  2200-3000m 7-8月

特徵 葉冬枯，約於梅雨季過後，植株始抽出地表，葉長橢圓形，葉基抱莖，花序頂生無分枝，花序梗密被細毛，外形與火燒蘭相似，最大的不同在於花綠色無紫暈，且花半閉合不甚開展，葉及苞片較窄，花較疏較少。

分布 分布在台中、南投山區，生育地為原始林破空的林下、道路邊或森林防火巷，常伴生芒草，略遮蔭環境。

▼ 1. 生態環境。2. 葉長橢圓形，較火燒蘭為窄。3. 花側面。4. 8 月下旬果莢。

▲ 花綠色，無紫暈，無外露花粉小塊。

上鬚蘭屬 / *Epipogium*

上鬚蘭屬拉丁文 *Epipogium* 為「上方有鬍鬚」之意，因為本屬最先被發現的是無葉上鬚蘭，而無葉上鬚蘭唇瓣被毛花不轉位，唇瓣位於花的上方，但本屬的其他物種並非全部唇瓣被毛花不轉位，即便是無葉上鬚蘭也偶見花轉位。果莢成熟需大約 2 個月，種子細小砂粒狀。

泛亞上鬚蘭、墾丁上鬚蘭、間型上鬚蘭等 3 種蘭花，外表十分相似，且外部特徵又具有連續性的中間型變化，內部特徵則需靠解剖分解才能辨識，不是一般人所能及所需，也不是生態觀察的範圍，所以在此不多論述，需要更進一步了解的讀者，請參考林讚標教授所著 *The Orchid Flora of Taiwan* 或《台灣蘭科植物圖譜》。

無葉上鬚蘭
Epipogium aphyllum

  2800-3500m 8-10 月

特徵

花序僅 10 餘公分，圓柱形無毛，花 1 至 5 朵。花淡黃色被紫色斑點，唇瓣紫斑尤為密集。花不轉位，唇瓣斜向上伸展，唇盤表面密被肉質粒狀凸起物。距尾端圓鈍微向前彎曲。

分布

目前已知分布於合歡山區、奇萊山區、南湖山區、雪山山區、畢祿山區，生於高海拔針葉林下，約半透光的環境，與苔蘚及雜草伴生，不易發現，是近年發表的稀有物種，但隨著山林開放及登山活動日益普及，應陸續會有新分布點被發現。

▲ 唇瓣先端三角形，唇腹面具紫色不規則凸起物。

田野筆記

無葉上鬚蘭在生育地開花時間及開花地點均不確定，有時隔許多年才開花，有時連續幾年開花，有時不同時間開花，有時地點相隔數百公尺，令人捉摸不定，在歐美有「鬼蘭」之稱，相同的情形亦發生在台灣上鬚蘭的身上。無葉上鬚蘭並非全然花不轉位，我曾於奇萊山區見過花轉位的無葉上鬚蘭，該株花共有 2 朵，1 朵轉位，另 1 朵不轉位。

無葉上鬚蘭是鐘詩文博士首先於合歡山區發現。

▼ 1. 生態環境。2. 花序側面，距在上方，花不轉位。
　 3. 偶見花轉位的無葉上鬚蘭。

日本上鬚蘭
Epipogium japonicum

特徵

花序高可達 20 餘公分，花序梗光滑無毛，具紫色縱向細紋。花數可達 10 餘朵。花黃褐色，轉位，全花被暗紫色斑點，距與唇瓣約略等長，先向下伸展，然後弧形向前彎曲。果莢成熟期約 1 個多月。

分布

中央山脈中段、南段及阿里山區均有發現紀錄，地點極為零星，生於闊葉林或闊針葉混合林下，生育地均為中海拔霧林帶空氣濕度高的區域，約為半透光的環境。

▲ 花轉位，唇瓣腹面具紫色斑紋

▼ 1. 生態環境。2. 花被黃褐色，具紫色斑點，距向前方弧狀彎曲。3. 花謝後約一個半月果熟爆開。4. 種子砂粒狀，極小。

1

2

3

4

墾丁上鬚蘭

Epipogium kentingense

特徵

花序短，花序梗表面無毛，具紫色縱向細紋。花數少，外表密被紫色斑點，花轉位，唇瓣向後反捲，開花時花被片較展開。距橢圓球形。

分布

零星分布於屏東、南投、新竹等地，約為半透光的環境。

田野筆記

《台灣蘭科植物圖譜》指出，墾丁上鬚蘭具喙，蕊柱較長，花藥與蕊柱的連結穩固，是異花授粉的物種。

▼ 1. 花側面。2. 花柄與花序軸略成直角。3. 生態環境。

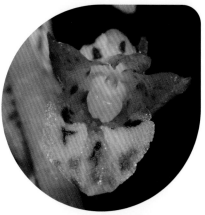

▲ 花正面，蕊柱較長。

間型上鬚蘭
Epipogium × *meridianum*

  700-1200m 3-4月

 特徵　據推測是泛亞上鬚蘭與墾丁上鬚蘭的雜交種。花序長，花數多，外表密被紫色斑點，花下垂，唇瓣先端略向後反折。開花時花被片僅半展。

 分布　與墾丁上鬚蘭生育地重疊，零星分布於屏東、南投、新竹等地。

田野筆記　《台灣蘭科植物圖譜》指出，間型上鬚蘭蕊柱短，不具喙，有藥床構造，花藥是透過長的柄連結到蕊柱上，是傾向自交的物種。

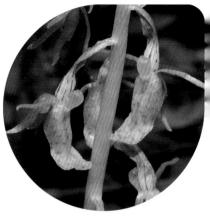

▼ 1. 花序軸密集多花。2. 訪花者。3. 生態環境。　　　　▲ 唇瓣先端向後橫向反折。

1

2

3

泛亞上鬚蘭
Epipogium roseum

特徵

全株白色不被紫色斑點，地下莖球形，具密集橫紋莖節，偶可見天然露頭。花序高 20 至 50 公分，花序軸密集多花，花約數十朵。花下垂，花被大部分不甚開展，偶可見較開展的花朵，唇瓣不反折。

分布

台灣全島及蘭嶼低海拔地區闊葉林或竹林下，半透光環境。

田野筆記

《台灣蘭科植物圖譜》指出，泛亞上鬚蘭蕊柱短，不具喙，花藥是透過一條窄而短的帶子長在蕊柱上，沒有藥床，花粉塊容易因觸動而掉落到柱頭上，是傾向自交的物種。

南台灣花期自每年 3 月開始，台灣北端花期可至 7 月，果莢成熟期約為 1 個月，有時花被尚未萎凋果莢已成熟爆開。

▲ 花正面，少數花被展開的花。

▼ 1.生態環境。2.花密生，花數多。
 3.花淡黃色，無紫斑，多數半展。
 4.5 月底爆開的果莢，種子細小。
 5. 地下塊莖。

2

4

5

台灣上鬚蘭
Epipogium taiwanense

1200-2000m　8-10月

特徵
植物體生於地下，具塊狀根莖，開花時始冒出地面，花序高可達 30 公分，花數可達 10 餘朵。花序梗淡黃色，無斑點。花白色，不轉位。唇瓣具紫色斑點，距細長，向上伸展後再向前彎曲，距末端微二岔。

分布
目前僅知分布於新北烏來及新竹尖石後山地區，生於霧林帶原始林下雜草稀疏的地上，生育地水氣充足乾濕季不明顯，半透光至略透光的環境。

▲ 花不轉位，距朝上伸展，末端二叉。偶見花粉小塊外露。

田野筆記
本種是陳逸忠先生於 1995 年 9 月 4 日在北部福巴越嶺路海拔 1,200 公尺至 1,400 公尺的闊葉林下所發現，當時因為花不轉位被鑑定為無葉上鬚蘭，之後陸續有人在其他地區發現，但都被鑑定為無葉上鬚蘭。直至 2012 年 9 月 18 日，我根據網路上的資料在新竹尖石山區找到並拍攝照片，後經許天銓先生鑑定為新種，發表為台灣上鬚蘭。在我拍攝照片迄許天銓先生鑑定為台灣上鬚蘭期間，因照片轉載或授權而造成的錯誤，在此特致十二萬分的歉意。

▼ 1. 生態環境。2. 地下根莖露頭，長出奇怪葉片。
3. 花側面。4. 果莢成熟前即垂頭向下生長。

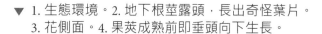

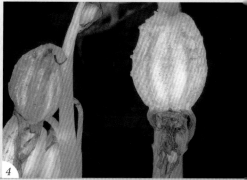

絨蘭屬 / *Eria*

本屬經重新分類，將原有屬下的細花絨蘭 *Eria robusta* 歸在氣穗蘭屬 *Aeridostachya* 之下，原有的大腳筒蘭、小腳筒蘭、樹絨蘭、高山絨蘭歸在蘋蘭屬 *Pinalia* 之下，本屬只剩黃絨蘭、香港絨蘭、大葉絨蘭等 3 種。

黃絨蘭 別名：*Eria scabrilinguis*；半柱毛蘭
Eria corneri

特徵

假球莖簇生，新芽於成熟株基部側邊抽出，葉 2 片生於假球莖頂端。花序則於新芽假球莖上方 2 葉片基部旁邊抽出，花序不被毛，花約 10 至 30 朵，淡黃色，花不轉位。唇瓣密被紫色肉質排狀凸刺，結果後，果莢都向上方翹起。葉片於開花後第 3 年乾枯，一假球莖一生僅能開花結果 1 次。植株與大葉絨蘭近似，唯假球莖相差甚多。黃絨蘭假球莖四角形柱狀，外側具 4 條縱稜。大葉絨蘭假球莖則為長卵球形，外側不具縱稜。

分布

全島低海拔區域均有分布，生於闊葉林下或竹林下，耐濕亦耐旱，光線為半透光至遮蔭較多的環境。

▲ 淡黃色，花不轉位，唇瓣密被紫色肉質排狀凸刺。

▼ 1. 生態環境。2. 葉片及花序自假球莖頂端抽出。3. 結果後，果莢都向上方翹起。4. 果莢約於 4 月成熟爆開。5. 種子。

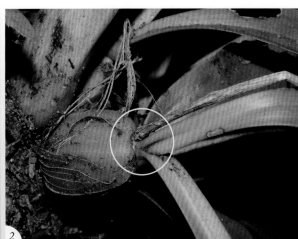

2

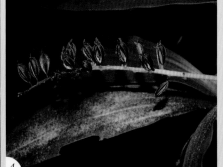

4

5

香港絨蘭
別名：*Eria herklotsii*

Eria gagnepainii

特徵

根莖匍匐附生於宿主表面，根莖粗壯，假球莖生於根莖末端，細圓柱狀，基部具粗大的氣生根，頂生 2 片長卵形革質葉片。花序自兩葉片中抽出，花序梗、萼片、子房均不被毛，1 個花序約 5 至 10 朵花。花被片不甚展開，淺黃色，萼片外側被紫色不規則斑塊，萼片內側及側瓣內側具 5 條縱向細紋。

分布

目前僅知分布於台東知本見晴山區，唯一的採集紀錄是生長於闊葉林內的筆筒樹上，之後再無發現紀錄。

田野筆記

我曾至香港絨蘭的發現地點找尋，但終究無功而返，書中照片是我在某研究中心所拍攝，就是採自知本見晴山區母本所生的後代。

▼ 1. 花淺黃色，萼片內側及側瓣內側具 5 條縱細紋。2. 萼片外側被紫色不規則斑塊。3. 假球莖細圓柱狀於莖節抽出。4. 假球莖頂具 2 片長卵形革質葉片。

大葉絨蘭 別名：香花毛蘭

Eria javanica

特徵

根莖匍匐生於地表或樹幹或岩石表面的腐葉層中。假球莖生於根莖頂端，基部生出根系。假球莖長卵球形，葉長卵形，葉基部具關節。花序則於假球莖頂側邊抽出，花序軸、子房、苞片內外側、萼片外側被黑褐色毛，花序可達 30 公分，花數多者可達 30 餘朵。花淡黃色，具香味，萼片內側及側瓣內側具 5 條縱向細紋，花被片細長，苞片於花開後漸次枯萎掉落。

分布

目前僅知分布於南投及台東低海拔區域，分布於闊葉林下，光線為半透光至略遮蔭的環境。

▼ 1. 生態環境。2. 花序軸、子房、苞片內外側、萼片外側被黑褐色毛。3. 花淡黃色，萼片內側及側瓣內側具 5 條縱細紋，花被片細長。4. 假球莖不具縱稜，花序於假球莖頂側邊抽出。

2

4

小唇蘭屬 / *Erythrodes*

具匍匐根莖，莖自匍匐根莖延伸向上生長，花序頂生，台灣本島與蘭嶼分別有不同物種，植株的差別不大，不同之處在花的構造。

小唇蘭 別名：鉗喙蘭；密花小唇蘭 *Erythrodes aggregatus*
Erythrodes chinensis

特徵

根莖匍匐生於地表或腐葉層中，先端向上生長，葉 3 至 5 枚左右生於基部，葉歪基橢圓形，具 3 條下凹基出主脈。單一花序頂生，長可達約 30 公分。花序梗、苞片外側、子房、萼片外側均密被毛，苞片於果莢成熟爆開後仍然宿存。花疏生細小，紅褐色，唇瓣白色，距末端明顯二叉狀，側瓣生於上萼片之下，與上萼片成罩狀，若無細看，無法查覺側瓣的存在。

▲ 花側面。

分布

台灣各地普遍分布，生於闊葉林下、林緣或竹林下，步道旁也常見，耐旱也耐濕，農地廢棄數年後即可長出新族群，是蘭科植物的先趨物種，光線約為半透光至略遮蔭的環境。

▼ 1. 花序。

田野筆記

根據《台灣蘭科植物圖譜》，密花小唇蘭 *Erythrodes aggregatus* 標本是林維明先生於 2009 年 5 月採自高雄山區，據說是採回植株於平地種植，於當年 7 月開花。當年由林讚標教授與林維明先生共同於 *Taiwania* 發表。

野生的蘭科植物採回種植，因為生長環境不同及可能接觸到人工化合物，如化學肥料與除草劑等，常會產生變異，其中一例可參考紫葉旗唇蘭的說明。本例是採回植株後人工種植，開花期在 7 月，並不是小唇蘭的正常花期，不排除是因人為干涉所產生的變異。野生蘭常有移植後會在短期內開花的情形，四季蘭就是最佳例子，所以花期不同也不能做為參考。我曾於花季（7 月）前往傳說中的產地找尋，並未找到開花的密花小唇蘭。還有蘭花受日照多寡也會影響花莖的長短，如鶴頂蘭及長葉杜鵑蘭。又，《台灣蘭科植物圖譜》有提到自發表後未聞有人再發現過，因此本種極可能是人為干預所產生的變異。基於上述原因，我認為密花小唇蘭只是人為干擾所產生的變異，不能視為獨立物種，因此本書將密花小唇蘭列為小唇蘭的種內變異，其名稱列為小唇蘭的別名。

▼ 2. 花正面。3. 葉片。4. 4 月中旬果莢成熟裂開，種子細長。

三藥細筆蘭

Erythrodes triantherae var. *triantherae*

特徵

植株及花序外觀與小唇蘭十分相近,據文獻記載其最重要特徵是具有 2 至 3 枚可孕雄蕊,但我並未做植物體的解剖,沒有雄蕊的圖像。除雄蕊外,距亦可與小唇蘭加以區別。相對於小唇蘭,本種距較短,且距的末端圓鈍,僅稍有凹陷,而小唇蘭的距較長,距末端明顯二叉狀。

分布

目前僅知分布於蘭嶼,生於熱帶雨林闊葉林下,終年高溫多雨,光線約為半透光至略遮蔭的環境。

▲ 距較短,且距的末端圓鈍,僅稍有凹陷。

▼ 1. 生態環境。2. 偶可見花被片不展開的閉鎖花。3. 未熟果。4. 葉片與小唇蘭外形相似。

1

2

3

4

無距細筆蘭

Erythrodes triantherae var. ecalcarata

特徵 植株與三藥細筆蘭幾無分別，僅無距可與三藥細筆蘭區分。相對於小唇蘭及三藥細筆蘭，小唇蘭末端明顯二叉狀，三藥細筆蘭的距末端僅唯有凹陷，無距細筆蘭花基部無距，僅呈淺囊狀。

分布 目前僅知分布於蘭嶼熱帶雨林下。

日野筆記 本種是許天銓先生等人於 2016 年在蘭嶼發現，發表文獻為《台灣原生植物全圖鑑第二卷》第 31 頁。

▼ 1. 生態環境（許天銓攝）。2. 花序（許天銓攝）。3. 由左至右分別為三藥細筆蘭、無距細筆蘭（許天銓攝）、小唇蘭。

▲ 花正面（許天銓攝）。

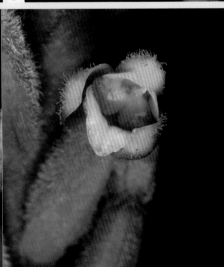

倒吊蘭屬（蔓莖山珊瑚屬）/ *Erythrorchis*

台灣僅有 1 種，是肉質蔓性攀緣的植物體。

蔓莖山珊瑚 別名：倒吊蘭
Erythrorchis altissima

900m 以下　3-7 月

特徵　基部絕大多數生長在枯木鄰近的地下，冒出地面後就近選擇樹木攀緣而生。莖細長，可高達約 8 公尺，攀緣宿主不分活木或枯木，但因地緣關係，宿主枯木較多。初生莖黃褐色，基部分枝多，莖節一邊長根，對稱的另一邊長鞘狀苞片，交互生長。開花時莖轉紅褐色，圓錐花序自苞片腋部抽出，花序多分枝，花多數，花多者 1 棵有數千朵花，可陸續開數個月。花淡黃褐色，唇瓣先端具波浪緣。光線弱低位生長者結果率不佳，光線較強高位生長者結果率較好，果莢長約 20 公分。若生長環境不佳或改變，如宿主枯木倒地，根先端常會分叉長出珊瑚狀的不定根。

▲ 花淡黃褐色。

分布　台灣本島各地零星分布，以宜蘭、花蓮、台東較多，新北、台中、南投、嘉義、屏東亦曾發現。生於闊葉林下，中等日照或日照稍多之處，有時在全日照的枯木上亦能生存。

▼ 1. 生態環境。2. 初生莖黃褐色，基部分枝多，莖節一邊長根一邊長鞘狀苞片，交互生長。
3. 根末端常會分叉長出不定根。4. 高位生長者結果率較高。

1

2

3

4

歌綠懷蘭屬 / *Eucosia*

歌綠懷蘭屬傳統的分類是歸在斑葉蘭屬，《台灣原生植物全圖鑑》的作者將之另分為獨立屬，本書遵循《台灣原生植物全圖鑑》的分類，將淡紅歌綠懷蘭、恆春歌綠懷蘭及歌綠懷蘭等 3 種獨立為歌綠懷蘭屬。

歌綠懷蘭 別名：*Goodyera seikoomontana*；*Goodyera longirostrata*
Eucosia longirostrata

300-1300m | 1-3 月

特徵

葉具明顯基部三出主脈，花序梗自莖頂端抽出，花序梗密被長毛，苞片具緣毛。花 1 至 3 朵，側萼片反折，側瓣及上萼片貼合呈罩狀，囊袋具約 7 條或 9 條縱紋。

分布

南從恆春半島，北至苗栗南端，另加花東地區，呈點狀零星分布，數量不多，光線為半透光至略遮蔭的環境。有個有趣現象，就是南部生育地海拔較低，苗栗生育地反而可達海拔將近 1,300 公尺，分析原因，可能是花東地區及恆春半島為東北季風盛行區，而苗栗南部東北季風無法到達，只能靠雲霧帶的水氣維生。

▼ 1. 生態環境。2. 花被片均無被毛。3. 花正面可見囊袋具 7 條縱紋的花。4. 花正面可見囊袋具 9 條縱紋的花。

2

4

鳥喙斑葉蘭

別名：淡紅歌綠懷蘭 *Goodyera cordata*；
Goodyera viridiflora

Eucosia viridiflora

特徵

根莖匍匐，先端向上長出直立莖，葉 3 至 5 枚，三基出主脈清楚，另兩側有 2 對不明顯的基出脈，5 條基出脈之間有深綠色的網紋，葉表面略呈霧狀。花序頂生，花序梗及子房密被短毛。花紅褐色，側萼片全展開或向後反折，花瓣及上萼片合生成罩狀。唇瓣先端向下呈之字形轉折，囊袋外側具約 5 條縱向條紋。

▲ 花正面可見囊袋表面具
5 條縱向條紋。

分布

台灣全島零星分布，北從新北烏來山區，南至恆春半島，可零星見其蹤跡，喜潮溼的環境，常見和苔蘚伴生或生長在富含腐植質的土壤中，光線為半透光至略遮蔭的環境。

▼ 1. 唇瓣先端反折。2. 葉 3 至 5 枚，三基出主脈清楚。3. 生態環境。4. 11 月底果莢。

恆春歌綠懷蘭

別名：恆春鳥喙斑葉蘭 *Goodyera hengchunensis*；
Eucosia hengchunensis

Eucosia viridiflora var. *hengchunensis* ined.

特徵

葉基心形，表面較油亮，基出三主脈，主脈間具橫向細紋，整個葉面呈方格網狀細紋。頂生單一花序，花序梗及子房密被短毛，苞片偶具緣毛，花多者可達 10 朵。本種與淡紅歌綠懷蘭及歌綠懷蘭最大差別在於囊袋有無縱向條紋，恆春歌綠懷蘭囊袋無縱向條紋，淡紅歌綠懷蘭囊袋約具 5 條縱向條紋，歌綠懷蘭則約具 7 條或 9 條縱向條紋。花期若乾燥缺雨，花呈閉鎖狀，花期有雨則花被可全部開展，若僅於乾季賞花，容易誤判為閉鎖花。

分布

目前僅知分布於恆春半島闊葉林下，乾濕季不十分明顯的區域，光線為半透光至略遮蔭的環境。

田野筆記

2014 年 3 月 25 日，呂順泉先生帶我們一行多人至旭海附近看一種疑問種蘭花，是他已觀察多年尚未看到開花的物種。當時正值乾季，只見該植株細小，狀似淡紅歌綠懷蘭，很難判斷。2014 年 12 月初，花友傳來消息，旭海的斑葉蘭開花了，只看到開 1 朵花，其他的花未開，可能過兩天有幾朵花會展開。12 月 8 日我前往該地觀察，並未見到展開的花朵，幾天前花友看到展開的花朵也閉合了。當時只見該區土地異常乾燥，直覺認為花未開可能和水氣不足有關。2015 年 10 月底，我再度前往觀察，當時氣候也和前一年一樣乾旱，因此也未能看到展開的花朵，只看到寥寥數棵抽出毫無生氣的花序，花呈閉鎖狀。2016 年 11 月 7 日我終於看到許多展開的花朵，未開的花苞也生氣十足，推斷會全部開展，當時土地溼潤，含水量高，因此證實了本種蘭花並非全然的閉鎖花，花展開與否，與土地的含水量有直接關係，水量足花被會展開，水量不足花則會呈閉鎖狀態。

▼ 1. 生態環境。2. 葉表面。3. 3 月底果莢已爆開。4. 囊袋無縱向條紋。

芋蘭屬（美冠蘭屬）/ *Eulophia*

芋蘭屬中原有的大芋蘭與輻射芋蘭，本書將之歸於僧蘭屬 *Oeceoclades*。

垂頭地寶蘭
別名：*Geodorum densiflorum*；*Eulophia picta*
Eulophia cernua

特徵
葉冬枯，2 至 4 枚，疏生於假球莖上，春天始生出地面。幼株與黃花鶴頂蘭十分相似，但成熟株時垂頭地寶蘭假球莖長於地下不易見到，黃花鶴頂蘭假球莖則外露地表，很容易就可加以區分。花序梗自假球莖側邊抽出，花密生於花序頂，萼片大都為白色，少數為粉紅色。垂頭地寶蘭在演化上具有一大特色，多數蘭科植物在演化過程中演化為具有唇瓣，為了方便蟲媒訪花，進而將花轉位為唇瓣正面向上，但有少數物種在演化過程中雖然具有唇瓣，但花並不轉位，為了達到方便蟲媒訪花的目的，而是選擇了整個花序 180 度下垂的方式讓唇瓣正面向上，避開了個別花朵轉位的方式，是十分聰明的演化行為，垂頭地寶蘭即是將整個花序彎曲向下 180 度的物種。為了讓果莢成熟後種子散播更有效率，在果莢成熟前，花序會回復到原來向上的垂直方式，實為一種奇妙的演化行為。

分布
中南部、東部及蘭嶼低海拔地區，生於疏林下或林緣或長草叢中，可適應乾濕季分明的區域，光線為略遮蔭的環境。

田野筆記
傳統分類學原將垂頭地寶蘭納入地寶蘭屬，後來依據分子親源研究結果，新的分類系統已將地寶蘭屬併入芋蘭屬。

越偏南花期越早，結果後約 8 個月果莢成熟爆開。

▼ 1. 萼片為粉紅色的花。2. 生態環境。3. 裂果，果莢內尚有少量種子。4. 花謝後約 8 個月果莢成熟，果序向上伸直。

紫芋蘭 別名：*Eulophia taiwanensis*
Eulophia dentata

特徵

地下莖圓球形，春季花芽自地下球莖頂端抽出，一球莖 1 花序，花序高約 30 公分，花 10 至 30 餘朵。花黃褐色，密生，唇瓣內側密被紫色肉刺，距棒狀。花謝之後葉片才長出來，葉狹長平行脈，狀似伴生的茅草，入冬後枯萎。

分布

零星分布各地低海拔河床或開闊之草地上，短草叢全日照的環境，目前所知的生育地在宜蘭、花蓮、台東、高雄及苗栗。

▼ 1. 生態環境，長在短草叢中。2. 花側面。3. 同行有研究人員採集標本，因此有機會拍到地下假球莖。4. 已成熟果莢，表面具約 6 條明顯凸起的縱向稜脊。

▲ 花正面，唇瓣腹面布滿紫色粗肉刺。

禾草芋蘭　別名：美冠蘭

Eulophia graminea

特徵
圓錐形球莖生於地表或地下，常先開花後長葉，但也有花序與葉片同時存在的情形。花序由球莖側面莖節上方抽出，葉狹長平行脈，與禾本科葉片相似，花序高者可達 70 公分，常有分枝。花疏生，黃褐色，唇瓣內側密被紫色肉刺，距尾端圓凸。

分布
台灣全島平地可見，蘭嶼也有分布，通常與禾本科植物伴生，喜全日照環境，偶可見生長於疏林下，都市公園中亦可見其蹤跡，以花蓮、台東、屏東南端海邊平地較常見，可能是上述地區海邊較少開發的緣故。

▼ 1. 生態環境。2. 花序與葉片同時存在的情形。3. 果莢，結果率低。4. 花序自圓錐形假球莖側面莖節上方抽出。

山芋蘭
Eulophia zollingeri

特徵

無葉片，地下莖圓柱狀橫生，綠色，根及花序均自地下莖側面生出。花序不分枝，花序高可達 60 公分，花密生數十朵，花暗紅色。距短，具縱稜，唇瓣表面密被細毛。南部花期比北部花期約早 1 個月。果莢成熟期約半年。

分布

台灣全島低海拔山區及蘭嶼山區零星分布，生於闊葉林下或竹林下，半遮蔭的環境。

◀▼ 1. 生態環境。
2. 花側面。
3. 地下根莖偶有露頭，露頭根莖具粗大氣生根，表面綠色。
4. 12 月中旬果莢。
5. 花密生於花序軸上。

松蘭屬（盆距蘭屬）/ *Gastrochilus*

松蘭屬均為附生蘭，莖或長或短，匍匐或懸垂，兩側具有小而肥厚的葉片，互生於懸垂或匍匐柜莖兩側，葉具關節，葉基具關節，包莖，關節至葉先端半轉位。大多數生長在中海拔的雲霧帶，僅黃松蘭具有較大的葉片且生長於低海拔地區。果莢內含絲狀物及種子，種子飄散後絲狀物會宿存在果莢內。

緣毛松蘭

Gastrochilus ciliaris

1600-2300m　9-11月

特徵　莖節短，多匍匐緊貼樹幹而生，葉橢圓形二列互生。花序在近先端的莖節處抽出，花序數及花數不一，花淡綠色，被紫褐色斑塊，囊袋稍圓鈍，唇瓣三角形不明顯中裂，唇瓣表面及唇緣均被毛。在松蘭屬中，本種的花是最小的。

分布　南投以北至桃園及花蓮，生於中海拔的原始林中，多附生在 3 公尺以下的樹幹上，半遮蔭至遮蔭較多的環境。

▼ 1. 生態環境。2. 花粉塊。3. 果莢。

1

2

3

三角唇松蘭
Gastrochilus deltoglossus

特徵 莖懸垂，葉長橢圓形二列互生。花序自莖側邊抽出，花萼及側瓣淡綠色，囊袋白色，多少被紫紅色斑，唇瓣先端三角形，邊緣被毛，稍小於囊袋口，囊袋口邊緣明顯被紫色斑，囊袋尾端三角形。

分布 目前僅知分布於南投仁愛鄉及台中和平，生於霧林帶通風良好的稜線旁，當地伴生有紅斑松蘭及台灣松蘭等，光線為半遮蔭的環境。

▲ 唇瓣先端三角形，具緣毛。

◀▼ 1. 生態環境。2. 囊袋略向前彎，花不轉位。3. 花苞。4. 囊袋圓錐狀，中肋不具縱稜，袋口具紫斑。

3

4

台灣松蘭
Gastrochilus formosanus

  800-2500m 全年皆可

特徵　莖匍匐或懸垂，葉生於莖節上，二列疏生，葉多為綠色，有少數疏被細紅斑。花序自莖側抽出，花黃綠色，被紅褐色斑塊，囊袋大而圓鈍，上唇橫向長度大於囊袋口，唇盤被毛，囊袋中肋有明顯縱向凸稜。

分布　台灣全島中低海拔，生於河谷兩旁及霧林帶迎風坡的樹幹上，喜空氣濕潤，約為半遮蔭的環境。

田野筆記　最佳賞花時間及地點為 1 月至 4 月在大甲溪上游各支流河谷兩旁。

▼ 1. 莖懸垂植株。2. 葉二列疏生，唇盤被毛。3. 花背部。4. 囊袋外側中肋有明顯縱向凸稜，囊袋底部圓形。5. 4 月底果莢。

花黃綠色，被紅褐色斑塊，唇盤被毛。

紅斑松蘭
Gastrochilus fuscopunctatus

1500-2500m　4-5&8-9 月

特徵

莖不長，斜生不匍匐，莖節短。葉二列密互生，葉肥厚常被紅斑。花序自莖側抽出，1 或 2 個花序，每個花序多為 2 朵花，所以是一莖 1 次開 1 至 4 朵花。花黃綠色通體光滑無毛，疏被紅斑，囊袋大而圓鈍，中肋有縱向凸稜。上唇圓形小於囊袋口，大多向下反折，唇盤光滑無毛。

分布

台灣全島中海拔闊葉林或闊針葉混合林內，喜雲霧帶或迎風坡富含水氣半遮蔭的環境。

▼ 1. 唇瓣先端半圓形，唇腹及唇緣均無毛，全株具紅斑。2. 一個花序 2 朵花，外表光滑無毛。3. 囊袋中肋具縱稜，囊袋底不下凹。4. 12 月果莢，已 9 分熟。5. 莖斜生不匍匐，1 月底果莢，已爆裂，僅剩絲狀物。

1

2

3

4

5

雪山松蘭
Gastrochilus × *hsuehshanensis*

特徵

本種是台灣松蘭及合歡松蘭的天然雜交種，具短莖，莖節甚短，但比合歡松蘭稍長，每 1 莖節生 1 葉，葉較合歡松蘭疏生，較台灣松蘭密生。莖節除先端少數莖節尚未長根，其他莖節均具粗且長的根系，根系十分發達。花則介於兩者之間，唇瓣被毛較台灣松蘭長且密，但較合歡松蘭短，側瓣偶見短毛。我從未見過雪山松蘭的果莢，也許是結果率低或雜交種根本不會結果，需進一步觀察。

分布

生育地與合歡松蘭重疊，但遠比合歡松蘭狹隘，多生於河谷行水區兩側高大樹木上，行水區較遠則罕見其蹤跡，生長環境和合歡松蘭大致相同。多生於略遮蔭的環境。

▲ 唇瓣腹面被毛比台灣松蘭長，比合歡松蘭短。

田野筆記

本種是李漢輝先生及陳金琪先生於 2007 年左右發現，我於 2011 年 3 月 5 日拍到開花照片，並將照片提供給許天銓先生。許天銓於 2016 年 10 月出版的《臺灣原生植物全圖鑑第二卷》第 45 頁中，以合歡臺灣松蘭之雜交公式報導。事後，陳金琪先生向本人反應，他想將本種命名為雪山松蘭，因此我於 2019 年 3 月 12 日再度前往生育地，採得標本給林讚標教授，於當年正式發表為雪山松蘭。

▼ 1. 生態環境。2. 具短莖，莖節甚短，但比合歡松蘭長。3. 囊袋中肋微具縱稜。4. 圖中箭頭處可見側瓣先端具短緣毛。

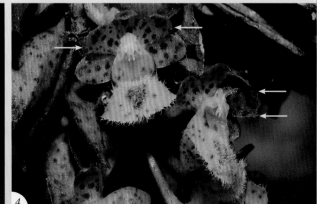

黃松蘭 別名：*Gastrochilus somae*
Gastrochilus japonicus

100-1300m 　 7-11 月

特徵
莖短懸垂，葉密生於基部，葉長橢圓形鐮刀狀，葉尖左右不等長，長短差不大，葉緣稍具波浪緣。花序自莖側邊抽出，花數朵，萼片及側瓣黃色，唇瓣先端及囊袋白色，囊袋下半部及唇瓣中間被黃暈，黃暈處及囊袋口被紅色斑點或條紋，偶可見唇瓣不被紅色斑點的白變種。未開花的狀況下，本種與黃繡球蘭植株十分相像，但本種葉鐮刀狀，黃繡球蘭則葉較筆直且葉尖兩邊長短差極大，可輕鬆辨認。

分布
台灣全島低海拔闊葉林內，附生於樹幹上，潮濕溫暖的環境，河流兩旁最為常見。附生宿主不限物種，只要環境適合，連綠竹幹上都可附生，新北、宜蘭、花蓮、台東較多。光線約為半遮蔭的環境。

▼ 1. 生態環境。2. 花序自葉腋抽出，囊袋具不明顯縱稜，囊底不凹陷。3. 葉先端二裂，裂口兩邊不等長。4. 不具紅斑的黃松蘭。5. 11 月的未熟果。

寬唇松蘭
Gastrochilus matsudae

別名：金松蘭 *Gastrochilus linii*；
Gastrochilus flavus

1800-2800m   9-10 月

特徵

莖斜生或懸垂不匍匐，葉二列互生，葉綠色肥厚，長橢圓形先端尖，被疏密不等的紅斑。花序自莖側抽出，一花序花數朵至約 20 朵。黃綠色，全花被紫紅斑點，上唇橫向長度明顯較囊袋口寬，囊袋往前彎曲明顯。

分布

中央山脈及雪山山脈中海拔零星分布，北至苗栗南至屏東。光線約為半遮蔭的環境。

▲ 一個花序花多者可達 20 朵左右，聚生成球。

田野筆記

寬唇松蘭模式標本採自北大武山，此區的松蘭唇瓣及囊袋均被紫紅色斑點。何氏松蘭的模式標本採於木杆鞍部，此區的松蘭唇瓣及囊袋均不被紫紅斑點。因此唇瓣及囊袋均被紫紅色斑點是寬唇松蘭，唇瓣及囊袋均不被紫紅色斑點是何氏松蘭。

金松蘭 *Gastrochilus linii*；*Gastrochilus flavus* T.P. Lin 當初之所以被發表，是因為採得的標本為晚花期的花朵，囊袋有縱向皺摺，然此特徵為多數松蘭所共有，後經學者重新鑑定為何氏松蘭。我曾至金松蘭模式標本採集地觀察過原生地的族群，花的唇瓣及囊袋均被紫紅色斑點，且囊袋尾端尖且往前彎曲，因此我認為金松蘭應併入寬唇松蘭，而非併入何氏松蘭。

▼ 1. 生態環境。2. 囊袋圓錐狀，向前彎的幅度較大，具紫紅色斑。3. 囊袋中肋無縱稜，囊底無凹陷。4. 9 月果莢，約 7 分熟。

1

2

3

4

何氏松蘭 別名：*Gastrochilus hoi*
Gastrochilus matsudae var. *hoi*

特徵

莖叢生懸垂不匍匐，葉二列互生，葉綠色肥厚，長橢圓形先端尖，或純綠色或被疏密不等的紅斑。花序自莖側抽出，花數朵，黃綠色，萼片或具帶狀縱向淺紫色暈或被紫紅色斑點，側瓣具帶狀縱向淺紫色暈。蕊柱、唇瓣及囊袋均不被斑點，上唇明顯較囊袋口寬，囊袋底部較鈍且前彎不明顯，花不轉位。

分布

中央山脈北段及雪山山脈，溪谷旁或霧林帶稜線上迎風坡面，均為冷涼富含水氣的環境。光線約為半遮陰的環境。

▼ 1. 生態環境。2. 花側面。3. 花粉塊外露。4. 5 月上旬果莢。

合歡松蘭
Gastrochilus rantabunensis

1700-2700m　2-4 月

特徵

葉叢生於基部，莖不明顯。在松蘭屬中，本種唇瓣被毛最長最密，最大特徵為側瓣緣具長毛。

分布

分布於大甲溪上游各支流兩岸，附生於低位大樹幹至高位枝條，僅生長於河流兩岸近水流處的區域，離水流太遠則不見其蹤跡，光線為半透光至略遮蔭的環境，常與台灣松蘭伴生。

▲ 唇瓣腹面密被長毛，側瓣緣疏被毛。

▼ 1. 囊袋底部下凹，中肋無凸稜。2. 果莢約於秋天爆開，絲狀物仍留存果莢中。3. 莖極短，葉簇生。4. 6 月底果莢。

紅檜松蘭
Gastrochilus raraensis

特徵　莖向下斜生或懸垂不匍匐，葉二列密互生，葉疏被紅斑。花淡綠色被紅斑，唇瓣圓形表面被長細毛，距細長尾端尖，被疏密不等紅斑，囊袋先端往前彎。

分布　台灣全島中海拔原始林霧林帶，喜空氣流通且含水量高的環境，光線則為半遮蔭至略遮蔭，因此稜線上及迎風坡是最佳生育地，南投以北數量較多。

▲ 囊袋細長。

▼ 1.一個花序花多者可達 20 朵左右。2.常一整片簇生。3.花開時，前一年果莢內僅剩絲狀物。4.11 月果莢。5.生態環境。

葉氏松蘭

Gastrochilus yehii

  1500-2000m 7-10 月

特徵

莖斜生或懸垂不匍匐，葉二列互生，葉綠色肥厚，長橢圓形先端尖，被疏密不等的紅斑。花序自莖側抽出，一花序花約 5 到 10 朵。萼片及側瓣黃綠色，被紫紅斑點，蕊柱、囊袋及唇瓣前半段兩側均密被紅斑，上唇橫向長度明顯較囊袋口寬，囊袋底端平順。本種與寬唇松蘭十分相似，其不同處為葉氏松蘭唇瓣紅斑較密，囊袋底端平順無凹陷。寬唇松蘭則唇瓣紅斑較疏，囊袋前方近底端微凹，造成囊底向前傾。

分布

目前僅知分布於南投仁愛、台中和平、高雄桃源，生於霧林帶內闊針葉混合林下，當地伴生有緣毛松蘭、台灣松蘭、三角唇松蘭等，光線為遮蔭較多非常陰暗的環境。

▲ 花正面（吳進華攝）。

▼ 1. 整個花絮。2. 生態環境。
　3. 另一生育地的花。
　4. 紅斑較疏的花和寬唇松蘭極為相似。
　（圖 1 及圖 4 為吳進華攝）

野筆記

本種發現者為吳進華先生，由謝思怡小姐、李祈德先生、吳進華先生共同命名，李祈德先生、謝思怡小姐、吳進華先生、王昱淇先先共同發表。命名為葉氏松蘭是為了表彰葉慶龍教授在台灣植物分類上的貢獻。

本種與寬唇松蘭差異極小，生育環境比寬唇松蘭陰暗，到底是光線不足造成的差異還是本身基因就有不同，有待分子研究釐清。

1

2

3

4

赤箭屬（天麻屬）/ *Gastrodia*

花萼與側瓣合生成花被筒，花序無毛，外表具疣狀物，全數成員皆為真菌異營植物，本身不具葉片，無法行光合作用生成養分，僅有部分花序梗具葉綠素，其生長所需養分幾乎全靠共生的真菌分解腐植質所生成的養分。早期學者認為本屬植物是與真菌共生，真菌提供其分解所生成的養分給赤箭，赤箭對真菌亦有所回饋，但越來越多證據顯示真菌有提供其分解所生成的養分給赤箭，但赤箭可能無回饋，到底真相為何，還有待進一步研究。

赤箭屬全數無葉片的構造，莖生長於地下成地下莖，只有在開花結果時才會冒出地面。通常花有兩種形態：

- 第一類是低矮的花，花序通常低於 10 公分，如白赤箭、無蕊喙赤箭、緋赤箭、閉花赤箭、擬八代赤箭、台東赤箭、摺柱赤箭、春赤箭、壺花赤箭、高雄赤箭、柳氏赤箭、白唇赤箭、南投赤箭、日本赤箭、冬赤箭、紅寶石赤箭、清水氏赤箭、蘇氏赤箭、短柱赤箭、烏來赤箭，此一類群於果莢接近成熟時果柄會抽長約 10 至 50 公分，如此種子才能飄散到較遠的地方。

- 第二類是花序較高的赤箭，如高赤箭、夏赤箭、山赤箭、北插天赤箭、爪哇赤箭，這類群又有兩種現象，山赤箭及北插天赤箭果莢成熟後，果柄會稍微抽長，大約在 15 公分以內，另高赤箭、夏赤箭及爪哇赤箭，本身植物體較高，果莢成熟後果柄並無抽長的現象。

白赤箭
Gastrodia albida

  300-1500m 5-7 月

特徵

地下莖黑褐色，具多條環狀莖節，花序自莖頂抽出，花白色，1 至 7 朵。萼片與花瓣合生成半閉合的花被筒，花被筒先端略呈紅褐色，唇瓣及蕊柱短小，花被筒外側有許多突起的疣狀物。

白赤箭與短柱赤箭同具白色、唇瓣及蕊柱短的特徵，但白赤箭花被筒外側較光滑，無明顯的縱稜，子房外側具明顯且量多的疣狀物。短柱赤箭則花被筒外側具明顯的縱稜，子房外側僅有少數不甚明顯的疣狀物。

▲ 蕊柱及唇瓣很短。

分布

新北、宜蘭、桃園等冬季東北季風盛行區，生育環境為闊葉林下。乾濕季不明顯大概是白赤箭生存的重要因素，大都生長於富含腐植土的地下，有時可見附生於朽木上的植株，地下莖的頂端會長鬚根。

生育地海拔高度相差甚大，海拔較低處 5 月中旬即進入花期，海拔較高處要到 7 月上旬才會開花。開花約 1 個月後果莢成熟爆開，種子隨即隨風散布、果莢腐爛，所以可見到白赤箭的時間約只有 1 個月。

野筆記

2006 年 7 月 5 日內人徐春菊在烏來山區海拔 850 公尺處發現了白色赤箭的果莢，在此之前尚未發現過白色果莢的赤箭，如緋赤箭、短柱赤箭、蘇氏赤箭、高雄赤箭、紅寶石赤箭等，因此判斷為新種或新紀錄種。次年 5 月起，我多次單獨或與內人或與許天銓先生前往找尋。直到 2007 年 6 月 11 日，我獨自前往，終於找到開花株。經許天銓先生鑑定和越南的短柱赤箭不同，因此命名為白赤箭。白赤箭有豐年及欠年的現象，觀察數年後，推斷重要因素在春雨是否適時足量。如果春雨不足，當年白赤箭開花情況就不理想，不僅開花植株少，單棵花數也較少，約僅 1 至 3 朵；反之開花植株較多，單棵花數也會較多，可達 5 至 7 朵，相差十分懸殊。

▼ 1. 地下莖附生在樹幹上的植株，地下莖不長根，花序基部長根。2. 訪花者。3. 花被筒及子房外側密被疣狀物。4. 花被筒因外力斷裂，因此可以詳細觀察蕊柱及唇瓣。5. 種子細長。

無蕊喙赤箭

Gastrodia appendiculata

 900-1400m　9-10 月

特徵　最大特徵是蕊喙退化，但未解剖不容易觀察到，因此需尋求其他方法來辨識。其中無蕊喙赤箭最特殊處在唇瓣與蕊柱間具附屬物，附屬物外形多變花，有一尖狀、二叉狀、板塊狀。外形與擬八代赤箭、台東赤箭、柳氏赤箭、白唇赤箭、南投赤箭外觀十分相似，其可供分辨的特徵請參照以下附表。

分布　目前僅知分布於溪頭園區及園區外的小範圍區域，生育環境為孟宗竹林下、闊葉樹林下、柳杉林下。

▲　附屬物為一片的花。

	花粉塊外露否	唇瓣顏色	唇瓣先端	唇瓣花瓣化	唇瓣中段	唇瓣與蕊柱間具附屬物
無蕊喙赤箭	是	黃褐色	圓鈍	是	向下彎折	是
擬八代赤箭	是	黃褐色	急縮	無	向上捲曲	無
台東赤箭	是	黃褐色	急縮	無	向上捲曲	無
柳氏赤箭	否	橙色	急縮	無	向上捲曲	無
白唇赤箭	是	近白色	漸縮	無	向下彎折	無
南投赤箭	是	黃褐色	圓鈍	是	向下彎折	無

▼　1. 生態環境。2. 果序。3. 附屬物分裂為 2 片的花。4. 一個花序多者可開近 20 朵花。

緋赤箭
Gastrodia callosa

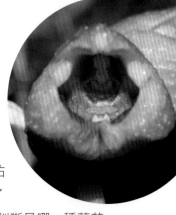

特徵
花淡紅色，花被筒呈圓形，外側滿布疣狀物，花不甚展開，側瓣淡黃色，外形與蘇氏赤箭、高雄赤箭、紅寶石赤箭相似，不同特徵請見下方附表。花期為 5 月下旬至 7 月上旬，果莢於結果後 1 個月左右成熟爆開。

分布
目前僅知分布於蘭嶼，熱帶雨林的原始林下，光線為半透光的環境。

野筆記
2005 年我和呂碧鳳小姐、鐘詩文博士、許天銓先生、謝東佑博士等人至蘭嶼野外做生態觀察，在大天池的步道旁發現了一種真菌異營植物，果柄抽高約 30 公分，當時大家都無法判斷是哪一種蘭花。

之後我們分別在不同季節前往觀察，均無所獲。2007 年 7 月 21 日，我在該地發現一處聚集了 10 幾個果莢的地方，於是就地取材拿了一個前人丟棄的飲料罐夾在樹叉處作為記號。2008 年 6 月 29 日，我再度和鐘詩文博士及許天銓先生前往蘭嶼，鐘詩文博士首先找到一朵掉在地下的花，接著許天銓先生也找到一枝折斷的花序，最後我在前一年留下記號的地方找到了幾棵完整的花序，緋赤箭終於正式在蘭嶼被發現。

	緋赤箭	高雄赤箭	蘇氏赤箭	紅寶石赤箭
蕊柱兩旁附屬物	深紅色	橘紅色	淡橘色	橘紅色
側萼片下緣合生處	凹陷	凹陷	平坦	平坦
唇瓣表面龍骨	淡綠色	橘紅色	未觀察	紅色
唇盤是否被毛	不被毛	不被毛	未觀察	疏被長毛
囊袋口外側顏色	與花被筒同	具黑褐色暈	與花被筒同	具深紅色暈
花被筒內側被毛否	不被毛	被疣狀物及白色毛	疏被短細毛	不被毛
藥蓋顏色	白色	白色	淡橘色	白色

1.側瓣淡黃色，萼片內側為大型紅色肉突。2.側萼片內側肉突光滑無毛。3.果莢裂開，種子細長，彎曲幅度不大。

毛萼緋赤箭
Gastrodia sp.

特徵 花淡粉紅色，花被筒呈圓形，外側滿布疣狀物，花不甚展開，側瓣乳白色。側萼片內側具眾多小型的紅色肉突，肉突表面密被短細毛，與緋赤箭不同。花期為 5 月下旬至 7 月上旬，果莢於結果後 1 個月左右成熟爆開。

分布 目前僅知分布於蘭嶼，熱帶雨林的原始林下，半透光的環境。

田野筆記 2015 年 5 月，我再次踏上蘭嶼，5 月 20 日在海拔近 400 公尺的原始森林中，看到一棵晚花的香線柱蘭，雖然不很上相，仍拍照記錄，拍攝當下眼睛餘光掃到地上的淡粉紅色花朵，附近又找了一下，約有十幾棵植株，初步以為是緋赤箭。但這個族群側萼片內側滿布乳突狀凸起物及白色短毛，偶具白色長毛，與大天池步道族群的特徵差異甚大，其中一種應可視為另外一種的變種，只是不知爪哇或菲律賓的緋赤箭是哪一種，確定後就可將另一種視為變種了。

毛萼緋赤箭與緋赤箭外形極為相似，但仍有下述特徵可以區別：

	側瓣	萼片內側表面	萼片內側肉突
緋赤箭	淡黃色	略為凹凸的大型紅色肉突	光滑不被毛
毛萼緋赤箭	乳白色	眾多小型的紅色肉突	密被短細毛

▼ 1. 側萼片內側具小形紅色肉突，表面具白色短細毛，偶有白色長毛。2. 側瓣乳白色。3. 訪花者。

生態環境。

閉花赤箭
Gastrodia clausa

800m 以下2-3月

特徵

本種最大特徵就是花被片不展開且非常小，絕大多數都是完全閉合，僅有極少數有些微開裂，非常好認。花期為 2 月下旬至 3 月底，結果後果莢約 1 個月爆開。

分布

台北、新北、宜蘭、恆春半島及蘭嶼，通常長在陰濕的林下，溪谷旁也有，陽明山國家公園內有相當大的族群。生育環境為竹林、闊葉林、柳杉林下，半透光至遮蔭較多的環境。

田野筆記

2004 年初即聽聞新山夢湖有人見過赤箭的果莢，當年去沒找到，2005 年 4 月 6 日再度前往找到了初果。2006 年初，許天銓先生找到了新種的閉花赤箭，當年 3 月 14 日帶我到陽明山賞花，看到閉花赤箭時觀察了一下環境，瞬間想起新山夢湖是相同的生態環境，於是立刻驅車前往，果不其然，又在新山夢湖附近找到了閉花赤箭。之後數年間，在台北盆地四周發現無數閉花赤箭的生育點，可說是閉花赤箭的大本營。

▼ 1. 結果率高，果熟時果梗會抽長。2. 地下莖天然露頭。
3. 裂開果莢，內藏種子。先端宿存乾燥花被未掉落。

▲ 花閉鎖，花被不展開，萼片表面密被疣狀物。

2

1

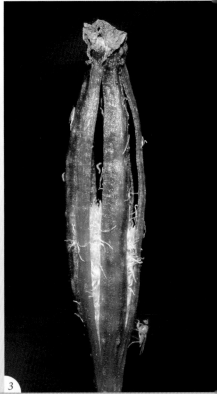
3

閉花赤箭因花被不展開，自然觀察者無法觀察其花內構造，2021 年 3 月 9 日，我和內人去陽明山賞花，在山腰拍攝幾棵摺柱赤箭後繼續往上走，忽然看到幾位花友在拍摺柱赤箭，看到光溜溜的生育地就知道有上百人次來拍花，稀有蘭花的消息傳得比想像中快速。我拍了幾張，接著在周圍隨意看看，赫然看到一棵閉花赤箭花被片已被割開，露出內部的構造，顯然是解剖高手的傑作，除了部分萼片及花瓣被割除，蕊柱完好無缺，因此特地將那朵花拍照留存，如附圖，我將各部位標示號碼，說明如下：

閉花赤箭內部構造標示說明

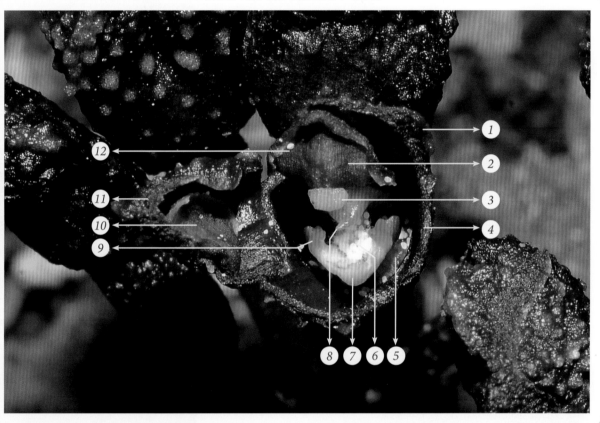

1　先端被切除的側萼片。
2　唇瓣。
3　藥帽。
4　先端被切除的花被筒。
5　先端被切除的側瓣。
6　花粉塊已掉在柱頭上，完成自花授粉。
7　蕊柱先端。
8　蕊柱與唇瓣間的附屬物，構造有如無蕊喙赤箭。
9　蕊柱側翼。
10　完整的側瓣。
11　完整的側萼片。
12　花粉小塊。

擬八代赤箭

Gastrodia confusoides var. *confusoides*

特徵
花被筒圓形，外表具疣狀物，唇瓣先端急縮成漏斗狀，唇腹滿布花粉小塊。本種與無蕊喙赤箭、台東赤箭、柳氏赤箭、白唇赤箭、南投赤箭外形相似，其分辨特徵可參照無蕊喙赤箭的附表。花期為 9 月初至 10 月底，9 月為大雪山山區，10 月為陽明山區及烏來山區，光線為半透光的環境。結果後，果莢約 1 個月成熟爆開

分布
台北陽明山區、新北烏來山區、台中大雪山山區，數量以大雪山山區最多、大屯山區次之、烏來山區再次之。生育環境大雪山山區為孟宗竹林下，大屯山區及烏來山區則為闊葉樹林下，擬八代赤箭在果期較容易被發現。前述分布地區均為我長期多次追蹤才確定的地點，我認為應該還有很多生育地未被發現。

▲ 唇瓣受擾動時會往上閉合，只留蕊柱側翼的小洞供蟲媒出來，仍留有異花授粉的功能。

田野筆記
2006 年 9 月 16 日，我和鐘詩文博士、許天銓先生、謝東佑博士等人同往大雪山林道找尋赤箭，以往出外觀察大都由我開車，此次也不例外，在隨機找尋兩個點未果後，第 3 次我選擇一個竹林邊停車，在進入竹林約 10 公尺後，我發現了赤箭果莢，馬上招呼大家前來觀看，許天銓先生眼尖，在果柄的基部看到了一朵很小的花朵，約一顆黃豆大小，外觀和以往看過的赤箭不一樣。隨後我們又在附近換了一個點，發現了數百棵同樣的赤箭，數量非常多，有花也有果，這就是發現擬八代赤箭的經過。

3

▼▶ 1. 生態環境。2. 10 月中旬的裂果。
3. 唇瓣基部具胼胝體，蕊柱及唇瓣外露花粉小塊。
4. 果實成熟時，果梗會抽長。5. 剛結果時，果梗很短。

4

1

2

5

台東赤箭

Gastrodia confusoides var. *taitungensis*

特徵

本種花期 9 月初至 10 月底，以 10 月上旬最佳。結果後，果莢約 1 個月成熟爆開。基本上擬八代赤箭與台東赤箭外觀一致，完全無法分辨，依據本種發表者許天銓先生的論述：「台東赤箭基部胼胝體退化，無蜜腺，表面乾燥。」上述特點需要靠解剖花部才能比較，我未做過解剖，不了解其中是否具有中間型，特徵是否夠明確，無法表示意見。除此之外，台東赤箭與無蕊喙赤箭、擬八代赤箭、柳氏赤箭、白唇赤箭、南投赤箭外形相似，其分辨特徵可參照無蕊喙赤箭的附表。

分布

海岸山脈南段，台東，闊葉林或麻竹林、箭竹林下，半透光的環境。

野筆記

2007 年 10 月 2 日至 9 日，我和鐘詩文博士、許天銓先生到台東，10 月 3 日我們攀登海岸山脈南段，近 11 時許，我正在拍攝擬龜殼花，忽然聽到走在前面的鐘詩文博士興奮大叫，我判斷可能看到好物種了，於是加緊腳步，天銓隨後也到了，只見兩棵赤箭共 3 個果莢矗立在步道旁，大家在附近分頭尋找，最後天銓找到了一個幼果及一個花苞，花苞植株由天銓帶回。3 天後，我們住在蘭嶼的民宿，那棵花苞已經開花，許天銓先生解剖後宣布和擬八代赤箭相似，但略有不同，後經許天銓先生命名為台東赤箭。

▼ 1. 生態環境。2. 果序。3. 裂開的果莢。

高赤箭　別名：天麻
Gastrodia elata

特徵

具地下塊莖，三年莖如馬鈴薯形狀，橫向生長於淺層土中。花期為 6 月中旬至 7 月上旬，6 月下旬最佳。結果後，果莢約 1 個月成熟。花序自地下塊莖頂部抽出，花序高約 40 至 100 公分，整個花序無毛，花序梗淡褐色，花疏生，約 20 至 40 朵。萼片及側瓣外側淡綠色，合生成壺狀的花被筒，唇瓣先端邊緣具鬚狀物。

台灣的赤箭屬植物高度高於 40 公分以上者，只有高赤箭及夏赤箭，兩者可從花序梗的顏色及唇瓣形狀分別。夏赤箭花序梗黑褐色、唇瓣先端邊緣平滑，高赤箭花序梗淡褐色、唇瓣先端邊緣具鬚狀物。

分布

零星分布於中海拔山區，已知分布地有宜蘭大同、台中和平、南投信義以及花蓮卓溪鄉。生長環境為闊葉樹原始林下較空曠的區域，分布點及植株數量均不多。半透光至略遮蔭的環境。

▼ 1. 生態環境。2. 花序梗，約原子筆粗細。

田野筆記

高赤箭是有名的中藥材，藥材名為天麻，是高赤箭植物體的地下莖加工乾燥而成，產於湘西、貴州、雲南、四川，產地零售價每 500 公克人民幣 100 至 600 元（2019 年的物價），價格懸殊是因為藥材品質高低及是否為觀光區的關係，通常地下莖越大則價格越高。據文獻記載，天麻為三年生，在將開花前的冬天所採是冬麻，外表光滑，品質最高，春天剛要抽花芽時所採是為春麻，外表皺縮，品質次之。至於二年生塊莖，個體細長，品質再次之。高赤箭在當地大都是人工培育，在種子剛要發芽時，用小菇屬真菌促其發芽，再用蜜環菌補足營養，是相當成功的產業。台灣也有學者從事相關研究，但因平地氣候環境不適合其生長，中高海拔交通又不便，成果有限。

有一次和友人一起觀察高赤箭，友人為了拍照好看，稍微清理高赤箭基部的落葉斷枝，就看到了高赤箭的地下塊莖，外形及大小和馬鈴薯差不多，現場看並無新芽，所以開花後可能就結束生命不再開花了。觀察結束後我們將枯葉掩回，應不影響其結果。

高赤箭在台灣是稀有物種，在野外找尋高赤箭，如熟悉其生育習性就有較高的勝算。首先需要花季去找，因為高赤箭未抽出花序前均長於表土層中，肉眼無法看到。其次，因為是真菌異營，所以很高的比例會長在腐木堆中，如果在中海拔山區看到一大堆腐木，可以詳細找找看，至於陰濕的冷清草群中，有高赤箭的機會並不高，就不必費太多心思去找了。

▼ 3. 地下塊莖，約信用卡大小。4. 花側面。5. 訪花者。6. 7 月初的果莢。

夏赤箭
Gastrodia flavilabella

特徵

本種花期為 7 月下旬至 8 月上旬，7 月底至 8 月初最佳。果莢成熟期約 1 個月。花序高約 20 至 80 公分，花莖黑褐色，花黃綠色，花被片合生成表面具 4 條稜的花被筒。唇瓣先端邊緣平滑，最易混淆的物種是高赤箭，不同處請參考高赤箭的說明。

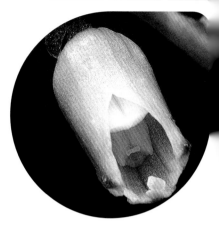

分布

已知分布於苗栗、雲林、南投、嘉義、屏東、花蓮等地，生育環境為原始林或人工林下，闊葉林或闊針葉混合林及柳杉林下均發現過其蹤跡，多生於林緣或步道旁光線較多處。

田野筆記

2005 年 8 月 3 日，我和研究人員同往觀察夏赤箭，研究人員為了研究需要而採了一棵夏赤箭的標本，我因此順便拍下夏赤箭的地下莖圖檔，地下莖先端表面具多個新芽，和高赤箭地下莖不具新芽大異其趣。夏赤箭的新芽可於次年繼續延續生命開花結果，所以夏赤箭經常可以看到叢生的生態，高赤箭通常只有單株而已。

▼ 1. 生態環境。2. 花側面。3. 8 月中旬果莢。4. 8 月底爆開的果莢，種子細短。5. 地下莖具新芽。

摺柱赤箭
Gastrodia flexistyla

特徵

花被片合生成花被筒，花被筒特別細長，是台灣赤箭屬蘭花之最，蕊柱 3 裂，中裂片反折成球狀，是自花授粉的特殊機制，在植物界很難找到有相同機制的例子。

分布

目前僅發現於陽明山區，生育環境為闊葉林、柳杉林及竹林參雜的林下，半透光的環境。

野筆記

2006 年 11 月 5 日我和鐘詩文博士、許天銓先生前往雲仙樂園做原生蘭生態調查，下山時已是傍晚時分，本人內弟徐玉森先生來電說當日稍早在陽明山區看到許多赤箭的果莢，要帶我去看。我們立即驅車前往，到達登山口時已伸手不見五指，只好借助頭燈照明前往，果然看到許多果莢

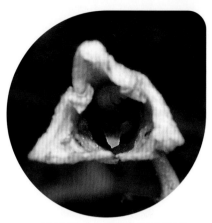

▲ 花被筒往內看蕊柱及唇瓣。

，當下也無法判斷是哪一種赤箭，回到山下已是晚上 7 點多，經我後續追蹤，是擬八代赤箭。當天我還特別交待徐玉森先生，以後在陽明山區看到赤箭請務必通知我。2007 年 4 月底，徐玉森先生又打電話告知，就在前一年看到赤箭果莢的步道邊又發現了赤箭果莢，因開花和擬八代赤箭季節不一樣，不同種的可能性達 9 成以上。我馬上轉告許天銓先生，他立刻展開追蹤，終於在 2008 年 3 月底找到了本種赤箭的開花植株，我於 4 月 3 日也在同生育地拍到了開花的照片，後來許天銓先生根據蕊柱中裂片反折的特徵命名為摺柱赤箭。此地即為第一個發現摺柱赤箭的生育地，後因環境變化及人為採集，2018 年以後就很難找到植株了。2020 年以後，又有多個生育地點被發現，但每一個地點被分享後，都會造成花友群聚拍照，生育地被踩踏成光滑的硬地，或植株周邊落葉被清光，旁邊水氣變少，不利其生長。2023 年 3 月 7 日在某處生育地看到幾棵摺柱赤箭的四周落葉被賞花者清光，植株已略呈枯萎，於是收集一些落葉，堆在植株花序梗周圍，只剩花苞外露，幾天後再度前往觀察，見到落葉又被清除，花苞大都已消苞，真是無言。在此特別呼籲花友，千萬別清光植株旁的落葉，不然就會造成植株因為微氣候的改變而死亡。

▼ 1. 果柄於果熟後抽長。2. 蕊柱有時例外露出。3. 植株旁落葉被清除，花序逐漸消苞及枯萎。
4. 生態環境，花被筒長，半閉鎖。5. 裂開果莢及種子，宿存蕊柱旁花被少殘留。

春赤箭
Gastrodia fontinalis

特徵

單一花序 1 至 4 朵花，花萼展開甚大，在展開的萼片內部可見明顯的網狀脈紋，此種特徵只有壺花赤箭有相同的特徵。春赤箭與壺花赤箭的差異，將於壺花赤箭中詳述我的意見。

分布

已知分布地有台北陽明山、新北烏來、宜蘭南澳、南投竹山等地，生育環境均為竹林下，烏來及南澳為桂竹林下，竹山則為孟宗竹林下。光線為半透光的環境。

田野筆記

春赤箭的發現者是林讚標教授，1977 年 5 月在登拔刀爾山途中的竹林下看到果莢，1979 年找到盛開的花朵，在找到春赤箭花朵的同一天，在同一地點又看到了另一種赤箭的果莢，那就是冬赤箭。

▲ 唇盤縱稜多，未解剖無法細

春赤箭自林讚標教授發表後，近 30 年沒有再發現的紀錄。2005 年起，許天銓先生因為要攻讀研究所，赤箭屬是研究主題，開始密集在野外觀察，我也全力協助。為了找尋赤箭，許天銓先生研讀林讚標教授的著作，在拔刀爾山的登山步道沿途密集尋找，找到了書中春赤箭及冬赤箭的生育地，我也多次前往該地觀察，但我們始終沒找到春赤箭的花。2010 年 2 月 25 日，我獨自到拔刀爾山拍攝烏來赤箭，在寶慶宮巧遇遠從南投竹山來找尋烏來赤箭的柳重勝老師夫妻。這是我和柳老師二度在拔刀爾山巧遇，首次巧遇十分奇妙，詳細經過請見南嶺齒唇蘭的內容。柳老師因未找到烏來赤箭正準備離去，我便帶柳老師一起尋找，找到拍照後和柳老師短暫交談，原來柳老師知道林讚標教授找到春赤箭的地點，稍早有找到盛開的花，並表示要帶我去拍，雖然生育地我已去過多次，但未拍過花，老師要帶我去，高興都來不及呢，柳老師帶我找到春赤箭後便離開回竹山了。我則留下來慢慢拍照，拍了幾棵後，在一棵花的基部看到一枚 5 元硬幣，原來是柳老師先前拍照時當作比例尺用的。我拍完照後帶走該枚硬幣，不久後到竹山順道還給柳老師。

▼ 1. 生態環境。2. 4 月初果莢。3. 春赤箭有少數花莖很長的個體。4. 花側面

壺花赤箭
Gastrodia fontinalis var. *suburceolata*

特徵

許天銓先生在其發表文獻中所述，相對於春赤箭花序梗略短、花萼裂片較短、唇瓣較寬、蕊柱略寬等尺寸的差異，以及花被筒基部稍膨大呈花瓶狀、唇瓣表面縱稜較多等。我未解剖，只能說在外觀上，我所看到的壺花赤箭和春赤箭並無不同，附圖是我在秀林鄉壺花赤箭原生地所拍攝的照片。

分布

花蓮縣秀林鄉，生長環境為箭竹林下。

▼ 1. 生態環境。2. 花側面。3. 花腹面。4. 花苞。

1

3

2

4

山赤箭 別名：細赤箭
Gastrodia gracilis

1000-2200m　5-6月

特徵

花序高約 15 至 50 公分，花淡褐色，花被筒鐘形下垂，單個花序 2 至 10 朵花，果莢成熟的同時果柄會抽長。有趣的是，部分植株靠基部的果柄往上抽長較多，頂端則抽長較短，形成熟果會有齊頭的現象。赤箭屬中，僅有北插天赤箭（秋赤箭）高度與之相近，但北插天赤箭（秋赤箭）花為白色，且花朵細小，外形差異極大，沒有混淆之虞。

分布

零星分布於台灣全島中海拔森林下，生育環境為闊葉林或竹林下，闊葉林下較零星，竹林下則常見成群聚落，較常見的竹林有桂竹林及孟宗竹林。光線為半透光的環境。

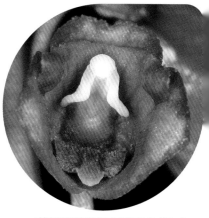

▲ 花正面唇瓣基部密生細毛。

▼ 1. 生態環境。2. 附生在樹幹上的山赤箭。3. 訪花者，身上還帶有花粉小塊，柱頭已授粉。
　　4. 花序側面，花被片合生成筒狀 5. 果實成熟時果梗抽長。

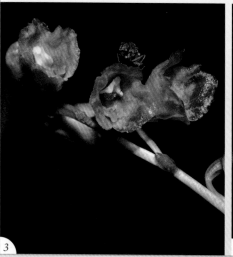

1

2

3

4

5

爪哇赤箭 別名：黃赤箭 *Gastrodia stapfii*
Gastrodia javanica

特徵
花半轉位，花被片合生成半貝殼狀。常見花粉塊自動掉在蕊柱上，是否具自花授粉機制，尚待進一步確定。早上花被片展開，傍晚閉合。有趣的是，花展開及花閉合的時間幾乎集中在一起，我曾記錄到一個族群在 17:15 第一朵花開始閉合，17:30 大部分花朵都閉合了。花的轉位角度和時間也有關係，花剛開時不轉位，之後逐漸轉位，似乎和授粉機制有關，也可能有向光的特性。

分布
蘭嶼、綠島及恆春半島，生育環境為闊葉林下，半透光至略遮蔭的環境。

▲ 花半轉位，花被片合生成半貝殼狀。

▼ 1. 生態環境。2. 花粉小塊自動掉在柱頭上，疑似自花授粉機制。3. 天然露頭的地下根莖。4. 花背面，花呈半轉位狀。5. 結果後仍為半轉位，果莢向上朝天。

1

3

4

2

5

高雄赤箭 別名：*Gastrodia oui* 歐氏赤箭
Gastrodia kaohsiungensis

特徵

花淡紅色，花被筒呈圓形，不甚展開，外形與緋赤箭、蘇氏赤箭、紅寶石赤箭相似，種與種之間的分辨特徵請參考緋赤箭的附表。又，本種有一個特點，就是花序梗可因環境不同而長短不一，如長在枯竹堆中，花序梗可抽長至枯竹堆表面開花。因本種最先發現的族群是在竹園下，常有人為或非人為的大量斷枝落葉覆蓋在高雄赤箭的植株上，大部分植物在這麼厚的覆蓋層之下很難生長，但高雄赤箭有一因應之道，就是其花序梗可抽長伸高超越覆蓋層，讓花開在表面，結果時果梗再抽高 10 至 30 公分，順利完成開花結果的任務，這是一個能適應環境而繼續繁衍族群的特殊功能，如無此機制，本種可能早就絕種了。每年梅雨季的首波大雨後約 1 至 2 週開始開花，花期可持續至 6 月底。

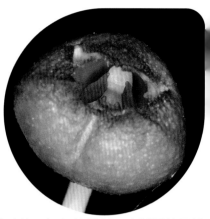

分布

台南及高雄低海拔竹林內，乾濕季明顯的區域，半透光至略遮蔭的環境。

田野筆記

本種是王秋美博士於 2013 年 5 月在左鎮月世界所發現，交由許天銓先生處理，並屬意以歐氏赤箭為名以感謝其恩師歐辰雄老師，但許天銓先生也許是太忙，一直無暇處理。直至 2016 年 10 月才在《台灣原生植物全圖鑑第二卷》披露此一物種，並命名為歐氏赤箭 *Gastrodia oui*，但未以英文或拉丁文描述特徵，也未引證模式標本，因此屬於無效的發表。林讚標教授於 2018 年 10 月 5 日出版之 *Taiwania* 發表為高雄赤箭 *Gastrodia kaohsiungensis*。

▼ 1. 生態環境。2. 側萼片內側滿布紅色疣狀物及細毛。3. 果莢。

柳氏赤箭

相關物種：八代赤箭 *Gastrodia confusa*

Gastrodia leoui

特徵

開花高度約 10 公分上下，花 2 至 10 餘朵，花形近似擬八代赤箭、台東赤箭，這幾種赤箭的外部共同特徵為唇瓣在中段急縮，有如小漏斗剖成一半的樣子。但這三種赤箭中，擬八代赤箭及台東赤箭開花時唇瓣會布滿白色的花粉小塊，而柳氏赤箭開花時唇瓣並無白色的花粉小塊。果莢成熟時，果梗可抽高約 15 至 50 公分。

分布

目前已發現的區域有南投竹山、鹿谷及信義，嘉義梅山、竹崎及阿里山。生育地為闊葉林下、竹林下或柳杉林下。約為半遮蔭的環境。

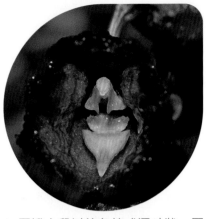

▲ 唇瓣中段以後急縮成漏斗狀，唇面無花粉小塊。

田野筆記

本種原為柳重勝老師發現並發表為八代赤箭 *Gastrodia confusa*，但許天銓先生認定台灣並無八代赤箭，因此重新命名並發表為柳氏赤箭 *Gastrodia leoui*，林讚標教授所著《台灣蘭科植物圖譜》認為柳氏赤箭與八代赤箭並無不同，因此本書將八代赤箭列為相關物種。

▼▶ 1. 生態環境。2. 已授粉之花朵。3. 萼片外表密被疣狀物。4. 結果之植株。

白唇赤箭 別名：陳氏赤箭
Gastrodia leucochila

特徵

外表與無蕊喙赤箭、擬八代赤箭、台東赤箭、柳氏赤箭、南投赤箭相若，種與種之間的分辨特徵請參考無蕊喙赤箭的附表。

分布

目前僅知分布於屏東南迴公路壽卡及雙流一帶，生育環境為靠溪谷的闊葉林下，喜歡較潮溼、半透光的環境。

田野筆記

白唇赤箭是 2012 年 11 月初，陳志豪先生於南迴公路路況改善工程安朔草埔隧道選定路址做環境調查時發現，當下立即貼上網討論，許天銓先生於次日即搭車南下，與郭明裕老師會合後前往觀察並採得標本。幾天後，我和內人也前往觀察，只見花已謝，只拍到果序。2013 年 11 月 7 日，

▲ 唇瓣白色，由基部向先端漸縮

我和內人再度前往該地，當時安朔草埔隧道已動工，渡過一條小溪後才能前往生育地，因天候不佳，到達生育地後立即拍照，此時下起大雨，我心知不妙，匆忙拍幾張後立即撤退，前後不到半個小時，小溪水位已漲成洶湧洪水，我不敢冒險過河，在岸邊苦等一個多小時，待洪水退至安全水位，終於順利渡溪。山中小溪遇暴雨會暴漲暴跌，若遇溪水暴漲，千萬不可強行過河，通常雨停後水會慢慢消退。

本種未正式發表前，在網路流傳的名字為陳氏赤箭。2016 年許天銓先生於《台灣原生植物全圖鑑第二卷》依據其特徵發表為白唇赤箭。

▼ 1. 生態環境。2. 11 月底果莢。3. 果莢成熟後果梗抽長。4. 訪花者

南投赤箭
Gastrodia nantoensis

特徵
外部與無蕊喙赤箭最為相似，唇瓣皆花瓣化，但無蕊喙赤箭在蕊柱與唇瓣間有附屬物，南投赤箭則無。又外表與柳氏赤箭、擬八代赤箭、台東赤箭、白唇赤箭也相去不遠，分辨特徵請參考無蕊喙赤箭的附表。最佳賞花時期南投及苗栗為9月中，新北烏來為10月中。

分布
目前僅發現於南投鹿谷及信義、苗栗大湖及卓蘭、新北市烏來及陽明山國家公園內。生育環境為竹林或闊葉林下，曾在綠竹林、相思樹林下發現其蹤跡。半透光至略遮蔭的環境。

田野筆記
2005年10月8日，我與鐘詩文博士、許天銓先生及其他多人分乘兩輛車在溪頭地區做蘭花調查，傍晚回程時，我臨時起意，在一處左側有空地的地方停車，下車後獨自走進北側的竹林，就看到了10幾棵赤箭果莢。2006年9月初，許天銓先生在該地點往南不遠處找到了新種的南投赤箭，當時數量甚多，但之後竹林內有使用除草劑，便快速減少了。

▲ 花粉小塊散布，推測為自花授粉。

▼ 1. 生態環境。2. 果柄抽長後，基部仍會開花。3. 唇瓣與蕊柱間無附屬物。4. 種子細長僅微彎。

日本赤箭
Gastrodia nipponica

特徵

1 棵 1 個花序，1 至 4 朵花。花紅褐色，花被片合生成花被筒，花被筒基部小，先端大，花半開展。花謝後約 1 個半月果莢成熟，果柄抽高後裂開。

分布

新北、桃園、苗栗、南投，生長環境為闊葉林或柳杉林下，冬季雨水較多或雲霧帶內乾濕季較不明顯的區域。光線為半透光的環境。杉林溪公路雞彎上方有一個較特殊的例子，當地原來是柳杉林及孟宗竹林，就在交界處的林下兩旁都長著許多日本赤箭，原本生長良好，但某一年林政單位（當時的林務局或台灣大學）收回孟宗竹林，將孟宗竹砍除重新造林，日本赤箭從此不見蹤影，就連原本長在柳杉林邊的也無法倖免。

田野筆記

2005 年 5 月，我在烏來大刀山山腰標示一群赤箭果莢，2006 年夏天又在同地點看到別人的標示，後來才知道是許天銓先生做的標示。因為烏來赤箭的果莢在 4 月中旬即已裂開，大刀山山腰所見果莢顯然不是烏來赤箭，於是我密集前往大刀山觀察。2007 年 3 月 16 日，我獨自前往大刀山，赫見標示旁長出幾棵赤箭，個體比烏來赤箭大了許多倍，花被筒又粗又長，花僅半展開，是未看過的新物種。興奮之際馬上打電話給許天銓先生，他聽完我的敘述後馬上回答：「是日本赤箭，我就懷疑台灣有分布這種赤箭。」一個新紀錄種赤箭於焉誕生。

▼ 1. 花側面，左邊花為動物咬痕。2. 訪花者。3. 從動物咬痕中可見唇瓣及基部的胼胝體。4.5 月初爆開的果莢

北插天赤箭

別名：秋赤箭 *Gastrodia autumnalis*；
勐海赤箭 *Gastrodia menghaiensis*

Gastrodia peichiatieniana

 特徵　1棵1花序，1至10餘朵花。花白色，花被片合生成花被筒，花被筒稍細長，基部至先端相同粗細，僅稍展開。果莢於花謝後約1個月成熟裂開，成熟前果梗會稍為抽長。

 分布　普遍分布於各地中海拔森林下，生育地為原始林或次生林下。半透光的環境。

 田野筆記　據《台灣蘭科植物3》，北插天赤箭為林讚標教授在1976年10月10日發現於烏來大桶山。

▲ 內部構造。

▼ 1. 生態環境。2. 花背面。3. 盛花花序。4. 10月底成熟果莢。

冬赤箭 別名：*Gastrodia hiemalis*
Gastrodia pubilabiata

100-1700m　11-3 月

特徵

花序梗 5 公分以下，花被片合生成花被筒，花被筒短，花黃褐色，花萼及側瓣展開幅度甚大。唇瓣表面黑褐色，被白毛。單朵花壽命可達約 1 個星期。每棵花數大多為 2 至 5 朵，少數可達 10 餘朵，我曾記錄到一棵有 11 枝果梗的現象。果梗於果莢成熟後快速抽高，可達 60 公分以上，種子成熟期約於花謝後 2 個多月。赤箭屬中與冬赤箭外表相近者有清水氏赤箭，清水氏赤箭唇瓣表面橙黃色，被橙黃色毛，可與之分別。

分布

零星分布於新北至嘉義、宜蘭、花蓮等地，生育環境為闊葉林、竹林、柳杉林等林下，常見於步道旁較寬濶的空地上，半透光的環境。北部冬季乾季不明顯，花期較穩定，在 12 月底前花期就結束，中南部冬季為乾季，開花因素就靠雲霧帶的水氣或春雨，花季就較不穩定，在海拔較高處花期可拖至 3 月初。

田野筆記

我曾於桶后越嶺步道旁記錄過一群冬赤箭，長在一處路幅較寬的路旁，生長狀況良好，每年均有開花結果。可惜有一年桶后步道進行整修，施工單位將建材堆放在冬赤箭的生育地上，步道整修好之後，該族群也滅絕了。

▼▼ 1. 生態環境。
2. 3 月初裂開的果莢。
3. 天然露頭的地下莖。
4. 花側面。

紅寶石赤箭
Gastrodia rubinea

特徵
花序自地下莖抽出，花淡紅色，萼片與側瓣合生為花被筒，花展開程度不大，外形與緋赤箭、高雄赤箭、蘇氏赤箭相似，其不同處請參考緋赤箭的附表。結果後果莢約1個月成熟爆開。

分布
目前僅知分布於南投縣，生長於一處巨木林下，當地冬季乾燥，但因處於霧林帶內及受巨木林的影響，冬天土中含水量應比其周邊地區為高，因此僅在一小塊區域內發現，光線約為半透光至略遮蔭的環境。

▲ 唇瓣三角形，表面疏被白色長毛，先端具兩個向上凸起的紅色高稜。

▼ 1. 生態環境。2. 花整棵樣貌。3. 花被筒開口小，花被筒內壁前半段紅色，後半段白色。4. 爆開果莢，種子微彎曲不甚長。

1

3

2

4

清水氏赤箭
Gastrodia shimizuana

特徵
花序約 5 公分左右，花約 1 至 8 朵，花被片合生成花被筒，花被筒短，花黃色，花萼及側瓣展開幅度甚大，唇瓣表面橙黃色，被橙黃色毛。外表與冬赤箭相近，冬赤箭唇瓣表面黑褐色，被白毛，可與之區別。果莢成熟約需 2 個月。

分布
已知分布區域有北部的大屯山區、三峽山區及南部的恆春半島，生育環境為闊葉林下或廢棄果園內，均為東北季風盛行乾濕季不明顯的區域。半透光的環境。

田野筆記
本種是鐘詩文博士於大屯山系所發現。

▲ 赤箭屬利用唇瓣開合功能提高授粉率。此為唇瓣全開情況。

▼ 1. 生態環境，天晴時花向前或向上展開。2. 天然露頭地下莖。3. 雨天開花時，花向下垂。4. 蟲媒進入唇瓣後唇瓣緩慢閉合，讓蟲媒在蕊柱下方開口進出，帶走先端的花粉塊，下一次訪花時完成授粉。5. 種子細長。

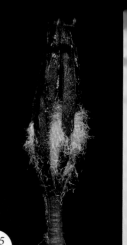

蘇氏赤箭
Gastrodia sui

特徵

本種外形與緋赤箭、高雄赤箭、紅寶石赤箭外形相像，因我拍照時未拍到唇瓣特徵，無法在唇瓣上做比較，但仍能於蕊柱上的特徵比較出不同，蘇氏赤箭的藥蓋為淡橘色，蕊柱側翼先端則向內彎曲半環抱藥蓋，紅寶石赤箭藥蓋為白色，蕊柱側翼先端向前伸展。蘇氏赤箭、緋赤箭與高雄赤箭、紅寶石赤箭不同的特徵請參考緋赤箭的附表。

分布

目前僅知分布於屏東里龍山，生長環境為闊葉林下，該地近年受颱風洪害侵襲，野外能否再找到植株實無把握。

▼ 1. 花序背面。2. 花被筒內側疏被短細毛。3. 蘇氏赤箭（右）與紅寶石赤箭（左）的比較。

1

2

3

短柱赤箭
Gastrodia theana

400-1100m   3-5月

特徵

目前台灣僅有 2 種白色花朵的赤箭，除本種外還有白赤箭，兩者外觀相近，但短柱赤箭花被筒外側有明顯的縱向溝紋，白赤箭花被筒外側則無明顯的縱向溝紋。花期中部地區以 4 月下旬為最佳，南部地區則為 3 月底 4 月初。

分布

目前僅知分布於南投魚池鄉及恆春半島北端，生育環境為闊葉林及竹林，以竹林下的族群較多。半透光的環境。

田野筆記

2011 年 6 月初我至竹山做植物觀察，順道拜訪柳重勝老師，柳老師拿出一份赤箭果序的活體標本給我看，外表看起來就像是白赤箭的標本，只是果期比白赤箭稍早，我不疑有他，以為就是白赤箭，這是我初次接觸短柱赤箭。第二年，謝思怡小姐、李祈德先生、柳重勝老師、葉川榮博士、葉慶龍教授、吳進華先生等人共同發表短柱赤箭為台灣新紀錄種。

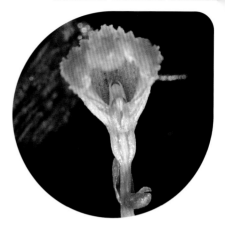

▲ 蕊柱很短。

▼ 1. 生態植株，花被筒捲曲，背朝上
　 2. 地下根莖露頭，花序梗基部長根
　 3. 花被筒底部深裂。
　 4. 成熟爆開的果莢與種子。

1

2

3

4

烏來赤箭
Gastrodia uraiensis

  100-1000m 2-3 月

特徵

花的外形與春赤箭相似，但大小相差極大。烏來赤箭單朵花甚小，黑紅褐色，貼地而生。春赤箭單朵花比烏來赤箭大好幾倍，花淡褐色，花序可達 10 公分左右或更高，所以兩者極易分辨。

分布

台北、新北、宜蘭、南投等地，生長環境為濕潤富含腐植質的林下，包括闊葉林、柳杉林、竹林。

田野筆記

我第一次接觸烏來赤箭約在 2000 年左右，在新北中和烘爐地步道看到黑色果序，當時我對蘭科植物認知有限，根本不知是何種植物。2004 年 4 月 17 日，我在哈盆越嶺步道看到一群赤箭的果序，那時對蘭科植物已稍有涉獵，知道是赤箭的果莢，但以當時的物種來判斷，誤認為是春赤箭。2006 年 3 月初，許天銓先生在烏來大刀山首先找到了烏來赤箭的開花株，但他不敢確定所看到的是春赤箭還是他種，因為當時有關春赤箭的圖資太少，文字描述又十分相近，只有大小差別而已。之後許天銓先生不斷努力求證，終於證明所發現的是新物種，於是發表為烏來赤箭。至於我在烘爐地及哈盆越嶺看到的赤箭果序，直至 2008 年 2 月 25 日及 2011 年 3 月 3 日才分別找到開花植株，證明是烏來赤箭。順便一提，有些地方同時有烏來赤箭及閉花赤箭分布，烏來赤箭若未開花容易被誤判。

▼ 1. 生態環境。2. 花側面及裸露地下莖。3. 爆果及種子。

2

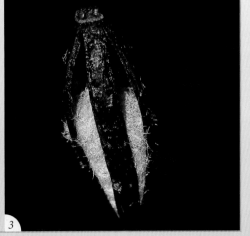
3

斑葉蘭屬 / *Goodyera*

斑葉蘭屬在傳統分類中包含較大的族群，《台灣原生植物全圖鑑》的作者依分子定序，將大斑葉蘭及長苞斑葉蘭獨立為大斑葉蘭屬，將淡紅歌綠懷蘭、恆春歌綠懷蘭及歌綠懷蘭獨立為歌綠懷蘭屬，剩下的種則仍屬斑葉蘭屬，本書遵循《台灣原生植物全圖鑑》的分類方法，將斑葉蘭屬分為上述三屬。

長花斑葉蘭 別名：雙花斑葉蘭；大花斑葉蘭
Goodyera biflora

1500-2800m　6-8月

特徵

具地下根莖，根莖先端往上生長成直立莖。葉深綠色表面具白色網紋，常被登山客誤認為金線蓮而採摘，因此在野外並不多見。花序頂生，不分枝，1 株 1 花序，1 花序 1 至 3 朵花。花序短而花被片長，花僅先端半部展開，後半部貼合成管狀，無距。

分布

台灣全島中海拔霧林帶原始林或人造林下，生於富含腐植質的地上，光線為半透光的環境。

▼ 1. 未開花植株。2. 一棵開 3 朵花的植株。
　 3. 7 月初結果株。

1

2

3

花側面。

波密斑葉蘭 別名：蓮座葉斑葉蘭；*Goodyera bomiensis*
Goodyera brachystegia

1200-1400m　5-6月

特徵

最大特徵在植株幾無直立莖，葉無柄貼地簇生成蓮座狀。葉綠色革質，表面具或不具白色網狀紋路。花序頂生，花序梗長，花可達 10 餘朵。花序梗、苞片外側、子房、萼片外側均被毛。上萼片與側萼片貼合成罩狀，側萼片向兩側伸展。唇瓣舌狀下彎，具卵形短距。

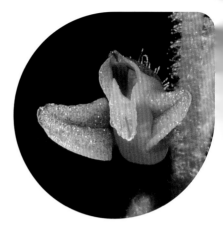

分布

目前僅知分布於新竹尖石山區，生在闊針葉混合原始林下疏草區，當地屬霧林帶，且位於薩克亞金溪河谷上方，因此空氣富含水氣，適合蘭科植物生長，光線則為半透光至略遮蔭的環境。

▼ 1. 未開花植株，葉蓮座狀。2. 花側面，有短距。3. 開花植株，花序長。

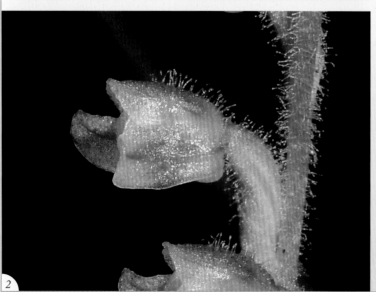

田野筆記

2007 年 6 月 17 日我和內人至新竹尖石山區做生態觀察，在一處海拔將近 1,300 公尺的原始林下，首先看到一叢盛開的白毛捲瓣蘭，正當我全心全意拍攝白毛捲瓣蘭時，內人在不遠處呼叫我，心想又有驚喜了，於是匆匆結束拍照，往前一看，果不其然，沒見過的斑葉蘭，數片硬革質葉密集生長於植物體基部，狀似蓮花座，葉表具白色網紋，頂生 1 個花序開了 10 幾朵花，尚有 2 個花苞還未展開，來的正是時候，是未見過的物種。回到家立刻上傳照片給許天銓先生，自己也查資料，在科學出版社出版的《中國野生蘭科植物彩色圖鑑》中找到了 2 種花和本種花十分相似的物種，分別是波密斑葉蘭及蓮座葉斑葉蘭。根據其說明，波密斑葉蘭葉稍具白色斑，蓮座葉斑葉蘭則未提及有白斑，因此鑑定為波密斑葉蘭。此發現讓以斑葉蘭屬做為研究題材、即將取得博士學位的鐘詩文博士在其論文中增添一種新紀錄種蘭花。此後，我們夫妻多次前往該地追蹤。值得一提的是，2020 年的梅雨季提早 2 週結束，氣溫亦提早升高，結果花季提早 2 週開花。

波密斑葉蘭發現之初，是依據手中有限資料鑑定為波密斑葉蘭 *Goodyera bomiensis*，但依據的照片質量不高，比對起來覺得似是若非，讓我不免存疑。我於 2022 年 6 月用電子郵件請教北京中國科學院植物研究所金效華教授，金教授回傳了三張照片及其意見，照片拍攝於西藏波密通麥，顯示西藏產的波密斑葉蘭唇瓣較短，台灣產的波密斑葉蘭唇瓣較長，側萼片外觀及葉片表面斑紋也有些許差異，但總體上很像，可視為種內的變異，金效華教授亦持相同看法。

《台灣蘭科植物圖譜》初版所用學名為 *Goodyera brachystegia*，並非發表時所用 *Goodyera bomiensis*，此舉讓我疑惑，於是打電話向林讚標教授請益。林教授回答波密斑葉蘭已併入蓮座葉斑葉蘭，並向我說明合併文章的出處，所以波密斑葉蘭和蓮座葉斑葉蘭是同一物種，只是一種葉有白斑，另一種葉沒有白斑。此一合併甚有道理，就如阿里山斑葉蘭併入南投斑葉蘭。至於中文名，大家已用慣波密斑葉蘭，所以本書仍用波密斑葉蘭，蓮座葉斑葉蘭則當作是別名。

▼ 4.6月下旬果莢。

大武斑葉蘭
Goodyera daibuzanensis

800-1600m　9-11月

特徵

葉橢圓形，表面被不規則明顯白色斑塊，稍集中在中肋兩旁。花序頂生甚長，花疏生約10餘朵。花序梗、苞片外側、子房、萼片外側均被毛。萼片外側淡綠色，側萼片內側具淡綠色暈，囊袋外側表面具7條左右縱向淡綠色細線條，側瓣內側先端及唇瓣先端表面具塊狀綠褐色暈。又，本種花與斑葉蘭及高山斑葉蘭十分相似。斑葉蘭及高山斑葉蘭側萼片兩面均為白色，囊袋表面無淡綠色線條。相對於大武斑葉蘭，斑葉蘭及高山斑葉蘭花較展開。

分布

分布於台灣全島中低海拔林下，喜濕潤的環境，曾在樹幹上看過附生的大武斑葉蘭，光線為半透光至略遮蔭的環境。

▼ 1. 生態環境。
2. 3月爆開的果莢，種子較粗較短。
3. 未開花植株。
4. 花側面。

1

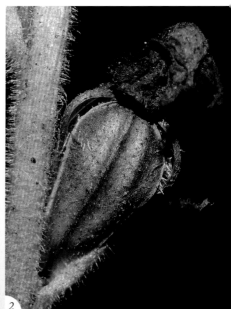

2

3

4

高嶺斑葉蘭 別名：厚唇斑葉蘭；多葉斑葉蘭
Goodyera foliosa

特徵

葉微歪基橢圓形，葉具 3 條較明顯的基出脈，葉表面在基出脈上顯示出淡黃綠色的縱紋。花序頂生，花序梗較童山白蘭為長，花較疏生，花白色帶紅褐色暈，外形極似童山白蘭及達悟斑葉蘭。高嶺斑葉蘭及達悟斑葉蘭花序梗、子房、苞片、花萼表面均被毛，但童山白蘭花序梗、子房、苞片、花萼表面均光滑無毛，可明確區分。又達悟斑葉蘭囊袋外側被乳突狀毛，高嶺斑葉蘭同部位則光滑無毛。結果後，果莢成熟期約為 5 個月。

分布

台灣全島低至中海拔林下，喜土壤濕潤水分較多的環境，常見大面積生長，光線為半透光環境。

▲ 花粉紅色，花萼外部被毛，側瓣不被毛。

▼ 1. 生態環境。2. 2 月中旬果莢爆開，可見少數種子。3. 有螞蟻訪花。4. 葉表面。

3

4

短高嶺斑葉蘭 別名：*Goodyera maximowicziana*
Goodyera foliosa var. *maximowiciana*

700-1400m　9-10 月

特徵 短高嶺斑葉蘭疑似高嶺斑葉蘭與童山白蘭的雜交種，兼具兩物種的特點。上述三物種之特徵請參考下方表格。

分布 目前僅知分布於新竹尖石，分布區域與高嶺斑葉蘭及童山白蘭重疊。

▼ 1. 生態環境。2. 2 月中旬已裂開果莢。3. 花序短。

	花序長短	花序被毛	萼片被毛	側瓣被毛	花顏色
高嶺斑葉蘭	長	被毛	被毛	偶被毛	粉紅色
童山白蘭	短	不被毛	不被毛	不被毛	白色綠暈
短高嶺斑葉蘭	短	被毛	被毛	不被毛	粉紅色

達悟斑葉蘭

Goodyera foliosa var. *taoana*

特徵

與高嶺斑葉蘭外形幾乎完全相同，植株僅葉表面三出脈上無淡黃綠色縱紋，花則僅囊袋外側被乳突狀毛。此兩點特徵可與高嶺斑葉蘭區別。

分布

僅分布於蘭嶼，生於熱帶雨林的疏林下，終年濕潤的環境，光線為半透光至略遮蔭。

▼ 1. 葉表面無淡黃綠色縱紋。2. 囊袋外側被乳突狀毛。3. 生態環境。

銀線蓮 別名：假金線蓮；*Goodyera matsumurana*
Goodyera hachijoensis var. *matsumurana*

特徵

中小型地生蘭，根莖匍匐，先端向上成為直立莖，莖不被毛。葉 3 至 6 枚，葉綠色，具多條基出白色縱向脈紋，縱向脈紋間又具有許多走向不規則的白色脈紋，在整個葉表形成白色不規則網狀方格。中肋兩旁常滿布縱向灰白色細斑塊而形成帶狀紋路。花序頂生，花序梗於第一苞片以上被毛，單一花序花數 10 朵。花序橫向生長，花半轉位，朝向地面方向展開，這種生長方式造成唇瓣生於蕊柱上方，不利蟲媒授粉，是很奇特的現象。萼片外側淡綠色，花瓣及蕊柱白色，唇瓣先端全緣。地生蘭或低位附生蘭，兩者比率相當，在遮蔭較少的地方地生植株較多，在遮蔭較多的地方附生植株較多。

▲ 花正面，囊袋微露出側萼片外

分布

台灣全島零星分布，生於闊葉林或柳杉人造林下，喜歡較濕半透光的環境，但潮濕的地表常有雙子葉植物如冷清草等與之競爭，銀線蓮在蘭科植物中新植株的更新算是較快，因此在生長環境變更後，如果環境適合，會較快在地表長出新植株，但稍後成長速度就會被其他植物趕過，而漸漸消失在草叢中。所以在生態較穩定的環境下，地表通常無銀線蓮的蹤跡。為了避開與他種地生植物的競爭，銀線蓮選擇附生在樹幹低處或長滿苔蘚的岩石上，但銀線蓮需要潮濕的環境，因此只能在河谷兩旁或富含水氣迎風坡的樹幹上或岩石上持續生長延續後代。

◀▼ 1. 可附生在 2 公尺高，甚或更高的樹幹上。2. 11 月初果序。3. 開花植株。4. 有螞蟻訪花。

童山白蘭 別名：短穗斑葉蘭
Goodyera henryi

特徵

葉微歪基橢圓形，表面深綠色具 3 至 5 條淺綠色基出脈，葉波浪緣。花序梗短，花密生，因此有短穗斑葉蘭的稱謂。花白色或略帶淡綠色暈，外形極似高嶺斑葉蘭及達悟斑葉蘭。高嶺斑葉蘭及達悟斑葉蘭花序梗、子房、苞片、萼片表面均被毛，但童山白蘭花序梗、子房、苞片、花萼表面均光滑無毛，可明確區分。

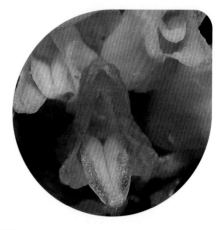

分布

台灣全島中海拔山區，生育環境為冷涼較為濕潤的原始林下，偶見大面積生長，光線為半遮蔭的環境。

▼ 1. 生態環境。2. 有螞蟻訪花。3. 花序短，外表無毛。4. 花側面。

3

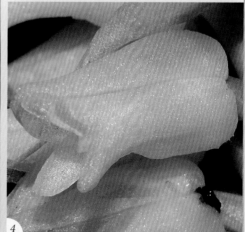

4

高山斑葉蘭 舊名：斑葉蘭 *Goodyera schlechtendaliana*
Goodyera maculata

2000-2600m　7-10月

特徵

地生蘭，濕度高的環境可附生。葉長橢圓形，葉表面綠色，被不規則白色斑塊，無網格狀紋路。花序頂生，花約 2 至 9 朵。本種與斑葉蘭十分相似，除葉表面可由有無網狀紋路區分外，還可由萼片外側被毛的疏密以及唇瓣先端有無綠褐色斑塊加以區別。高山斑葉蘭萼片外側疏被毛，唇瓣先端無綠褐色斑塊；斑葉蘭萼片外側密被毛，唇瓣先端具綠褐色斑塊。

分布

台灣全島中海拔闊針葉混合林下，霧林帶或東北季風可到達的區域，乾濕季不明顯，光線為半透光的環境。

▲ 花正面，唇瓣先端無綠色斑塊。

田野筆記

高山斑葉蘭原被鑑定為斑葉蘭 *Goodyera schlechtendaliana*，並沿用至 2021 年，後經林讚標教授重新鑑定並正名為高山斑葉蘭 *Goodyera maculata*。

▼ 1. 偶有附生在長滿苔蘚的樹幹上。2. 葉面被不規則白色斑塊，無網格狀紋路。3. 花序細長。

南湖斑葉蘭
Goodyera nankoensis

特徵 葉綠色卵狀橢圓形，3 至 5 片，水平生長，中肋兩旁具甚寬的淡綠色帶狀紋路。花序頂生，花約 4 至 15 朵。花序梗密被毛，苞片、子房及萼片表面不被毛。

分布 台灣全島高海拔原始林下，通常生於霧林帶內，喜歡空氣冷涼且濕潤環境，光線為半透光至略遮蔭，較常見於稜線上、登山步道旁及疏林下。

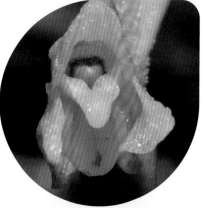

▼ 1. 生態環境。2. 開花植株。3. 未開花植株，中肋兩旁具甚寬的淡綠色帶狀紋路。4. 花側面。

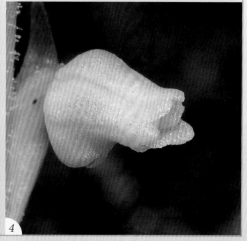

南投斑葉蘭

別名：阿里山斑葉蘭 *Goodyera arisanensis*；袖珍斑葉蘭

Goodyera nantoensis

1800-2500m ｜ 7-9月

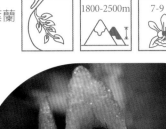

特徵
葉綠色，表面滿布不規則的白色斑塊。有少數植株葉表面全綠無白色斑塊，曾被發表為阿里山斑葉蘭 *Goodyera arisanensis*。但兩者花完全相同，且有中間型，葉表面有無白色斑塊只是種內變異現象而已。花序甚長，多斜向上生長，花朝向地面單側展開，蕊柱生於唇瓣上方，與銀線蓮大異其趣。花多者可達約50朵，花序軸及子房密被毛，苞片外側疏被毛，花白色，花被光滑無毛。

分布
台灣全島中海拔霧林帶原始林內點狀零星分布，分布點及數量均不多。附生在滿布苔蘚的樹幹上，生育環境條件與垂葉斑葉蘭相同，常有伴生現象。半透光的環境。

▶▼ 1. 生態環境。2. 未開花植株。3. 葉表面綠色無白斑者曾被發表為阿里山斑葉蘭。4. 訪花者。5. 花僅半展，開口向下。6. 成熟裂開果莢，種子長橢圓形。

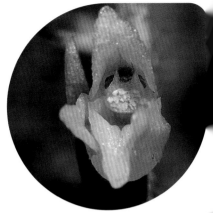

垂葉斑葉蘭
別名：垂枝斑葉蘭；*Goodyera recurva*

Goodyera pendula

1600-2600m　6-7月

特徵　葉長橢圓形。花序梗自頂端抽出，初時向下斜生，中段反折約90度向上生長，因此花序會呈90度的彎曲。花序梗、苞片外側、子房、萼片外側均密布長毛。花白色密生，朝向光線較強的方向展開，僅微展開。萼片、側瓣、唇瓣先端均向上彎曲。

分布　台灣全島中海拔霧林帶原始林內點狀零星分布，分布點及數量均不多。附生在滿布苔蘚的樹幹上，生育條件與南投斑葉蘭相同，常有伴生現象。光線為半透光的環境。

▼　1. 未開花植株。2. 植株下垂，花序斜向上生長。
3. 與苔蘚伴生。4. 8月中旬果序。

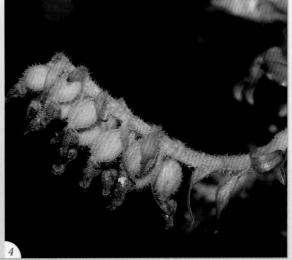

穗花斑葉蘭 別名：高斑葉蘭
Goodyera procera

特徵 台灣斑葉蘭屬中，本種算是最大型的物種，花序長，可達約 50 公分，花極小，基部綠色，至先端漸次轉白，花朝向花序軸四周開放，並無朝單邊開放的情形。花序軸及苞片外側密被毛，萼片外側疏被毛。

分布 台灣全島低海拔山區，生育環境廣泛，從陽光照射充足的草叢到較少光照的河谷地形，喜水分充足的環境，在河流兩岸或河流中央石塊上均可見其蹤跡，可說是半水生植物。光線為半透光至全日照的環境。

▲ 花的正面及側面。

▼ 1. 長在河邊的族群。2. 長在河中的族群。
3. 4 月上旬的果序。4. 葉片。

小小斑葉蘭

別名：*Goodyera yangmeishanensis*

Goodyera pusilla

600-1400m　8月

特徵

根莖匍匐，先端向上生長成地上莖，地上莖直立不被毛。葉長橢圓形，表面綠色，葉表面具白色網脈紋，中肋兩旁無灰白色縱向細斑塊。花序頂生，垂直向上生長，花序軸明顯被毛，苞片基部具緣毛，子房及萼片外側疏被短毛。花朝向光線較強的方向展開，花僅微展，花轉位約 360 度，唇瓣先端撕裂狀，唇盤具粗肉質短毛。

分布

大致分布於東北季風盛行區域，從苗栗以北沿宜蘭花東至屏東，喜表土含水量稍高，乾季不明顯的區域，光線為半透光的環境。

▲ 具短距，唇瓣撕裂狀。

▼ 1. 生態環境。2. 葉表面。3. 花序。4. 12 月中旬果莢。

3

4

長葉斑葉蘭
別名：雙板斑葉蘭；*Goodyera bilamellata*

Goodyera robusta

特徵

中高位附生，偶見地生。根莖匍匐附生於樹幹上，先端彎折向上成為直立莖，常與苔蘚伴生。葉長橢圓狀，葉表綠色，偶有不明顯細白斑，細鋸齒波浪緣。花序由植株頂端抽出，花朝向光線較強的方向展開。花序梗、苞片外側、萼片外側、子房表面密被細毛。側瓣先端具綠褐色斑塊，唇瓣先端則無。

分布

台灣全島中海拔霧林帶，大都長在霧林帶原始森林中，喜濕潤涼爽的環境，光線為半透光至略遮蔭。

▼ 1. 生態環境。2. 未開花植株。3. 開花植株。
4. 唇瓣囊袋未伸出側萼片。

▲ 唇瓣白色，先端無褐色斑塊。

斑葉蘭 別名：花格斑葉蘭 *Goodyera kwangtungensis*

Goodyera schlechtendaliana

1300-2400m　6-10月

特徵

莖直立，葉基部叢生，約 5 至 9 片，葉表面綠色，被白色網格狀花紋，不同地區的網格狀花紋變化甚大，各異其趣，甚至有葉片呈墨綠色，網格狀花紋不明顯的葉片。莖短，花序頂生，花約 3 至 12 朵，花白色，高可達 10 餘公分。花序梗、苞片外側、子房、萼片外側密被長毛，側瓣先端及唇瓣先端被綠色斑塊。花與離瓣斑葉蘭極為相似，僅花的側瓣合生可與之區別，斑葉蘭側瓣合生，離瓣斑葉蘭側瓣分離。

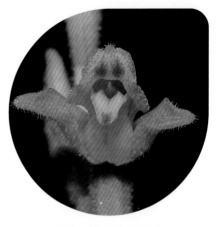

分布

台灣全島中海拔潤針葉混合林下，生長在落葉及腐植質多的環境，能適應冬季乾旱的氣候，光線為半透光至略遮蔭的環境。

▲ 側瓣上緣合生不分離。

▼ 1. 未開花植株。2. 生態環境。3. 花序。4. 11 月初果莢。

3

4

離瓣斑葉蘭
Goodyera sp.

1700-2000m 9月

特徵

莖直立，葉不規則疏生於莖側，葉硬革質綠色卵狀橢圓形，5 至 9 片，表面具白色粗格狀紋路。花序頂生，與斑葉蘭差別不大，但花序較長，花疏生，花白色。花序梗、苞片外側、子房、萼片外側密被長毛，側瓣先端及唇瓣先端被淡綠色斑塊。與斑葉蘭最大的區別在於本種葉較硬挺、疏生，且葉片斜向上生長，側瓣完全分離。斑葉蘭則葉片較軟，大致向水平方向生長，側瓣則是上緣合生。

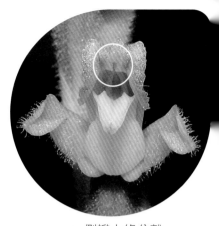

▲ 側瓣上緣分離。

分布

目前僅分布於宜蘭山區，生於霧林帶內，喜歡空氣濕潤，光線半透光至略遮蔭的環境，偶見於稜線上的林緣。

田野筆記

2019 年 9 月 19 日，我和內人在宜蘭山區觀察，照例內人在前面找花，我在後面拍照。內人看到一棵盛開的斑葉蘭，招呼我前往拍照，表面看起來，那棵斑葉蘭葉數較多，較硬挺莖較長且向上生長，氣質不同於斑葉蘭，在比對放大照片後，發現側瓣上緣是分離的，與斑葉蘭的側瓣合生有所不同。

▼ 1. 生態環境。2. 花序。3. 11 月上旬果莢。4. 葉片較硬挺，斜向上生長。

1 2 3 4

鳥嘴蓮 相關物種：*Goodyera similis* var. *albonervosa* 斑紋鳥嘴蓮
Goodyera similis

特徵

匍匐根莖生於地表腐植層，向上彎曲長成地上直立莖。葉長橢圓形，葉表面深綠色，中肋具一明顯白色線條，葉背紫紅色。花序自莖頂抽出，花序梗、苞片外側、子房及萼片外側密被短毛。花約 3 至 10 朵，花萼淡紅褐色，側萼片先端向內凹折成圓錐狀，側瓣及唇瓣白色或淡紅褐色。唇瓣先端向內凹折，藥蓋與柱頭間具黃色先端深裂成二叉狀的喙，囊袋白色。

分布

台灣全島中海拔闊針葉混合林下，霧林帶或東北季風可到達的區域，半透光的環境。

田野筆記

在南橫山區有一種花外觀與鳥嘴蓮相同，僅葉表具白色網格狀斑紋和鳥嘴蓮不同，曾被發表為斑紋鳥嘴蓮 *Goodyera similis* var. *albonervosa*，但因花外觀與鳥嘴蓮相同，應視為鳥嘴蓮的種內變異。根據《台灣蘭科植物圖譜第二版》所述，斑紋鳥嘴蓮蕊柱較粗短，爪部（蕊柱基部狹窄部分）已經消失，但此需靠解剖花部才能觀察，已超出生態觀察的範圍，本書將之列為相關物種。

◀▼ 1. 開花植株。2. 斑紋鳥嘴蓮的葉表面具白色網格狀斑紋。
3. 囊袋白色的花。有訪花者。4. 囊袋黃色的花。
5. 3 月裂開的果莢與果莢內的種子。

葉氏斑葉蘭
Goodyera similis var. *similoides*

特徵

初步推測葉氏斑葉蘭是鳥嘴蓮與斑葉蘭的雜交種，葉深綠色，中肋兩旁具淡綠色帶狀條紋，兩側則具淡綠色細網格，兼具鳥嘴蓮及斑葉蘭的特徵，但與兩者均有區隔。花序頂生，花序梗、苞片外側、子房、萼片外側密被毛，與鳥嘴蓮密被短毛及斑葉蘭密被長毛不同，葉氏斑葉蘭被毛長度介於鳥嘴蓮及斑葉蘭之間。花的外形則較像鳥嘴蓮，但側萼片先端僅微向內凹，不如鳥嘴蓮側萼片先端內凹成圓錐狀。喙則為淡黃色先端僅微裂，與鳥嘴蓮的喙黃色，先端深裂成二叉狀的喙明顯有別。

分布

目前僅知分布於新竹尖石山區，生於霧林帶原始林內，乾濕季不十分明顯，光線約為半透光的環境。

田野筆記

葉氏斑葉蘭是葉美邵小姐於 2019 年 12 月 18 日於尖石山區生態觀察時所發現，經過多次追蹤，於 2020 年 9 月 25 日觀察到開花，並採得標本交付林讚標教授發表為葉氏斑葉蘭。

▼▶ 1. 未開花植株。2. 生態環境。3. 花序正面。4. 花序側面。

1

2　　　3　　　4

高嶺鳥嘴蓮
Goodyera ✕ *tanakae*

1100-2500m　8-10 月

特徵　葉表面綠色，與高嶺斑葉蘭類似，但鳥嘴蓮葉則為墨綠色。高嶺鳥嘴蓮與鳥嘴蓮葉表中肋具一條粗淡綠色條紋，高嶺斑葉蘭則無。花色淡粉紅色與鳥嘴蓮相似，高嶺斑葉蘭花色則為較深的粉紅色。高嶺斑葉蘭萼片被毛較長，高嶺鳥嘴蓮及鳥嘴蓮則較短。高嶺斑葉蘭花密生，高嶺鳥嘴蓮及鳥嘴蓮花則疏生。三者特徵不同處請見下方列表。

分布　台灣全島中海拔闊針葉混合林下，霧林帶內或東北季風可到達的區域，光線為半透光的環境。

	葉表顏色	中肋	花序	花色	萼片被毛長度
高嶺鳥嘴蓮	綠色	具淡綠色粗條紋	疏生	淡粉紅色	短
高嶺斑葉蘭	綠色	不具淡綠色粗條紋	密生	粉紅色	長
鳥嘴蓮	墨綠色	具淡綠色粗條紋	疏生	淡粉紅色	短

◀▼ 1. 開花植株。
2. 未開花植株。
3. 2 月中旬結果株。
4. 花序。

3

4

蘭嶼金銀草

Goodyera yamiana

特徵

根莖匍匐，先端向上生成地上莖。葉綠色橢圓形，表面具淡綠色不明顯網格狀脈紋。花序頂生，花序梗被短毛，花數可超過 50 朵。花甚小，半轉位，僅半展，顏色近白色略帶紅暈。唇瓣近三角形，喉部具肉質狀毛。囊袋基部略凸出側萼片。

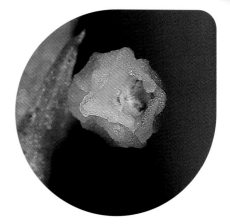

分布

目前僅知分布於蘭嶼熱帶雨林下，無明顯乾濕季，光線為半透光至略遮蔭的環境。

▼　1. 生態環境。2. 未開花植株。3. 花序。4. 3 月中旬果莢。
　　5. 囊袋微露，有螞蟻訪花。

玉鳳蘭屬通常花序長，葉叢生於莖的一小段，花通常綠色，只有白鳳蘭花白色例外，葉長橢圓形，花瓣複雜多變化，未開花時較不易辨識。

樂氏玉鳳蘭
Habenaria alishanensis

特徵

葉表面光滑具光澤，葉叢生於莖的基部。花序梗具數條縱向稜脊，稜脊上具細短肉刺，肉刺常有分叉。子房及萼片有較短的肉刺。苞片具細緣毛。花疏生，上萼片與側瓣貼合成罩狀。唇瓣深三裂，均無被毛，中裂片向前伸展，側裂片向兩側伸展，先端半部為粗鋸齒狀淺裂緣。距尾端略膨大不彎曲，長度約略短於子房或與子房等長。

分布

目前僅知分布於嘉義阿里山區，生長在桂竹林下，伴生的玉鳳蘭屬有毛唇玉鳳蘭及玉蜂蘭，位於河谷旁不遠處，當地夏季雨量豐沛，冬季不十分乾燥，光線約為半透光的環境。

田野筆記

本種是樂國柱先生於 2017 年或更早在阿里山區所發現，於 2017 年 8 月採得開花植株標本，交由林讚標教授發表，於 2017 年 10 月 12 日的 *Taiwania* 第 62 卷第 3 期刊出。

樂氏玉鳳蘭可能是雜交種，親本之一極可能是玉蜂蘭，因其葉表面光滑具光澤，以及花序梗具數條縱向稜脊，且稜脊上具有分叉的肉刺，這些特徵僅玉蜂蘭有。另一親本可能是當地也有分布的毛唇玉鳳蘭，但在外觀上並未發現毛唇玉鳳蘭明顯的特徵。樂氏玉鳳蘭究竟是玉蜂蘭的變種，還是和其他種的雜交種，或是新物種，還需要進一步釐清。

▲ 花粉塊已附著於柱頭上。

▼ 1. 花側面。2. 葉片長在植株基部。3. 開花植株與生態環境。4. 花序。

1

3

4

玉蜂蘭
Habenaria ciliolaris

特徵

莖自土中冒出。葉叢生於莖的基部，葉基包莖，葉長橢圓形，具大波浪緣，表面光滑具光澤，中肋下凹，基出脈數條。花序梗具數條縱向稜脊，稜脊上具長肉刺，肉刺常有分叉，子房及萼片也有相同但較短的肉刺。苞片具緣毛。花淡綠色，上萼片與側瓣合生成罩狀，側萼片寬大。唇瓣基部深三裂，三裂片呈 3 條細長圓柱體，側裂片向上捲曲成半圓形，外形有如非洲象的象牙，中裂片則向下伸展，三裂片外表均光滑無毛。距甚長，尾端膨大，中段稍前處微向下彎曲，如蜂腰狀，長度略短於子房。

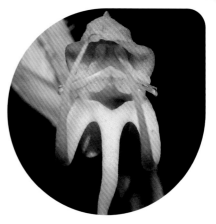

分布

台灣全島均有分布，大都在乾濕季不明顯的區域，潤葉林疏林下或林緣、竹林下、道路或登山步道旁，半透光至略遮蔭的環境。

▼ 1.開花植株。2.花側面，距如蜂腰狀，花莖具肉刺，肉刺常有分叉。3.葉叢生於植株基部。4.9月中旬果莢

楊氏玉鳳蘭

Habenaria sp.

特徵

植株外表與玉蜂蘭相同，僅花不相同，側瓣和上萼片分離，向上伸展，側萼片向兩側斜下伸展，唇瓣淺三裂，中裂片三角形，與玉蜂蘭不同。距短於子房，略彎曲或不彎曲。最特殊的部位在柱頭，一朵花有兩個柱頭，有一個柱頭是正常發育的，另一個柱頭則有不同型態，有正常發育的，有半退化的，還有近全退化的，這在蘭科植物很罕見。

分布

目前僅知分布於苗栗大湖，產業道路旁的桂竹林下，與玉蜂蘭伴生，當地冬季氣候乾燥，光線為半透光至略遮蔭的環境。

田野筆記

楊氏玉鳳蘭是楊玉惠小姐於 2019 年 8 月初在苗栗大湖丘稜地所發現。蘭花是一個非常進化的物種，先是由輻射花瓣進化為唇瓣形態，目前大多數蘭花都是保持在具唇瓣的形態，少數蘭花物種再進化成不同形態，玉鳳蘭屬就是此種形態之一。玉鳳蘭屬的唇瓣進化成多數細絲狀，在生態上可能有其特殊意義，比如更能留住授粉蟲媒提高授粉機率，或是藉此保護減少外力損傷等，有待學者研究。楊氏玉鳳蘭的唇瓣形態與玉蜂蘭不同，我推估與遠古基因遺傳覺醒有關，覺醒後唇瓣返回其進化之前寬大三淺裂形態，這是一個研究遺傳基因很好的物種。

▲ 兩個柱頭完整的花。

▲◀ 1. 生態環境，除花外，與玉蜂蘭外表並無不同。
2. 花距略彎曲的花。
3. 距筆直的花。
4. 兩個柱頭一個半退化。
5. 兩個柱頭一個柱頭幾近全退化。
6. 雙花並蒂花背面。

白鳳蘭　別名：鵝毛玉鳳花

Habenaria dentata

 特徵

葉卵狀披針形，葉由莖基部起向上散生，葉緣具一白色半透明細帶。花序頂生，花序梗圓形無稜不被毛，花序軸具細縱稜。花白色。唇瓣三裂，中肋隆起延伸至中裂片先端，側裂片先端細裂成不規則鋸齒緣。距淡綠色長圓柱狀，長度約為子房的 2 倍長。

分布

台灣全島中低海拔零星分布，最常見的環境為草坡及公路邊坡，略有遮蔭的環境。

▼ 1. 距淡綠色長圓柱狀，長度約為子房的 2 倍長。

▲ 花正面，有訪花者。

▼ 2. 葉緣具一白色半透明細帶。3. 10 月中旬果莢。4. 生態環境。5. 盛花的花序。

新竹玉鳳蘭
Habenaria furcata

700-850m   10月

特徵 莖直立，葉綠色，疏生於離地約 20 幾公分的莖上，長橢圓形，中肋下凹，表面網紋狀小格不明顯。花序頂生，花序軸具細縱稜脊，花序梗、苞片、子房及萼片均不被毛，萼片上半部細鋸齒緣，先端具芒尖，上萼片與側瓣分離。側瓣於基部深裂成二裂片，側瓣二裂片分別向下及向上伸展，向上伸展之裂片先端皺摺狀彎曲，向下伸展之裂片無皺摺，二裂片均不再分裂。唇瓣三裂，分裂點離基部有一小段距離，唇瓣側裂片先端再二裂分叉，中裂片先端皺摺狀彎曲未再分裂。

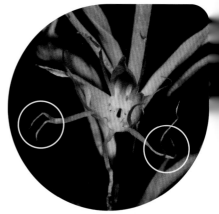

▲ 唇瓣側裂片先端再分裂成 2 裂片。

分布 目前僅知分布在新竹五峰，生長在公路旁的竹林邊緣下。《台灣蘭科植物圖譜》提及新北山區亦曾發現。生於乾季不十分明顯的區域，略遮蔭的環境。

▼ 1. 開花植株，葉片離地約 20 至 30 公分。2. 花序軸不被毛及肉刺。

野筆記

本種可能是天然雜交種，至於親本是何物種就不得而知了，五峰鄉的生育地我僅見過1次開花，之後多次造訪均未再見植株，可能是因為雜交種不具生育力，未能繁衍後代。若想再見新竹玉鳳蘭，可能要有機緣了。

《台灣蘭科植物圖譜》中的新竹玉鳳蘭產於新北，本書圖片攝於新竹縣，經比對，外表大致相同，但唇瓣的側裂片有相當大的差異。新竹的側裂片先端再分裂為等長的二裂片，新北的側裂片則僅有一個小分叉，分叉兩邊的長度相當懸殊。

	新竹玉鳳蘭	冠毛玉鳳蘭	裂瓣玉鳳蘭	線瓣玉鳳蘭
莖長度	長	長	長	長
葉表脈紋	不明顯	明顯	不明顯	不明顯
側瓣	再裂成二裂片	再裂成二裂片	再裂成二裂片	下端微凸出
側瓣裂片	不再分裂，上裂片先端皺摺狀彎曲	不再分裂，上下裂片均微捲曲	上裂片二裂，下裂片再分裂3至5裂片	不再分裂
唇瓣側裂片	先端分裂成二裂片	不再分裂，均微彎曲	下緣分裂成7至10裂片	不再分裂
唇瓣中裂片	不再分裂，先端皺摺狀彎曲	不再分裂，捲曲	再分為3細裂片	不再分裂
萼片先端芒尖	具短芒尖	不具芒尖	具長芒尖	具長芒尖

▶▼ 3. 葉片。4. 左右側瓣各裂成2條裂片，1條往上伸展，1條往下伸展。5. 萼片先端具芒尖。

岩坡玉鳳蘭
Habenaria iyoensis

特徵

莖不明顯或極短，葉叢生於基部，近貼地而生，表面綠色，無網格狀紋路。花序頂生，花序軸具細縱稜，表面具肉疣。花序梗、苞片、子房、花萼均不被毛，萼片先端無芒尖。花淡綠色。側瓣與上萼片合生成罩狀。唇瓣三裂，中裂片近圓柱狀，側裂片細長，向兩旁伸展，和中裂片呈T字形。距尾端不膨大，約與子房等長，微向前彎。

分布

台灣西部低海拔山麓，生長在乾濕季明顯的區域，略遮蔭的環境。

▲ 花正面，上萼片與側瓣合生成罩狀。

◀▼ 1. 花朝光線來源方向展開，授粉率很高
2. 花序軸具縱稜，不具毛及肉刺。
3. 開花植株，葉叢生於莖基部。
4. 柱頭沾滿花粉小塊。

翹唇玉鳳蘭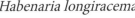

相關物種：長穗玉鳳蘭；*Habenaria crassilabia*

Habenaria longiracema

特徵

莖短，葉叢生於基部，綠色，長橢圓形或倒披針形，表面具深綠色網格狀紋路，花序頂生，花序軸具細縱稜，表面具或不具肉疣。花黃綠色疏生，側瓣與上萼片合生成罩狀。唇瓣三裂，側裂片橫向伸展，中裂片向上翹起與側瓣及上萼片先端接觸，此為其名稱的由來。距中段略膨大，微向前彎曲，長度約子房長度一半或稍長，常見花粉小塊外露。

分布

分布於南投至屏東中低海拔闊葉林下或道路及登山步道旁，皆為乾濕季明顯的區域，略遮蔭的環境。

▼ 1. 生態環境。2. 葉叢生於莖基部。3. 花側面。4. 花往光線較強方向展開。5. 訪花者。

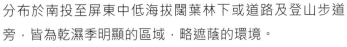

冠毛玉鳳蘭 別名：叉瓣玉鳳蘭；*Habenaria longidenticulata*
Habenaria pantlingiana

特徵

莖綠色直立，長約 20 幾公分，未開花時葉生於頂呈叢生狀，多為 5 至 6 枚，葉綠色，葉中肋凹陷，葉表具多數深綠色橫紋及縱紋，相互形成許多方格狀網紋。花序頂生，花序軸具細縱稜，花序軸、苞片、子房、花萼均不被毛。花萼及花瓣綠色，花數十朵至近百朵，花自花序軸向四周展開如撢狀，萼片先端延生成長尾尖，無芒尖。上萼片與側瓣分離，側瓣自基部深二裂，分別向下及向上伸展。唇瓣自基部深三裂，裂片均十分細長且不再分裂，萼片長尾尖與花瓣裂片雜亂無序向四方伸展。距尾端略膨大，微向前彎曲，長度約與子房等長。

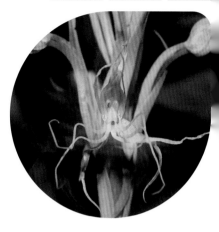

分布

台灣北部、東部及南部低海拔山區，生在竹林下、疏潤葉林下、林緣或步道旁，以北部及東部較多，喜濕潤的環境，光線則為半透光至略遮蔭。

▼ 1. 花向四面展開。
2. 花側面。
3. 2 月果莢。
4. 葉生於離地約 20 至 30 公分的莖
5. 葉表面。

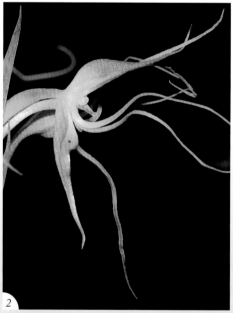

1

2

3

4

5

毛唇玉鳳蘭
Habenaria petelotii

700-1400m 6-8月

特徵 莖自土中冒出，莖無毛。葉叢生於離地約 20 公分左右的莖上，葉基抱莖，葉長橢圓形，具波浪緣，表面霧狀無光澤，基出脈數條。花序頂生，花序梗、子房、苞片、萼片外側均光滑無毛，花萼分離，萼片先端具短芒尖。花淡黃綠色。側瓣深二裂，上裂片細長，往上伸展，薄片狀，具細緣毛，下裂片線形，外被細毛，向下向後圓弧狀伸展。唇瓣深三裂，裂片線形，表面均密被細毛，且均向後彎曲成弧形。距於中段急縮成細腰狀，微之字形彎曲，長度約為子房長度的一半。

分布 主要在新竹以南至嘉義以北，乾濕季分明的區域，生育環境為闊葉林疏林下或林緣、竹林下、道路以及登山步道旁，光線為半透光至略遮蔭。

▲ 花正面，萼片先端具短芒尖。

▼ 1. 葉表面。2. 10 月初幼果。3. 葉生於離地約 20 公分的莖上。4. 花序軸具細縱稜，不具毛及肉刺。

裂瓣玉鳳蘭
Habenaria polytricha

300-1400m　　9-10 月

特徵

莖直立，葉綠色疏生於離地約 20 公分以上的莖上，長橢圓形，中肋下凹，表面無網紋狀小格。花序頂生，花序軸具細小縱稜脊，莖、苞片、子房及萼片均不被毛，萼片具長芒尖。側瓣及唇瓣均二階段分裂，側瓣第一階段分裂為二裂片，上裂片向上伸展，且大部分於中段再分裂為 2 細裂片，少部分不裂，下裂片橫向伸展，再分裂為 3 至 5 細裂片。唇瓣白色，第一階段分為三裂片，側裂片橫向伸展，由下方單側再分裂為 7 至 10 細裂片，中裂片再分裂為 3 細裂片，所有裂片大致呈一平面，不似冠毛玉鳳蘭的裂片雜亂無序。距尾端略膨大，向前彎曲，長度約與子房等長或略短。

分布

台灣全島零星分布，以桃園、新竹、苗栗、屏東、台東較多，生長環境為冬季不十分乾燥也不十分潮濕的區域，闊葉林或竹林下，光線為略遮蔭的環境。

▼ 1. 花序。2. 萼片先端具芒尖。3. 10 月底果莢。4. 生態環境。5. 葉生長的位置。

1　　2　　3

4　　5

台灣鵑娜蘭
Habenaria sp.

特徵
莖短，葉 2 枚，綠色肉質，僅主脈較明顯，主脈兩旁具數條不明顯基出脈，葉表面無網格。花序頂生，花 10 餘朵至近 30 朵，花偏向光線較強的方向展開，花序軸具細縱稜。花序軸、苞片外側、子房、萼片外側均具細小疣狀物或細肉刺。花僅半展，可見花粉小塊外露，生殖機制疑似自花授粉。上萼片與側瓣合生成罩狀，側萼片向前伸展。唇瓣三淺裂，中裂片先端偶凹陷，基部具扁圓球形短距。

分布
目前僅知分布於花蓮秀林山區，終年濕潤的環境，生於闊葉林緣或林道旁或廢棄林道上，可適應半日照到全日照的環境。

田野筆記
2009 年 4 月 11 至 13 日，我和林業試驗所的朋友前往花蓮秀林做自然觀察，回程與鐘詩文博士同行，我無意間在廢棄林道上看到兩棵未見過的不起眼蘭花，花被已閉合且子房已膨大，鐘詩文博士初看也楞了一下，回答是新種蘭花。這就是台灣鵑娜蘭發現的經過。至於為何命名為台灣鵑娜蘭，我不明白其意義。隔 2 年的 3 月底，許天銓先生又在附近比較靠近原住民部落的地方發現另一個族群，花也是閉合的，所以很多人認為本種是閉鎖花。後來我再度上山，拍到花被展開，才確定不是閉鎖花。2024 年 3 月底我在離第一次發現台灣鵑娜蘭地點直線距離約 40 公里的地方又發現另一個族群，推測整個花蓮地區應該還有許多族群未被發現。

▼ 1. 生態環境。2. 花側面。
3. 葉表面。4. 雙花並蒂。
5. 4 月中旬幼果。6. 花序。

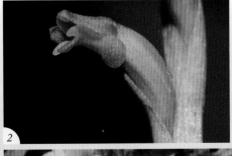

線瓣玉鳳蘭 別名：狹瓣玉鳳蘭
Habenaria stenopetala

特徵

莖直立，葉綠色疏生於離地約 20 幾公分的莖上，長橢圓形，中肋下凹，表面無網紋狀小格。花序頂生，花序軸具細小縱稜脊，花序軸、苞片、子房及萼片均不被毛，上萼片與側萼片先端均具長芒尖，上萼片與側瓣分離。唇瓣深三裂，三裂片線形，小弧度向後反折。側瓣狹長向上伸展，基部具一枚凸出短裂片向旁或向下伸展。距細長圓柱狀，約與子房等長，微向後延伸。台灣本島花期為 8 月至 10 月，蘭嶼則為 10 月至次年 1 月。

分布

台灣全島及蘭嶼低海拔闊葉林或竹林下，分布環境為冬季不十分乾燥的區域，略遮蔭的環境。

▲ 花正面，圖中畫圈處為藥室，藥室正下方突出物為兩個柱頭。

▼ 1. 生態環境。2. 花序。3. 葉表面。4. 萼片具芒尖，右方花柱頭沾滿花粉小塊。5. 葉生於離地約 20 公分的莖上。

蔡氏玉鳳蘭

Habenaria × *tsaiana*

特徵 莖直立，葉橢圓形，叢生於離地約 20 公分的莖上，外形與裂瓣玉鳳蘭相似。花序頂生，花序軸具細小縱稜脊。萼片分離，上萼片向上伸展，側萼片向後伸展，先端均具芒尖。側瓣自基部分裂為 2 裂，上裂片線狀向上伸展不再分裂，下裂片線狀向下生長再分裂為 2 裂。唇瓣 3 裂，側裂片再分裂為 3 裂，中裂片則不再分裂。距長圓柱形尾端未膨大，長度約與子房約略等長，向後向下延伸。

分布 目前僅知分布於新竹尖石山區，生育地為疏桂竹林下，冬季氣候乾燥，伴生有冠毛玉鳳蘭、線瓣玉鳳蘭、裂瓣玉鳳蘭，還有幾種線柱蘭，光線為半透光至略遮蔭的環境。

田野筆記 2013 年 1 月底，我在尖石一處河谷台階的竹林內發現許多玉鳳蘭屬及線柱蘭屬蘭花，感覺值得再度前往觀察，但都沒有積極前往，便將地點告訴蔡錫麒先生。蔡先生於當年 9 月夥同沈伯能先生前往，發現了唇瓣裂片較裂瓣玉鳳蘭少的一種玉鳳蘭。我於 9 月 13 日前往該地拍照，在蔡錫麒先生及沈伯能先生的授意下，採一截花序做為標本，交給林讚標教授發表為蔡氏玉鳳蘭，刊於 *Taiwania* 第 59 卷第 4 期。

▼ 1. 生態環境，葉自離地面 20 公分的莖上生出。2. 花側面，萼片先端具芒尖。3. 葉表面。4. 花序。

漢考克蘭屬（滇蘭屬）/ *Hancockia*

本屬台灣僅 1 種，是 10 餘年前才發現的新紀錄種，但如今生育地已很難找到植株，發現後不到 10 年就淪為嚴重瀕臨滅絕的物種。

漢考克蘭
Hancockia uniflora

1000-1100m　　7-8 月

特徵

根莖匍匐或斜向上生長，具莖節，深綠色，多分枝，分枝可再分枝。葉生於分枝頂端，1 分枝僅生 1 葉，綠色至深綠色，部分具深紫色暈，葉表面滿布氣孔，基出縱脈數條。花序自莖節處抽出，1 序 1 花，花初開時為白色，末期花漸次轉為淺黃色。側瓣及萼片外形相同且等長，向前伸展。唇瓣表面具紫紅色斑點，三裂，側裂片小三角形，中裂片大三角形，中裂片基部兩側具粗鋸齒緣，唇盤具 2 條縱向凸稜。距自唇瓣後方伸出，長約與花被等長，後半段稍膨大向下略彎。

分布

目前僅知分布於新北復興區，東北季風盛行區兼具霧林帶氣候，乾濕季不明顯的環境，生於原始林下，光線為遮蔭較多的環境。

▲ 唇瓣三裂，具二條縱向凸稜，唇盤四周滿布紫色斑點。

田野筆記

本種是張良如先生於 2010 年 7 月 30 日在復興區原始林內所發現，我曾於 2014 年 7 月 29 日赴原生地拍到開花的照片，之後數次探訪，發現植株逐年變少。聽花友說張良如先生 2024 年 5 月前往原生地，已找不到任何植株了。

▼ 1.莖斜向上生長的植株。2.葉上表面滿布氣孔。3.花初開時白色，後期轉為淡黃色。4. 上萼片上方有訪花者。5. 另一種訪花者。6. 距斜向下生長，向前微彎，比子房略短。

香蘭屬 / *Haraella*

本屬是台灣特有屬，1 屬僅 1 種。

香蘭

Haraella retrocalla

  400-1500m 7-1 月

特徵

植株小，葉密生，厚革質，中肋凹陷，外形鐮刀狀長橢圓形，葉先端微二裂，兩邊不等長。花序自近基部莖旁抽出，花黃綠色，唇瓣特別寬大，比萼片及側瓣大出數倍，表面布滿細毛，中間具一深紫色大斑塊。花期以 9 月至 12 月較佳，11 月及 12 月賞花以北部為主。

分布

台灣全島低海拔及中海拔山區，喜空氣濕潤的環境，因此東北季風可帶來水氣的東部及東北部低海拔地區以及中南部中海拔霧林帶均不難見到。

野筆記

香蘭具有獨特外形，又是台灣特有屬及特有種，為全球愛蘭人士收集的目標，因此早年野採嚴重，野外原生植株大量減少。後來園藝界大量培養瓶苗，以親民的價格取代了野生香蘭的市場，野採行為才大大減少。

游旨价博士在其著作《通往世界的植物》提到，香蘭的特有屬及特有種地位一度受到挑戰，1980 年代，沖繩植物紅皮書計畫出版了第三版《沖繩受威脅蘭花名錄》，報導了在西表島上發現香蘭，但除了該名錄，未留下任何證據顯示西表島曾經出現過香蘭，之後也沒有人在西表島見過香蘭。在未發現新的證據之前，香蘭仍然是台灣特有屬及台灣特有種。

▼ 1. 生態環境。2. 北部 3 月底果莢。3. 海岸山脈 10 月果莢。4. 葉尖微二裂，兩邊不等長。

早田蘭屬 / *Hayata*

本屬原在線柱蘭屬內，因線柱蘭屬除了裂唇早田蘭及全唇早田蘭外，餘均為地生蘭，因此有些學者將這 2 種獨立為早田蘭屬，而有些學者仍然沿用線柱蘭屬。

裂唇早田蘭 別名：*Zeuxine tabiyahanensis* 裂唇線柱蘭

Hayata tabiyahanensis

400-1600m　3-5月

特徵

匍匐根莖附生於樹幹上，上半部莖直立或斜生。葉長橢圓形。花序自莖頂抽出，花白色，花序梗、苞片外側、子房、萼片外側、側瓣外側均被毛。萼片帶淡粉紅色暈，側瓣與上萼片疊合成長罩狀。唇瓣靠基部半段黃色且縱向捲曲成圓柱狀，先端二裂，裂片先端具不規則鋸齒緣。

分布

主要分布在南投、新北、宜蘭、花蓮、台東等地，喜空氣濕潤的環境，北部及東部為東北季風乾濕季不明顯的區域，南投的生育地則是雲霧帶。植株矮小，生於樹上的苔蘚、蕨類叢中，未開花時不易發覺，相信在其他縣市尚有許多族群未被發現。光線為半遮蔭的環境。

▲ 左邊花有訪花者。唇瓣先端二裂裂片緣為不規則粗鋸齒緣。

▼▶ 1. 生態環境。2. 花側面。3. 根莖匍匐生於樹幹上，葉橢圓形。4. 花朝光線較強的方向展開。

全唇早田蘭 別名：*Hayata merrillii*；*Zeuxine merrillii*
Hayata tabiyahanensis var. *merrillii*

特徵

匍匐根莖附生於樹幹上，上半部莖直立或斜生。葉長橢圓形。花序自莖頂抽出，花白色，花序梗、苞片外側、子房、花萼外側、側瓣外側均被毛。萼片帶淡粉紅色暈，側瓣與上萼片疊合成長罩狀。唇瓣白色不裂，靠基部半部全緣，先端半部則呈波浪緣，兩側略微向上捲曲，中肋被淡綠色縱紋。蕊柱下方具一白色附屬物。開花時花內部滿布花粉小塊，推測主要生殖機制為自花授粉。

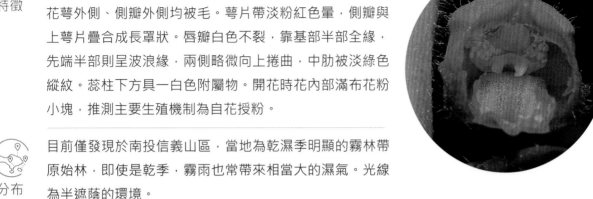

分布

目前僅發現於南投信義山區，當地為乾濕季明顯的霧林帶原始林，即使是乾季，霧雨也常帶來相當大的濕氣。光線為半遮蔭的環境。

野筆記

全唇早田蘭是植物獵人洪信介先生於 2009 年或更早在信義鄉雙龍部落附近山區所發現，由鐘詩文博士、許天銓先生發表為台灣新紀錄種蘭花，刊登於 2010 年 12 月的 *Taiwania*。

▼ 1. 生態環境。2. 花序側面。3. 唇瓣不裂。

舌喙蘭屬（玉山一葉蘭屬）/ *Hemipilia*

舌喙蘭屬台灣僅 1 種。雖然《台灣原生植物全圖鑑》已將雛蘭屬及小蝶蘭屬併入舌喙蘭屬，但因玉山一葉蘭外形與雛蘭及小蝶蘭差異甚大，因此本書仍沿用傳統分類僅將玉山一葉蘭歸在舌喙蘭屬下。

玉山一葉蘭　別名：舌喙蘭
Hemipilia cordifolia

  2000-3200m 6-8月

特徵

葉心形貼地而生，表面綠色至深綠色，被暗紫色斑點，表面不被毛，多條基出弧形平行脈，全緣，中肋略凹陷。花序自心形葉基部抽出，1 棵單花序，花序梗、苞片、子房、萼片均不被毛。1 花序 6 至 12 朵花，粉紅色至淡紫色。側瓣與上萼片不合生，疊合成罩狀。側萼片向兩側伸展如展翅狀。唇瓣三裂或不裂，扇形或菱形。唇瓣基部延伸成距，距長約與子房長度相若，棍棒狀，尾端圓鈍略往上揚。受光較多的植株較早開花，受光較少的則反之，與海拔高度較無關係。單朵花的壽命甚長，如未授粉，可達 20 餘天。單棵花序多者可達 10 餘朵，但非同時開放，單棵花期可達 1 個多月。

▼▶ 1. 生於短草叢中的生態環境。
2. 距向後上方斜向伸出，筆直或微向上彎曲。3. 生於森林破空處峭壁上的生態環境。4. 花序。5. 葉面特寫。

分布

十分零星，植株稀少，大體上分布於中央山脈、玉山山脈、雪山山脈等海拔 2,000 公尺以上地區。光線為略遮蔭的環境。

野筆記

顧名思義，單株只有 1 片葉子。貼地而生，不喜陽光直接照射，但在林下卻鮮少分布，而是生長於全日照短草地或森林破空處垂直地形的岩縫中，究其原因，是因其葉子貼地而生，長在林下容易被枯葉掩蓋，若長在全日照短草地就無此困擾。至於森林破空處垂直地形的岩縫同樣不會被枯葉掩沒，只要方位適合，同樣不會受日光直接照射，但符合後者條件的地形較少，還需配合方位及樹木遮蔭條件，十分特殊，所以玉山一葉蘭多數分布於全日照的短草叢中。未開花時葉子生於短草叢下，即使在其正上方尋找，仍極難看見。只有在開花時，花序梗會伸出短草叢，才較易被看見，此應為玉山一葉蘭極少被發現的原因。

腳根蘭屬（腳盤蘭屬、零餘子草屬）/ *Herminium*
腳根蘭屬在台灣僅 1 種。

腳根蘭 別名：細葉零餘子草；*Herminium lanceum* var. *longicrure*
Herminium lanceum

500-3000m　4-9 月

特徵　葉冬枯，春天始長出地面，綠色，細長全緣，平行脈，外形如伴生的雜草，未開花時不易發現。花序頂生，花序梗、苞片、子房、萼片均不被毛。花 10 餘朵至近百朵，密生，花轉位，黃綠色，僅半展。萼片及側瓣較短，而唇瓣是萼片及側瓣的數倍長，是十分特殊的特徵。唇瓣三裂，甚長，側裂片細長向下伸展，中裂片三角形，極短小，不細看感覺不出其存在。

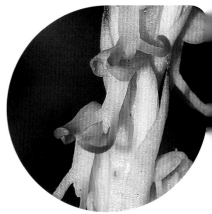

分布　台灣全島從低海拔至高海拔均有發現，但以中海拔霧林帶最多，生於疏林下或短草叢中，登山步道旁也不難發現，光線為略遮蔭至全日照的環境。

▲　唇瓣三裂，中裂片短三角形，側裂片線狀較長向下伸展。

▼　1. 生態環境。2. 花序。3. 萼片及側瓣形成筒狀，唇瓣於筒下側裂縫向下伸展。
　　4. 葉線狀披針形，與禾本科伴生，未開花不易分辨。

伴蘭屬台灣僅有 2 種，圓唇伴蘭及長橢圓葉伴蘭。長橢圓葉伴蘭僅分布於蘭嶼，圓唇伴蘭則零星分布於台灣各地，生育地並不重疊。

圓唇伴蘭

Hetaeria anomala

 特徵　莖暗褐色，葉長橢圓形，葉先端漸尖，表面具光澤，明顯基出三主脈，葉表面具深綠色細格狀網紋。花序頂生，花序梗、苞片、子房及萼片外側均密被長毛。花數可達 10 餘朵至 20 餘朵。花不轉位，子房向下彎曲，致花向地面展開。花萼綠底白斑，上萼片向下伸展，側萼片向兩側伸展。唇瓣白色光滑無毛，深二裂，二裂片向後包捲成一圓球形，將蕊柱包捲在內，側瓣則生於唇瓣與上萼片之間。蕊柱與其側翼形成杯狀，杯內可見花粉小塊，推測為自花授粉的物種。

 分布　零星分布於台灣西部低海拔丘陵廊帶，南起恆春半島，北至苗栗縣南端，數量不多，台東亦有零星族群。有趣的是恆春半島的族群生長低限可至海拔約 600 公尺，屏東北端、嘉義、雲林、南投、台中、苗栗等地的生育地均在海拔 1,000 公尺以上，呈北高南低的現象。經仔細思索，可能是圓唇伴蘭無法渡過冬季十分乾燥的環境，恆春半島冬季有東北季風帶來水氣，因此較低海拔無礙其生長，中南部低海拔冬天十分乾燥，海拔 1,000 公尺以上則是霧林帶，可以提供足夠水氣。光線為略遮蔭環境。

▼ 1. 生態環境。2. 花側面。3. 未開花植株葉面。4. 下方往上方拍攝特寫，可見蕊柱已沾滿花粉小塊。

長橢圓葉伴蘭
Hetaeria oblongifolia

特徵

莖綠色，葉長橢圓形，葉先端漸尖，表面具光澤尤勝於圓唇伴蘭，與圓唇伴蘭相同具基出三主脈及葉表面具細格狀網紋，但三主脈的側脈及葉表面的細格狀網紋皆不如圓唇伴蘭明顯。花序頂生，花序梗、苞片、萼片外側及子房均密被長毛。花數可達 20 餘朵至 40 餘朵。花被片白色，萼片外側帶淡綠色暈，側瓣與上萼片分離。花不轉位，子房與花序軸貼合致花被向四方展開。唇瓣不裂，向內包捲成寶螺狀。蕊柱上方可見花粉小塊，推測是自花授粉物種。

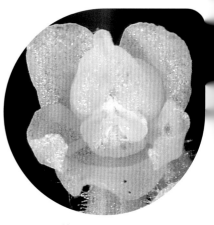

分布

目前僅發現於蘭嶼，生於熱帶原始林下，生育地乾濕季不明顯，光線為半透光至略遮蔭的環境。

▲ 花正面，不轉位。

◀ ▼ 1. 生態環境。2. 植株形態。
　　3. 4 月下旬幼果。4. 花序。

1

2

3

4

葉圓柱狀的附生蘭，葉二列互生，葉中肋凹陷成溝，花序自莖側邊抽出。

小鹿角蘭
Holcoglossum pumilum

特徵

葉二列互生，具關節，關節以下為鞘，鞘包莖，葉片針狀，表面具一長縱凹溝。未開花時植株與撬唇蘭相似，但植株較撬唇蘭為小。花序自莖側邊抽出，1棵植株可同時抽出數個花序，花紫紅色，花被片分離，唇瓣基部橙色。唇瓣三裂，側裂片半圓形，黃色，極小，向上伸展。距由唇瓣及蕊柱後方伸出，靠基部橙紅色，往尾端漸次轉為紫紅色。單朵花壽甚長，若未授粉，可長達近1個月。開花時可見前一年開花的果莢，已乾燥，裂開或未裂開。果莢成熟期約需1年，果莢內具絲狀物及種子，果莢裂開後種子隨風飄散，絲狀物則留存在果莢內。

唇瓣側裂片黃色向上伸展具巧妙功能，其作用是黃色吸引訪花者前來訪花，訪花者採蜜則需通過兩側裂片形成的狹窄通道，此通道剛好位於蕊柱的上方或下方（視花向下或向上），提高花的授粉率。

分布

台灣西部中海拔霧林帶，喜乾濕季分明且涼爽濕潤的環境，冬雨較多的東北部地區罕見其蹤跡，常附生於樹幹或樹枝上，亦可見附生於岩壁上的族群。

▼ 1. 生態環境。2. 花側面。3. 結果株。4. 下方花朵具訪花者。5. 爆裂果莢。

撬唇蘭 別名：松葉蘭
Holcoglossum quasipinifolium

1700-2500m 3-4月

特徵
葉二列互生，具關節，關節以下為鞘，鞘包莖，葉片針狀，表面具一長縱凹溝。未開花時植株與小鹿角蘭相似，只植株較小鹿角蘭為大，因此常有花友戲稱為大鹿角蘭。花序自莖側邊抽出，花白色略伴粉紅色，花萼及側瓣內面具紫色縱向脈紋。唇瓣三裂，側裂片先端紅色或橙紅色或橙黃色，中裂片白色寬大。距自唇瓣中段向後伸出，甚長。宿主枯死後仍能在枯樹上生存數年，至樹皮剝落為止，偶可見與小鹿角蘭伴生的情形。

分布
嘉義以北至新竹的中海拔霧林帶原始林中，生於溪谷兩側或迎風山坡或稜線上，附生在高大樹木的樹幹上，喜涼爽且空氣濕潤的環境，但冬雨較多的宜蘭花東地區卻罕見其蹤跡。

▲ 中裂片白色寬大。距自唇瓣中段向後伸出，甚長。

▼ 1. 與小鹿角蘭伴生的生態。2. 在枯立木上仍可活的很好。3. 花序自莖側邊抽出。
4. 花側面。5. 6月中旬果莢。

　本屬台灣僅 1 種。

蘭嶼光唇蘭　別名：蘭嶼袋唇蘭
Hylophila nipponica

特徵

莖紫黑色，葉鞘苞莖，常見葉鞘宿存。葉深綠色橢圓形先端銳尖。花序頂生，花序軸、苞片外側、子房及萼片外側密被長毛。花僅半展，側瓣與上萼片疊合成罩狀。側萼片三角形先端銳尖略反折，近基部半段與上萼片近基部半段合生。側萼片下緣分離。唇瓣分為兩部，下唇為一大囊袋，被包覆於兩片側萼片內，上唇退化成細長條狀，外掛在大囊袋的前端。

分布

目前僅知分布於蘭嶼，生於熱帶雨林下，環境濕熱，光線為半透光。

▼ ▶ 1. 開花植株。2. 花序。3. 花側面。

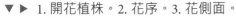

1

2

3

皿柱蘭屬（皿蘭屬）/ *Lecanorchis*

皿柱蘭屬均為無葉綠素的真菌異營植物，地下莖發達，地上莖由地下莖頂端生出，有一年生及多年生兩種類型。一年生者地上莖即花序梗，於果莢裂開後枯萎。多年生者，地上莖多分枝，花序多數頂生，少數為腋生。

皿柱蘭屬的果莢構造甚為特殊，我的觀察心得不多，僅知果莢內具種子及絲狀物，絲狀物極少宿存，外果皮內層還具一層薄薄的內果皮，多年觀察僅一次看到少數的種子，種子橢圓形，異於大部分蘭科種子，橢圓形的種子並不利於靠風力傳播，再加上宿存果莢內僅少數殘存絲狀物，所以推測絲狀物和種子是一起飄散。至於內果皮的作用為何，我大膽假設，內果皮是一種自力彈射的機構，在適當時機將絲狀物及種子彈出果莢外，然後絲狀物隨風飄散，將種子帶到遠方繁殖，這只是我的假設，我還會繼續觀察，盡力尋求真相。

皿柱蘭屬的地上莖大多為黑色，需開花才能判斷為何物種，例如全唇皿柱蘭僅有極少數花被片會展開，而展開的花朵數小時後花被就閉合，因此皿柱蘭的野外觀察極為耗時費力。

皿柱蘭屬在《台灣原生植物全圖鑑》中全稱為皿蘭，本書則基於習慣，發表文獻稱為皿柱蘭者以皿柱蘭稱之，發表文獻稱為皿蘭者則以皿蘭稱之。其實皿柱蘭就是皿蘭，皿蘭就是皿柱蘭，其之所以會出現一字之差，在於《台灣原生植物全圖鑑》的作者認為皿柱蘭之所以叫皿柱，是因為其果莢先端具盤狀物，此一盤狀物為皿，但與蕊柱無關，因此應稱為皿蘭。

紫皿柱蘭的生態環境。

紫皿柱蘭 別名：黃皿柱蘭

Lecanorchis cerina

特徵

地上莖一年生，每年開花結果後乾枯。花序梗綠褐色，不分枝，花生於莖頂附近。萼片及側瓣黃棕色，內面具約 5 條淡紫色縱長細紋，唇瓣白色或淡紫色，在中段通常具較明顯的紫暈。唇瓣尖端偶具黃斑，唇盤表面密生肉質粗毛，蕊柱白色。單朵花具數天壽命。海拔 400 多公尺花期 4 月初，海拔近 1,500 公尺花期可延至 5 月上旬。

分布

苗栗以北的低海拔原始闊葉林下及次生林下或人造柳杉林下，乾季時並不十分乾燥的區域，半透光的環境。

◀ ▼　1. 唇瓣背面。
　　　2. 訪花者。3. 蟲害。
　　　4. 6 月底果莢。

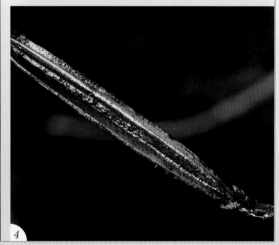

白髭皿蘭 別名：*Lecanorchis vietnamica*
Lecanorchis flavicans var. *acutiloba*

特徵

地上莖多年生，多分枝，外觀植株細小，是皿柱蘭屬中植株最細小的物種，1 分枝有 3 至 5 朵花，自莖節或莖頂開出，分次展開。花淡黃綠色。唇瓣三裂，側裂片向上伸展半包覆蕊柱，唇盤內面密被白色肉質長毛，肉質長毛具珊瑚狀分叉。

分布

僅分布於新北及宜蘭的闊葉林下，皆為乾濕季不甚明顯的區域，半透光的環境。

田野筆記

白髭皿蘭於 2014 年或更早由周詠鈞先生發現於烏來，由許天銓先生、謝佳倫先生、周詠鈞先生發表於特有生物研究保育中心 2016 年 4 月 1 日出版的《台灣生物多樣性研究》18 卷第二期。之後許天銓先生也於坪林及宜蘭大同發現分布族群。因為其植株矮小，發現不易，即使早年我常於烏來分布地做生態觀察，也未發現。

▼ ▶ 1. 生態環境，可見多年生花莖。2. 9 月初裂開果莢，僅存少許絲狀物。3. 植株多數矮小。4. 花側面，唇瓣先端下彎。

三裂皿蘭 別名：*Lecanorchis triloba*

Lecanorchis multiflora

特徵 地上莖多年生，具分枝，黑褐色，花序多為頂生，分次開花，分枝多者每次可多朵同時開花。南部全年不定時開花，北部花期則在 7 月至 10 月。花被黃褐色，蕊柱及唇瓣白色，唇瓣三裂，側裂片半圓形，中裂片腹面密被白色肉質粗毛，果莢成熟後轉黑褐色。

分布 恆春半島及新北坪林，數量不多，南部植株有較高大的傾向，光線為半透光的環境。

▼ 1. 生態環境，花莖多年生。2. 花及果莢同時存在。
3. 唇瓣退化的花。4. 果莢及絲狀物。

▲ 花及訪花者。

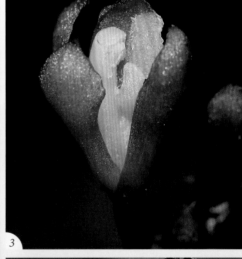

全唇皿柱蘭 別名：碧湖皿柱蘭
Lecanorchis multiflora var. *bihuensis*

特徵

地上莖多年生，全株深紫色，多分枝，花多為閉鎖花，極難見花展開，開花的花苞於午後花被才展開，展開時間不到半天，唇瓣花瓣化。落花中的閉鎖花可見花被連子房及不連子房者，連子房的代表未授粉，不連子房的代表授粉成功。全年不定時開花，但以秋季較常開花。

分布

目前僅知分布於新北三峽及坪林低海拔地區，當地乾濕季不明顯，光線則為半透光的環境。

田野筆記

林讚標教授在其 1987 年 5 月出版的《台灣蘭科植物 3》中定名為全唇皿柱蘭 *Lecanorchis nigricans*，但 *Lecanorchis nigricans* 具有典型的唇瓣，全唇皿柱蘭在書中的手繪圖則唇瓣花瓣化，因此在 2019 出版的 *The Orchid Flora of Taiwan* 一書中用名為 *Lecanorchis multiflora* var. *bihuensis*，中文名仍沿用全唇皿柱蘭。

▲ 花被片展開的花。

▼ 1. 生態環境，花苞及裂果，花莖為多年生。2. 裂開果莢內有苞膜包覆，種子被苞膜包覆尚未外露。3. 絕大部分為閉鎖花，花被片不會展開。4. 花未授粉連子房一起掉落，花被片亦未展開。5. 自花授粉後花被片未展開即掉落。

1

2

3

4

5

士賢皿柱蘭

別名：*Lecanorchis latens* ；
Lecanorchis subpelorica var. *latens*

Lecanorchis multiflora var. *latens ined.*

  400-500m 不定時

特徵
地上莖多年生。外觀與亞輻射皿蘭幾無不同，不同點有二：其一為士賢皿柱蘭唇瓣基部與蕊柱基部一小段合生。其二為士賢皿柱蘭唇盤光滑無毛，亞輻射皿蘭唇盤被肉質短毛。賞花時間僅半天，每次開花同一區塊常見一起開花。促進開花的機制請參考亞輻射皿蘭。

分布
目前僅見於恆春半島北端山區的闊葉林下，生育地為乾濕季不明顯的區域，光線為半透光的環境。

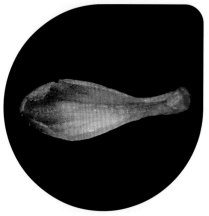

▲ 唇瓣無毛。(許天銓攝)

田野筆記
士賢皿柱蘭與亞輻射皿蘭伴生，兩者區別僅有唇瓣基部是否與蕊柱合生及唇盤是否具毛，我的了解是，有部分的花唇瓣基部與蕊柱合生，但唇盤還是被毛，讓人無法判斷是哪一種。還有，同一生育地的花，有時花唇瓣基部與蕊柱合生，有時離生，讓人懷疑是否為不特定花形的物種，如果同一植株不同時間能看到唇盤具毛及不具毛的現象，就能證明我的懷疑，三伯脈葉蘭側萼片時而合生時而離生已有先例。本種所用照片均為唇瓣基部與蕊柱合生，與士賢皿柱蘭僅有唇盤是否被毛的區別，士賢皿柱蘭唇盤不被毛。

▼ 1. 生態環境。2. 花序。3. 蕊柱與唇瓣基部合生。

1

2

3

亞輻射皿蘭 別名：*Lecanorchis subpelorica*
Lecanorchis multiflora var. *subpelorica*

300-500m　不定時

特徵

地上莖多年生，具分枝。花序頂生或腋生，花被片淡紅褐色，唇瓣鋸齒狀波浪緣，唇盤腹面被肉質短毛。蕊柱白色，與唇瓣離生。全年不定時開花，以夏天及秋天較常見開花，賞花時間僅半天，約從早上 9 點到下午 3 點，花謝後再隔數日或數週再開下一批花，同一區塊常見一起開花。

分布

目前僅見於恆春半島北端山區的闊葉林下，生育地為乾濕季不明顯的區域，半透光的環境。

田野筆記

2023 年 11 月 9 日，我前往恆春半島觀察皿柱蘭屬的生長情形，走訪士賢皿柱蘭和亞輻射皿蘭以及三裂皿蘭的生育地，看到許多花苞，有大有小，就像往常看到的樣子，無法判斷開花時間。隔天選擇到附近山頭逛逛，下午下了一陣小雨。11 月 11 日，我又回到皿柱蘭生育地觀察花況，見到亞輻射皿蘭開了幾十朵花，三裂皿蘭也開了不少，世賢皿柱蘭也開了 4 朵。比較了 11 月 9 日拍的照片，有許多不同大小的花苞都於 11 月 11 日同時展開，因此判斷下雨是促進這三種皿柱蘭開花的因素，其他同屬蘭花或許也具有相同因素的開花機制。

▼ ▶ 　1. 生態環境，花莖多年生。2. 果莢。3. 花序。
　　　4. 蕊柱與唇瓣基部未合生，側面看。

▲ 蕊柱與唇瓣基部未合生，由上往下

2

1

3

4

台灣全唇皿蘭
Lecanorchis sp.

特徵

地上莖多年生，具分枝。地上莖、子房、萼片外側僅具極疏疣狀物，萼片及側瓣淡黃綠色，近線形，腹面縱向脈紋不明顯，唇瓣後端白色，先端轉紫色，先端微鋸齒緣，向內包捲成半橢圓球形。唇盤後端被白色肉質長毛，先端被紫色肉質長毛。果莢黑色。

分布

目前僅知分布於苗栗南庄及桃園復興，數量不多。近年數量急劇減少。

田野筆記

本種是我及許天銓先生於 2004 年間在南庄山區首先看到宿存花序，2005 年 7 月 31 日看到花，最初許天銓先生鑑定是全唇皿蘭，在《台灣原生植物全圖鑑第二卷》中文名亦使用全唇皿蘭。然而林讚標教授所著《台灣蘭科植物圖譜》中 *Lecanorchis multiflora* var. *bihuensis* 中文名亦為全唇皿柱蘭，讓很多人混淆。林教授用名在先，因此本書將本種中文名稱為台灣全唇皿蘭。

台灣全唇皿蘭、屋久全唇皿蘭、台灣皿蘭外形相似，其特徵可參考台灣皿蘭的比較表。

▲ 唇瓣微鋸齒緣，先端被毛。

◀ ▼ 1. 生態環境，有枯枝保護，所以存在。
2. 植株多年生。3. 花側面。
4. 裂開的果莢內具少數絲狀物。

屋久全唇皿蘭 別名：屋久島黑莖皿柱蘭

Lecanorchis nigricans var. *yakushimensis*

特徵

地上莖多年生，具分枝，新花序頂生或腋生。萼片及側瓣淡黃綠色，長橢圓形，內面具 3 至 5 條顏色較深的縱向脈紋。唇瓣微鋸齒緣，先端向內包覆成半圓球形，後端白色，先端轉紫色，唇盤後端被白色肉質長毛，先端被紫色肉質長毛。果莢黑色。

分布

已知分布點在新北坪林、桃園復興、台東太麻里和金鋒，均為乾濕季不明顯的區域，闊葉林下，半透光的環境。耐濕性佳，在桃園復興的生育地甚至位於一塊小沼澤中間稍高地壘上。

田野筆記

屋久全唇皿蘭與台灣皿蘭、台灣全唇皿蘭外形相似，最大的差異在於屋久全唇皿蘭萼片及側瓣內面具 3 至 5 條明顯顏色較深的脈紋，花被片較寬、較短；台灣皿蘭及台灣全唇皿蘭脈紋較不明顯，花被片較窄、較長。

2005 年 8 月 11 日，鐘詩文博士、許天銓先生和我在太麻里首次紀錄到屋久全唇皿蘭的花，在此之前鐘詩文博士及許天銓先生先看到果莢，預計花期時前往，很幸運的就看到花開。

台灣全唇皿蘭、屋久全唇皿蘭、台灣皿蘭外形相似，其特徵可參考台灣皿蘭的比較表。

▼▶ 1. 生態環境。2. 開花植株。3. 由上往下看。
　　4. 唇瓣微鋸齒緣，先端被毛。

▲ 花正面，花被片較寬。

白皿柱蘭

別名：*Lecanorchis cerina* var. *albida*；
Lecanorchis kiusiana var. *albida*

Lecanorchis ohwii

特徵

地上莖一年生，每年開花結果後乾枯，次年花季再從地下冒出，花序不分枝，花約 3 至 6 朵，花近白色。唇瓣三裂，側裂片銳角三角形不被毛，中裂片先端反折，腹面密被肉質長腺毛，腺毛先端紫色且常有分叉現象，偶可見黃色的變異個體，變異個體花及花序梗均為淡黃色，與正常個體伴生，且北部與中部均有分布。

分布

全島均有分布，但以中部以北及東部較多，北部及東部海拔較低，中部海拔則較高，推測原因可能是北部及東部乾濕季較不明顯，而中部乾季明顯，但海拔較高，位於霧林帶，即使冬天乾季，亦不甚乾燥，加上開花前有春雨滋潤，可維持其正常生長。

▼ 1. 黃色花的開花株。
2. 唇瓣被紫色毛的開花株。
3. 唇瓣被紫色毛的花序。
4. 花側面。5. 黃色的花。

糙莖皿蘭 別名：*Lecanorchis trachycaula*
Lecanorchis purpurea

800-1200m　5-8月

特徵
地上莖多年生，具分枝，黑褐色，表面密生硬質刺狀物，花苞密生於花序梗頂端，分次開花，花壽僅半天。子房、花萼及側瓣黃褐色，外側具疣狀凸起物。唇瓣白色三裂，側裂片向上包覆呈 U 字形。中裂片短，腹面被肉質長毛，先端平伸，不包覆亦不反折。

分布
分布於北部、中部、東部地區，數量不多，北部分布點在新北烏來、三峽及復興，中部分布點在南投國姓及信義鄉，東部分布點在宜蘭及花蓮秀林，僅零星分布，推估還有很多分布點尚未被發現。

▼　1. 生態環境。2. 花莖多年生，表面多硬刺。3. 花序。4. 花側面。5. 裂開果莢及絲狀物。

1

2

3

4

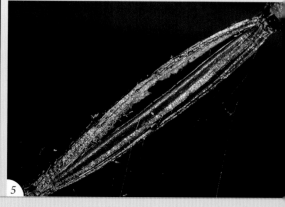

5

輻射糙莖皿柱蘭

Lecanorchis purpurea var. *actinomorpha*

特徵
地上莖多年生，具分枝，幼枝條褐色，成熟枝條黑褐色，表面密生硬質刺狀物，花苞密生於花序梗頂端，分次開花。子房、花萼及側瓣淡黃色，唇瓣與側瓣完全相同，萼片外側具疣狀凸起物。外形與糙莖皿蘭僅唇瓣不同，其它部分完全相同。一朵花壽僅約 4 小時，花被於早上 9 點開始展開，下午 1 點後開始慢慢閉合。

分布
目前僅知分布於桃園復興與宜蘭大同。

田野筆記
本種是葉美邵小姐與蔡錫麒先生於 2023 年 6 月在桃園復興看到開花株。

1000-1500m 5-8 月

▼ 1. 生態環境。2. 花側面。
3. 唇瓣背面。4. 開花前一天花苞。
5. 果莢。

杉野氏皿蘭
Lecanorchis suginoana

特徵

花序梗多為一年生。每年花序梗自地下抽出，花多為3至5朵，有紫色及黃棕色2種色系，2種色係伴生，但蕊柱均為白色。唇瓣三裂，中裂片鋸齒緣，微向內包覆，腹面密被細毛，細毛先端具明顯分叉現象。杉野氏皿蘭與紋皿柱蘭外形相似，其最大特徵在唇瓣中裂片的被毛不同，杉野氏皿蘭的被毛較細且先端分叉，紋皿柱蘭的被毛較粗先端無分叉。南部花期較早，南橫附近4月下旬即進入花季，中部南投山區從5月上旬進入花季，北部則於5月中旬花季才開始。

▲　唇瓣被毛分叉。

分布

台灣本島中海拔原始林下，北部較多，大致為未經開發的闊葉林或闊針葉混合林下，通常為乾濕季不太明顯的區域，光線則為半透光的環境。南橫附近約1,900公尺，桃園復興山區則約1,000公尺。

▼　1. 黃色花生態。2. 蕊柱基部和唇瓣部分合生。3. 果荚
　　4. 紫色花序。5. 動物啃食情形嚴重。

新北皿柱蘭
Lecanorchis tabugawaensis

特徵 地上莖多年生，具分枝，表面疏具疣狀物，開花期淡黃色，結果期深褐色，花多數，可至 10 餘朵。子房、萼片及側瓣淡黃褐色，外側疏具疣狀物。蕊柱及唇瓣白色，唇瓣全緣，唇盤不被毛或在唇盤先端被極疏極短腺毛。

分布 目前僅知分布於新北坪林，闊葉林下濕潤山坡上，半透光至略遮蔭的環境。

田野筆記 本種發現後不到 5 年，生育地的植株已全數消失，又是一個發表後就消失的物種。

▲ 花正面，唇瓣全緣。

▼ 1. 生態環境。2. 花側面。
3. 唇瓣與蕊柱不合生，唇盤先端微被毛。
4. 10 月下旬果莢。

台灣皿蘭 別名：紫晶皿蘭 Lecanorchis amethystea
Lecanorchis taiwaniana

特徵
地上莖多年生，多分枝。花序梗、子房、萼片外側僅具極疏疣狀物，萼片及側瓣淡黃綠色，近線形，腹面縱向脈紋不明顯，唇瓣基部白色，先端轉紫色，先端粗鋸齒緣，向內包覆成半橢圓球形。果莢黃褐色。

分布
北部、東部、南部皆有分布，大致是東北季風可到達的乾濕季不明顯區域，光線為半透光至略遮蔭的環境。

田野筆記
台灣皿蘭、台灣全唇皿蘭、屋久全唇皿蘭外形十分相似，其不同處可在唇瓣先端、花被內側脈紋是否明顯、唇瓣包覆形狀、果莢顏色等來區別，茲以列表方式分述如下。

▲ 唇瓣先端粗鋸齒緣。

	唇瓣先端	花被內側	花被形狀	唇瓣包覆	果莢顏色
屋久全唇皿蘭	微鋸齒緣	明顯脈紋	長橢圓形	半圓球形	黑色
台灣皿蘭	粗鋸齒緣	不明顯	線形	半橢圓球形	黃褐色
台灣全唇皿蘭	微鋸齒緣	不明顯	線形	半橢圓球形	黑色

▼ 1. 生態環境。2. 子房上有訪花者。3. 9 月中旬果莢。4. 花序。

紋皿柱蘭 別名：*Lecanorchis japonica* var. *thalassica*
Lecanorchis thalassica

特徵

地上莖一年生，每年自地下冒出，花多為 3 至 10 餘朵，花紫褐色，蕊柱白色，與杉野氏皿蘭外觀十分相似，亦有部分生育地重疊，若未注意重點部位，常會混淆。區別在唇盤上的被毛，本種被毛較粗無分叉，杉野氏皿蘭被細毛具明顯分叉。又本種花數較多，亦可為辨識參考。

分布

零星分布，已知分布地為雲林、嘉義、南投、新竹、苗栗、宜蘭中海拔山區原始林下，均為雲霧帶，空氣濕潤，光線為半透光至略遮蔭的環境。

▼ 1. 生態環境。2. 唇瓣被毛無分叉，有螞蟻訪花。3. 宜蘭的植株唇瓣被毛白色。
   4. 花側面。5. 裂開果莢。

1

2

3

4

5

綠皿蘭　別名：彩虹皿柱蘭

Lecanorchis virella

特徵

地上莖一年生，無分枝。花苞片具疏緣毛，側瓣及萼片綠褐色帶紫暈，兩面具多條紫色細縱紋。唇瓣三裂，側裂片綠褐色，銳三角形，中裂片緣具紫色肉質粗毛，唇盤表面密被黃色肉質粗毛，蕊柱淡紫色。單朵花壽命約 2 至 3 天。

分布

桃園復興、新北三峽和烏來，生於原始林或人造柳杉林下，乾濕季不明顯的區域，半透光的環境。

田野筆記

2007 年 4 月 22 日我和許天銓先生於復興山區發現一棵帶有花苞的皿蘭，只見顏色異於往常所見，因此再度於 5 月 4 日前往觀察，果然是新紀錄種。此後多年該地未再見過植株，直至 2019 年及 2020 年才再次見到開花紀錄，所以綠皿蘭也是花期捉摸不定的物種。

▼　1. 唇瓣背面。
　　2. 萼片及側瓣背面。
　　3. 果莢，生於岩壁旁。

1

2

3

植株生態環境。

羊耳蒜屬 / *Liparis*

《台灣原生植物全圖鑑》採用新的分類，將本屬分為 *Cestichis* 附生羊耳蒜屬、*Empusa* 恩普莎蘭屬、*Liparis* 羊耳蒜屬等 3 個屬。由於新的分類仍未被學者廣泛使用，因此本書沿用傳統分類，僅將新分類的學名以別名方式處理。

地生蘭或附生蘭，開花株均於舊植株基部或於根莖上抽出，花序頂生，均為 1 株 1 花序，花多數，花序不背毛，或多或少具疣狀物。

羊耳蒜屬的大部分物種，果莢在成熟後不會立刻裂開，而是逐漸木質化乾枯，在植株上乾燥休眠，在適當時間再裂開散播種子。

白花羊耳蒜 別名： 卡保山羊耳蘭
Liparis amabilis

  1300-1800m 3-4 月

特徵

葉冬枯，假球莖卵形外被薄膜，每年 3 月自前 1 年假球莖基部抽出芽苞，芽苞含 1 或 2 枚葉及 1 花序。花序頂生，約 1 至 5 朵花，側瓣線形，萼片長橢圓形，均為淡綠色向外反捲，被紫紅色縱向脈紋。唇瓣淡綠色被紫紅色羽狀脈紋，中肋兩旁具一對凸起稜脊。

分布

目前僅知分布於北部中央山脈及雪山山脈中低海拔區域的霧林帶中。附生在大樹幹上，與苔蘚伴生，喜乾濕季不明顯且潮濕的區域，半透光的環境。

▼ 1. 生態環境。　　　　　　　　　　　　　　　▲ 由上往下看。

白花羊耳蒜於 1938 年發表，但自發表後的數十年間均未再發現，直至 2006 年 5 月 10 日，鐘詩文博士、許天銓先生及我在太平山看到未曾見過的羊耳蒜植株，一株 1 至 2 枚葉長在一條枯藤上，因花期已過，未能判斷是何種。2007 年 4 月初，鐘、許二人再度前往太平山，終於看到羊耳蒜開花，就是白花羊耳蒜。2007 年底張良如先生在卡保山採回種植的黃精基部開出 1 朵羊耳蒜的花，只有 1 枚葉 1 花序，原來是張良如先生所採的黃精基部附著一顆白花羊耳蒜的假球莖，因其是冬季葉枯的蘭花，當時張先生採黃精時，應不知道含有白花羊耳蒜的假球莖，真是無心插柳柳成蔭。因為太平山所產白花羊耳蒜為 1 株 2 葉，卡保山所產為 1 株 1 葉，因此太平山的羊耳蒜被懷疑是否為白花羊耳蒜的疑問，直至 2023 年 4 月，網路有花友貼上一群白花羊耳蒜的開花照，其中葉片有 1 葉也有 2 葉的，由此就確定了兩地所產的皆為白花羊耳蒜。遺憾的是，2023 年 4 月發現的植株於當年 11 月就完全不見了。

▼ 2. 原兩片葉的植株次年因生育環境變化僅生出單葉。
3. 營養豐富的植株具兩片葉。4. 結果株。5. 假球莖及幼葉。

鬚唇羊耳蒜 別名：*Empusa barbata*
Liparis barbata

特徵 葉冬枯，春季自地下抽出新芽，新芽含主葉片 2 枚及花序，葉長橢圓形，具基出脈數條。花序頂生，1 莖 1 序，花序梗具縱稜，花序梗、苞片、子房、萼片均不被毛。花黃綠色，約 5 至 10 餘朵。萼片及側瓣狹長且向外縱向捲曲。唇瓣長方形外凸，先端二裂，小裂片緣具疏齒狀緣。

分布 零星分布於台灣西部低海拔山麓，由屏東至新北皆有，生於闊葉林或竹林下，光線約為半透光環境，可適應乾濕季明顯的地區。

▼ 1. 葉面及花苞。2. 開花株。3. 花側面。4. 結果株。

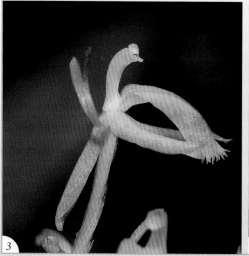

摺疊羊耳蒜

別名：一葉羊耳蒜；*Cestichis bootanensis*

Liparis bootanensis

特徵

假球莖卵形略扁，成列或不規則簇生，具一長葉片，此之所以被稱為一葉羊耳蒜的原因。葉長橢圓形尾漸尖。花序自假球莖頂端抽出，花疏生，約 10 餘朵至 20 餘朵，綠褐色。萼片長橢圓形，側瓣線形，兩者均明顯向外縱向反捲。唇瓣向後反折超過 90 度，柱頭兩側具一對長三角形的側翼。

分布

台灣全島中低海拔，附生於樹幹上或岩石上，生育環境為富含水氣的區域，東北季風能到達的區域較多，東北季風無法到達的環境亦能生長在河流附近及霧林帶內，光線為半透光至略遮蔭。

▲ 花側面，蕊柱兩側具明顯銳角三角形附屬物。

▼ 1. 生態環境 2. 花正面。3. 花剛開時綠色，漸次轉為橘黃色。4. 7 月木質化果莢。5. 種子。

2

4

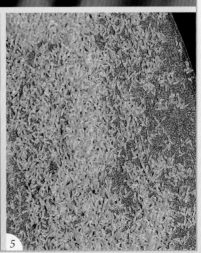

5

叢生羊耳蒜

別名：桶後羊耳蒜；小小羊耳蒜；*Cestichis caespitosa*

Liparis caespitosa

200-700m　8-9月

特徵　假球莖長圓錐狀，成列或不規則簇生，1 球 1 葉，葉長橢圓形，與假球莖之間具關節。花序於假球莖頂端抽出，花 10 餘朵至 20 餘朵，黃綠色，花被閉鎖或全展或部分展開部分閉鎖。展開的萼片長橢圓形反折不反捲，側瓣線形亦不反捲，唇瓣向後反折不到 90 度。

分布　零星發現於台灣全島低海拔溪谷兩側樹上，均為未經開發的原始區域，以南勢溪中游最多。是一個極度仰賴高濕度環境的物種，常見生長於溪水正上方及離水甚近的樹上，離開溪流稍遠的區域未曾見過植株，光線為半透光至略遮蔭的環境。

▲ 花被片展開的花。

▼ 1. 生態環境。2. 假球莖。3. 花大都為閉鎖花。4. 宿存花序可見花序抽出點。

1

2

3

4

彎柱羊耳蒜
Liparis campylostalix

特徵

葉冬枯，具 2 枚葉，葉橢圓形，具細波浪緣。花序頂生，花通常少於 10 朵，黃綠色。萼片長橢圓形，側瓣線形，萼片及側瓣均向後縱向反捲，唇瓣向後弧形反折。

分布

目前僅知分布於新竹尖石及南投至花蓮能高越嶺一帶的霧林帶原始林內，數量不多，光線約為半透光至略遮蔭的環境。

▼ 1. 生態環境。2. 花側面及訪花者。3. 9 月中旬果莢。4. 葉面。

▲ 花正面及花粉塊。

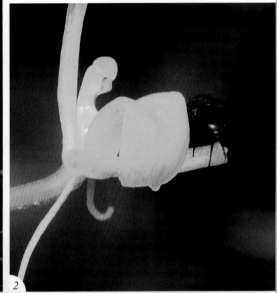

長腳羊耳蒜 別名：長耳蘭；*Cestichis condylobulbon*
Liparis condylobulbon

特徵

根莖匍匐生於樹幹上，假球莖生於匍匐根莖上，兩假球莖間距不等，假球莖基部球狀肥大，然後急縮成細長圓柱體，如酒瓶狀，假球莖頂端生 2 枚長橢圓形葉片，近對生。花序自 2 片葉中間抽出，花白色，數十朵至百餘朵，密生於花序軸上成撢狀。萼片長橢圓形，側瓣線形，僅略反捲。唇瓣淡綠色縱向內凹，向後橫向弧形反折，兩側被短緣毛。

▲ 花正面，唇瓣具緣毛。

分布

大約在東北季風吹拂範圍內，以新北、宜蘭、花蓮、台東、屏東為主。附生於大樹的主幹或支幹，宿主不限樹種，更新力強，常大片附生。需潮濕的環境，除東北季風的範圍外，亦有長在河流兩旁或迎風坡水氣充足的環境。光線為略遮蔭。

田野筆記

我曾在屏東某河流的瀑布旁追蹤高士佛羊耳蒜的族群，在高士佛羊耳蒜的旁邊發現一大片密密麻麻的羊耳蒜小苗，當時以為是高士佛羊耳蒜，但次年再去看，只見全部是長腳羊耳蒜，幾乎把高士佛羊耳蒜給遮蓋掉了。這印證了長腳羊耳蒜更新力之強，也足以證明高士佛羊耳蒜在大自然的競爭力不如長腳羊耳蒜，難怪野外的高士佛羊耳蒜群族十分稀少。

▼ 1. 生態環境。2. 花側面。3. 假球莖如酒瓶狀。4. 花向四方展開。

1

2

3

4

心葉羊耳蒜 別名：銀鈴蟲蘭；溪頭羊耳蒜

Liparis cordifolia

400-1600m | 9-12 月

特徵

地生、岩生，中低位附生。假球莖自前一代假球莖側邊抽出，假球莖卵形，葉由假球莖基部生出，葉僅 1 枚，心形，綠色，被或不被白色暈狀斑塊，中肋凹陷。花序自假球莖頂端抽出，花數十朵，由下往上漸次展開，往往基部花已謝而頂端仍為花苞尚未展開。花綠色，萼片及側瓣線形向外縱向反捲。唇瓣倒卵形，中肋凸起，先端凸出呈刺狀。

分布

台灣全島中低海拔山區，乾濕季明顯或不明顯都能適應。乾濕季明顯的區域為地生，乾濕季不明顯的區域較多附生。

◀ ▼ 1. 生態環境。
2. 花側面。
3. 2 月下旬果莢。
4. 假球莖及新芽生態。

1

2

3

4

德基羊耳蒜
Liparis derchiensis

1400-2600m | 5-6 月

特徵 葉冬枯，春季時自基部冒出芽苞，具 2 片葉及 1 花序。葉綠色，橢圓形，全緣無波浪狀。花序自 2 枚葉中間抽出，花紫紅色。萼片長橢圓形，側瓣線形，均向外縱向反捲，上萼片向後反折，側萼片向前伸展，側瓣向下伸展。唇瓣卵形細鋸齒緣，略反折，先端具短凸尖，中肋略凹陷。

分布 已知分布於台中、南投、花蓮中央山脈中海拔雲霧帶山區，疏林下或路旁，約為半遮蔭至略遮蔭環境。

▼ 1. 生態環境。2. 花序。3. 9 月底果序。4. 花側面。

扁球羊耳蒜 別名：*Cestichis elliptica*
Liparis elliptica

特徵

假球莖圓形，扁平如圍棋子狀。葉 2 枚，綠色長橢圓形，1 枚生於假球莖頂端，看起來並無葉鞘，另 1 枚則看起來有葉鞘遺痕半包覆於假球莖，葉則於葉鞘頂端生出，仔細觀察，可看出葉鞘與假球莖已經部分融合成一體，中間並無間隙。花序梗由 2 枚葉間的假球莖頂抽出，花序下垂，花密生綠色，花可達數十朵。花萼長橢圓形，側瓣線形均不反捲，唇瓣先端具突尖，結果後，果序仍然下垂，但果莢往上翹起。

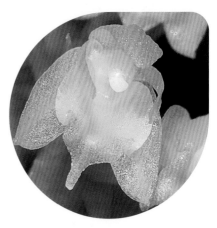

分布

台灣全島低中海拔闊葉林下，喜濕潤的環境，因此乾濕季較不明顯的區域即為其大本營，新北、宜蘭、花蓮、台東等地可見大量族群，常與苔蘚伴生，光線為半遮蔭至略透光。附生不分宿主，連綠竹莖上也曾見過附生。

▼ 1. 果序下垂，果莢上揚。
  2. 假球莖。
  3. 花側面。
  4. 開花植株。

長穗羊耳蒜
Liparis elongata

特徵

葉冬枯，春季時始萌櫱芽苞，未成熟株僅長葉，成熟株含葉及花芽。葉 2 枚橢圓形，主脈凹陷，葉緣波浪狀。單一花序自兩葉間抽出，花約 10 餘朵，花色呈黃綠紅三色不規則色暈。萼片長橢圓形，側瓣線形，兩者均縱向反捲。唇瓣於中段呈橫向弧形反折，反折弧度約為 90 度，反折處前後顏色一致，先端邊緣為不規則細鋸齒緣，中央具凸尖。

分布

目前僅中央山脈中段東西兩側中海拔山區有少數紀錄，疏林下、林緣或矮灌叢中，光線為略遮蔭的環境。

▼　1. 生態環境。2. 開花株。3. 花序。4. 花側面。

明潭羊耳蒜 別名：*Empusa ferruginea*
Liparis ferruginea

 特徵
開花時植株可高達約 60 公分，外觀與插天山羊耳蒜近似，只是葉片較插天山羊耳蒜狹長，花序頂生，果序與果莢亦與插天山羊耳蒜相似。

 分布
日月潭水利工程未完工前，分布於日月潭預計的沉水區內，1929 年有好幾份採集標本，估計當年族群不會太小。1930 年工程完工開始蓄水後，已近百年未再有發現紀錄，野外可能已經滅絕。東南亞仍有許多地區分布。

▼ 1. 植株。2. 葉脈。3. 假球莖及根。

▲ 果莢。

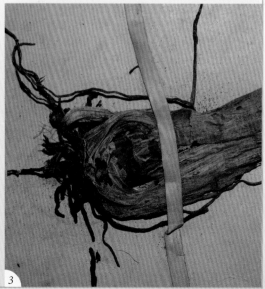

玉簪羊耳蒜
Liparis formosamontana

別名：*Liparis monoceros*；南投羊耳蘭；雙葉羊耳蒜
相關物種：*Liparis auriculata*；*Liparis petiolata*；*Liparis pulchella*

特徵

葉冬枯，春季由地下根莖抽出芽苞，成熟芽苞內含 2 葉及 1 花序，葉心形，通常 2 片，一大一小，葉面明顯具 7 至 9 條縱摺。花序頂生，花疏生，10 餘朵至 20 餘朵，由下至上漸次展開，1 花序同時間展開者約 5 朵左右，因此花期甚長。萼片長橢圓形，上萼片反折，側萼片沿唇瓣下方向前伸展，側瓣向下弧形伸展。唇瓣圓形，紅色，基部具一對肉質凸尖，先端銳尖，唇盤具多條放射狀暗紅色脈紋，唇瓣緣具肉質細毛。

▲ 花正面及側面，南投的花。

分布

台灣全島中海拔山區零星分布，紀錄不多，生於原始森林下潮濕的區域，嗜水性較強，光線為半透光。

田野筆記

2016 年出版的《台灣原生植物全圖鑑第二卷》第 111 頁指出早期學名鑑定錯誤，並重新發表為 *Liparis formosamontana*，註明模式標本採自南投。2012 年 4 月沈伯能先生在郡大林道採得一種羊耳蒜標本交予林讚標教授，後由林讚標教授等 4 人發表於 2018 年 8 月 7 日出版的 *Taiwania*，學名為 *Liparis monoceros*，中文名為南投羊耳蘭，但林讚標教授於 2019 年出版的 *The Orchid Flora of Taiwan* 第 640 頁中將中文名改為玉簪羊耳蘭，學名仍為 *Liparis monoceros*。

▼ 1. 開花生態。2. 苗栗縣的花。3. 8 月初的果莢。
4. 匍匐根莖及假球莖。

寶島羊耳蒜 別名：*Empusa formosana*
Liparis formosana

特徵

葉約 3 至 5 枚，叢生於莖側，莖自舊植株基部抽出，圓柱形。花序頂生，花密生。苞片大部分反折，不包覆子房。花數十朵，花被大都為紫色，蕊柱淡綠色，藥蓋紫色。花被偶可見綠色的現象，萼片及側瓣縱向反捲。唇瓣於中段反折成銳角，中肋全段凹陷成溝。有人見過唇瓣花瓣化的現象。

分布

台灣全島及蘭嶼均有分布，闊葉林或竹林下，喜土地濕潤，光線為半遮蔭的環境。

田野筆記

寶島羊耳蒜與脈羊耳蒜不管植株或是花，外形都極為相似，常會造成賞花人士的困擾，茲將其特徵列表如下方表格。

▲ 唇瓣中肋全段凹陷成溝，藥蓋紫色。

寶島羊耳蒜開花時很容易與大花羊耳蒜分辨，但未開花時與大花羊耳蒜很難分辨，如有殘存乾枯的花梗可作為分辨的參考，寶島羊耳蒜乾枯花序較短且較細，大花羊耳蒜乾枯花序較長且較寬。

	苞片	花序	唇瓣反折	唇瓣中肋	藥蓋
寶島羊耳蒜	反折	較長花較密生	反折成銳角	全段凹陷成溝	紫色
脈羊耳蒜	不反折	較短花較疏生	弧狀反折	先端半段平緩	綠色

▼ 1. 生態環境。2. 苞片反折。3. 唇瓣反折成銳角。4. 綠色花。5. 12 月中旬果莢。

1

2

3

4

5

大花羊耳蒜 別名：羊耳草；*Empusa gigantea*
Liparis gigantea

特徵

植株自地下長出，莖圓柱形，葉4至7枚，叢生於莖基部，葉長橢圓形，葉歪基，葉面具數條基出縱主脈。花序頂生，花數十朵，個體比寶島羊耳蒜大很多，花被深紫色，蕊柱綠色，萼片橢圓形，橫向反捲成圓圈狀，側瓣線形，縱向反捲，上萼片向後伸展，側萼片向兩旁伸展。唇瓣具鋸齒緣，中肋向下凹陷。本種開花時很容易與寶島羊耳蒜分辨，未開花時，可由殘存乾枯的花序梗作為分辨的參考，大花羊耳蒜乾枯花序較寶島羊耳蒜長且粗。

分布

台灣全島及蘭嶼低海拔山區闊葉林及竹林下，以北部及東部較多，生長在土壤潮濕，光線為半遮蔭的環境。

▼ 1. 開花植株。2. 花側面。3. 少見的綠色花。4. 7月初果莢。5. 生態環境。

1

2

3

4

5

恆春羊耳蒜
別名：紅鈴蟲蘭；*Cestichis grossa*

Liparis grossa

特徵

假球莖卵球形，假球莖間緊密生長，頂生 2 葉，近對生，長橢圓形，革質。花序梗自成熟株假球莖頂端抽出，1 球 1 序，花序軸具縱稜，1 花序花數十朵。花被橙紅色，萼片及側瓣於基部反折。唇瓣於中段反折約 90 度，先端二裂。

分布

恆春半島、台東、花蓮等地，北至宜蘭及花蓮交界附近，蘭嶼亦有分布，生長在河谷或迎風坡富含水氣的環境，光線大約為半透光至略遮蔭。

▼　1. 生態環境。2. 花序。3. 4 月果莢成熟，結果率高。4. 假球莖，左下方宿存果序由假球莖頂抽出。5. 果莢倒卵形。

2

4

5

齒唇羊耳蒜 別名：*Empusa henryi*
Liparis henryi

特徵 莖圓柱狀，葉長橢圓形，先端漸尖，外形似寶島羊耳蒜與大花羊耳蒜。花序頂生，花序軸具縱稜，花疏生約 20 至 30 朵。萼片、側瓣紫色，均縱向反捲。唇瓣及蕊柱新鮮時綠色，花末期漸次轉為綠色帶紫暈，越晚紫暈越濃。唇瓣圓形，邊緣具細鋸齒緣，先端具短尾尖。

分布 僅分布於恆春半島及蘭嶼低海拔地區，生於闊葉林下濕潤的環境，光線約為半透光至略遮蔭的環境。

▼ 1. 生態環境。2. 花側面。3. 花剛開時唇瓣為綠色，圓形不反折。4. 花將謝前顏色漸漸轉為紫色。

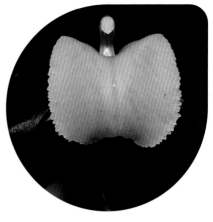

▲ 花正面唇瓣具細鋸齒緣。

川上氏羊耳蒜 別名：*Cestichis kawakamii*
Liparis kawakamii

300-1000m　9-11 月

特徵

明顯具圓形或長卵形假球莖，頂生 2 枚葉片，葉長橢圓形葉尖漸尖。花序頂生，花 10 餘朵至 30 餘朵，綠色，依序由基部向先端漸次展開。

川上氏羊耳蒜外形與虎頭石相似度極高，其最大差異處在葉的長短及花序生長方向。川上氏羊耳蒜的葉較短，花序向上或斜向上伸展；虎頭石的葉較長，花序平伸或斜向下伸展。之所以會有這種情況，是因為川上氏羊耳蒜及虎頭石的花序梗雖然都是扁平狀，但川上氏羊耳蒜花序梗橫切面較厚，支撐力較大，可支撐花序向上伸展，而虎頭石的花序梗橫切面較扁平，扁平狀的花序梗支撐力較小，所以花序只能平伸或向下伸展。假球莖亦有所不同，川上氏羊耳蒜假球莖表面較為平整，莖節處凹陷不明顯，虎頭石假球莖表面則較不平整，莖節處凹陷較明顯。

分布

台灣全島低海拔山區，疏林下或林緣，可適應乾濕季明顯的氣候，亦可生長於貧瘠少土的礫石堆中，所需的光線較多，約略遮蔭的環境。

▼ 1. 生態環境。2. 假球莖，外表平整，花序由兩葉間抽出。3. 花側面。4. 開花次年 3 月果莢裂開。5. 種子。

1

2

3

4

5

樹葉羊耳蒜 別名：小花羊耳蒜；*Cestichis laurisilvatica*
Liparis laurisilvatica

800-1900m　9-11月

特徵
假球莖圓形，常大部落聚生，1 莖 1 葉，葉生於假球莖近頂的側邊，葉細長。花序自成熟株假球莖頂抽出，1 莖 1 序，花序梗扁平，花序通常水平方向伸展，1 花序花約 10 餘朵，整朵花均為綠色。萼片長橢圓形，僅略為反捲，側瓣線形，縱向反捲。蕊柱為淡綠色，蕊柱側翼為一對銳角三角形的凸出物，唇瓣反折約 90 度。

分布
台灣全島中低海拔闊葉林下，喜濕潤的環境，北部、東部東北季風可抵達的範圍，以及西部、西南部中海拔霧林帶均為其生育範圍，以新北及桃竹苗地區較多。

▼ 1. 生態環境。2. 花側面。3. 6 月果莢成熟後木質化未裂。4. 假球莖。5. 花序水平生長。

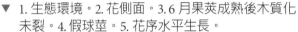

1

3

4

5

良如羊耳蒜

別名：三裂羊耳蒜 ; *Liparis liangzuensis* ; *Cestichis mannii*

Liparis mannii

特徵

假球莖橢圓形緊密生長，外形似小一號的摺疊羊耳蒜。1球1葉，葉生於假球莖頂，葉細長。花序自葉基中間抽出，整朵花均為綠色，甚小，萼片及側瓣反折不反捲，苞片比整朵花長甚多。唇瓣於中段反折約90度。

分布

目前僅知分布於新北南勢溪谷。

日野筆記

良如羊耳蒜由張良如先生所發現，此後無人再見到，是極為稀有的物種。

▼ 1. 開花植株。2. 花側面，苞片比花長。3. 假球莖。

虎頭石 別名：長葉羊耳蒜；*Cestichis nakaharae*
Liparis nakaharae

  400-1800m　11-3月

特徵　假球莖卵形，外表不平整，具多條橫向莖節。1 球頂生 2 葉，葉長橢圓形，先端漸尖，葉甚長。花序梗扁平狀，自假球莖頂抽出，水平或斜下生長，花約數朵至 40 餘朵。整朵花為綠色，萼片向外縱向反捲且不規則扭曲，柱頭兩側僅微凸成鈍角三角形。

虎頭石與川上氏羊耳蒜外表極為相似，其最明顯差異處在花序生長的角度，詳情請看川上氏羊耳蒜的說明。

分布　台灣全島中低海拔林下，附生於岩石上或樹幹上，常大片密集聚生，喜陰濕，略透光的環境。

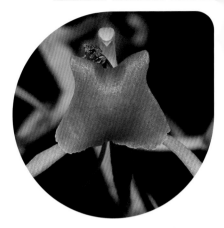

▲　花正面，有訪花者。

▼　1. 生態環境。2. 花側面。3. 花序梗扁平。4. 假球莖。
　　5. 花序大都水平生長。

2

3

1

4

5

脈羊耳蒜 別名：*Empusa nervosa*
Liparis nervosa

600-1600m　4-7月

特徵

葉 2 至 3 枚，基出脈數條，具縱稜。花序頂生，花序梗具縱稜，花疏生，花數朵至 20 餘朵。苞片斜生，不反折。藥蓋綠色，萼片及側瓣縱向反捲。唇瓣於中段反折均與寶島羊耳蒜相似，其不同處在於脈羊耳蒜唇瓣反折較平緩成弧狀，中肋僅於靠基部的半段下凹成溝，靠先端的半段平整或僅微下凹而不成溝，但寶島羊耳蒜的唇瓣則中肋全段下凹成溝。其特徵比較可參考寶島羊耳蒜的說明表。

分布

台灣全島竹林下、闊葉林下、人造林下，可適應乾濕季明顯的區域，光線約為半透光至略遮蔭。

▲ 綠色花植株。

▼ 1. 生態環境，開花植株。
　 2. 開花次年 2 月初果莢仍未裂開。3. 種子。4. 花正面及後面，苞片不反折。

2

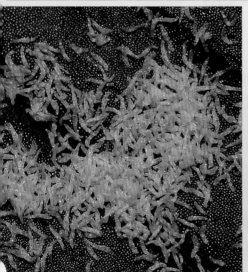
4

能高羊耳蒜 　別名：*Cestichis nokoensis*
Liparis nokoensis

  400-1200m 8-11月

特徵

假球莖圓形，成列密集生長。成熟株 1 球 2 葉生於近假球莖頂端，幼株僅 1 球 1 葉，葉橢圓形，先端漸尖，相較於虎頭石、樹葉羊耳蒜等，能高羊耳蒜的葉，長寬的比率較小，就是看起來較寬。花序自假球莖頂端抽出，花序梗扁平，花序大致水平生長，1 假球莖 1 花序，1 花序花約數朵至 20 餘朵，整朵花均為綠色。與同為 1 個假球莖 2 枚葉片的虎頭石及川上氏羊耳蒜相較，最大特徵為能高羊耳蒜萼片不縱向反捲或僅微縱向反捲，而虎頭石及川上氏羊耳蒜的萼片則縱向反捲程度較大。

分布

零星分布於低海拔山區，通常生於富含水氣的岩壁上，北部較常見，數量不多，是較稀有的物種，光線約為略透光的環境。

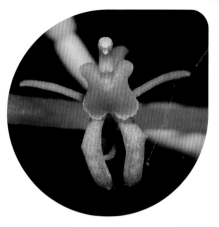

▲　側萼片寬大不反捲。

▼　1. 生態環境及開花株。2. 花側面。3. 花序水平生長。4. 8 月已爆裂果莢，種子仍留存果莢中。5. 假球莖密生，幼株 1 葉，成熟株 2 葉。

2

3

4

5

香花羊耳蒜 別名：*Empusa odorata*
Liparis odorata

特徵

植株與紫花軟葉蘭相似，葉冬枯，2 至 3 枚，長橢圓形略狹長，基出平行脈 5 條，上凹下凸。花序頂生，略長於葉叢，花序柄具縱稜，整個花序不被毛，花數朵，綠色。苞片反折，上萼片及側瓣線形，向外縱向反捲，側萼片橢圓形，向後弧形反折，唇瓣圓形，近基部一半中肋下凹，先端一半不下凹，具紫色暈。

分布

目前僅知分布於台中、花蓮、台東、屏東低海拔山區，生於疏林下或草叢中，光線大約為略遮蔭環境。

▼ 1. 生態環境。2. 假球莖。3. 花序。(以上照片皆許天銓攝)　　▲ 花正面 (許天銓攝)。

雲頂羊耳蒜
Liparis reckoniana

1400-2300m | 3-4 月

特徵 植物體矮小，葉 2 枚橢圓形，莖不明顯。花序頂生，斜向上生長，花序梗不長，花疏生，由底至頂漸次開放，整朵花綠底帶暗紅暈。萼片縱向反捲，上萼片向上伸展，側萼片向前伸展，側瓣縱向反捲向下伸展。唇瓣具明顯暗紅暈的縱向條紋，中段弧狀反折，基部具明顯尾尖。

分布 屏東及台東兩縣交界中央山脈稜線附近原始闊葉林下，附生於樹幹上或生長於地上，霧林帶空氣濕潤的環境，常與苔蘚伴生，光線約為半透光的環境。

田野筆記 本種是楊曆縣先生於 2012 年或更早發現於屏東中央山脈南段稜線上，由許天銓先生等人發表於 2013 年 1 月出刊的 *Taiwania* 第 58 卷第一期，種小名 reckon 即為楊曆憲先生的筆名。

▲ 唇瓣表面具暗紅色不規則縱向脈紋，先端突縮成尖狀。

▼ 1. 花被片均縱向反捲。2. 幼果。
3. 葉片橢圓形。4. 與苔蘚伴生。

絳唇羊耳蒜
Liparis rubrotincta

 1900-2500m 5-7月

特徵
葉冬枯，春季時始萌蘗芽苞，未成熟株僅長葉，成熟株含葉及花芽，葉 2 枚橢圓形，基出脈數條，中肋凹陷，葉緣波浪狀。花序頂生，花序向上生長，花序梗具數條縱稜，花約 10 餘朵。上萼片向上伸展，側萼片及側瓣向下伸展，均縱向反捲。花形及花色均與長穗羊耳蒜相若，但絳唇羊耳蒜唇瓣橫向為髮夾彎角度的反折，反折後唇面縱切面呈銳角，且顏色突轉為紅色。長穗羊耳蒜的唇瓣反折則為弧形反折，反折後唇瓣縱切面弧狀，反折後顏色不變。

分布
分布於新竹、苗栗、台中、宜蘭、花蓮、高雄等地中海拔霧林帶原始林地區，屬於乾濕季較不明顯的區域，光線約為半透光的環境。

▲ 唇瓣絳紅色，先端約成水平，僅中間微凸。

▼ 1. 開花植株生態。2. 花序。3. 唇瓣中段髮夾彎反折成銳角。4. 葉中肋凹陷，葉緣波浪狀。

尾唇羊耳蒜 別名：紫鈴蟲蘭
Liparis sasakii

  1400-2500m 3-6 月

特徵 葉冬枯，春季自前一年假球莖基部旁抽出芽苞，成熟株芽苞含2片葉及花序，葉長橢圓形。花序頂生，向上生長，花序梗具數條縱稜，花深紫紅色，4至10餘朵。上萼片向上伸展，下萼片向前伸展，均縱向反捲。側瓣向下伸展，縱向反捲。唇瓣戟狀，近基部略反折，邊緣密被緣毛，先端具尾尖。

分布 台灣全島零星分布，數量不多，通常生於含水量高的岩壁或土坡，公路邊坡或登山步道兩旁偶可見，光線約為半透光至略遮蔭的環境。

▲ 唇瓣戟狀具緣毛，先端具尾尖。

▼ 1. 開花生態。2. 假球莖開花時未膨大，結果後才膨大。3. 葉面具微凸之網紋。4. 與苔蘚伴生。

1

2

3

4

高士佛羊耳蒜 別名：*Cestichis somae*

Liparis somae

200-600m | 12-1月

特徵

假球莖聚生，圓錐形，表面光滑或具數條縱稜。葉 2 片生於假球莖頂，近對生，長橢圓形。花序自假球莖頂抽出，單花序無分枝，斜向上生長，先端平伸，花近白色，花密生如撢狀，數近二、三百朵。唇瓣向後弧形反折成近半圓形。

分布

僅分布於恆春半島原始林內，附生於河流行水區正上方的樹幹上，是需水氣極強的物種。

田野筆記

高士佛羊耳蒜近年只有 3 次發現紀錄。第一次是郭明裕老師和楊智凱博士在滿州鄉的小溪谷發現，沒多久就因山崩造成堰塞湖被淹沒。第二次是郭明裕老師、鐘詩文博士、許天銓先生和我於 2007 年 8 月 4 日在滿州鄉的另一條小溪谷中發現，當時不知花期是何時，前後經過 5 次觀察終於在 2009 年 1 月 6 日拍到開花照片。此後亦多次前往該地做後續觀察，只見當地生育環境越來越差，成熟株越來越少，同一棵樹幹漸次被長腳羊耳蒜佔據，附近未再發現其他族群，高士佛羊耳蒜的生長狀況真是令人憂心。第三次發現地點是位於老佛山附近的溪谷中。

▲ 花序局部放大。

▼▶ 1. 開花生態，仍有果序宿存。2. 假球莖落葉後可見一球兩葉及花序宿存餘痕，外表具縱稜。3. 花序。4. 2 月初結果株。

2

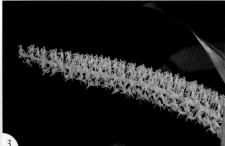

3

1

4

插天山羊耳蒜
別名：黃花羊耳蘭；*Empusa sootenzanensis*

Liparis sootenzanensis

特徵

葉冬枯，新芽含葉及花序，自前一年假球莖基部旁抽出，開花時假球莖尚未膨大。葉 3 至 5 枚，基出平行脈數條下凹成縱稜。花序頂生，向上生長，花序梗具數條縱稜。花疏生，花數約 10 至 20 餘朵。花初開時較翠綠，漸次轉為黃綠色。萼片及側瓣均向後伸展且縱向反捲。唇瓣向後反折成圓形，先端半段具鋸齒緣。

分布

台灣全島中低海拔闊葉林下或竹林下，乾濕季分明或不明顯的區域都能適應，光線為略遮蔭的環境。

▼ 1. 開花株及生態。2. 花側面，萼片及側瓣均反捲。
3. 種子及比例尺。4. 1 月初果莢已乾燥，有些裂開有些未裂。5. 假球莖粗，葉面寬，10 月初果莢。

▲ 唇瓣具鋸齒緣。

淡綠羊耳蒜

別名：長腳羊耳蘭；*Cestichis viridiflora*

Liparis viridiflora

400-1700m 　10-12 月

特徵

假球莖長圓柱形，密生，外部通常光滑或老株具縱向皺摺。葉 2 片近對生於假球莖頂部，形狀為細長的橢圓形。花序自假球莖頂的 2 葉中間抽出，單花序無分枝，向上或斜向上生長。花淡綠色，密生如撢狀，數近百朵。萼片及側瓣向後伸展少捲曲，唇瓣髮夾彎向後反折約 180 度。

分布

恆春半島、花蓮、台東、宜蘭、新北及桃園、新竹等地區，生長區域為溪谷兩旁的樹上或迎風坡的樹上，喜四季空氣濕潤且溫暖的環境，河谷旁的岩壁上常見其蹤跡，光線為半透光至略遮蔭。

▲ 花序中段放大。

▼ 1. 開花生態。2. 假球莖圓柱狀。3. 花序。4. 3 月中旬剛由綠轉乾的果莢，尚未裂開。

2

4

金釵蘭屬（釵子股屬）/ Luisia

金釵蘭屬的葉子特化成長圓柱狀是其一大特徵，附生，花序短。果莢內含絲狀物及種子，果莢裂開後，種子先一步飄散，絲狀物短期內仍留存在宿存果莢內。

呂氏金釵蘭
Luisia × *lui*

300-500m　3-4月

特徵　莖具莖節，葉自莖節下緣生出，葉細長圓柱狀或針狀，先端銳尖。花序自莖側抽出，單一花序 2 至 3 朵花。花萼及側瓣黃綠色，唇瓣暗紫色，中段具一 U 形橫紋，U 形橫紋下方具數條不明顯縱紋，先端微凹或二淺裂。

分布　目前僅知分布於恆春半島，附生於河谷兩旁通風良好的大樹上，生長環境富含水氣，光線為半遮蔭至略遮蔭。

田野筆記　本種是呂順泉先生所發現，因此以其姓氏命名。可能是牡丹金釵蘭與心唇金釵蘭的天然雜交種，植株大小及特徵介於兩者之間。

▲ 花序自莖側邊抽出。

▼ 1. 生態環境。2. 唇瓣先端略有凹陷，特徵介於心唇金釵蘭及牡丹金釵蘭之間。圖右上方具兩個花粉塊。3. 花序正面。4. 花序背面。

1

2

3

4

台灣金釵蘭 別名：台灣釵子股；大萼金釵蘭
Luisia megasepala

特徵

莖呈不規則生長，或懸垂或平伸或直立，具莖節。葉自莖節下緣生出，葉呈細長的圓柱狀或針狀，先端銳尖，常有大片族群聚生。花序自莖側抽出，單一花序約 2 至 3 朵花。花萼及側瓣黃綠色，唇瓣暗紫色，先端深二裂，唇盤具數條不規則縱紋。

分布

零星分布於台灣全島中低海拔森林中，通風良好富含水氣的區域，中海拔的霧林帶是其良好的生育環境，光線為半遮蔭至略遮蔭。

▲ 唇瓣具不規則縱溝紋，
　先端深二裂。

◄▼ 1. 開花生態。2. 花序自莖側邊
　　抽出。3. 花剛開時。4. 裂開的
　　果莢，種子已飄散，絲狀物尚
　　留在果莢內。

2

4

牡丹金釵蘭
Luisia teres

特徵

莖直立或斜生，少懸垂，具莖節。葉自莖節下緣生出，綠色肉質圓柱狀，先端銳尖，植株是金釵蘭屬中最細小者，常有大片族群聚生。花序自莖側抽出，1 莖通常有 1 至 4 莖節各抽 1 個花序，單一花序 1 至 4 朵花。花萼及側瓣黃綠色。唇瓣被紫褐色斑點或斑塊，花紋多變化，先端淺二裂。

分布

台灣全島低海拔山區，附生在通風良好的樹上，附生不限樹種，最常見的宿主為樟樹，在苗栗山區曾見附生在龍柏的小枝條上，光線為半遮蔭至略遮蔭的環境。

▲ 側萼片先端杓狀銳尖。
花序自莖側邊抽出。

▼ 1. 生態環境。2. 多個花序。3. 唇瓣表面暗紫色斑塊變化多。4. 7 月下旬果莢。

1

2

3

4

心唇金釵蘭

別名：*Luisia cordata*；*Luisia teretifolia*

Luisia tristis

特徵

莖直立或斜生或懸垂不一，下垂者常見尾部反轉向上。莖具莖節。葉自莖節下緣生出，綠色肉質圓柱狀，先端銳尖，植株在金釵蘭屬中相對較大。花序自莖側抽出，1 莖通常有 1 或 2 個花序，每個花序約 5 朵花左右。花萼及側瓣黃綠色。唇瓣心形，表面及背面均為暗紫色，唇盤中段橫向凹陷，先端半段向前凸起，呈心形，凹陷處略成 U 字形。

分布

台灣南、北、東各有一生育地，北部在新北烏來，南部在台東達仁鄉及大武鄉，東部在花蓮，生長在溪谷兩旁或迎風坡富含水氣的大樹上，光線為半遮蔭至略遮蔭的環境。

▲ 花序自莖側邊抽出。

田野筆記

烏來停車場旁邊有一棵大樟樹，上面附生許多心唇金釵蘭，可惜大樟樹於 2020 年前因故枯死，枝幹開始斷落，斷枝上的植株除了有心人士撿去種，否則無法存活。心唇金釵蘭是非常稀有的物種，於是我在 2022 年底向農業部生物多樣性研究所的人員反應，希望能拯救這些心唇金釵蘭至鄰近相同的生育環境種植。該所經過多次公文往返，終於聯絡上樟樹所在地的管理機關公路局，公路局的主管也相當熱心且快速的配合移植計畫。2023 年 9 月 14 日，農業部生物多樣性研究所、林務局（現林業及自然保育署）、公路局等機關均派員到場協助，公路局甚至派了吊車等相關機具投入作業，數量龐大的心唇金釵蘭在一天內就完成移植任務了。因樟樹近年內無傾倒之虞，尚留存少數在樹上自然繁殖，至於移植後的心唇金釵蘭生長情形，農業部生物多樣性研究所也會追蹤。

▼ 1.保育團隊移植枯木上的心唇金釵蘭。2.生態環境。3.9月中旬果莢剛裂開，種子尚未飛散。
　4.訪花前花粉塊未露出。5.訪花者造成藥蓋脫落，但未帶走花粉塊。

小柱蘭屬 / *Malaxis*

小柱蘭屬傳統分類包括沼蘭屬及小沼蘭屬，近年分類才將沼蘭屬及小沼蘭屬獨立出來。

阿里山小柱蘭 別名：單葉軟葉蘭、阿里山軟葉蘭
Malaxis monophyllos

2000-3200m　6-8月

特徵
葉冬枯，葉通常為 2 片，明顯一大一小。花序頂生，花序梗具數條縱稜，花數近百朵，自下往上漸次展開，花甚小。萼片橢圓形，上萼片向上伸展，側萼片向下伸展，初開時平展，漸次縱向反捲。側瓣線形，向斜後方伸展。唇瓣心形，基部兩邊甚寬且具鋸齒緣，先端急縮成尾尖。蕊柱甚短。

分布
台灣全島中高海拔山區，冷涼濕潤的環境，公路邊、步道旁、疏林下等較開闊地的短草區，光線為半透光至略遮蔭。

▼ 1.生態環境。2.花序中段。3.常有一葉的植株。
　4.兩片葉的植株，葉一大一小。

▲ 花正面，唇瓣先端突縮成尾狀。

2

3

4

韭葉蘭屬台灣僅 1 種。

韭葉蘭
Microtis unifolia

300m　　3-4 月

特徵

葉單一，捲筒狀，自地下長出，斜向上方生長，於開花後漸次枯萎。單一花序頂生，自葉中心抽出，下半段被筒狀葉包覆，1 花序花約 30 至 60 朵，向四面展開，花自基部往先端漸次開放，花期甚長。花綠色。上萼片單獨成為罩狀，側萼片先向下伸展後反折，側瓣斜向前上方伸展，均不反捲。唇瓣向後弧形反折，蕊柱短，無距。果莢成熟後外表轉為黑色裂開，種子細小砂粒狀。

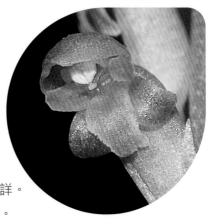

分布

我僅於台北盆地周圍丘陵地見過數個生育地，其餘生育地不詳。生於全日照的平坦短草地，高速公路交流道旁也曾見其蹤跡。海拔高度文獻紀錄可達 3,000 公尺，但我僅在低海拔山區見過。

▼　1. 生態環境。2. 花側面。3. 花序自捲筒葉中抽出。4. 花序。5. 果熟變黑裂開。6. 種子砂粒狀。

鳥巢蘭屬（雙葉蘭屬）/ Neottia (Listera)

地下莖短，多年生。地上莖 1 年生，自地下莖生出，地上莖不被毛，除尖唇鳥巢蘭為真菌異營無葉片外，其餘為 1 莖生 2 葉，葉無柄對生於莖頂。花序頂生，花序梗被長短不一的細毛，花多數，花期自春季至夏季，海拔越低花季越早，反之則越晚。

尖唇鳥巢蘭 別名：鳥巢蘭
Neottia acuminata

2000-2500m　5-6 月

特徵
我未見過開花株，僅見過標本，依標本的外觀判斷，其特徵為唇瓣細尖。

分布
目前僅知分布於奇烈亭附近。生育環境不詳。

田野筆記
台灣唯一的採集紀錄是 1938 年 6 月 2 日瀨川孝吉採自奇烈亭附近，已相隔 90 餘年無發現紀錄，我曾多次前往宜蘭奇烈亭山區找尋，但均鎩羽而歸。

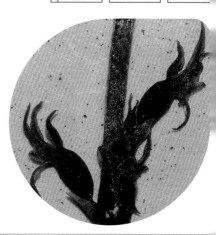

▼ 1. 全株標本。2. 花序。3. 花側面。4. 根糾結成團。

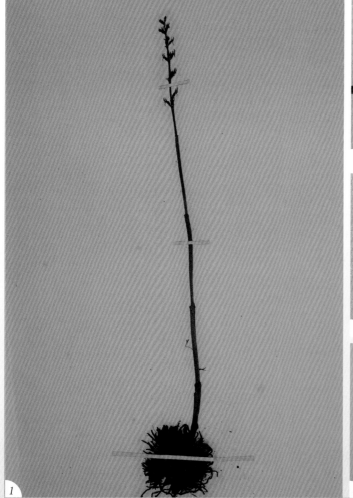

泰雅雙葉蘭
Neottia atayalica

2800-3200m　6-7月

特徵
葉冬枯，兩葉對生，與小雙葉蘭並無明顯不同。花序自兩葉間抽出，花序梗被毛，花約 3 至 10 朵。蕊柱極短，萼片及側瓣均向前伸展，側瓣較寬不反捲，唇瓣先端二裂，裂片較小雙葉蘭寬及較短，長度不及唇瓣的一半，裂片先端具鋸齒緣，唇瓣基部無向上延伸包覆蕊柱的現象。

分布
雪山山脈高海拔原始林下或箭竹林下，光線為略遮蔭的環境。

田野筆記
鐘詩文博士及許天銓先生和我於 2007 年 7 月 4 日在雪霸山區海拔約 2,800 公尺以及 2008 年 8 月 6 日在海拔約 3,200 公尺的地方，前後 2 次看到本種花期已近入尾聲的雙葉蘭。

許天銓先生和鐘詩文博士於《台灣原生植物全圖鑑第二卷》120 頁發表為泰雅雙葉蘭。泰雅雙葉蘭與小雙葉蘭外表極為相似，比較表請參考小雙葉蘭的附表。

▼　1. 生態環境。2. 花序。3. 蕊柱側邊無唇瓣延生物，上萼片及側瓣向前伸展不反捲。4. 8 月初果序。

2

3

4

短葶雙葉蘭

Neottia breviscapa

  2000-2600m 6-7月

特徵

葉冬枯，兩葉對生，莖較長，花序自兩葉間抽出，莖長約為花序長的二倍。1 花序花約 2 至 10 餘朵。蕊柱較短不彎曲，萼片及側瓣均不反捲亦不反折。唇瓣表面平滑光亮中間微向上凸，先端二裂，但裂口不深，且裂口角度甚小甚或兩裂片微相疊，二裂片先端圓鈍。

分布

目前僅知分布於無名山東稜。

田野筆記

2010 年我與徐嘉君博士及張文德先生組成喜普鞋蘭探勘隊，自勝光出發，經南湖山屋、中央尖溪山屋、中央尖山、中央尖東峰後下切小瓦黑耳溪，第三天在一處有湧泉的地方迫降，第四天在小瓦黑耳溪谷一塊略呈方形平整的大石上宿營，那塊大石頭面積近 20 平方公尺，在野外有這麼一塊平整的自然營地實在很幸福。

▲ 花的正面及側面，唇瓣最寬處在近先端，先端兩裂，裂口淺，兩裂片圓鈍。

▼ 1. 生態環境。

第五天也就是 2010年 7月 1日，早上 5點準時出發，上切袋角山，看到柯藝登山社的路條。自中央尖山之後，僅見過 3條細小的藍色塑膠帶綁在樹上外，沒見過其他登山路條，此時信心大增，順利走出山區應無問題了。登袋角山途中見過數個有駁崁的平地，面積約 5平方公尺左右，張文德先生告訴我們那是舊時太魯閣族祖先的住地，並要我們繞過平地，因為平地上可能埋有太魯閣族的祖先，台灣某些原住民有往生後葬於住處的習俗。沿途還見到非常龐大的苦木族群，這在其他地方很難見到。此後沿著柯藝登山社的路條走，登上椎巴宇山之前，我見到了一大群雙葉蘭，是未見過的物種，匆匆採了一份標本及拍照後立刻趕路。過了椎巴宇山後開始陡降，只能沿著斷斷續續的路跡走，幾經奮戰，終於安全抵達中橫的洛韶，時間正好是午夜 12點，走了整整 19個小時，真是吃足了苦頭。回來將標本交給許天銓先生，於《台灣原生植物全圖鑑第二卷》121頁發表為短葶雙葉蘭，短葶應是花序短的意思。

短葶雙葉蘭與大花雙葉蘭外形較為相似，比較表如下：

	莖與花序	唇瓣裂口	上萼片及側瓣	唇瓣腹面	蕊柱
短葶雙葉蘭	莖較長	較短	不反捲，向前伸展	向上微凸	短不彎曲
大花雙葉蘭	花序較長	較長	反捲，向後伸展	平展不凸	長往下彎

▼ 2. 花序。3. 唇瓣表面上凸，有兩個花粉塊掉在唇瓣上。4. 葉表面。5. 莖比花序還長。

鎮西堡雙葉蘭
Neottia cinsbuensis

特徵

葉冬枯，二葉對生，葉中肋具淡綠色細帶狀脈紋。蕊柱中等長度略向下彎曲，側瓣稍反捲，上萼片有時稍反捲有時不反捲，側萼片不反捲，均向四方伸展與唇瓣呈一平面狀。唇瓣長卵形，邊緣弧形外凸，先端二裂，少數唇瓣外緣僅微外凸，中肋帶狀深綠色。

分布

已知分布地在新竹尖石及宜蘭大同，生於霧林帶原始林下的箭竹林緣，半透光至遮蔭稍多的環境。

田野筆記

2007 年 7 月 3 日我和鐘詩文博士及許天銓先生在尖石山區做調查，中午時分，我在箭竹林緣看到幾棵未見過的雙葉蘭，和他們討論，許天銓先生當場鑑定為南湖雙葉蘭，並在《台灣原生植物全圖鑑第二卷》報導為南湖雙葉蘭。2017 年林讚標教授及黃大明先生將本種發表為鎮西堡雙葉蘭。後來本種唇瓣裂片較尖者曾被鑑定為南湖雙葉蘭。

▼ ▶ 1. 生態環境。2. 花序。3. 唇瓣裂片銳尖者曾被鑑定為南湖雙葉蘭。4. 葉表面。

▲ 唇瓣下凹。

大花雙葉蘭 相關物種：*Neottia wardii*
Neottia fukuyamae var. *fukuyamae*

特徵

葉冬枯，兩葉對生，葉中肋下凹，淡綠色。花序頂生，花序長度大都比莖長，花約 2 至 7 朵。蕊柱中等長度略向下彎曲，花被向四面伸展，上萼片及側瓣均反捲，側萼片略反捲。唇瓣先端二裂，裂口深度約為唇瓣 30％ 至 40％，多數唇瓣中段外緣弧形外凸，唇瓣腹面平展不凸，最寬處在唇瓣的中段，外形多變化。唇緣具肉質刺狀物。

大花雙葉蘭與短葶雙葉蘭外形相似，其不同處請參考短葶雙葉蘭後段的比較表。

分布

中央山脈北段及雪山山脈霧林帶原始林下，冷涼濕潤的區域，光線約為半透光的環境。

▲ 唇瓣外側弧形，最寬處在中段。

◀▼ 1. 生態環境。2. 開花植株。3. 花側面。4. 葉表面。

奇萊雙葉蘭

Neottia fukuyamae var. *chilaiensis*

特徵 葉冬枯，兩葉對生，植株與大花雙葉蘭並無不同，花序自兩葉間抽出，花約 2 至 6 朵。蕊柱略向下彎曲，上萼片及側瓣反捲，側萼片略反捲，唇瓣近先端處較寬，外緣呈直線不外凸，先端二裂角度較小，二裂片裂口深度約為 40％ 至 45％，花序約與莖等長。本種與大花雙葉蘭差異最大的特徵在唇瓣中肋，奇萊雙葉蘭唇瓣中肋上凸，大花雙葉蘭唇瓣中肋平展不凸。

分布 目前僅知分布於合歡山區及奇萊山區，冷涼濕潤的環境，原始林下或箭竹林下，光線約為半透光。

▲ 唇瓣外緣約呈直線，最寬處在近先端處。

▼ 1. 生態環境。2. 花側面。3. 10 月中旬果莢將成熟時，葉已枯萎。

合歡山雙葉蘭
Neottia hohuanshanensis

特徵

葉冬枯，兩葉對生。花序自兩葉間抽出，花約 2 至 7 朵。蕊柱約與側瓣等長略向下彎曲，萼片及側瓣以蕊柱基部為中心向四方輻射伸展，上萼片及側瓣反捲。唇瓣中段為長方形，最寬處約在唇瓣中段，先端二深裂，裂片長度約為唇瓣三分之一，二裂片較關山雙葉蘭寬，頭尾等寬，裂片間的角度小，裂縫平行，裂片先端圓形。

分布

目前僅知分布於合歡山區。高海拔的原始林下，步道邊或林間稍開闊的林下，半透光的環境。數量不多，而且一個已知分布點位於登山步道邊，受到登山客及大群賞花者不經意踩踏，已所剩無幾甚或找不到植株了。

◀ ▼ 1. 開花植株。2. 葉表面具不規則網紋。
3. 花側面。4. 訪花者。

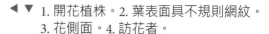

小雙葉蘭　別名：日本雙葉蘭；*Listera japonica*
Neottia japonica

特徵　葉冬枯，兩葉對生。花序自兩葉間抽出，花約4至7朵。蕊柱極短，柱頭略凹陷，花紫色或綠色或介於兩者之間，萼片及側瓣向後反折或微反折，側瓣反捲萼片不反捲。唇瓣深二裂，裂片長度約為唇瓣的一半，先端具鋸齒緣。唇瓣基部向上延伸，半包覆蕊柱上方，包覆約達四分之三，唇盤中肋上凸。

分布　雪山山脈北段，生長在原始林下或疏箭竹林下，喜涼爽濕潤的環境，光線為半透光至遮蔭稍多。

田野筆記　遍布中央山脈北段及雪山山脈中低海拔各地，微小的變異甚多，早期曾有學者懷疑唇瓣較寬者為新種，但無明顯特徵可證實。直到《台灣原生植物全圖鑑第二卷》始將有變異的族群發表為泰雅雙葉蘭，是一獨立的特有新種。

泰雅雙葉蘭與小雙葉蘭差異簡要比較如下表：

	花被片	側瓣	唇瓣側裂片長度	唇瓣基部向上延伸
泰雅雙葉蘭	向前伸展	不反捲	不及唇瓣一半	無向上延伸
小雙葉蘭	向後反折	反捲	約為唇瓣一半	包覆蕊柱約四分之三

▼ 1.生態環境。2.綠色花植株，其中一朵花上有一隻螞蝗。3.唇瓣上方延伸物包捲蕊柱頸部，花被片向後反折。4.5月初果莢。

關山雙葉蘭 別名：*Listera kuanshanensis*
Neottia kuanshanensis

  2600-2700m 7-8月

特徵

葉冬枯，兩葉對生。花序自兩葉間抽出，花約 4 至 10 朵，蕊柱中等長度，約與側瓣等長，略向下彎曲。萼片及側瓣以蕊柱基部為中心向四方輻射伸展，上萼片及側瓣略反捲。唇瓣為倒長卵形，最寬處在近唇瓣基部，二裂片線形，頭尾等寬，比合歡雙葉蘭窄，微向上彎曲，裂片間的角度大，裂片長度約為唇瓣總長三分之一或更短。

分布

目前僅知分布於玉山及關山一帶，數量不多，生於原始林或箭竹林下，冬季雖為乾季，但屬雲霧帶，仍富含水氣，光線為半透光的環境。

▼ ▶ 1. 生態環境。2. 開花植株。3. 葉表面。4. 花側面。

梅峰雙葉蘭 別名：*Listera meifongensis*

Neottia meifongensis

特徵　葉冬枯，兩葉對生。花序自兩葉間抽出，花約 3 至 7 朵。萼片及側瓣以蕊柱基部為中心向四方輻射伸展，均不反捲。蕊柱較長，長度大於萼片及側瓣，中段以後向內弧形彎曲約近 90 度。唇瓣卵形具淡綠色波浪緣，先端淺裂。

分布　目前僅知分布於合歡山區，生於原始林下的箭竹林中，環境終年陰濕，光線約為半透光至遮蔭稍多的環境。

▼　1. 生態環境。2. 花側面。3. 開花植株。4. 花序。

微耳雙葉蘭 相關物種：假日本雙葉蘭 *Neottia pseudonipponica*

Neottia microauriculata

3000-3100m　7-8月

特徵

葉冬枯，兩葉對生，葉中肋具白色帶狀脈紋。花序自兩葉間抽出，甚長，花約數朵至近 20 朵。蕊柱短，和側瓣約等長，僅微向內彎曲，萼片花剛開時不反折不反捲，花後期反折至貼近子房表面但仍不反捲。側瓣花剛開時不反折亦不反捲，花後期時，反捲略向後伸展。唇瓣基部較窄，先端二裂，先端二裂片表面積大，半圓形，外側具粗鋸齒緣。

分布

目前僅知分布於雪山山區及合歡山區，光線約為半透光至遮蔭稍多的環境。

▲ 花正面，唇瓣基部內縮為鋸齒緣的花。

田野筆記

2007 年 7 月初，我和鐘詩文博士及許天銓先生前往大霸北稜，在海拔近 3,000 公尺處發現一種中肋被白色脈紋的雙葉蘭，當時只有花苞，未能鑑定物種，事後推斷極可能就是微耳雙葉蘭。2008 年 7 月底，師大生科研究所的劉威廷同學首先在雪山山區發現本物種，最先由許天銓先生鑑定為假日本雙葉蘭。2008 年 8 月初我隨同鐘詩文博士及許天銓先生前往該區，但因沿途有許多新物種待觀察導致時間不夠，未能到達目的地而錯失了觀察機會。2012 年 7 月下旬，我和內人決定再度前往雪山山區找尋該種雙葉蘭，邀得許天銓先生同行，於 7 月 23 日尋得該物種，後來許天銓先生重新鑑定為新物種，並於《台灣原生植物全圖鑑第二卷》127 頁發表為微耳雙葉蘭。但林讚標教授在 *The Orchid Flora of Taiwan* 一書中的 681 頁處理為假日本雙葉蘭 *Neottia pseudonipponica*。假日本雙葉蘭的模式標本採自東勢石壁坑地區，海拔不超過 600 公尺，而微耳雙葉蘭分布海拔約為 3,000 公尺。在鳥巢蘭屬中，分布海拔耐受高差未曾見過如此大者，因此我認為假日本雙葉蘭並非微耳雙葉蘭。

▼ 1. 生態環境，葉表面可見白色帶狀脈紋。2. 花側面，側萼片強裂反折。3. 花序。

1

2

3

玉山雙葉蘭 別名：*Listera morrisonicola*
Neottia morrisonicola

特徵

葉冬枯，兩葉對生，偶可見不對稱的第 3 枚葉片，葉肉質卵形，葉尖鈍狀。花序自兩葉間抽出，花約 1 至 6 朵。蕊柱短略彎，萼片及側瓣不反捲，均向前伸展。唇瓣鋤形，先端平截或僅微凹。

分布

中央山脈、玉山山脈、雪山山脈中高海拔原始林下，環境為雲霧帶，富含水氣，是分布最廣、數量最多的雙葉蘭，光線約為半透光。

▼　1. 生態環境。2. 突變為三片葉的植株。3. 萼片及側瓣均不反折及反捲。4. 葉卵圓形。

▲　唇瓣鋤形，先端僅微凹。

1

3

2

4

碧綠溪雙葉蘭

Neottia piluchiensis

特徵　葉冬枯，兩葉對生，葉卵狀三角形。花序自兩葉間抽出，花數朵至 10 餘朵。蕊柱與上萼片約略等長，向下彎曲。上萼片及側瓣綠色，以蕊柱基部為中心向四方伸展，均反捲。側萼片淡綠色及綠色條紋相間隔。唇瓣淡綠色，兩側緣直線或略向內凹，具細鋸齒緣，中肋呈墨綠帶狀凸起，先端兩裂，二裂片銳三角形，裂縫角度大，呈人字形。

分布　目前僅知分布於畢祿溪流域，生育地為霧林帶的原始森林，生於疏林下或林緣，或有疏短箭竹伴生，小溪旁較潮濕的環境，光線約為半透光。

田野筆記　本種首先於 2011 年被發現，林讚標教授於 2015 年發表為碧綠溪雙葉蘭。通常林讚標教授處理新物種很積極，花了 4 年很不尋常。其原因大概是 2007 年鎮西堡雙葉蘭被鑑定為南湖雙葉蘭，所以遲至 2015 年才將本種發表為碧綠溪雙葉蘭。碧綠溪雙葉蘭曾經一度被懷疑是南湖雙葉蘭，但是否如此？我的看法是，南湖雙葉蘭模式標本採自南湖圈谷至奇烈亭一帶，而近年登南湖大山的路線是雲稜山莊經審馬陣山至南湖圈谷，這一段路已經無數人次的走動，如果有南湖雙葉蘭的蹤跡，沒有不被發現的道理，因此剩下奇烈亭至審馬陣山登南湖大山舊路，那一段路我有走過，也有看過鎮西堡雙葉蘭，再加上許天銓先生最初將鎮西堡雙葉蘭鑑定為南湖雙葉蘭，還有鎮西保雙葉蘭唇瓣裂片較尖者曾被鑑定為南湖雙葉蘭，所以不排除鎮西堡雙葉蘭可能就是南湖雙葉蘭。當然，最大的可能是南湖雙葉蘭仍然靜靜的在奇烈亭至審馬陣山一帶等我們去發現。

▼ 1. 生態環境 2. 開花植株。3. 花側面。4. 葉片表面。

  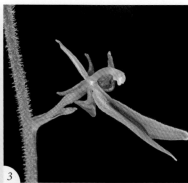 

聖稜雙葉蘭
Neottia shenlengiana

  2600-3100m 6-8月

特徵 葉卵狀三角形，單一花序約 3 至 6 朵花。蕊柱與上萼片等長或更長，向下彎曲幅度較大，萼片及側瓣以蕊柱基部為中心向四方伸展，均僅微反捲，唇瓣先端二列。花形及顏色於開花前後期差異大，初花時整朵花為綠色，唇瓣呈平面，中肋深綠色明顯凸起。花中期唇瓣邊緣向上翹起呈碗狀，中肋顏色轉灰色且不明顯凸起，二裂片先端角度變小。花後期花色轉為淡灰綠色，僅剩部分淡綠色帶狀網紋，唇瓣表面再度變為平面，先端二裂口角度變大。

分布 目前僅知分布於雪霸山區，乾濕季不甚明顯，光線為半透光的環境。

田野筆記 2008 年 8 月初我隨同鐘詩文博士及許天銓先生前往雪霸山區，8 月 6 日在海拔 3,000 公尺稍高處，許天銓先生發現此新物種，經許天銓先生、鐘詩文博士研究後，於《台灣原生植物全圖鑑第二卷》129 頁發表為聖稜雙葉蘭。

▲ 初花葉面平坦。

▼ ▶ 1. 生態環境。2. 花末期唇瓣變灰綠色，表面恢復平坦。3. 花側面。4. 開花中期唇瓣呈碗狀。5. 葉表面。

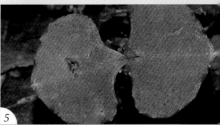

鈴木氏雙葉蘭
別名：*Neottia deltoidea* 三角雙葉蘭；
Listera suzukii

Neottia suzukii

特徵　葉冬枯，兩葉對生，葉長三角形，明顯三基出脈，是雙葉蘭屬中葉片最大者，少數族群主脈兩旁具淺黃綠色網狀脈紋。花序自兩葉間抽出，花約 10 餘朵至 20 餘朵。蕊柱極短，萼片及側瓣向前伸展，不反捲。唇瓣尾端深二裂呈人字形，裂片狹長，由基部漸次縮小至尾尖，呈狹長三角形，裂片長度約為唇瓣長度的二分之一。

分布　東北季風可到達的範圍，包括台東、花蓮、宜蘭、新北、台北、桃園及新竹，乾濕季不明顯的區域，半透光的環境。

▼　1. 生態環境。2. 5 月底熟果果莢。3. 葉面三角形。4. 葉表面具斑紋的植株。5. 台東境內低海拔未開花株的葉形。

▲　花正面，唇瓣先端深二裂。

2

4

5

大山雙葉蘭 別名：*Listera taizanensis*
Neottia taizanensis

特徵
葉冬枯，兩葉對生，葉約正三角形。花序自兩葉間抽出，花綠色約數朵至 10 餘朵，甚小，是雙葉蘭屬中花最短小的。蕊柱約與上萼片等長，不彎曲或略向下彎曲，萼片及側瓣些許反捲，但不反折。唇瓣長方形或橢圓形，左右兩邊緣呈平行狀或上窄下寬，先端微裂被紫色暈。花被片均以蕊柱為中心，略向內伸展。

分布
中央山脈、玉山山脈、雪山山脈中海拔地區，未經人工干涉的霧林帶原始林下，光線約半透光的環境。

田野筆記
有些人對雙葉蘭是一年生或多年生產生疑問，我在觀察大山雙葉蘭的過程中，記錄到大山雙葉蘭是多年生的證據。照片中，今年的花序與去年的舊果梗長在同一生長點上，雙葉蘭屬生長習性相同，應可證明雙葉蘭屬可能都為多年生。

▼ 1. 生態環境。2. 花序。3. 葉表面。
4. 前一年果序與當年開花株並存，代表大山雙葉蘭能多年開花。

1

2

3

4

塔塔加雙葉蘭
Neottia tatakaensis

特徵

與大花雙葉蘭幾無法分辨，僅個體較小，應是大花雙葉蘭因產地不同而有的個別變異。

分布

目前僅知分布於塔塔加鞍部附近。

▼　1. 葉面。2. 開花植株。

▲　花序。

雲葉蘭
Nephelaphyllum tenuiflorum

特徵

假球莖直立叢生多分枝。單葉生於假球莖頂端，葉綠色及紫紅色斑駁分布無特定形狀，葉表面布滿氣孔，通常具 3 至 7 條基出脈，葉基心形，葉基部及花序基部均具假球莖形態，可於側邊分蘗假球莖成為新葉或花序。花序自假球莖側邊抽出，1 花序 3 至 10 餘朵花。花不轉位，綠色，萼片及側瓣各具 3 條縱向深色脈紋，基部紫褐色。唇瓣中肋具一排肉質長條狀附屬物。距尾端二裂成兩個球狀體。結果率甚低，因此族群更新及擴張情形不理想。

分布

目前僅知分布於新竹尖石山區，位處雲霧帶，乾濕度中等的環境，光線為半透光。

▲ 花不轉位，唇瓣在上方，萼片及側瓣在下。

▼ 1. 生態環境。

▼ 2. 花序。3. 距尾端二裂成圓球狀。4. 葉表面。5. 假球莖叢生。

具地下球莖，球莖常長地下根莖，球莖及地下根莖可直接萌蘗新球莖行無性生殖，少數球莖直接相連，短莖直接從球莖或地下根莖抽出，少數基部具疣狀物。花序及葉柄於莖頂端生出，單花序或 2 花序，1 花序單朵花或多朵花，通常先開花後長出葉片，但亦有同時長出的現象。單朵花壽命 1 天或數天，子房轉位或不轉位，果莢成熟期約 3 週至 1 個月左右。

阿里山脈葉蘭

Nervilia alishanensis

1500-1800m　3-5 月

特徵

葉冬天枯萎，於果莢成熟後才自地下冒出，綠色無斑紋，腎形基部深凹，具 7 條輻射基出脈，基出脈下凹。花序於春季抽出，含苞期甚長，花被展開與否取決於氣候的變化。若氣候始終陰雨及氣溫不高，則花被不會展開，即便已裂開看得到蕊柱，其花被還是不展開，待天氣轉好連續 5 至 10 天氣溫較高後，花被即會展開。因此初期有很多人誤會其為半閉鎖花。花被展開後，花壽僅 1 天，果莢成熟期約需 4 週。

分布

目前僅知分布於阿里山山脈的雲霧帶，生於闊葉林下或香杉林下或竹林下，光線約為半透光的環境。

▼　1. 若天氣濕冷，花萼片半展需維持到氣溫升高才展開。2. 花側面。
　　3. 開花後約 1 個月蒴果裂開。4. 唇瓣下方。5. 葉表面。

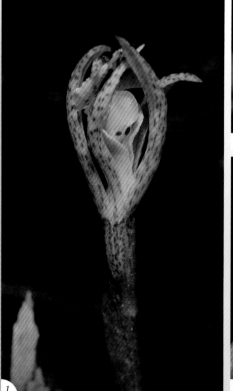

東亞脈葉蘭 別名：一點癀；*Nervilia aragoana*
Nervilia concolor

特徵

葉大部分冬枯，僅少數較濕潤土地上的葉片可越冬不枯。每年梅雨過後自地下抽出花序，開花的時間取決於梅雨期的早晚及雨量。1 花序多為 6 至 10 餘朵花，花淡綠色，轉位。萼片及側瓣各具 3 條基出縱向深綠色脈紋。唇瓣三裂，側裂片三角形，向上伸展，具紫色脈紋，僅裂片基部被毛。中裂片具綠色網紋，靠基部段表面密被毛，波浪粗鋸齒緣。葉芽於花未謝時即從地下冒出，單株單葉，展開後呈心形，葉基深凹，葉面具多條基出輻射平行脈。

分布

分布於花蓮、台東、屏東等地，常大面積生長於疏林下、林道旁或步道邊，喜乾濕季不明顯的溫暖區域，光線為半透光至略遮蔭的環境。

▼ 1. 生態環境。2. 地下球莖天然露頭。3. 花側面。
4. 花未謝，葉芽已長出葉片。5. 葉片族群。

▲ 花萼片及側瓣具綠色脈紋。

3

4

5

紫紋東亞脈葉蘭
Nervilia sp.

特徵

植株形態與東亞脈葉蘭大致相同，僅花部區別較大。花序先一步於葉芽長出前抽出，單花序 3 至 6 朵花。花淡綠色，轉位，萼片及側瓣各具 3 條基出縱向紫色脈紋。唇瓣三裂，側裂片三角形，向上伸展，具紫色脈紋，裂片基部被毛較多。中裂片具紫色網紋，靠基部段表面密被毛，粗鋸齒波浪緣。單株單葉，花盛開時尚未抽出葉芽，葉展開後呈心形，葉基深凹，葉面具多條基出輻射平行脈。

分布

分布於東部、北部及南部低海拔地區，生於竹林、闊葉林下、林緣、馬路邊及步道旁，最北可分布至苗栗，光線約為半透光至略遮蔭的環境。

▲ 花萼片及側瓣具紫色脈紋。

▼ 1. 花序。

田野筆記

紫紋東亞脈葉蘭在《台灣原生植物全圖鑑》中處理成台東脈葉蘭，但本種與台東脈葉蘭的模式標本有很大差異，尚待查證。至於台東脈葉蘭為何物？據《台灣蘭科植物圖譜》所述「早田文藏於 1911 年發表台東脈葉蘭 *Nervilia taitoensis* Hayata，標本（TI T01158）由川上瀧彌採自台東里瓏（Rino）山區。」描述指出，花序梗 13 公分，總狀花序 2-3 朵紫花，花被 1.5-1.8 公分 ×1-1.5 公釐，唇瓣有毛成三裂片，中裂片長橢圓三角形並略有齒緣，側裂片小三角形；蕊柱 7 公釐長。此描述基本上與單花脈葉蘭相同，但是有 2-3 朵花不吻合。標本 T01158 上只有 1 朵花而且沒有其他花留下的痕跡。我還是相信只有 1 朵花，如果有 3 朵花則必然是紫背一點癀或東亞脈葉蘭，後面這兩種的性狀更不吻合。因此我相信 *N. taitoensis* 就是單花脈葉蘭。」根據以上所述，本種與台東脈葉蘭特徵相去甚遠，因此本書以紫紋東亞脈葉蘭稱之。可視為東亞脈葉蘭的種內變異。

◀▼ 2. 盛花時，葉芽尚未抽出。
3. 中裂片具紫色網紋，粗鋸齒波浪緣。
4. 花側面。5. 葉表面。

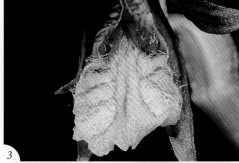

古氏脈葉蘭
Nervilia cumberlegii

特徵

葉冬枯，花季時花序自土中陸續冒出，為期約半個月，1 花序約 1 至 4 朵花，單朵花壽僅 1 天，通常早上花序向上伸展，過午後漸漸低垂，同一花序的花朵次第開放，所以賞花期約近半個月。花不轉位，花萼及側瓣淡綠色，光滑不被毛，偶可見側萼片先端有白色鬚狀物的個體。唇瓣靠基部端淡綠色，先端漸次轉為白色，先端緣為不規則的梳齒狀。花謝後葉芽始自地下抽出，但偶可見開花時具葉片的植株。單株單葉，展開後呈腎形，基部深凹，葉面具 7 至 9 條凹陷的基出輻射平行脈，葉表不平整深綠色，貼地而生。

分布

分布於南投，土地濕潤及日照充足的短草叢中，約為全日照的環境。

▼ 1. 唇瓣先端具多條細裂片。2. 開花時葉片已長出，是不正常的植株。3. 葉貼地而生。
　　4. 罕見一棵同時開 2 朵花。

鐮唇脈葉蘭
相關物種：*Nervilia falcata*

Nervilia hungii

  300-500m 5-6月

特徵
梅雨後花序自土中次第冒出，為時約 5 至 7 天，每 1 花序僅 1 朵花，花被片僅先端微裂，是半閉鎖花，花轉位。葉冬枯，於花謝後自地下冒出，單葉，葉基深裂一凹槽約呈腎形，凹槽口寬度不一，葉綠色，具近 20 條基出平行輻射凹脈。

分布
目前僅知分布於恆春半島偏南端的闊葉林下，乾濕季分明，約半透光至略遮蔭的環境。

▼ 1. 花與花序柄呈垂直狀，可判斷是盛花的樣貌。2. 葉基心形。
3. 唇瓣正面。4. 花與花柄的角度及子房未膨大，可判斷花被尚未展開過。

▲ 花側面。

1

2

3

4

田野筆記

我曾於鐮唇脈葉蘭花季連續 3 天至現場觀察，第 1 天看到花苞有垂直向上、已斜向上及呈水平狀的小花苞，另有子房已膨大花被向下的凋謝花。通常脈葉蘭屬的花苞斜向上代表第 2 天花被會展開，於是決定第 2 天再前往觀察。但第 2 天至現地看到斜向上的花苞已成水平角度，但花被並未展開，而子房已膨大的子房更大了，當下已有鐮唇脈葉蘭是閉鎖花或半閉鎖花的疑問。但鐮唇脈葉蘭第 1 次發表為 _Nervilia falcata_ 是學者採回植株培植開花後發表的，據發表者說當時花被有展開，為了證實鐮唇脈葉蘭在自然環境下花被不會展開，因此決定第 3 天再到現地觀察。結果第 3 天的觀察如同第 2 天觀察的翻版，連續 3 天的觀察應可以證明鐮唇脈葉蘭是閉鎖花的性質。不過，很多生物有閉鎖花的特性，仍有少數花被展開的紀錄，所以也不排除少數鐮唇脈葉蘭會有花被展開的可能。我拍花時正處梅雨期間，土壤濕潤，可排除因乾燥而造成閉鎖的現象。書中相片有看到唇瓣的樣子，乃是我為了觀察花部構造微撥開花被所拍的照片，應不致於危害到植物體的生長及繁衍。

鐮唇脈葉蘭首先發現者可能是植物獵人洪信介先生，由葉慶龍教授、柳重勝老師、葉川榮博士共同發表，刊登於 2010 年臺灣師範大學生命科學系《生物學報》 39-44，學名為 _Nervilia falcata_，分布於印度及孟加拉等地區。後由許天銓先生於《台灣原生植物全圖鑑第二卷》重新發表為 _Nervilia hungii_，是台灣特有種。

▼ 5. 子房膨大花下垂代表花已近入晚期

5

蘭嶼脈葉蘭
Nervilia lanyuensis

特徵 春季花序自土中冒出，每 1 花序僅 1 朵花，我曾觀察到同一植株結果後約 20 餘天又從基部開出 1 朵花的現象。每年春雨過後，花序自地下球莖抽出，因春雨較不集中，雨量較小，因此蘭嶼脈葉蘭的花季較長。花轉位，萼片及側瓣綠褐色被紫斑。唇瓣白色三裂被紫斑，先端鈍或微凹。單朵花壽命僅 1 天。葉綠色，心形，具尾尖，葉基一側具一深凹的裂縫，除裂縫外，大體呈圓形，具 5 至 9 條下凹基出輻射脈，葉緣為波浪緣。

花與單花脈葉蘭甚為相似，單花脈葉蘭唇瓣先端較尖，蘭嶼脈葉蘭唇瓣先端則為鈍或微凹，葉則明顯不同。

分布 蘭嶼及恆春半島，喜溫暖乾濕季不明顯的區域，熱帶雨林底層，光線約為半透光的環境。

▲ 唇瓣先端凹陷。

▼ 1. 偶有兩個花序自同一點抽出。2. 花側面生態。3. 葉表面。4. 花謝後生態環境。5. 4 月下旬的果莢及種子。

1

2

3

4

5

紫花脈葉蘭 別名：紫背一點癀；紫背脈葉蘭
Nervilia plicata

特徵

葉冬枯，心形，葉表面綠色被毛，具 10 餘條基出輻射脈，脈上凸，被毛大體上沿葉脈生出，但葉基部較少，中段以後增多，葉緣附近最多。葉背紫色不被毛。花序於梅雨後自地下抽出，通常 2 朵花，少數 1 朵花，花轉位。萼片及側瓣綠褐色。唇瓣紫色，半包覆蕊柱外側，中肋具淡紫色凸起稜脊。單朵花壽命僅 1 天。花正盛開時，葉片已從旁邊冒出。

分布

南投以南至恆春半島南端低海拔地區，闊葉林下或竹林下，能適應乾濕季明顯的區域，光線約為半透光的環境。

▼ 1. 生態環境。2. 一花序一朵花的植株較為罕見。3. 花側面及訪花者。4. 外力造成的地下球莖外露，短莖基部抽出地下根莖。5. 葉表面。

寬唇脈葉蘭
Nervilia purpureotincta

特徵

葉冬枯,綠色無斑紋,於果熟前後自地下冒出,腎形基部深凹,具 7 至 9 條基出脈,基出脈下凹,幼葉六角形,成熟葉近圓形,平展不具波浪緣。花序於夏初自地下抽出,1 花序 1 朵花。花被展開時,苞片與子房約略等長。唇瓣寬,三裂,側裂片向上伸展包覆蕊柱。中裂片具粗鋸齒緣,先端尖至圓鈍,內面紫紅色,中肋具綠色縱稜隆起,基部被毛。花壽僅 1 天,開花至果熟約僅 20 天。

分布

分布地零散,已知分布點在蘭嶼、旭海、壽卡、石碇、瑞芳,因為個體小,花果期短,極難發現,推斷還有不少分布點未被發現。已知分布地均在東北季風範圍內,乾濕季較不明顯,生長在闊葉林下,光線約為半透光至遮蔭稍多的環境。

▲ 恆春半島的花正面。

▼ 1. 新北市的花正面。2.7 月中旬果莢爆裂及種子。3. 生態環境。4. 花側面。5. 葉表面。

2

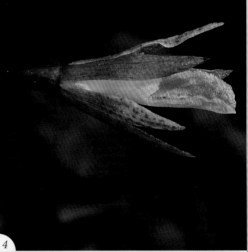

4

5

鍬形脈葉蘭
Nervilia septemtrionarius

特徵

葉冬枯，花芽於春末夏初自地下抽出，苞片極短，長度約略為子房長度的四分之一甚或更短。花閉鎖不開，屬自花授粉型，花朵下垂至果熟裂開時間約 20 天。葉片於果熟後始自地下冒出，葉綠色，約呈 6 角形，葉基深凹，花外形與單花脈葉蘭相似，但不具斑點，且唇盤不具龍骨。

分布

目前僅知分布在桃園復興原始林下，東北季風範圍內，乾濕季不明顯，約為半透光的環境。

田野筆記

本種是由謝芳美小姐與劉清煌教授於北橫山區發現，採得植株回平地種植，開花後由林讚標教授發表。

▼　1. 天然生長的花都是花被微裂不展開。花上有一隻訪花者，應不是蟲媒。2. 花序柄長，苞片短。3. 果莢約於 5 月底裂開，種子短。4. 葉表面。

四重溪脈葉蘭
別名：銀線脈葉蘭
舊名：*Nervilia crociformis*
Nervilia simplex

特徵

葉冬枯，每年梅雨過後自地下抽出花序，開花的早晚取決於梅雨期的早晚及雨量。1 花序 1 朵花，花壽僅 1 天，通常花集中於短短數天內開放。子房不轉位，萼片及側瓣綠色。唇瓣白色，向上伸展，先端反折約 90 度，唇盤被毛，中間具一黃色斑塊，唇緣為不規則的深鋸齒緣。花謝後葉芽始自地下抽出，單株單葉，展開後呈腎形或心形，基部深凹，葉面具 7 條凹陷的基出輻射平行脈，葉表綠色，密被白色網狀脈紋，脈紋深淺不一，可能因環境不同而有所變化。

分布

分布於南投鹿谷以南至恆春半島低海拔山區，乾濕季分明的竹林或闊葉林下。最不可思議的是，恆春半島竟然在一片銀合歡純林下發現一大族群，光線約為半透光至略遮蔭的環境。

▼ 1. 開花生態。2. 花剛謝，葉芽已抽出。3. 花背面。4. 葉表面白色脈紋明顯或不明顯。

全唇脈葉蘭

Nervilia sp.

特徵

葉冬枯情形不明顯，但通常開花前葉會枯萎，葉基腎形單邊深裂，圓形或不明顯多角形，5 條基出脈，脈紋略凹陷，葉表綠色，葉基、葉柄及葉背紫紅色。花序單生或雙生，但雙生者前後相隔約 1 至 2 週開花。花單朵，黃綠色，表裡均光滑無毛，萼片及側瓣成正五角形向四面伸展，上萼片反折，萼片外表密被紫斑，萼片內面具淺紫暈。唇瓣全緣不裂，唇腹被數條縱向紫色斑紋，單朵花壽僅 1 天。

分布

目前僅知分布於海岸山脈及台中山區的原始林下，光線約為半透光至遮蔭稍多的環境。當地鳥類眾多，覓食常會破壞森林表土植被而危及其生存。

田野筆記

本種首先見諸文獻是 2016 年出版的《台灣原生植物全圖鑑》，未正式發表，描述的全唇脈葉蘭花被片僅半展，唇盤被毛，但照片看不出是否被毛。我見到的花被片全展，唇盤未見被毛，其他特徵均一樣，所以我視為同一物種。

▼ 1. 開花植株，同株基部可見第二枝花序。2. 花謝後，自花序柄基部抽出葉芽。3. 葉表面。4. 天然斷裂的葉背面。5. 萼片外密被紫斑。

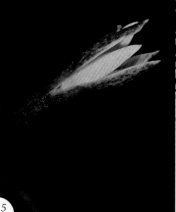

長苞脈葉蘭

Nervilia sp.

特徵

葉寬僅約1公分,在脈葉蘭屬中是最小的,葉冬枯,綠色,約呈六角形,葉基深凹,不具斑點。苞片較長是本種特點,花初開時苞片長度超過子房的長度。唇瓣三裂,側裂片向上半包覆於蕊柱。中裂片先端圓形,唇瓣完全展開,表面具紫色斑點,唇盤具縱向凸稜。

與本種最相似種為鍬形脈葉蘭。本種葉寬僅鍬形脈葉蘭的一半,開花時本種苞片比子房長度還長,鍬形脈葉蘭苞片長度僅及子房長度約四分之一或更短。此外,本種開花時花被片全展開,但鍬形脈葉蘭則為閉鎖花,兩者可明確區隔。

▲ 唇瓣橢圓形,表面無附屬物。

分布

目前僅知分布於海岸山脈原始林,生於潮濕的落葉堆隙縫中,光線約為半透光至遮蔭稍多的環境。

▼ 1. 盛花時苞片比子房還長。2. 花序柄短,可從另一個角度看苞片。3. 雨水沖刷露頭的植株。4. 新葉芽於6月中旬於土中冒出。5. 葉表面。

單花脈葉蘭

Nervilia taitoensis

別名：大漢山脈葉蘭 *Nervilia taiwaniana* var. *tahanshanensis*；
Nervilia linearilabia 小麥脈葉蘭

舊名：*Nervilia taiwanian*

相關物種：*Nervilia taiwaniana* var. *ratis* 三伯脈葉蘭

特徵

通常葉冬枯，但在花蓮臨太平洋冬季濕潤區域有少數葉可過冬不枯。葉綠色，約呈六角形，具一深裂，密被白斑或不被白斑，深綠或淺綠，亦有少數具多種其他變化，是蘭科植物中的百變女王。花序自地下抽出，苞片極短，長度約僅子房柄等長或稍長，萼片綠褐色被紫斑。唇瓣白色三裂被紫斑，中裂片先端鈍或尖，有寬有窄，外形有多種形狀。亦有白變種，白變種萼片綠色，唇瓣白色僅有極淡的紫暈，更有甚者，唇瓣整個退化，未見唇瓣，所以單花脈葉蘭是外形多變的物種。單朵花壽約在 1 週左右。

▲ 唇瓣橢圓形的花。

分布

新竹以南低中海拔山區森林，越往南部海拔越高，能耐冬季乾旱，也適應四季濕潤環境，光線約為半透光。

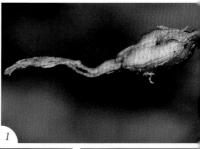

▼ 1. 成熟的果莢及種子。2. 葉面具白色網紋。3. 墨綠色的葉片。4. 萼片及唇瓣較短的花。5. 訪花者。6. 純綠色無網紋的葉片。7. 小麥脈葉蘭的葉型。8. 具黃色脈紋的葉片。

1

2 3 4 5

6 7 8

每年夏季結束後，單花脈葉蘭即準備要邁入花季，其花期取決於降雨。在東部地區，約於 9 月第一道冷鋒後即進入秋冬雨季，因此花蓮最早於 10 月即可看到花，而西部的花季約於年初春雨過後的 3 月至 4 月。

單花脈葉蘭的學名以往都用 *Nervilia taiwanian*，但 2022 年 6 月出版的《台灣蘭科植物圖譜》處理為 *Nervilia taitoensis*，理由可參考本書紫紋東亞脈葉蘭的內容。我曾在「台灣植物資訊整合查詢系統」詳細觀察台東脈葉蘭的模式標本，標本只有 1 朵花，無花苞及落花遺痕，看起來就是單花脈葉蘭，所以本書遵循《台灣蘭科植圖譜》的處理方式，將本種學名改為 *Nervilia taitoensis*，原有學名 *Nervilia taiwanian* 則處理為舊名。

Nervilia taiwaniana var. *tahanshanensis* 大漢山脈葉蘭發表於 2009 年，最主要的特徵為葉表面綠色，花則與單花脈葉蘭相同，就我所見，通常單花脈葉蘭在緯度較高的地方，葉面被白斑較多，緯度較低的地方葉面被白斑較少，白斑或變成綠斑，更有葉面全綠者，我認為大漢山脈葉蘭僅是單花脈葉蘭眾多變化中的 1 種，仍為單花脈葉蘭的種內變異。

Nervilia taiwaniana var. *linearilabia* 小麥脈葉蘭發表於 2014 年，葉形五角形，葉先端較尖，花則唇瓣較狹長。有花友自原生地採回種植，後代植株及花均回歸與單花脈葉蘭相同，所以我認為小麥脈葉蘭只是特殊生長環境造成的個體變異，仍不脫單花脈葉蘭的範圍。

▼ 9. 花側面。10. 白色唇瓣的花。11. 唇瓣狹長的花 (小麥脈葉蘭的特徵)。12. 開花中基部已抽出新葉芽。13. 天生缺唇瓣花正面。14. 天生缺乏唇瓣的花。15. 萼片狹長的花。

三伯脈葉蘭

Nervilia taiwaniana var. ratis

特徵

除葉及花的側萼片有別外，其他和單花脈葉蘭完全相同。三伯脈葉蘭的葉基呈 U 字形，而單花脈葉蘭葉基裂縫多變化，包括 U 字形的葉基也會開出單花脈葉蘭的花。在花方面，三伯脈葉蘭的側萼片下緣合生，但側萼片合生並非很穩定的特徵，同一植株不同年度有時開花萼片會合生，有時會分離，合生時有時是全部合生，有時只有部分合生。基於上述兩種理由，我認為只是單花脈葉蘭的種內變異。

分布

目前僅知分布於大漢山區域，我曾於恆春半島見過葉形與本種相同的物種，但花仍和單花脈葉蘭相同。

▼ 1. 葉基夾角成 U 字型。2. 花側面。3. 側萼片下緣部分合生的花 (三伯脈葉蘭特徵)。

白蘭屬 / *Oberonia*

具匍匐根莖，葉二裂互生扁狀，具關節或不具關節，花序頂生呈小瓶刷狀，花細小數多，花不轉位，花被均向四方伸展，不反捲亦不反折。近期分類已將阿里山莪白蘭、高士佛莪白蘭、細葉莪白蘭等併入台灣莪白蘭。

二裂唇莪白蘭
Oberonia caulescens

  1100-2600m 5-10 月

特徵

葉基具關節，花序頂生，1 株 1 花序，花數多，不轉位，黃綠色。萼片三角形，側瓣長橢圓形，唇瓣三裂，側裂片不明顯，僅微凸，中裂片於先端再深裂。

分布

台灣全島中海拔山區，附生於霧林帶內的原始林或次生林樹幹上，空氣潮濕，光線約為半透光的環境。

▼ 1. 生態環境。2. 花序片段。3. 葉基部具關節。4. 與長萼白毛豆蘭伴生。

▲ 花不轉位。

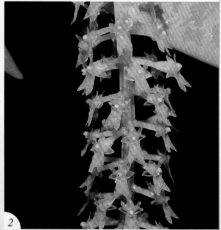

大莪白蘭 別名：*Oberonia gigantea*
Oberonia costeriana

  300-1800m 11-1月

特徵
葉扁平二裂互生，葉基部具關節。花序頂生，花橙色，不轉位。萼片長橢圓形先端尖，側瓣長橢圓形先端圓鈍。唇瓣三裂，側裂片鋸齒緣，基部耳狀，中裂片先端二深裂。

分布
東部、中部、南部原始林內，多數分布於東北季風盛行區域內或河流兩旁的樹幹上，海拔較低。少數分布於中南部的霧林帶內，生於迎風坡的樹幹上，海拔較高，可見是不耐旱的物種。光線為半透光至略遮蔭的環境。

田野筆記
我曾於太平山區一片原始林內看過數百棵大莪白蘭，因此時常去賞花。2017 年還帶著裝備準備爬上樹近距離拍攝，可惜超過 9 成的大莪白蘭已被盜採，只剩個位數植株，令人痛心。

▲ 花序片段。

▼ 1. 生態環境。2. 葉片寬大且長。3. 1 月初果序。4. 與覆葉石松伴生。

小騎士蘭

別名：*Oberonia sinica*
相關物種：圓唇小騎士蘭 *Oberonia insularis formr rotunda*

Oberonia insularis

500-1600m　5-7月

特徵

具發達的匍匐根莖，直立莖在根莖莖節處萌櫱，直立莖甚短，具 3 至 5 枚三角形綠色肥厚葉片，基部無關節。花序頂生，1 花序數十朵花，花黃綠色，不轉位，甚小。花萼及側瓣均反折，唇瓣兩側具鋸齒緣，無三裂，僅先端二裂生成凸出的小尾尖。花自先端開始開放，依續向基部展開。

分布

台中、南投及花蓮山區，大河谷旁或河谷上方原始林的樹幹或樹枝上，常大面積附生。光線為略透光的環境。

野筆記

圓唇小騎士蘭除唇瓣外，其他部分與小騎士蘭完全相同。唇瓣橢圓形，先端無二裂生成凸出的小尾尖。圓唇小騎士蘭為林維明先生採集未開花植株至平地種植，開花後因與小騎士蘭不同，由林讚標教授與林維明先生發表為圓唇小騎士蘭。蘭科植物常有人為干擾，造成開花後略有變異，本種是否為人工種植造成的變異或是自然生成，有待後續追察。

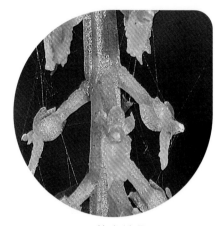

▲　花序片段。

▼　1. 生態環境。2. 結果株。3. 開花生態。4. 結果株生態。

2

4

台灣莪白蘭
Oberonia japonica

別名：阿里山莪白蘭 *Oberonia arisanensis*；
高士佛莪白蘭 *Oberonia kusukusensis*；
綠花台灣莪白蘭 *Oberonia formosana* f. *viridiflora*；
Oberonia formosana；圓唇莪白蘭 *Oberonia linguae*

特徵

葉綠色扁平二列互生，基部無關節，多年生植株常具分枝，花序頂生不分枝，花紅色細小花數多，疏生至密生。唇瓣三裂，側裂片外側具鋸齒緣，中裂片先端再二裂，二裂深淺不一。原有的高士佛莪白蘭、阿里山莪白蘭、細葉莪白蘭、綠花台灣莪白蘭均已併入本種。阿里山莪白蘭與高士佛莪白蘭最大的特徵，是阿里山莪白蘭花序的花朵較稀疏，而高士佛莪白蘭花序的花朵密生。確實原生地有甚多花序花朵稀疏的植株，

▲ 合併前為阿里山莪白蘭的花序

但從稀疏至密集又具有中間型，讓人無法判斷到底是那一種。還有同一花序中段花序密生而兩端花序花又疏生，亦是令人困擾的問題。又，台灣莪白蘭是以中裂片形狀及莖的分叉點來分，中裂片形狀同樣具中間型及模稜兩可的問題。至於莖的分叉點問題，據我長期觀察，年代久遠的莖易在莖的中段有分叉，會被鑑定為台灣莪白蘭，但莖易受氣候變化影響而枯死，基部仍能存活，一旦環境許可，又能從基部萌發新植株，又會被鑑定為阿里山莪白蘭，因此萌發新芽的位置似乎又是一個不能確定的特徵。至於細葉莪白蘭，葉片的寬窄通常會受環境的影響而變化。我認為這幾個種的合併很合理。

分布

台灣全島低至中海拔原始林或次生林樹幹上，需空氣含水量較豐的環境。宿主不分物種，在空氣濕潤且穩定的環境，連電線上也有其蹤跡。光線為半透光的環境。

▼ 1. 生態環境。

圓唇莪白蘭模式標本是魏武錫先生撿自杉林溪山區掉落的植株，携回海拔 300 多公尺的平地種植，開花後唇瓣中裂片不裂而發現的新種。

依我的了解，蘭花移地種植後，因氣候改變及接觸人工化合物，常會產生變異。本種到底是原本唇瓣中裂片不裂還是移地種植後產生的變異，為了追尋答案，我曾至撿拾標本植株的原生地找尋，但所見皆是台灣莪白蘭。次年，沈伯能先生將平地種植的圓唇莪白蘭植株全數移回原生地種植。隔 2 年，原生地的台灣莪白蘭包括移回種植的植株竟全遭採走，迄今再也無圓唇莪白蘭的消息。又，平日在山中所見台灣莪白蘭，偶可見唇瓣中裂片不裂或裂片不明顯的花，但非整個花序，而是 1 個花序中有少數花如此，可見台灣莪白蘭本身就有隱藏唇瓣中裂片不裂的基因，遇環境變異至適當時機，隱性特徵可能就會變成顯性。我見過其他種蘭花在生育地被干擾後，唇瓣由先端二裂明顯變成先端圓鈍狀，詳情請參考紫葉旗唇蘭的例子。基於上述原因，我認為圓唇莪白蘭只是人為干擾所產生的變異，不能視為獨立物種，本書將之視為台灣莪白蘭的種內變異，其名稱列為台灣莪白蘭的別名。

▼ 2. 合併前為綠花台灣莪白蘭的生態。3. 部分花唇瓣先端裂片不明顯的花序。4. 多年生的台灣莪白蘭基部具分枝。5. 合併前為高士佛莪白蘭的花序。

裂瓣莪白蘭 別名：*Oberonia microphylla*

Oberonia rosea

  400-600m 11-5月

特徵

葉扁平二列互生，葉基部不具關節。花序頂生，花自花序先端先展開，依續向基部開放，1個花序前後能維持甚久，往往先端果莢已將成熟，基部的花還在盛開。花橙紅色，不轉位，側瓣具鋸齒緣。唇瓣三裂，側裂片半圓形邊緣具鋸齒緣，中裂片先端截形或微凹，亦具鋸齒緣。

分布

目前僅知分布於恆春半島原始林中高位附生，四季含水量高，冬季不寒冷的環境。

田野筆記

裂瓣莪白蘭的生育地與細花絨蘭生育地相去不遠，因此和細花絨蘭同遭颱風造成毀滅性的破壞，相關內容請參考細花絨蘭的說明。

▲ 一小段花序。

▼ 1. 生態環境。2. 開花植株。3. 花序。4. 花苞。5. 果序。

1

2

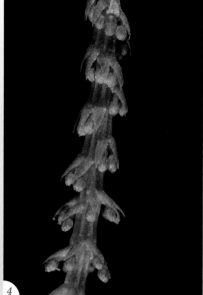

3

4

5

齒唇莪白蘭
Oberonia segawae

特徵

葉扁平二列互生，葉基部具關節。花序自莖頂抽出，花自花序先端先展開，依續向基部開放，花約幾十朵至近百朵。花綠色，不轉位，花色隨著開花日期漸次轉淡。萼片三角形常反折，唇瓣寬大無三裂，邊緣具不規則細鋸齒，先端微二裂成二尖狀。

分布

南投及嘉義中海拔霧林帶原始林中，附生於通風良好且空氣富含水氣的樹幹或樹枝上。

▲　一段花序。

▼◀　1. 生態環境。
　　　2. 果序。
　　　3. 葉基部具關節。
　　　4. 花未謝子房已膨大。

1

2

3

4

密花小騎士蘭
別名：*Hippeophyllum seidenfadenii*

Oberonia seidenfadenii

特徵

具發達的匍匐根莖，直立莖在根莖莖節處萌櫱，直立莖甚短，具 3 至 5 枚三角形綠色肥厚葉片。花序自直立莖頂端抽出，1 個花序數十朵花，花梗極短，花朵貼生於花序軸上，花序軸中段較粗，頭尾兩端較細不著花，花朵由先端開始開展，漸次往基部展開。花不轉位，花萼及側瓣向後反折，唇瓣先端二裂。

分布

桃園、中南部及東部山區，生於河流兩側的大樹上，甚或懸垂在河水上方的樹幹上，亦可生長在風衝稜線上的樹幹上，空氣含水量十分重要。

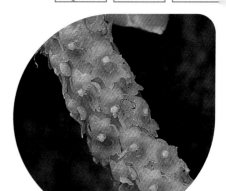

▲ 花序放大。

▼ 1. 生態環境。2. 花末期的花序。3. 果序，結果率低。4. 初花的花序。

小沼蘭屬（擬莪白蘭屬）/ Oberonioides

小軟葉蘭在分類上原歸入小柱蘭屬 MALAXIS，後因形態特徵，將軟葉蘭屬另分為小沼蘭屬。

小軟葉蘭 別名：*Malaxis microtatantha*
Oberonioides pusillus

400-1700m　9-2月

特徵

具圓形球莖，新植株自舊球莖旁抽出，剛抽出的小植株球莖不明顯，具 1 枚心形葉或一大一小兩片葉。花序頂生，花序梗光滑無毛，花細小，單 1 花序數十朵花，花全展。萼片及側瓣綠色，上萼片微向前傾，側萼片向下伸展，側瓣向上伸展。唇瓣及蕊柱紫紅色，唇瓣三裂，側裂片狹長向上方翹起呈 U 字形，中裂片三角形，先端銳尖。

分布

東部石灰岩壁低中海拔地區及南投、嘉義中海拔山區，南投和嘉義山區生育地海拔約 1,700 公尺，是霧林帶，花期約在 9 月至 11 月。東部石灰岩壁生育地海拔 400 公尺至 1,400 公尺，其中海拔 1,000 公尺至 1,400 公尺亦為霧林帶，花期約在 9 月至次年 1 月；海拔 400 公尺至 1,000 公尺則在滴水環境旁，伴生於苔蘚群中，花期約 11 月至次年 2 月。也就是說，生育地海拔越高花期越早，海拔越低花期越晚。略遮蔭的環境。

▲　一小段花序。

▼ 1. 生態環境。2. 開花株自前一年的球莖側方抽出。3. 前一年果序可宿存至次年花期，蒴果內仍留存種子。4. 球莖、花序、葉片之相關位置。5. 5 月中旬結果株。

齒唇蘭屬 / *Odontochilus*

具發達的地下根莖。唇瓣基部囊狀，通常被側瓣或側萼片包覆，唇瓣中段甚長，邊緣具梳齒狀裂片或鋸齒狀緣，唇瓣先端則中裂成二片。蕊柱甚短，常扭曲，通常深藏在上萼片與側瓣形成的罩狀物內，柱頭生於蕊柱的側邊，通常被罩狀物遮住不易觀察。近年已將全唇蘭屬 *Myrmechis* 及旗唇蘭屬 *Vexillabium* 併入齒唇蘭屬。

白齒唇蘭 別名：短柱齒唇蘭
Odontochilus brevistylus ssp. *candidus*

特徵

具匍匐根莖，具萌發新植株的功能，匍匐根莖向上成直立莖，直立莖紫黑色，不背毛，葉綠色橢圓形葉尖漸尖，基出下凹脈數條。花序自莖頂抽出，花序梗、苞片外側、子房及萼片外側被毛，花約 10 餘朵。花萼及側瓣綠色不具斑塊，側瓣約呈翼狀，貼合上萼片與側萼片。唇瓣尾端囊狀，被側萼片基部包覆，唇瓣中段具較粗較短的梳齒緣，唇瓣先端白色，深二裂。

本種與單囊齒唇蘭外表相似，單囊齒唇蘭莖綠色，花萼及側瓣具黑色斑塊，唇瓣中段具較長較細的綠褐色梳齒緣。

分布

台灣全島均有分布，生於無人為開發的林下，偶可見長於竹林下，需較濕潤的環境，乾濕季不明顯的地區分布海拔較低，中南部因冬季缺雨，一般生長在中海拔的雲霧帶，約為半透光的環境。

▼ 1. 生態環境。2. 12 月底果莢。3. 花側面。4. 莖紫色。5. 葉表面。

阿里山全唇蘭 別名：*Myrmechis drymoglossifolia*
Odontochilus drymoglossifolia

特徵

小型地生蘭，莖綠色不被毛，自地下生出，葉深綠色橢圓形，3至6枚。花序自莖頂抽出，花序梗及苞片緣被毛，單1花序1至2朵花，白色。子房不被毛，具疣狀凸點。花萼不被毛，花基部未展，成花被筒狀，中段後始展開。唇瓣中段狹長表面被短肉凸，中肋凹陷成溝，先端二裂，二裂片狹長。蕊柱深藏囊袋內，不易觀察。

本種和台灣全唇蘭外形相似，台灣全唇蘭葉表面中肋多被縱向白色脈紋，且唇瓣中段較短，二裂片亦較短。

分布

台灣全島中高海拔冷涼濕潤的原始森林下，或伴有玉山箭竹生長，光線為半透光的環境。

▼ 1. 生態環境。2. 花側面。3. 葉表面。4. 有蟲害。5.10 月底果莢。

紫葉齒唇蘭 別名：鍾氏齒唇蘭
Odontochilus elwesii

  400-1200m 7-8 月

特徵 葉兩面均為紫色，葉面較深紫，葉背較淺紫，橢圓形葉尖漸尖。花序自莖頂抽出，花約 1 至 5 朵，花序梗、子房及萼片外側密被長毛，上萼片及側瓣貼合生成罩狀，蕊柱內縮。唇瓣白色，基部具囊，囊二裂成兩個圓球形，被二側萼片基部包覆，中段兩側具紅褐色梳齒狀肉刺，先端二深裂。

分布 目前僅知分布於新北及南投竹山至阿里山地區，闊葉林或竹林下，新北乾濕季不明顯，海拔約為 400 多公尺，竹山至阿里山地區則於海拔 1,000 公尺以上，雖乾濕季明顯，但位於雲霧帶內，冬季時空氣仍富含水氣。光線約為半透光環境。

田野筆記 本種最先由柳重勝博士發表於 1992 年 9 月出版的《臺灣大學農學院實驗林研究報告》，題目為 ＜記臺灣產蘭科植物之一新種：鍾氏齒唇蘭＞，是以鍾年鈞博士的姓氏命名。

▼ 1. 生態環境。2. 花側面。3. 葉表面。4. 新北市的植株。

台灣全唇蘭
Odontochilus formosanus

特徵

小型地生蘭，葉深綠色，3 至 6 枚，橢圓形，中肋多被縱向白色脈紋。花序自莖頂抽出，單 1 花序 1 至 2 朵花，白色。子房不被毛，具疣狀凸點。花萼不被毛，花基部未展，成花被筒狀，中段後始展開。唇瓣中段內縮，但較短，表面被短肉凸，中肋凹陷成溝，先端二裂，二裂片寬短。蕊柱深藏囊袋內，不易觀察。

分布

分布於台灣各地中海拔地區，闊葉林下濕潤的環境，光線則為半透光。

田野筆記

本種和阿里山全唇蘭外形相似，阿里山全唇蘭葉表面中肋不被白色脈紋，唇瓣中段較長，先端側裂片較狹長。是否為種內變異或為變種，學界至今仍未有共識。

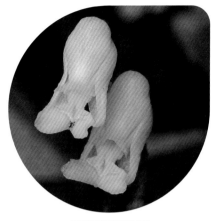

▲ 唇瓣頸部較短。

▼ 1. 花側面。2. 葉表面中肋具帶狀脈紋
3. 已裂開果莢，種子已全部飄散。

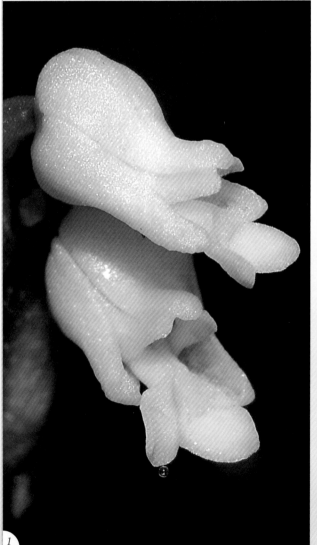

單囊齒唇蘭 別名：*Odontochilus tortus* ssp. *tashiroi*
Odontochilus inabae

  300-1800m 5-10月

特徵

莖綠色，不背毛。葉橢圓形，葉尖漸尖，表面綠色，基出下凹三脈。花序自莖頂抽出，花約 2 至 14 朵，花序梗、子房、苞片外側及萼片外側被毛，萼片內側被黑褐色斑塊，側瓣與上萼片緊密貼合形成罩狀，貼合十分緊密，甚至很難看出側瓣的存在。唇瓣白色，基部囊狀被側萼片包覆，中段兩側具細長綠褐色梳齒緣，先端中間二深裂，二裂片寬大。

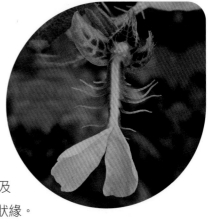

分布

台灣全島及蘭嶼，蘭嶼花期最早。

田野筆記

本種與白齒唇蘭差異不大，不同點在白齒唇蘭莖紫黑色，萼片及側瓣不具黑褐色斑塊，唇瓣中段兩側為較短較粗的綠褐色梳齒狀緣。

本種上萼片與側瓣貼合十分緊密，有一段很長的時間，我均無法看到可以目視的側瓣，一度以為側瓣退化。後經仔細觀察，上萼片表面仍有蛛絲馬跡可看出側瓣的存在，那就是上萼片表面被毛，側瓣表面不被毛，在上萼片邊緣有一細帶狀區域並不被毛，不被毛的區域就是側瓣的下緣，除非視力非常好，不然要用放大鏡觀察才能看出側瓣的存在。

▼ 1. 生態環境。2. 花側面，花基部被萼片包覆成頰。3. 莖綠色。4. 葉表面。5. 2 月裂果及種子。

綠葉旗唇蘭
Odontochilus integrus

特徵

莖自地下匍匐根莖生出，綠色不被毛。葉橢圓形，葉尖漸尖，表面綠色，基出下凹三脈，常具波浪緣。花序自莖頂抽出，花序梗、子房、苞片外側及萼片外側均密被毛。花約數朵至 10 餘朵，白色。萼片外側基部具淺綠色暈，向前伸展。側瓣呈兩相對的半圓形，半包覆於唇瓣基部成圓筒狀。唇瓣基部囊狀，被側萼片基部包覆，中段細小，兩側無齒狀凸出物，自半圓筒狀的中心伸出，前半段寬大展開，先端淺二裂。

分布

目前僅知分布於蘭嶼，熱帶雨林下，環境終年溫暖潮濕，光線約為半透光至略遮蔭。

田野筆記

綠葉旗唇蘭與紫葉旗唇蘭外表十分相似，辨識要點為紫葉旗唇蘭葉僅基出一主脈，葉不具波浪緣，萼片內側具紅褐色或淡紅褐色暈，唇瓣中段兩側具齒狀凸出物。

▼ 1. 生態環境。2. 花序。3. 10 月初未熟果莢。4. 12 月上旬果莢，已裂開，尚殘留少許種子。

3

1

2

4

雙囊齒唇蘭 別名：二囊齒唇蘭；*Odontochilus bisaccatus*
Odontochilus lanceolatus

700-2300m7-9月

特徵

莖自地下匍匐根莖生出，不被毛。葉綠色長橢圓形，葉尖漸尖，葉表面具 1 或 3 條縱向白色脈紋。花序梗自莖頂抽出，花序梗、苞片緣密被短細毛，萼片外側、子房疏被毛。花約 2 至 10 餘朵，上萼片及側瓣疊合成罩狀。唇瓣黃色，基部囊狀被側萼片基部包覆，中段兩側具梳齒狀肉刺，先端二深裂，二裂片寬大。

分布

台灣全島低中海拔山區，闊葉林或人造林下，多生於濕潤的霧林帶林下，光線約為半透光的環境。

▼　1. 生態環境。2. 莖紫色。3. 10 月中旬果莢。4. 葉中肋具白色脈紋。

2

3

4

南嶺齒唇蘭
Odontochilus nanlingensis

特徵

具發達的地下根莖，根莖間具球莖，球莖可萌發地下根莖。地上莖自地下根莖先端生出，深綠色不被毛。葉深綠色，極小。花序自莖頂抽出，花約 1 至 7 朵，花序梗及苞片緣密被毛，子房及萼片疏被毛。花白色，上萼片與側瓣疊合成罩狀，被紅色斑點或長條狀斑塊，側萼片朝上朝前伸展。唇瓣基部囊狀，被側萼片基部包覆，中段具梳齒狀裂片，先端二裂，二裂片寬大。

分布

目前僅知分布於新北烏來及宜蘭低海拔山區，闊葉林或人造柳杉林下，東北季風盛行區域，乾濕季不明顯，光線為半遮蔭或遮蔭較多的環境。

▼　1. 開花株生態。2. 不明原因露頭的地下根莖及球莖。3. 訪花者。

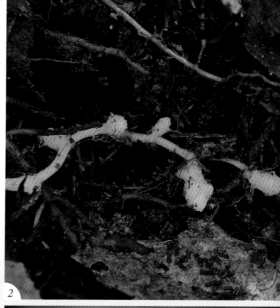

田野筆記

本種在 2002 年或之前就已由許天銓先生所發現，是世界新種，當時許天銓先生還在就讀大學，能發現新種蘭花確實不易，可惜沒有立即發表。後來於 2004 年 4 月採得開花標本，2009 年 3 月發表，只能當作新紀錄種，發表文獻刊於 *Taiwania*。

沒記錯的話，應該是 2008 年 5 月 9 日，我和內人前往烏來山區做野外觀察，途中碰到回程的登山客難免寒喧幾句，言談中得知山上有一對夫妻在找路旁的東西，卻不說在找什麼，顯得很神祕。我也不以為意，繼續行程不久，果然見到一對夫妻，男者留個小平頭，滿頭白髮，具有學者風範，用登山杖撥路邊雜草，顯然是在找某種植物，女者背著背包滿臉笑意，顯露出優雅的氣質。我趨前客氣問道：「請問在找什麼嗎？」對方只笑笑回答：「沒什麼啦！」果然很神祕的樣子。我又說：「這一帶我很熟，要找什麼，或許我幫得上忙。」對方看了我一眼說：「你是學植物的嗎？」我再回答：「我不是學植物的，但這一帶我真的很熟。」學植物的？我忽然靈光一閃，直接問道：「請問是不是柳重勝老師，是不是要找南嶺齒唇蘭？」看到對方不可置信的眼神我就知道料對了。當天除了幫柳老師找到想要的南嶺齒唇蘭，也找到了盛花的白皿柱蘭。柳老師和我就此結緣，真是奇妙。

▼ 4. 花側面，基部囊狀，但被側萼片包覆。5. 11 月初果莢。

4

5

齒爪齒唇蘭 別名：*Chamaegastrodia poilanei*
Odontochilus poilanei

特徵

無葉片，花序自土中生出，花序梗、花萼及側瓣紅褐色，唇瓣黃色，先端二裂，二裂片外緣具粗鋸齒緣。

分布

目前僅知分布於鹿谷山區，生於竹林下，冬季乾燥，光線約為半透光的環境。

田野筆記

我並未見過齒爪齒唇蘭，只憑照片而做上述特徵的描述。

齒爪齒唇蘭是葉信廷博士於野外觀察時無意間發現，我於第一時間得知，當時考慮到學界對新物種的發表競爭激烈，為了避嫌，選擇發表後再去記錄。但發現後次年起齒爪齒唇蘭連續幾年都未再長出來。我多次在生育地附近做地毯式搜索，終於發現原因。南投鹿谷地區具大面積的孟宗竹耕作地，孟宗竹的主要收穫是冬筍，必須在土地微裂開時挖土割筍，為了觀察表土變化，農人會割除雜草。傳統的割草方法是靠人工割除或操作除草機除草，但 2010 年前後，該區開始使用除草劑，蘭科植物對除草劑相當敏感，除草劑噴下去後，蘭科植物至少幾年之內無法再長出來，因此生育地也就毀了。不僅齒爪齒唇蘭，在孟宗竹林內生存的其他蘭科植物也面臨相同危機，如紫葉齒唇蘭、裂唇闊蕊蘭、貓鬚蘭、春赤箭、無蕊喙赤箭、南投赤箭、肉果蘭等。

▲ 一小段花序 (Chih-Kai Yang 攝)。

▼ 1. 生態環境 (Chih-Kai Yang 攝)。
2. 花序 (Chih-Kai Yang 攝)。

紫葉旗唇蘭 別名：旗唇蘭
Odontochilus yakushimensis

特徵

莖綠色或紅褐色，葉橢圓形或卵形，表面墨綠色或淡綠色，葉全緣平整。花序頂生，花約 1 至 10 朵。唇瓣白色，萼片綠褐色，葉墨綠色的側瓣白色被綠褐色斑，淡綠色的側瓣為純白色。花序梗、苞片外側、子房、萼片外側均被毛，側瓣呈兩相對的半圓形，基部半包覆成半圓筒狀。唇瓣基部囊狀，被側萼片基部包覆，中段細小，自側瓣半圓筒狀的中心伸出，兩側有時具不規則凸出物，先端寬大展開，淺二裂。

淡綠色葉形的紫葉旗唇蘭與綠葉旗唇蘭同具純白色的側瓣，辨識要點為綠葉旗唇蘭的葉為基出三主脈，具波浪緣，側萼片內側為白色；淡綠色葉的紫葉旗唇蘭葉則僅具一主脈，不具波浪緣，側萼片內側為綠褐色。

▲ 淡綠色葉型的側萼片綠褐色，側瓣白色。

分布

台灣全島低至中海拔山區，闊葉林或闊針葉混合林或竹林下，大部分生育地位於雲霧帶，海拔較低的植株大都生於土壤含水量較豐的環境，光線約為半透光至略遮蔭。

田野筆記

2022 年 7 月 9 日我在桃園復興山區看到一種唇瓣圓形先端不裂的變異種，該地緊鄰人工休閒區，附近有許多開著正常花的紫葉旗唇蘭。據現場觀察，變異種鄰近區域均無植物生長，極可能是休閒區主人使用除草劑所波及而產生的變異。以此推測，蘭花很容易受人工干擾而產生變異，有許多採自原生地而種在人工花園內的蘭花亦是如此，如以變異的蘭花拿來做學術發表實為不妥。

紫葉旗唇蘭較早開花的類型植株較小，花數較少，此類型曾被發表為精巧旗唇蘭 *Vexillabium nakaianum*，但其形態與紫葉旗唇蘭完全相同，只因植株小而被鑑定錯誤。

▼ 1. 開花生態。2. 花側面。3. 淡綠色的葉。4. 受人為干擾，唇瓣突變為圓形的花。
5. 9 月中旬果莢。6. 墨綠色的葉。

僧蘭屬 / Oeceoclades

僧蘭屬台灣僅有 2 種，植株完全相同，僅花的唇瓣不同及花是否轉位。

大芋蘭 別名：南洋芋蘭；*Eulophia pulchra*
Oeceoclades pulchra

特徵

假球莖叢生，葉生於假球莖近頂端，1 假球莖具 2 至 3 枚葉片，葉長橢圓形葉尖漸尖，葉具基出三下凹主脈及多數細小平行脈。花序自假球莖近基部莖節抽出，花序不被毛，1 花序花數十朵，疏生。花被片淡綠色，側瓣、唇瓣及蕊柱被紫紅色斑塊。唇瓣基部向後延伸成距，距綠色末端微凹。唇腹基部具附屬物，如大門牙一般，唇盤具 2 條縱向稜脊。唇瓣微三裂，中裂片寬大先端微裂，側裂片向上伸展延伸至蕊柱上端。花轉位，花後期漸次轉黃。

分布

恆春半島低海拔闊葉林下，東北季風盛行區，乾濕季較不明顯，分布地與輻射大芋蘭相若，但還未發現與輻射大芋蘭伴生的情形，光線為略遮蔭的環境。

▲ 花正面，花內有螞蟻訪花。

◀▼ 1. 生態環境。
2. 花具距。
3. 花序中段，可見花轉位
4. 3 月底果莢。

輻射大芋蘭

別名：*Eulophia pulchra* var. *pelorica*；*Oeceoclades pelorica*

Oeceoclades pulchra var. *pelorica*

特徵

假球莖叢生，葉生於假球莖近頂端，葉大多為 2 枚，長橢圓形葉尖漸尖，葉具基出三下凹主脈及多數細小平行脈。花序自假球莖近基部莖節抽出，花序不被毛，一花序花數十朵，疏生。花被片淡綠色，唇瓣花瓣化，花瓣被紫紅色斑塊，基部無距及附屬物。花大都不轉位，僅少數轉位。果莢約於次年 4 至 5 月成熟爆開。

分布

恆春半島低海拔闊葉林下，屬東北季風盛行區，乾濕季較不明顯，分布地與大芋蘭相若，但還未發現與大芋蘭伴生的狀況，光線為略遮蔭的環境。

▼　1. 生態環境。2. 花序自假球莖近基部抽出。3. 有許多螞蟻訪花。4. 果莢。5. 裂開的果莢及種子。

▲　花正面，花不轉位，唇瓣花瓣化。

山蘭屬 / *Oreorchis*

具假球莖，兩假球間具地下根莖相連。假球莖基部具萌櫱新株行無性生殖的功能，葉1片或2片，自假球莖頂端的莖節長出，葉柄長，葉線形或長橢圓狀披針形，基出平行脈，具縱摺，花序自假球莖側邊抽出，花多數，密生或疏生。

大霸山蘭 別名：雙板山蘭
Oreorchis bilamellata

特徵　假球莖生於枯葉層地下，不易觀察。葉冬枯，春季始長出地表，葉線形，通常2片。花序自假球莖的側邊抽出，花約10至20餘朵。萼片及側瓣狹長，黃色，外形相同。上萼片及側瓣向上伸展，側萼片向兩旁伸展。唇瓣白色，三裂，中裂片先端及側裂片不定點具數枚紫斑，中裂片具5條縱向細紋，先端微2裂。

分布　零星分布於阿里山山脈、雪山山脈、玉山山脈、中央山脈等地中海拔山區，霧林帶原始林下，生育地潮濕富含水氣，光線約為半透光的環境。

▼ 1. 生態環境。2. 假球莖，下方白色長條物是宿存花序梗。3. 未開花幼苗。4. 花側面。5. 花序。

密花山蘭 別名：頭花山蘭
Oreorchis fargesii

2300-2400m 3-5 月

特徵

假球莖生於地下，不易觀察。葉冬枯，春季始長出地表，葉線形，狀似伴生的莎草科植物，除非開花，否則不易發現其存在。花序自假球莖的側邊抽出，花密生於花序軸頂部，此為其命名的由來。花白色，約 20 至 30 朵。萼片及側瓣外側疏被短肉刺，唇瓣及側瓣內面明顯具紫色條紋。唇瓣三裂，側裂片線形，前半段沿蕊柱向上伸展，後半段反折向兩側伸展。中裂片基部具一肉質凸出附屬物，唇盤靠基部半段被細毛及緣毛，先端明顯皺摺狀。

分布

目前僅知分布於台灣東南部中海拔霧林帶原始林下，區域內乾濕季不明顯，伴生蘭花有繡邊根節蘭、阿里山全唇蘭、台灣喜普鞋蘭、大山雙葉蘭、鳥嘴蓮等，光線約為半透光環境。

▼ 1. 生態環境。2. 葉片表面。
3. 整個花序。4. 開花時前一年的宿存裂果。

2

4

合歡山山蘭

別名：*Tainia hohuanshanensis*
相關物種：印度山蘭 *Oreorchis indica*

Oreorchis foliosa

特徵

葉冬枯，單葉，長橢圓形，基出平行脈，葉表面具明顯縱摺。花序自假球莖側邊抽出，花 10 朵以下。萼片及側瓣內面暗紅色，具數條紫褐色縱向細紋。唇瓣三裂，基部具 2 條不明顯短龍骨，內面白色被紫紅色斑塊。

分布

中央山脈中段以北及雪山山脈高海拔地區，常生於箭竹林中，亦見生於針葉林緣或疏林下，光線為略遮蔭的環境。

田野筆記

合歡山山蘭最初被稱為 *Tainia gokanzanensis*，2003 年始被稱為印度山蘭 *Oreorchis indica*。但據林讚標教授於《台灣蘭科植物圖譜》指出，印度山蘭唇盤上無龍骨，且側裂片縮小或無，因此台灣並無印度山蘭，而將中文名改為合歡山山蘭，學名則為 *Oreorchis foliosa*。

▼ 1. 生態環境。2. 花側面。
　 3. 葉片。4. 7 月底果莢。
　 5. 蕊柱上有 4 個花粉塊。

1

2

3

4

5

南湖山蘭
Oreorchis micrantha

特徵

假球莖生於枯葉層地下，不易觀察。葉冬枯，春季始長出地表，1至2片葉，線形，具縱稜。花序自假球莖側邊抽出，花序不被毛。花白色，較密花山蘭稍疏生，萼片內側不被條紋或斑塊，唇瓣及側瓣內面具紫色條紋或斑塊。唇瓣三裂，側裂片線形，靠基部半段向上伸展，後半段反折向兩側伸展，中裂片基部具一肉質凸出附屬物，唇盤不被毛，先端明顯皺摺狀。

分布

新竹、台中、南投、宜蘭、花蓮等地中海拔霧林帶山區原始林下，乾濕季不明顯的環境，光線約為半透光至遮蔭較多，最北曾記錄到在尖石鄉海拔 1,300 多公尺處。

▲ 唇瓣具紫色斑塊的花。

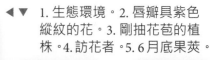

◄▼ 1. 生態環境。2. 唇瓣具紫色縱紋的花。3. 剛抽花苞的植株。4. 訪花者。5. 6月底果莢。

2

4

5

細花山蘭

別名：*Oreorchis gracilis* var. *gracillima*

Oreorchis patens var. *gracilis*

特徵
假球莖生於枯葉層的地下，不易觀察。葉冬枯，線形，春季始長出地表，通常 2 片葉，似莎草科植物。花序自假球莖側抽出，花疏生，約 10 至 30 餘朵。側瓣及萼片黃色，上萼片及側瓣向上伸展，側萼片向兩側伸展。唇瓣白色，三裂，側裂片具 2 條縱向紫色細條紋，初向上伸展，之後略反折向兩側伸展，中裂片基部具一白色短舌狀凸出物，中裂片表面偶具紫色斑點，先端明顯皺摺狀。

分布
桃園、新竹、宜蘭、南投等地中海拔霧林帶原始林下，喜濕潤的環境，光線則為約半透光至遮蔭較多。

▼ 1. 生態環境。2. 花側面。3. 葉表面。4. 7 月中旬果莢。

1

2

3

4

吳屘山蘭
Oreorchis wumanae

特徵

假球莖圓形，葉 2 枚生於假球莖頂端，線形，具縱稜。花序自假球莖側邊抽出，1 假球莖 1 花序，1 花序花約 20 朵。花僅半展，花被片外側白色，側瓣內側白色密被不規則紫暈，均向前伸展。唇瓣三裂，側裂片線形，具一條紫色縱向脈紋，向上伸展，先端微向外彎，邊緣具黃色暈。中裂片表面密被長毛及緣毛，疏被紫色斑塊，基部具一肉凸，肉凸上端微凹成二裂。蕊柱黃色。

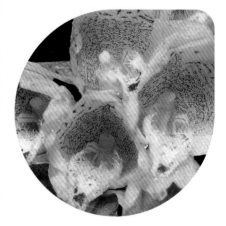

分布

目前僅知分布於花蓮秀林及南投仁愛，兩行政區相鄰，屬同一個生育地。

田野筆記

2019 年中，無意間聽說有人在花蓮海拔約 2,000 公尺的一條古道發現新的山蘭，因為範圍太大，因此未特別留意。2020 年 4 月中旬，我和內人及徐嘉君博士前往秀林山區調查寶島喜普鞋蘭。4 月 15 日，內人無意間在登山步道旁看到一棵盛開的山蘭，我一眼即斷定就是前一年別人發現的新種山蘭，下山後將照片傳給林讚標教授鑑定，證實無誤。事後得知，發現者是劉清煌教授，發現山蘭當天，在山上接到母親辭世的消息，為了紀念其母親，將新種山蘭命名為吳屘山蘭。

▼ 1. 生態環境。2. 花序。3. 葉片中段。4. 可能是種子發芽後長出的根。
5. 宿存裂開果莢，還殘存少數種子。

2

3

4

5

粉口蘭屬 / *Pachystoma*

本屬台灣僅 1 種。

粉口蘭
Pachystoma pubescens

特徵

葉冬枯，春季花序自地表抽出，花序梗細長圓柱形，具 10 餘枚苞片，花序梗基部苞片較長，長度超過花的 2 倍長，由基部至花序頂端漸次縮短，花序最頂端苞片約和子房的長度相若，長短差達數倍之多。花自花序上半部莖節的苞片內側開出，由下往上展開。花粉紅色，約 10 餘朵，微向下垂。花序梗、子房及萼片外側、側瓣內外側被短毛，上萼片向前伸展，側萼片向下伸展，側瓣向兩旁伸展。唇瓣三裂，側裂片向上伸展成 U 字形，內側密被短毛及紫色細斑塊，中裂片內側淡綠色，先端紫色，唇盤具 3 至 5 條由凸點聚合成的縱向稜脊，先端微二裂，二裂間具小凸尖。春季夏初為盛花期，開花後葉片才由土中長出，葉片 1 枚，狹長，具縱摺，狀似禾草。

分布

目前僅知少數族群分布於台南山區及綠島低海拔地區，生於短草叢中或疏灌叢下，光線為全日照至略遮蔭的環境。

▲▶ 1. 與茅草伴生。
2. 花序先端的苞片不及子房的長度。
3. 冠木林緣的植株。
4. 基部的花苞片長度甚長。

本屬為台灣特有屬，有 2 種，均為雜交種，疑為鐵釘蘭與金釵蘭屬所雜交，植物體未開花時外形與金釵蘭屬不易分辨，野外極少發現。台灣原生蘭原本無鳳蝶蘭屬，因為雜交的關係而產生 2 種，但園藝界人工雜交的種類不下 10 餘種，究竟擬台灣鳳蝶蘭及台灣萬代蘭是天然雜交逸出或是人工雜交而來，真相已無法得知。我主張這 2 種雜交種不屬於台灣原生蘭。

擬台灣鳳蝶蘭 別名：台灣蝶花蘭
Papilionanthe pseudotaiwaniana

特徵
莖斜生或懸垂再上揚，無分枝，多莖節。針狀葉由莖節下緣長出，植物體與金釵蘭屬植株相似。花序由莖側抽出，每 1 花序 1 至 3 朵花，花萼及側瓣粉白色，上萼片向上伸展，側萼片向下伸展，側瓣向兩側伸展。唇瓣三裂，表面具暗紅及紅黃縱向條紋交互排列，側裂片微凹向前包捲成碗形，中裂片先端呈人字形分裂，裂片窄且銳尖。

分布
本種來源有 2 個版本，其一為傳說採自高雄小林村，其二為出自紅龍果蘭園。這兩種說法均充滿懸疑性，真相如何已無法得知。

田野筆記
本種疑為鐵釘蘭及金釵蘭的雜交種，最初說是台灣萬代蘭，相傳是採蘭人採自小林村，然後輾轉交由園藝商做瓶苗推廣，剛開始一瓶售價約達 4 或 5 位數，我曾至某大學上蘭花分享課程，學生說他們有集資購買一瓶，可見當時真的瘋迷一時，後來因觀賞性不佳，現在已乏人問津。

擬台灣鳳蝶蘭無法透過自然開花結果產生後代，只能靠組織培養或插枝繁殖新株，其來源充滿懸疑性，目前網路也出現很多不同品系的鐵釘蘭及金釵蘭做雜交的心得分享，產生的後代各異其趣。我懷疑擬台灣鳳蝶蘭原來是人工雜交的品種，只是真相已不可考。目前擬台灣鳳蝶蘭還是被宣傳成台灣萬代蘭，事實上這 2 種的花在外觀上並不相同。

▼ 1. 人工種植的植株。2. 盛開的花。3. 花背面。4. 花序抽出處。

台灣萬代蘭

Papilionanthe taiwaniana

特徵

植株與擬台灣鳳蝶蘭相同，花也相似，僅唇瓣先端二裂片不同。本種唇瓣中裂片先端二裂片為淺裂，裂片較為寬大圓鈍，而擬台灣鳳蝶蘭二裂片較深且裂片較窄且銳尖。

分布

恆春半島牡丹溪流域。

田野筆記

台灣萬代蘭是應紹舜教授發表，標本是何富順先生提供，而產地則在四重溪附近，但數十年來未再有人在原生地看過台灣萬代蘭。我也曾數次至牡丹溪流域找尋，均無所獲。園藝界已有人工雜交復刻版，外形和台灣萬代蘭一模一樣。

▲ 花正面（李建毅攝）。

除何富順先生外，未曾聽說有人在野外見過台灣萬代蘭，何富順先生是蘭商，本種植株是何先生親自採自野外或是野採者所提供，文獻並未提及，所以本種來源和擬台灣鳳蝶蘭一樣成謎。

▼ 1. 台灣萬代蘭人工復刻版一（李建毅攝）。2. 台灣萬代蘭復刻版二（李建毅攝）。

1

2

貓鬚蘭　別名：*Peristylus monticola*

Peristylus calcaratus

特徵

莖短直立，自土中生出。葉冬枯，基部具 2 至 5 枚葉片，葉長橢圓形，葉鞘包莖，全株不被毛。花序頂生，花疏生，花約 20 至 50 朵，花部全為綠色。上萼片及側瓣橢圓形，向上伸展疊生成罩狀。側萼片向兩側斜向上伸展，縱向內捲。唇瓣三裂，側裂片絲狀細長，向兩側斜向上伸展，不規則彎曲，中裂片如舌狀，向下伸展，側裂片與中裂片之比可達約 5 倍。距長橢圓球形，尾端微二裂，長度約與唇瓣等長或略長。

分布

南投、雲林、嘉義山區，乾濕季明顯的區域，主要生育地為竹林下或開闊的草地上，光線為半透光至全日照環境。

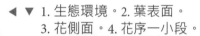

▲ 花正面，唇瓣右側是距。

◀ ▼ 1. 生態環境。2. 葉表面。
　　3. 花側面。4. 花序一小段。

3

4

台灣鷺草
Peristylus formosanus

特徵

莖短直立，自土中生出，葉冬枯，基部具 3 至 4 枚葉片，葉長橢圓形，全株不被毛。花序頂生，花密生，數十朵。花全部為淡綠色，花僅半展，上萼片與側瓣疊生成罩狀，側萼片不捲曲，向兩側斜上方伸展或半包覆於側瓣外側。唇瓣三裂，側裂片略扁平線狀細長，向兩側伸展，中裂片狹長三角形，側裂片及中裂片的比約為 3 至 5 倍。距為圓球狀，尾端圓或微銳尖，不裂或微二裂，長度不及唇瓣甚多。花期 10 月至 11 月，蘭嶼可至 3 月底。

分布

主要分布於恆春半島、綠島及蘭嶼，土地濕潤且開闊的草地上，光線為略遮蔭至全日照環境。

▼ 1. 生態環境。2. 葉表面。
3. 花側面。4. 3 月剛成熟未裂開的蒴果。

1

2

3

4

南投閩蕊蘭

別名：南投玉鳳蘭；閩蕊蘭

Peristylus goodyeroides

特徵

莖直立，在閩蕊蘭屬中莖最長，疏生 3 至 6 枚葉片，葉橢圓形，葉具鞘並包莖。花序頂生，花密生，約數十朵。花部均不被毛，苞片長度略長於子房，包覆於子房外側。萼片綠色，側瓣及唇瓣白色，上萼片與側瓣疊生成罩狀，側萼片縱向內捲，先端銳尖。唇瓣三裂，側裂片約與中裂片等長。距圓球形。

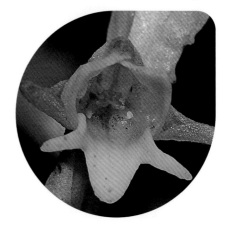

分布

苗栗以南至恆春半島低海拔闊葉林下，除恆春半島外，均為乾濕季分明的區域，生育地為竹林下、林緣或灌木叢中，光線為半透光至略遮蔭的環境。

▼ 1. 生態環境。2. 花側面及距。3. 訪花者。4. 葉表面。5. 花序。

4

2 3 5

纖細闊蕊蘭
Peristylus gracilis susp. *insularis*

特徵

莖直立，長近 10 公分。葉綠色，4 至 6 枚，中肋及其兩側
具一淡綠色帶狀縱向條紋。花序頂生，花疏生，約 10 至
20 餘朵。花序軸、苞片外側、子房被肉質似鱗片狀物質。
花部綠色，上萼片與側瓣疊生成罩狀，側萼片向兩側斜向
上伸展，微向內捲，先端具凸尖。唇瓣三裂，側裂片線形，
向兩側伸展，兩端向上翹起成圓形或半圓形，長度約為中
裂片的 2 至 3 倍，中裂片舌狀。距圓柱狀，約子房一半長度。

分布

目前僅知分布於蘭嶼，生於熱帶雨林下，森林的空隙或
林緣，生育環境潮濕，光線為半透光至略遮蔭。

▼ 1. 生態環境。2. 葉表面。3. 花側面。4. 花序一小段。5. 裂果及種子。

短裂闊蕊蘭
Peristylus intrudens

特徵

葉冬枯，莖短直立，全株無毛，葉 2 至 3 片生於短莖上，長橢圓形，較裂唇闊蕊蘭稍厚，葉面無明顯網紋細格。花序頂生，花疏生，約 10 至 20 餘朵。花被片白色，萼片基部具綠暈，上萼片與側瓣疊合成罩狀，側萼片向前伸展。唇瓣三裂，側裂片三角形，長度不如中裂片，中裂片舌狀先端鈍。距綠色圓球形。

分布

目前僅於南投發現其蹤跡，生於含水量充足的開闊草地上，全日照的環境，與裂唇闊蕊蘭伴生。

田野筆記

2007 年 7 月 10 日，我和鐘詩文博士、許天銓先生在南投國姓從事植物調查，看到許多剛抽出花序的闊蕊蘭，但無法確定是何種闊蕊蘭。同年 8 月 15 日，原班人馬再度前往該地想看看是何物種，只見許多裂唇闊蕊蘭盛開。大家忙於拍照之際，我注意到少數幾棵側裂片較短，感覺是不同的物種，當時我對蘭花了解不夠深入，無法判斷是不同種或僅是個別變異，僅將我的看法和感覺告訴鐘詩文博士、許天銓先生。二人回去研究後在 2008 年發表為短裂闊蕊蘭，刊於 *Taiwania*。

▼ 1. 生態環境。2. 花序頂生。3. 花序。4. 花側面。

裂唇闊蕊蘭

別名：細花玉鳳蘭；撕唇闊蕊蘭；青花玉鳳蘭

Peristylus lacertifer

500-1000m　8-9月

特徵
葉冬枯，莖短直立，全株無毛，葉 2 至 3 片生於短莖上，長橢圓形，較短裂闊蕊蘭為薄，葉表面具綠色網紋細格。花序頂生，花疏生，約 10 至 30 餘朵，花被片白色具綠暈。上萼片與側瓣疊合成罩狀，側瓣略反折。側萼片向前伸展不反折。唇瓣三裂，側裂片線形，長度約為中裂片的 2 倍長，中裂片舌狀先端鈍。距綠色橢圓球形，尾端略尖。

分布
分布於中南部低海拔山區，最常見生於半透光的竹林下，全日照的短草地亦可見其蹤跡，生育地多為乾濕季明顯的區域，常和貓鬚蘭伴生，亦曾見其與短裂闊蕊蘭伴生。

▼ 1. 生態環境。2. 葉表面。3. 花側面。4. 一段花序。

1

2

3

4

魏氏闊蕊蘭
Peristylus sp.

特徵

魏氏闊蕊蘭疑似貓鬚蘭與裂唇闊蕊蘭的雜交種，莖短直立，自土中生出。葉冬枯，短莖上具2至4枚葉片，葉長橢圓形，葉鞘包莖，全株不被毛。花序頂生，花疏生，苞片僅子房長度的一半或稍長，花約20餘朵或更多，花部全為綠色。上萼片及側瓣橢圓形，向上伸展並向內包覆成罩狀。側萼片向兩側斜向上伸展，且向內縱向捲曲。唇瓣三裂，側裂片向兩側伸展，長度與中裂片約略等長，不規則彎曲，中裂片如舌狀，向下伸展，微向後彎折。距長橢圓球形，後半部膨大，尾端二裂不明顯，長度約與唇瓣等長或略長。

分布

目前僅知分布於中南部低海拔山區，最常見生於半透光的竹林下。生育地多為乾濕季明顯的區域，常和貓鬚蘭伴生。

田野筆記

魏氏闊蕊蘭是魏武錫先生所發現，據稱生育地分布甚廣，但植株不多，究竟是新種或是雜交種，還需進一步研究。

魏氏闊蕊蘭與貓鬚蘭及裂唇闊蕊蘭的差別在於唇瓣側裂片及距有所差異，魏氏闊蕊蘭唇瓣側裂片向兩側伸展，長度與中裂片約略等長，不規則彎曲。距長橢圓球形，尾端微二裂。貓鬚蘭唇瓣側裂片絲狀細長，向兩側斜向上伸展，不規則彎曲，側裂片與中裂片之比可達約5倍，距長橢圓球形，尾端明顯微二裂。裂唇闊蕊蘭唇瓣側裂片細長向下伸展，少彎曲，側裂片與中裂片之比約二比一，距綠色橢圓球形，尾端略尖。

▼ 1. 生態環境。2. 花側面。3. 花序。4. 葉面。

鶴頂蘭屬 / *Phaius*

《台灣原生植物全圖鑑》將原鶴頂蘭屬中的黃花鶴頂蘭及粗莖鶴頂蘭另獨立為副鶴頂蘭屬 *Paraphaius*，其依據為鶴頂蘭屬苞片較長且於開花前後相繼脫落，副鶴頂蘭屬苞片較短且開花後宿存。《台灣蘭科植物圖譜》第一版及第二版則將鶴頂蘭屬全歸入根節蘭屬 *Calanthe*。本書沿用傳統的分法。

黃花鶴頂蘭　別名：青石蛋；*Calanthe flava*
Phaius flavus

300-1600m　4-6 月

特徵

假球莖深綠色，圓錐形或卵形。葉綠色長橢圓形，基出脈，表面具縱摺，常散生黃色斑點。花序梗自假球莖近基部抽出，苞片長度僅子房的一半，開花後宿存，花序梗常傾斜，花朵多朝傾斜方的下方展開，花數由數朵至30 朵左右，黃色或淡黃色。萼片及側瓣以蕊柱基部為中心向四方展開。唇瓣先端具明顯皺摺，皺摺部分為紅褐色。花轉位，距白色，短圓柱狀，尾端略尖。

分布

台灣全島中低海拔山區潤葉林下，以東部及北部較多，中南部僅在霧林帶或溪谷附近偶見，生於潮濕的環境，乾濕季明顯的區域不適其生存，光線為半透光至略遮蔭的環境。

▼ 1. 生態環境。

▼ 2. 開花花序。3. 罕見的雙花並蒂。4.10 月底的果莢，裂開可見種子。
　 5. 假球莖，莖側的小圓孔是花序抽出處。

細莖鶴頂蘭

別名：紫花鶴頂蘭；細距鶴頂蘭；*Calanthe mishmensis*

Phaius mishmensis

特徵

莖圓柱狀，葉生於莖上半部，深綠色長橢圓形，表面具光澤，明顯基出三主脈。花序梗自莖旁的莖節處抽出，1 莖可抽 1 或 2 花序，可同年抽出亦可分年抽出。花疏生，花被分離，初開時粉紅色，漸次轉為橘紅色。苞片於開花前後掉落。萼片及側瓣均向前伸展呈不規則扭曲。唇瓣成半捲筒狀，內側被紅斑，中肋明顯凸起並被肉質細毛。距綠色，長圓柱狀，向前彎曲，尾端微二裂成二叉狀。

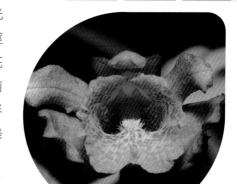

分布

台灣全島低至中海拔山區，以屏東及台東數量較多，最北可達新北，生於河谷兩旁山坡地或迎風坡水氣較多的區域，光線為半透光至略遮蔭的環境。

▼ 1. 植株生態及果莢。2. 花側面，距尾端二裂。3. 初花及末花。4. 花序。

粗莖鶴頂蘭

別名：*Paraphaius takeoi*；*Calanthe takeoi*

Phaius takeoi

 特徵

假球莖長圓柱狀，葉生於假球莖上半部，綠色長橢圓形。花序梗自假球莖旁的莖節處抽出，常 1 莖 1 花序，偶有 1 莖 2 花序。花序通常不分枝，偶有分枝，1 花序花約 10 至 20 餘朵，花疏生，苞片短且開花後宿存。萼片及側瓣淡黃綠色，上萼片向上伸展，側瓣及側萼片向兩旁伸展。唇瓣初開時白色，基部具黃暈，向上捲成筒狀，黃暈由內至外漸次轉淡，先端白色，向外反折呈喇叭狀，唇盤具 3 條微凸起之龍骨，龍骨黃暈較明顯。花將謝時，唇瓣漸次轉為黃色。

 分布

目前僅知分布於新北、新竹、南投、高雄六龜、花蓮，分布極為零星且稀少，生於闊葉林下的小乾溪溝上或小乾溪溝旁邊，小溪溝下雨時多少有些水流，但不會大到將生育地沖毀，光線約為半透光的環境。

▼ 1.生態環境。2.花側面。3.開花花序。4.11 月底果莢。

1

2

3

4

鶴頂蘭 別名：*Calanthe tankervilleae*；紅鶴蘭
Phaius tankervilleae

 特徵

是大型蘭花，開花時花序可高達 2 公尺，未開花時葉叢生於假球莖上，外形似根節蘭。假球莖叢生，花序自假球莖側面抽出，花疏生，花數多者可達約 20 朵，花甚大。萼片及側瓣外側白色，內側紫紅色，向上及兩側伸展不反折亦不反捲。唇瓣向上捲成筒狀，靠基部為白色，先端為紫紅色具短尾尖，唇盤中間微凸起，內壁密被細毛，唇緣為不規則波浪緣。距細尖狀不長，白色。

 分布

台灣全島及蘭嶼低海拔山區，闊葉林緣或林間稍透空處，光線為半透光至略遮蔭，甚至全日照環境下亦可生存。

 田野筆記

本種不同環境開花時花序長短差異甚大，有說馴花後花序較短，但據我觀察，日照充足的環境花序較短，日照較少的環境花序較長。在 1960 年代前後，北部沿台三線公路兩旁的山城，常見很多住戶在自家門前栽種鶴頂蘭，花季時沿途開滿粉紅色花朵，甚是壯觀。隨著台三線拓寬，住戶門前已無空間擺放盆栽，那種景象只能留存記憶中了。

▼ 1. 強光下生態環境。2. 5 月中旬果莢。3. 弱光下生態環境。4. 原住民移植到林緣種植的族群。

蝴蝶蘭屬 / *Phalaenopsis*

本屬台灣有 2 種，台灣蝴蝶蘭及桃紅蝴蝶蘭。此 2 種是所有愛蘭人士的最愛，從日據時代開始即有職業採蘭人採集此 2 種蘭花。在蘭嶼，蘭商甚至以日用品來交換原住民採得的台灣蝴蝶蘭，時至今日，野採活動仍未停止，導致野外族群十分稀有，桃紅蝴蝶蘭可能已在蘭嶼本島滅絕。

桃紅蝴蝶蘭 別名：姬蝴蝶蘭
Phalaenopsis equestris

約 100m　6-9 月

特徵　根系粗壯發達，牢牢附著於宿主，莖甚短。葉肥厚密集互生，長橢圓形。花序自莖基部側邊抽出，斜上生長，花梗偶有分枝，但不常見，花自基端起往先端漸次開放，花期可達 2 個月。萼片、側瓣及蕊柱白色被紫暈。唇瓣三裂，黃色至黃褐色，中裂片略呈菱形，先端漸紫無卷鬚，側裂片與唇瓣中軸十字交接處具一黃色被橙斑的肉突。

分布　目前僅知分布地在小蘭嶼，附生在蘭嶼羅漢松樹幹上，而且整個小蘭嶼僅發現 1 棵蘭嶼羅漢松樹上有桃紅蝴蝶蘭，光線為半透光的環境。

▼ 1. 花序具分枝能力。2. 生態環境。
　3. 花側面及背面。4. 花序。

田野筆記　桃紅蝴蝶蘭主要分布於菲律賓，但菲律賓所產與小蘭嶼所產略有差異，菲律賓種花的顏色較淡。

2008 年，洪信介先生首先在小蘭嶼的調查中發現 1 棵蘭嶼羅漢松樹上長了數棵桃紅蝴蝶蘭，不過找遍了整個小蘭嶼再無其他植株。次年我計畫前往拍照，但在 2009 年 8 月 8 日蘭嶼遭遇有史以來最大的莫拉克颱風，受災慘重，估計桃紅蝴蝶蘭也不樂觀。但行程已定，我仍於 8 月 17 日依計畫前往，8 月 19 日登上小蘭嶼找到了桃紅蝴蝶蘭的植株，雖然花序還在，但花朵均已掉落，部分葉片枯黃，重新萌發的花苞很小，所以未能拍到開花的照片。2011 年 8 月 15 日，我再度踏上小蘭嶼，順利拍到桃紅蝴蝶蘭的生態照片。此處要特別感謝洪信介先生及徐嘉君博士的協助。可惜的是，在我拍到桃紅蝴蝶蘭照片後數年，即聽說小蘭嶼的桃紅蝴蝶蘭已全部被採走。在此呼籲，愛護蘭花，就不要透露生育地，讓蘭花能在原生地永續生存下去。

台灣蝴蝶蘭
Phalaenopsis formosana

特徵
莖甚短，葉肥厚密集互生，長橢圓形。花序自莖側抽出，單株可抽多個花序，斜上生長，花梗常有分枝，可宿存次年繼續開花。花自基端起往先端漸次開放，花萼、側瓣及蕊柱均為純白色。唇瓣三裂，中裂片三角形先端具一對卷鬚，側裂片與唇瓣中軸十字交接處具一黃色被橙斑的肉突，側裂片及唇瓣基部被紅紋，側瓣與上萼片通常分離不重疊或只有少部分重疊。花期以 3 月最佳。

分布
屏東旭海沿岸 5 公里內至台東大武，附生於溪流兩岸的大樹上，常見附生在樟科、殼斗科、欖仁舅、榕樹上。光線為半遮蔭的環境。

田野筆記
台東及屏東包括雙流森林遊樂區，野外種有許多白色的園藝種蝴蝶蘭，據說是要復育台灣蝴蝶蘭，但事實上並不是台灣蝴蝶蘭，推測可能是當初復育時選種錯誤。

▼▶ 1. 花序多分枝。2. 一棵可同時長出多枝花序。
3. 生態環境。4. 原生株旁長出的實生苗。5. 訪花者。

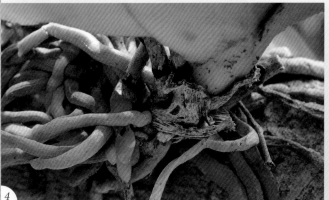

本屬台灣僅 1 種，有些學者將烏來石山桃及黃穗蘭歸為貝母蘭屬。

烏來石山桃
Pholidota cantonensis

別名：*Pholidota uraiensis*；*Coelogyne cantonensis*；烏來石仙桃

200-1600m　1-3 月

特徵

根莖匍匐，密被鞘狀鱗片，具假球莖，假球莖卵形，表面具光澤，通常具縱稜或皺摺。葉 2 枚，綠色線形。新芽自假球莖基部側邊分二批次抽出，二批新芽均密被鞘狀鱗片。第一批新芽抽出頂生花序，花二列互生，約 10 餘朵，不轉位。萼片及側瓣白色，唇瓣黃色。花謝結果後葉片才漸次長出，至果莢成熟後假球莖才漸次長大。第二批新芽於第一批新芽開花後自假球莖基部側邊抽出，不開花直接長葉，長葉後假球莖才漸次長大。

分布

北部及東部東北季風能到達的區域，喜通風良好的環境，常大面積附生，高位附生及低位附生均有，亦有相當數量附生於岩壁上。光線為半遮蔭的環境。

▲ 花序正面。

◀ ▼ 1. 生態環境。2. 前一年的宿存花序是在假球莖頂生出。3. 果莢將要成熟時再長葉。4. 開花時尚未長葉。

芙樂蘭屬 / *Phreatia*

植物體通常叢生，葉狹長二列互生，具或不具假球莖，花序側生，總狀花序，花甚小，花數多，白色，不轉位。

垂莖芙樂蘭
Phreatia caulescens

1300-1500m | 7-8 月

特徵

莖叢生細長，直立或下垂，下垂者先端仍會往上生長。葉線形，互生於莖的兩側，花序自葉腋抽出，1 莖可抽 1 至 3 個花序，1 個花序花約 30 朵左右，花疏生，白色甚小。花期為 7 月至 8 月，9 月初偶可見晚花。

分布

台東及屏東中央山脈南端兩側，附生於原始林中的樹幹上，闊針葉樹上均有，以闊葉樹為主，生長在霧林帶水氣充足的環境，常與苔蘚伴生，光線為半遮蔭至略遮蔭的環境。

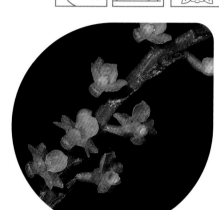

▼ 1. 生態環境。2. 花序背面。3. 下雨花朵不下垂。4. 9 月初結果株。

▲ 花序正面。

蓬萊芙樂蘭 別名：寶島芙樂蘭
Phreatia formosana

300-1600m 7-8月

特徵 植株叢生或散生，莖短，不明顯。5 至 10 枚葉片從基部生出，葉線形，先端微凹，二列互生，展開成同一平面。花序從葉腋抽出，單株 1 花序，花密生多數，呈撢狀或瓶刷狀，從基部開始往先端漸次開放，花白色甚小。

分布 東部、南部、中部及蘭嶼，生長在水氣充足的環境，東部及蘭嶼海拔較低、中部及南部海拔較高，這和東北季風及雲霧帶的水氣有關，常與苔蘚伴生，亦有與黃萼捲瓣蘭伴生的情形。

▼ 1. 生態環境。2. 植株形態。3. 整枝花序。

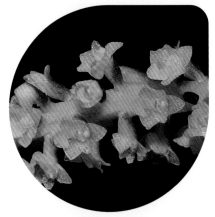

▲ 花序一小段。

大芙樂蘭
Phreatia morii

500-1500m　4-8月

 特徵
假球莖近距離內叢生，蒜球狀。葉2至3枚，長橢圓形，生於假球莖基部，葉尖左右微不等長。花序自假球莖基部抽出，花由花序基部往先端漸次開放，數十朵，白色，花僅半展。唇瓣基部具囊袋。

分布
分布於新北、宜蘭、花蓮、台東等地低海拔東北季風盛行區，以及雲林、嘉義、南投等地中海拔雲霧帶，附生於大樹的高位樹幹上，常與蕨類伴生，亦有與紫紋捲瓣蘭伴生的情形。

▲ 一小段花序。

▼ 1. 生態環境。2. 植株及幼小花序。3. 拍攝需要攀樹。
　　4. 葉及花序。5. 6月中旬果序。

1　　3　　5

白芙樂蘭 別名：台灣芙樂蘭

Phreatia taiwaniana

  300-1500m 3-8 月

特徵

根莖匍匐生於樹幹上，假球莖自莖節生出，假球莖橫向扁平。葉 1 或 2 枚自莖頂生出，葉線形先端微凹，葉背中肋先端明顯凸出一小段。花序自假球莖基部抽出，花白色，可達 20 餘朵，花半展。萼片及側瓣向前伸展。唇瓣先端三角形，中肋下凹，基部具囊袋。花期為 3 月至 8 月，以 4 月最佳。

分布

分布環境以東北季風吹拂範圍及中部的霧林帶為主，花蓮、台東、屏東及新北境內較多，雲林、嘉義、南投則有少量分布，成群附生在高大闊葉林樹幹上或樹梢的小枝條上，常與苔蘚伴生，亦有與小豆蘭伴生的情形。

▲ 花及訪花者。

▼▶ 1. 開花株生態。2. 植株生態。3. 生態環境。
4. 8 月中旬果莢及葉尖。

1

2

3

4

蘋蘭屬 (小精靈蘭屬) / *Pinalia*

本屬分類原屬於絨蘭屬的成員，新分類將其分離出為本屬，本屬的物種均具假球莖，假球莖表面或多或少具白色縱向條紋，除樹絨蘭外，其他種假球莖均不分枝。另外，本屬的花期均甚集中，且花期甚短，單朵花壽僅約 2 天左右，野外賞花不易。

小腳筒蘭　別名 : *Eria amica*
Pinalia amica

800-2000m ｜ 2-5 月

特徵

假球莖密集叢生，綠色，短圓柱形，不分枝，兩端較小中間膨大，具莖節，假球莖表面具白色縱向條紋，是先出葉乾枯後遺痕。葉 2 至 3 枚，由假球莖頂端生出。花序由葉下方的莖側抽出，通常 1 球 1 序，少數 1 球 2 序，1 花序花數朵。萼片及側瓣淺黃綠色，具約 5 條縱向紅色條紋。唇瓣三裂，側裂片向上翹起呈 U 字形，唇盤基部具 3 至 5 條稜脊，稜脊及側裂片紅色，中裂片黃色，先端凹陷。

分布

中央山脈以西中低海拔原始闊葉林中，以中部最多，可適應乾濕季分明的氣候，喜溫暖空氣流通良好且含水量較高的環境。中部霧林帶分布最多。附生不分樹種，但以栓皮櫟的大樹最為常見，北部亦有，但空氣較冷涼，所以族群較小且分布海拔較低。光線為半透光的環境。

▼ 1. 生態環境。2. 花序。
　 3. 花序自假球莖上方側邊抽出。
　 4. 7 月上旬果莢。

2

3

1

4

赤色毛花蘭

別名：樹絨蘭；*Eria formosana*；*Eria tomentosiflora*

Pinalia formosana

  200-1500m 3-5 月

特徵

假球莖長圓柱狀，多分枝，可無限生長，常見龐大群體。葉於假球莖側近頂部兩列互生，約 3 至 6 枚葉片。花序由假球莖近頂部側邊抽出，每莖可抽數個花序，單一花序花數可達數十朵。花黃綠色帶紅褐色暈，萼片及側瓣內面均具數條縱向線狀條紋，花序軸、萼片外側、子房密被細毛。通常開花都集中在短時間內，因此一個群體，花多者可達數千朵，可惜單朵花壽不長，無法時常看到如此壯觀的場面。

分布

北部、東部、南部低海拔山區，乾濕季不明顯的區域，喜溫暖潮濕的環境，北部海拔較高的區域因易受寒害，幾無蹤影。在北部常與大腳筒蘭伴生，生長於大腳筒蘭的下方，東部則少見伴生情況。光線為半透光至遮蔭較多的環境。

▼ 1. 花序抽出的位置。2. 花背面。
　 3. 花側面。4. 生態環境。

3

高山絨蘭

別名：*Eria japonica*；連珠絨蘭

Pinalia japonica

1500-2500m　6-7 月

特徵　假球莖呈緊密排列，或帶狀或不規則狀，橢圓柱形，外表酷似花生種子，故花友暱稱為土豆（花生的俗稱）。葉 2 或 3 枚生於假球莖頂。花序頂生，1 假球莖 1 花序，1 花序花約 1 至 4 朵，花僅半展。花序梗、苞片外側、萼片外側及子房密被短毛。萼片及側瓣白色，唇瓣黃色。

分布　台灣全島中海拔山區霧林帶原始林內，附生在通風良好高大的樹幹上，乾季時主要是靠霧林帶水氣維持其生態。光線為半透光至略遮蔭的環境。

▼ 1. 生態環境。2. 開花生態。3. 花正面。4. 花側面。5. 11 月底果莢成熟時葉片已掉落。

大腳筒蘭 別名：*Eria ovata*
Pinalia ovata

特徵

具肥大粗壯的假球莖，假球莖密生，圓柱狀。葉肉質，約 4 至 5 枚生於近假球莖頂的莖節。花序自假球莖近頂部側邊抽出，1 假球莖可抽 1 至 4 個花序，1 個花序花數十朵密生。花白色或淡黃色，唇瓣基部紫色。

分布

台灣全島低海拔地區，溫暖富含水氣的環境，比較不適應乾濕分明的氣候。大片附生在大樹的樹幹上，常將宿主的樹幹壓斷而掉落地面，因其需求光線不是很高，掉落地面後，有很高機率可以繼續生長。光線為半透光至遮蔭較多的環境。

田野筆記

大腳筒蘭不耐寒冷，分布海拔北低南高。2016 年初的一次寒流後，北部迎東北季風面的大腳筒蘭，生長高度在 600 公尺以上的植株全凍死了，南部因為寒流無法到達或威力較小，因此生育地可以到達海拔較高的地方。

▼ 1. 附生生態環境。2. 地生生態環境。3. 斜倒木的植株葉片被動物啃食。4. 2016 年 3 月初的寒流凍死的植株。

1

3

2

4

粉蝶蘭屬 / *Platanthera*

葉冬枯，通常 1 至 2 枚，貼地而生。花序頂生，花序梗具多枚葉狀苞片，花序基部的葉狀苞片常與主葉片相若，不易判斷。花序不被毛，花多數，除聖稜粉蝶蘭及短距粉蝶蘭外，距均甚長，距通常上下兩截呈深淺不一的顏色，顏色較深處可能內具蜜的原故。粉蝶蘭屬的唇瓣是否三裂而分為粉蝶蘭及蜻蛉蘭兩大類，唇瓣三裂者為蜻蛉蘭，唇瓣不裂者為粉蝶蘭。

短距粉蝶蘭
Platanthera brevicalcarata

特徵

葉冬枯，主要葉片 1 或 2 枚，綠色，中肋通常具一較淡的縱向帶狀紋路。花序自莖頂抽出，花序梗具數條縱稜，花白色，數朵至 10 餘朵，朝光線較強方向一側開展。萼片中肋內側具縱向綠暈，唇瓣反折。距長橢圓球形，微向前彎，前半段白色，後半段半透明狀。

分布

台灣全島各地中高海拔霧林帶林緣或步道邊，或針葉樹冠層高處，常生長在短箭竹林中，樹冠層則附生在主幹或支幹具苔蘚層的表面，皆為較濕潤的環境，光線則為略遮蔭至全日照。

▼ 1. 生態環境。

田野筆記

2016 年 6 月 15 日我同多名友人爬南湖大山，在木杆鞍部看到一棵大倒木，上面附生許多蘭花小苗，很多已有花苞，初步認定是短距粉蝶蘭，當時我認為短距粉蝶蘭只是地生蘭，決定等開花後再來做觀察。7 月 19 日，我再度和友人前往木杆鞍部，倒木上的蘭花已經盛開，果然當初的認定無誤，再用望遠鏡觀察附近的大樹，也密密麻麻的長了許多植株。又，據研究樹冠層生態學者徐嘉君博士的觀察，棲蘭神木群的大樹上也有很多短距粉蝶蘭，因此短距粉蝶蘭毫無疑問在附生的情況下也能生長得很好，有很大的族群。

▼ 2. 全日照環境，花密集向四方生長。3. 半日照環境下，花疏生，向光線強的方向生長。4. 9 月的果莢。

惠粉蝶蘭
Platanthera concinna

別名：*Platanthera mandarinorum* subsp. *formosana*；
Platanthera formosana

1400-2400m　7-9月

特徵

葉冬枯，基生葉數枚，表面皺縮。花序自基生葉中間抽出，花序梗具數枚葉狀苞片，具細鋸齒緣，由下向上漸次變小，花序梗具數條縱向稜脊，脊上疏背肉刺。花數朵至 20 餘朵。綠色，上萼片三角形向上伸展，側瓣具波浪緣，花新鮮時側瓣先端與萼片頂端相疊，形成三角錐狀的保護罩，數日後，側瓣先端會分離向兩側上方開展。側萼片向兩旁展開，唇瓣全緣細長向下開展不向後彎曲。距細圓柱狀，甚長，向下伸展，微向前彎。

分布

零星分布於中海拔雲霧帶內，潮濕滿布腐植質的環境中，或滿布苔蘚的岩壁上，岩壁上常有滴水的現象，光線約為半透光的環境。

▼ 1. 生態環境，旁邊枯枝為前一年果序。2. 葉表面。3. 花側面。4. 8 月中旬果序。

長葉蜻蛉蘭

Platanthera devolii

特徵 葉冬枯，葉 2 枚，長橢圓形或線形，中肋下凹。花序自兩葉間抽出，花約 8 至 20 餘朵，花序梗不被毛，具數條縱稜，自基部向上具數枚葉狀苞片，漸次變小，花綠色。上萼與側瓣疊合成罩狀，唇瓣微三裂，側裂片三角形，中裂片較寬，略向後彎曲。距細圓柱狀，長度超過子房，筆直向後伸展或微彎。

分布 零星分布於中高海拔雲霧帶內森林透空處，生育地常滿布苔蘚，與芒草或短草伴生，土地濕潤的環境，在滴水的環境亦能生長，光線為半透光至略遮蔭，中南部較多。

▼ 1. 生態環境。2. 花側面。3. 8 月上旬果莢。4. 葉表面。

高山粉蝶蘭 別名：*Platanthera sachalinensis*
Platanthera longibracteata

特徵

葉冬枯，基生葉 2 枚。花序自葉基抽出，花序梗不被毛，具數條縱稜，滿布微凸的小肉瘤。自基部向上具數枚葉狀苞片，基部較大，往上漸次變小。花綠色，約 20 至 60 餘朵，密生成撢狀。萼片及側瓣的寬度均大於唇瓣，唇瓣線形微向後彎。距細圓柱狀向後伸出，約與子房等長。

分布

台灣全島高海拔地區，林緣或短草叢內，光線為略遮蔭至全日照的環境。

▼ 1. 生態環境。2. 花側面。3. 花向四方展開。

長距粉蝶蘭
Platanthera longicalcarata

葉冬枯，主葉片 1 枚。花序自葉基抽出，花序梗不被毛，具數條凸出的縱稜，自基部向上具數枚葉狀苞片，漸次變小。花綠色，約 10 餘朵。唇瓣三角形，向前伸展不彎曲，此特徵是與其它粉蝶蘭最容易區別的特徵。距向前彎曲成半圓形，約與子房等長。

零星分布於中高海拔雲霧帶的疏林內或林道邊坡，與苔蘚伴生，常可見生長在腐朽的枯木上，光線約為半透光的環境。

▼ 1. 生態環境。2. 花側面。3. 結果後葉片漸漸枯黃。4. 9 月底果莢。

卵唇粉蝶蘭
Platanthera minor

特徵

葉冬枯，主葉片光線較弱的環境 1 枚，光線較強處 2 枚，花序頂生，花序梗不被毛，具數條凸出的縱稜，自基部向上具數枚葉狀苞片，漸次變小。花綠色，約 5 至 40 餘朵。上萼片及側瓣疊合成罩狀，側萼片長橢圓形或鐮形，向兩側平展或略反折捲曲。唇瓣偏白，長橢圓形，約呈舌狀，外緣平順，略向後彎曲。距甚長，向後伸出，筆直或微彎曲，彎曲方向不定，長度超過子房長度。

分布

台灣全島中高海拔林緣或林中透空處，土地濕潤的環境，光線為半透光至略遮蔭的環境，或全日照的芒草叢中，但據長期觀察，若缺雨，全日照環境下的植株無法生存。

田野筆記

卵唇粉蝶蘭與陰粉蝶蘭外形極為相似，兩者的差異處在唇瓣外緣平順不凸出，陰粉蝶蘭則唇瓣靠基部稍下方兩側微凸成三角形。

▼ 1. 全日照的生態環境。2. 半透光的生態環境。3. 葉表面。
4. 花側面。

南投蜻蛉蘭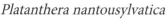

相關物種：台灣蜻蛉蘭 *Platanthera taiwanensis*，
台灣舌唇蘭

Platanthera nantousylvatica

特徵

葉長橢圓形，2 枚，綠色，葉表面光滑油亮，3 條基出脈。花序頂生，花序梗圓柱形，表面不被毛，僅具不明顯的縱稜，花約 20 至 30 餘朵。上萼片與側瓣疊合成罩狀，側萼片向兩側伸展。唇瓣基部三裂，側裂片三角形，甚小，少數個體無側裂片或僅具一側具側裂片。中裂片舌狀，微向後捲。距圓柱狀，約略短於子房，後半段微膨大，向前微彎。

分布

南投中央山脈及玉山山脈高海拔山區疏灌叢下或短草叢中，濕潤或滴水的環境，光線為半透光至略遮蔭。

田野筆記

2012 年 6 月一群愛花人於合歡山區找到未曾見過的蘭花，後經許天銓先生鑑定為台灣蜻蛉蘭，並於《台灣原生植物全圖鑑第二卷》第 177 頁介紹了特徵及照片。但林讚標教授持不同看法，認為許天銓先生鑑定的台灣蜻蛉蘭特徵和應紹舜教授著作中的台灣蜻蛉蘭描述不同，應是新種，並於 2015 年 7 月 1 日出版的 *Taiwania* 發表為南投蜻蛉蘭。我未能找到台灣蜻蛉蘭的模式標本或照片或手繪圖，對本種是台灣蜻蛉蘭或南投蜻蛉蘭無法表示意見。

▼ 1. 花序。2. 葉表面。3. 花側面。
4. 生態環境，右邊一棵花序已被動物啃食。

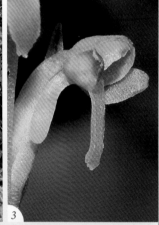

2

3

4

千鳥粉蝶蘭
別名：*Platanthera mandarinorum* subsp. *ophrydioides*
Platanthera ophrydioides

  1800-2000m 4-6月

特徵

葉綠色，冬枯，具甚長的莖，主葉片 1 枚，圓形或橢圓形，水平伸展。花序頂生，花序梗具數條縱稜，不被毛及肉刺，花綠色，數朵至 10 餘朵。上萼片三角形，向前伸展，側瓣三角形，分別向兩側斜上伸展。側萼片向兩側伸展，略反折。唇瓣細長不裂，中段側邊微凸，之後漸次縮小向下伸展。距細圓柱形，長度約與唇瓣等長，後半段轉粗，向前彎曲，尾端一截突轉深綠色。

分布

目前僅知分布於中央山脈北段中海拔地區。

田野筆記

2006 年 5 月 10 日，我隨鐘詩文博士及許天銓先生至宜蘭做野外調查，許天銓先生發現了本種。

▼ 1. 葉表面。2. 花序，花朝光線強的一方展開。3. 花側面。4. 生態環境。

厚唇粉蝶蘭 別名：*Platanthera mandarinorum* subsp. *pachyglossa*
Platanthera pachyglossa

特徵

葉冬枯，主葉片 1 枚。花序頂生，具約 3 至 5 枚葉狀苞片，花序梗第一葉狀苞片與主葉片相若，很難判斷是主葉片或葉狀苞片，我是依據其長在花序梗上，因此判斷為葉狀苞片。1 花序花約 10 至 20 餘朵，花綠色。上萼片鈍三角形向前伸展，側瓣銳三角形，通過上萼片兩側斜向上生長。側萼片向後斜向下伸展。唇瓣不裂狹長。

分布

台灣全島高海拔地區普遍分布，霧林帶內矮箭竹或短草叢中或疏灌叢下，光線為略遮蔭至全日照環境。

田野筆記

我曾紀錄到無唇瓣，側萼片合而為一的 1 朵花。距圓柱狀，長度超過子房長度，向前彎曲成弧形至半圓形，部分末半段顏色明顯一截變深。

▼ 1. 生態環境。2. 花側面。3. 唇瓣退化，側萼片合成一片的變異花。4. 厚唇粉蝶蘭（右）與高山粉蝶蘭（左）伴生。

1

2

3

4

聖稜粉蝶蘭
Platanthera quadricalcarata

2800-3200m　7-8月

特徵
葉僅 1 片，長橢圓形，表面具小波浪凸起。花序頂生，約 10 餘公分，具 2 至 4 枚葉狀苞片。花甚小，僅半展，3 至 10 餘朵，花粉小塊常外露，疑似自花授粉。上萼片與側瓣形成罩狀，唇瓣三角形，距耳垂狀，扁平。

分布
目前僅知分布於雪山山脈高海拔地區，枯木上或密生苔蘚的山坡上或樹幹上，喜潮濕，光線耐受性甚高，能在全日照環境下生長。

田野筆記
本種是 2008 年 7 月由師大劉威廷同學在雪霸山區首先發現，同年 8 月許天銓先生、鐘詩文博士和我前往該山區，8 月 6 日許天銓先生看見本種蘭花，並於《台灣原生植物全圖鑑第二卷》第 178 頁正式以聖稜粉蝶蘭的中文名公開，但學名則未命名，因此不算正式發表，後經林讚標教授於 2021 年以 *Platanthera quabricalcarata* 正式發表。

▼ 1. 生態環境，具宿存果序。
2. 葉表面及花序抽出處。
3. 花側面。4. 花序。

1

3

2

4

琉球蜻蛉蘭
Platanthera sonoharae

特徵

葉線形，通常 2 枚。花序頂生，花序柄圓柱形，表面不被毛，僅具不明顯的縱稜，花約 10 至 30 餘朵，花初期黃綠色，晚期轉淡。上萼片圓形內凹，與兩片分離弧形的側瓣形成罩狀。唇瓣於基部三裂，中裂片舌狀，略向後彎，側裂片梯形，約與中裂片呈垂直角度。距圓柱狀，略短於子房，末半部稍膨大花晚期顏色較深，形成兩截顏色對比分明的現象。

分布

目前僅知分布於南投鹿谷中海拔地區，生於溪谷兩旁或離溪谷不遠的迎風坡，或有滴水的環境，喜潮濕水氣多，偶可見附生在潮濕長滿苔蘚的岩壁上，光線為略遮蔭至全日照的環境。

▼ 1. 生態環境。2. 花序。3. 花側面。
　 4. 結果生態。

田野筆記

2006 年 9 月 14 日，我和鐘詩文博士及許天銓先生在南投山區做野外調查，鐘詩文博士在一處林道旁長滿苔蘚的大石頭上發現了本種蘭花。

狹瓣粉蝶蘭 別名：狹唇粉蝶蘭
Platanthera stenoglossa

特徵

基生葉 1 枚，綠色，葉基心形，葉身卵狀長橢圓形，基出縱向平行脈 10 餘條，脈與脈之間具多數橫向細紋相連，形成無數細網格。花序頂生，花序梗具數條明顯縱向稜脊，脊上具細鋸齒，花約數朵至 20 餘朵。花綠色，上萼片及側瓣先端均為銳三角形，向上伸展，側瓣外緣波浪狀，長度大於上萼片。側萼片線形捲曲狀，向後向下伸展。唇瓣狹長，近基部稍下方兩側微向外凸，不裂，向下伸展微向後彎。距圓柱狀，長度較子房更長，大部份僅末端微向前彎曲，部分末端微二叉狀。

分布

台灣本島北部、東北部及東部低海拔山區，東北季風盛行且空氣流通的林緣或短草叢中，生於冷涼濕潤的山坡或岩壁上或低位附生在樹幹上，常與苔蘚伴生，光線為半透光至略遮蔭的環境，在較陡的邊坡半日照的環境亦可生存。

▼ 1. 生態環境。2. 葉表面及花序柄。
3. 花側面。4. 花序。

陰粉蝶蘭
Platanthera yangmeiensis

特徵

主葉片 2 枚，下大上小，深綠色。花序頂生，花序柄具數條明顯縱向稜脊，花約數朵至 10 餘朵。花綠色，上萼片卵形向內凹，側瓣鐮形，生於上萼片內側，長度與上萼片約略等長，側萼片長橢圓形微反折並捲曲。唇瓣舌狀，向後彎曲成半圓形，基部稍下方兩側微凸成三角形。距圓柱狀，甚長，向後直伸或不規則微向前彎曲，末半段顏色有一截變深的現象。

分布

北部中低海拔霧林帶山區，產地零星，數量不多，闊葉林緣下或林中稍破空處的濕潤土地上，半透光至略遮蔭的環境。

田野筆記

陰粉蝶蘭與卵唇粉蝶蘭外形相似，有學者主張為同一物種應合併，但我認為兩者外形仍有差異，其差異處在卵唇粉蝶蘭唇瓣外緣平順不凸出，陰粉蝶蘭則唇瓣靠基部稍下方兩側微凸成三角形。

▼ 1. 生態環境。2. 花序，花都朝光線強的方向展開。3. 花側面。4. 葉表面及花序柄基部。

一葉蘭屬 / *Pleione*

一葉蘭屬台灣僅 1 種。

台灣一葉蘭
Pleione formosana

700-2600m　3-5 月

特徵

葉冬枯，假球莖圓錐狀，紫色或偶可見綠色，成熟株假球莖於春季生出 1 葉及 1 花序，此即名稱的由來。葉長橢圓形，先端漸尖，基出平行脈，具波浪緣。花序頂生，花通常 1 朵，甚大，紫色假球莖開紫色花，綠色假球莖則開白色花，白色花較罕見。萼片及側瓣外形相若，微向前伸展。唇瓣基部向上包捲蕊柱，唇盤具 2 條縱向鋸齒狀龍骨，表面布棕色斑點。開花時假球莖尚未膨大，花謝結果後才逐漸膨大。

分布

台灣全島中低海拔區域，常附生於樹幹上，有相當數量附生於岩壁上，可見大片族群生長，數量可能達數萬棵之多。亦有不少族群生長在林下長滿苔蘚的地表上，喜涼爽且濕潤的環境。

▼ 1. 生態環境。

田野筆記

台灣一葉蘭曾在國際蘭展獲獎，引起國際搶購熱潮，因而在 1970 年前後遭大量野採，據原住民友人稱，平地蘭商收購休眠的假球莖，1 球 10 元，因為台灣一葉蘭假球莖較大較重，價格又不如喜普鞋蘭的 1 株 60 元，所以原住民採集一葉蘭的熱度不如台灣喜普鞋蘭，至今留存的台灣一葉蘭仍然不少。

2011 年某著名電視節目播出了加里山台灣一葉蘭的開花盛況，次年花季時我前往加里山賞花，發現一片最大的族群完全不見了，只剩裸露的岩壁，再隔一年另兩個較小的族群也消失了。

在我賞蘭的過程中，曾發現數個台灣一葉蘭的生育地，在夏天時長滿了一葉蘭的葉子，但春天去賞花時卻只見寥寥數朵，初時甚為納悶，待仔細檢視後，我就明白了，在一葉蘭生長的苔蘚表面可見一些孔洞，原來是有人在一葉蘭開花前，前來採集成熟的假球莖，留下未成熟的植株繼續生長，漏網之魚的成熟假球莖則還能繼續開花結果繁衍後代。台灣一葉蘭的種植業者已自行進化一套永續經營的模式。

▼▶ 2. 花側面。3. 白色花。4. 裂開果莢。
　　5. 附生樹幹上生態環境。

鬚唇蘭屬 / *Pogonia*

鬚唇蘭屬台灣僅 1 種。

小鬚唇蘭
Pogonia minor

特徵 葉冬枯，春天植株自地下冒出，單葉，葉鞘紫紅色，長橢圓形先端漸尖。花序頂生，苞片葉片化，遠觀看似有 2 片葉片。花僅 1 朵，向上伸展，僅微展開。花白帶紅暈，唇瓣內側具肉狀刺如鬚，為其名稱的由來。

分布 目前僅知分布於高雄南橫山區，生育地面積不大，生長在短草叢中，是全日照的環境。

▼ 1. 生態環境。2. 葉表面。3. 正常花開程度。
4. 前一年宿存裂開果莢。

1

3

2

4

黃繡球蘭 別名：*Pomatocalpa acuminata*
Pomatocalpa undulatum subsp. *acuminatum*

特徵

莖短，葉兩列互生，葉綠色革質，線狀長橢圓形，中間一縱向主脈。未開花時外型與黃松蘭相似，分辨的特徵為本種葉尖左右不對稱，主脈左右的葉長度不一，相差將近 1 公分。葉基具關節。花序梗由葉腋抽出，甚短，可同時抽出數個花序，我曾記錄到一莖抽 9 個花序的盛況。花黃色，花序密生成球形，狀似繡球，是其名稱的由來。單朵花不大，萼片及側瓣被紅褐色橫向條狀斑紋，唇瓣基部黃色成囊狀，先端白色三角形狀，略向後反捲。

分布

台灣西部低海拔山區，由北到南零星分布，喜溫暖富含水氣的環境，因此生長區域大都在河流兩旁或是雲霧帶迎風坡面的樹上，以河流兩旁較多，只要光線夠，在樹幹低位也可以發現其蹤跡。

▼ 1. 生態環境。2. 葉分兩列，兩側對稱交互緊密生長。3. 葉片先端不等長，差異大。4. 1 月中旬果莢。

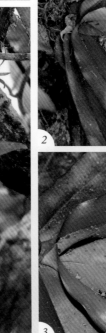

小蝶蘭屬（賤蘭屬）/ Ponerorchis

為小形地生蘭，葉冬枯，生長於中高海拔山區，葉披針形，外觀十分相似，花形相似度亦高，顏色不出於白色、紫色及被紫紅色斑點。

南湖雛蘭
Ponerorchis alpestris

別名：*Amitostigma alpestris*；*Hemipilia alpestris*；高山雛蘭

3000-3800m　6-7 月

特徵
葉通常 2 枚，披針形綠色互生。花序頂生，花序梗具多條縱稜，具 1 枚葉狀苞片或無。花通常 2 至 4 朵，少數可達 5 或 6 朵。萼片及側瓣淡紫色，上萼片向前伸展或僅微向上伸展，側萼片往兩側伸展。唇瓣三裂，中裂片大於側裂片，白色被紫斑，喉部黃綠色。距圓柱狀，淡黃綠色，向後伸展，比子房略短。偶可見白化種。

分布
台灣中北部高海拔地區，生育地為短草地或矮灌叢下具苔蘚的岩屑山坡地，光線為略遮蔭至全日照的環境。

▼ 1. 生態環境。2. 一棵具 6 朵花的植株。3. 花側面。4. 白色花。

雛蝶蘭 別名：*Hemipilia × alpetroides*
Ponerorchis × alpestroides

3000-3800m　6-7月

特徵

是南湖雛蘭與奇萊紅蘭的天然雜交種，花明顯較南湖雛蘭為大。因為是雜交種，外形多變化。唇瓣密被紫色斑點，側裂片與中裂片大小約略相等。距圓柱狀，淡紫色，向後伸展，長度約與子房等長。

分布

中央山脈北段，生於箭竹林下或矮灌叢下的岩屑地，光線為略遮蔭至全日照的環境。

▼ 1. 生態環境。2. 花正面。3. 與奇萊紅蘭伴生。4. 果莢。

2

3

4

奇萊紅蘭 別名：*Hemipilia kiraishiensis*；紅小蝶蘭
Ponerorchis kiraishiensis

| | 3000-3800m | 6-7 月 |

特徵

葉綠色，披針形，基生葉 1 或 2 枚。花序頂生，具 1 枚葉狀苞片或無，花 1 或 2 朵，紫色或淡紫色。上萼片及側萼片向上伸展，側萼片先端常具淺分叉，兩側瓣近生成罩狀。唇瓣喉部白色被紫色斑點，三裂，中裂片再淺二裂或微凹，側裂片大於中裂片。距圓柱狀，向後伸展，紫色或淡紫色，約與子房等長。偶可見白色花，白色花唇瓣基部無斑點。

分布

中央山脈高海拔地區，箭竹林下或矮灌叢下的岩屑地，略遮蔭至全日照的環境，相對於南湖雛蘭，需要的光照略少。

▼ 1. 生態環境。2. 白色花。3. 訪花者。4. 花正面。5. 深紫色的花。6. 9 月底果莢。

台灣小蝶蘭 　別名：*Hemipilia takasagomontana* var. *taitungensis*

Ponerorchis taiwanensis

1500-2800m　7-9月

特徵

未開花幼株莖短，葉約 3 枚聚生於莖頂。開花株莖直接自地下抽出，葉 3 至 5 枚疏生於莖上，基部較大，往上漸次縮小，綠色線狀披針形。花序頂生，花 10 餘朵，密生。萼片及側瓣淡紫色，上萼片與側瓣近生成罩狀，側萼片向上伸展成兔耳狀。唇瓣三裂或全緣不裂，唇盤基部白色被紫紅色斑點，由內往外顏色由白轉為淡紫色，紫紅色斑點由密轉疏至無斑點。唇瓣中裂片略呈半圓形，有別於高山小蝶蘭的長方形。

分布

中央山脈東側中高海拔山區霧林帶，道路向陽邊坡或疏林下，喜濕潤的生長環境，光線約為略遮蔭至全日照。

▼ 1. 生態環境。2. 宿存果莢。
　 3. 白色花。4. 訪花者。

1

2

3

4

高山小蝶蘭 別名：*Hemipilia takasagomontana*；高山紅蘭
Ponerorchis takasagomontana

特徵

未開花植株莖不明顯，開花株莖直接自地下抽出，葉 3 至 5 枚疏生於莖上，基部較大，往上漸次縮小，綠色線狀披針形。花序頂生，花 4 朵至 10 餘朵，疏生。萼片及側瓣淡紫色，上萼片與側瓣近生成罩狀，側萼片往左右兩側斜上伸展。唇瓣三裂，唇盤基部白色被紫紅色斑點，由內往外顏色轉為淡紫色，紫紅色斑點由密轉疏至無斑點。唇瓣中裂片略呈長方形，有別於台灣小蝶蘭的半圓形。

分布

中央山脈中段東側中低海拔石灰岩山坡地，生於疏灌叢略有遮蔭或全日照疏生短草的環境。

田野筆記

高山小蝶蘭的生育地常可見唇瓣中裂片圓形，與台灣小蝶蘭特徵相似，外形難以分辨，到底是高山小蝶蘭還是台灣小蝶蘭，還有一個特徵可供參考，那就是台灣小蝶蘭兩側萼片先端高度高於上萼片，高山小蝶蘭則側萼片先端高度與上萼片相若。

▼ 1. 生態環境。2. 花側面。3. 白色花。4. 高山小蝶蘭生育地的花，外形像台灣小蝶蘭。

紅斑蘭 別名：*Hemipilia tominagae*

Ponerorchis tominagae

特徵 葉綠色，1 至 2 枚，披針形。花序自頂端抽出，具葉狀苞片 1 枚或無，花 1 至 5 朵，白色。上萼片與側瓣近生成罩狀，側萼片向兩側伸展。唇瓣三裂被紫紅色斑點，喉部黃綠色，偶可見不具紫紅色斑點的白色花。

分布 中央山脈及雪山山脈高海拔地區，箭竹林下及疏林下略遮蔭的環境。

▼ 1. 生態環境。2. 開花植株。3. 無斑點白色花。4. 訪花者。

角唇蘭屬 / *Rhomboda*

角唇蘭屬台灣僅 1 種。

白肋角唇蘭

Rhomboda tokioi

別名：白點伴蘭；*Rhomboda abbreviata*；
Rhomboda yakusimensis；*Hetaeria cristata*

特徵

葉深綠色，橢圓形先端漸尖，基出三出脈，中脈被細帶狀白色條紋，偶可見側脈也被白色細條紋，但側脈的條紋較細小。花序自莖頂抽出，花序梗、苞片外側、子房、萼片外部密被毛。花約數朵至 20 餘朵，疏生，半轉位。萼片綠色，側瓣及唇瓣白色，側萼片向兩側開展，上萼片與側瓣貼合成 ㄇ 字形。唇瓣短，向上伸展，近封閉 ㄇ 字形開口而形成箱形。

分布

台灣全島闊葉林下，偶可見附生於低位樹幹上，乾濕季較不明顯的區域，生於步道旁、疏林下，光線為半透光的環境。

▼ 1. 生態環境。2. 根莖及莖生長狀況。3. 10 月底果莢。4. 花正面。5. 葉表面。

1

2

3

4

5

本屬台灣僅 1 種。

台灣擬囊唇蘭 別名：假囊唇蘭 Saccolabiopsis viridiflora
Saccolabiopsis viridiflora subsp. *taiwaniana*

650m 以下　3-5 月

特徵

植株外表類似香蘭，因此有假香蘭的暱稱。莖短。葉簇生，葉狹長鐮刀形，先端微二裂，裂口兩邊不等長，中肋表面凹陷背面凸起。花序由莖側抽出，不被毛，花序軸膨大，具縱稜，單株可抽 1 或 2 個花序，1 花序花約 10 朵至 20 餘朵。花淡綠色，萼片及側瓣微向前伸展。唇瓣卵形，全緣，基部凹陷略成囊狀。

分布

目前僅知分布於恆春半島及宜蘭的低海拔溪谷旁。前者為海拔約 600 公尺的山坡地，經常籠罩在雲霧中，空氣濕度高；後者在有水流的溪谷，空氣濕度亦高。濕度高是其必要的生存條件。前者附生在廣東瓊楠的小枝條上，後者附生在三葉山香圓或其他樹種的小枝條上，因生育地不同，附生的宿主亦不同。

▲ 花正面，唇瓣基部淺碗狀。

田野筆記

本種於 2006 年有兩組人先後發表，因此有兩個中文名稱：台灣擬囊唇蘭及假囊唇蘭。我於 2007 年 4 月 4 日在鐘詩文博士及許天銓先生的帶領下，在恆春半島看到了台灣擬囊唇蘭，但生育地沒多久就遭從恆春半島附近登陸的颱風所摧毀，數年後我回到恆春半島原生地，只找到個位數的幼苗，未見開花株。2014 年 5 月 10 日，我在一位花友的帶領下，在宜蘭看到了第 2 個台灣擬囊唇蘭的生育地，但此生育地並非原發表文獻所說的武荖坑溪，所以台灣擬囊唇蘭生育地至少有三個點以上。我也曾到武荖坑溪尋找，並未尋獲。

▼▶ 1. 恆春半島的植株，左下方還有宿存果莢。2. 宜蘭植株。3. 花序中段，花序軸膨大，可見花各部位。4. 花側面，唇瓣具淺囊袋。

大斑葉蘭屬 / *Salacistis*

大斑葉蘭屬在傳統的分類是歸在斑葉蘭屬內，《台灣原生植物全圖鑑》則另分為獨立屬。本書遵循《台灣原生植物全圖鑑》的分類方法，將屬內大斑葉蘭及長苞斑葉蘭獨立為大斑葉蘭屬。

尾唇斑葉蘭

別名：*Goodyera fumata*；大斑葉蘭

Salacistis fumata

200-1600m　2-4 月

特徵　大型地生蘭，葉綠色長橢圓形，中肋具淡綠色帶狀紋，葉表面有許多向下凹陷的大圓點。開花時花序梗可高達成人胸部。莖直立或匍匐生長，匍匐根莖可於莖節萌櫱新植株。未開花時，植株極似中國穿鞘花，兩者區別處在中國穿鞘花葉鞘被毛，大斑葉蘭葉鞘光滑無毛。花序頂生甚長，花可達近百朵。花序梗、苞片外側、子房及萼片外側均密被毛。花紅褐色，唇瓣不裂，子房轉位 270 度至近 360 度，側瓣及花萼不規則反捲或反折。

分布　台灣全島中低海拔原始闊葉林下或次生林下，生於森林破空處或步道兩旁，雲霧帶或乾濕季較不明顯的地區，半遮蔭至略遮蔭的環境。

▼ 1. 生態環境。2. 花序中段。3. 匍匐根莖及直立莖，葉鞘不被毛。4. 5 月初果莢。5. 裂開果莢。

1

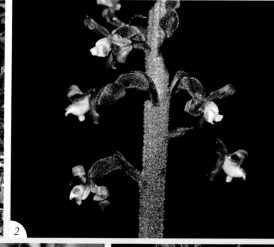

2

3

4

5

長苞斑葉蘭
Salacistis rubicunda

別名：*Goodyera rubicunda*；毛苞斑葉蘭；
Goodyera grandis

特徵
外型極似尾唇斑葉蘭，但稍小型，葉基略歪斜，葉中肋無淡綠色帶狀紋，葉表面亦有許多向下凹陷的大圓點。花序頂生，高度僅及成人膝蓋高度。花序梗、苞片外側、子房及萼片外側均密被毛。花紅褐色，半轉位。側瓣與上萼片形成長罩狀，側萼片向兩側斜向上伸展。唇瓣基部囊狀，微二裂，先端反折。除冬季外，幾乎整年可見開花，以7月至9月較多，其他季節較零星。

分布
台灣全島低海拔闊葉林下，喜潮濕的環境，光線則為半透光至遮蔭較多，常大片生長在河谷兩側較陰濕的林下。

▼ 1. 生態環境。2. 花序。3. 未開花植株。4. 花正面及側面。5. 果莢。

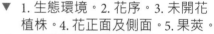

1
2
3
4
5

羞花蘭屬 / Schoenorchis　　本屬台灣僅 1 種。

羞花蘭
Schoenorchis vanoverberghii

特徵
葉厚革質，基部具關節，線形二列互生。花序自葉腋抽出，單株可抽數個花序，花序多分枝，單個花序可有數十朵花，整個花序均不被毛，花序軸具縱稜。花白色細小，不轉位。

分布
恆春半島東側沿太平洋東岸北上，接花東海岸山脈東側至宜蘭大同山區，富含水氣的迎風面樹林中，亦有生於大河谷兩旁或大河谷中的高灘地，屬中高位附生。

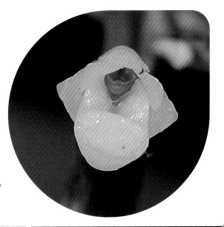

▼ 1. 生態環境。2. 花側面。3. 4 月中旬果莢。4. 開花植株。
　 5. 12 月底裂開果莢，右下方果莢仍留存絲狀物。

　本屬台灣僅 1 種。

紫苞舌蘭
Spathoglottis plicata

特徵　葉狹長，葉尖漸尖，基出平行脈，具明顯縱摺，狀似棕葉狗尾草或竹葉根節蘭。花序自假球莖基部側邊抽出，長可達成人的腰部，花數甚多，由基部往上漸次開放。花粉紅色至紫色，子房被毛，萼片及側瓣橢圓形，以蕊柱基部為中心向四方伸展。唇瓣三深裂，側裂片向上伸展呈 U 字形。中裂片匙狀，匙柄具一外形如金元寶的黃色肉突，肉突表面被毛，甚有特色。偶可見花色全白的個體。全年開花，以 4 月至 8 月較多。

分布　目前僅知分布於蘭嶼及綠島，生於河谷及林下破空處，是乾濕季不明顯的區域，光線為略遮蔭至全日照的環境。

田野筆記　紫苞舌蘭外形漂亮，民間有甚多人工種植，但多屬外來的園藝種。據我的觀察，外來園藝種中裂片基部的肉突並非金黃色，可與本土原生種輕易區分。

我曾在南橫某個部落看到許多原住民栽植，當時正值新冠疫情緊張之際，不方便下車觀察，不知是外來種或是在附近採回種植。

▶▼ 1. 生態環境。2. 葉表面。3. 花側面。4. 白色花。
　　5. 12 月中旬果莢，成熟即裂開。

綬草屬 / *Spiranthes*

莖短，葉2枚至多枚，基生成叢至2枚互生，未開花時外形像禾本科植物。花序頂生，總狀花序，花甚小，紅色至白色，常呈螺旋狀向上伸展，花轉位約90度，向花軸側面展開，如此巧妙的安排，能讓每朵花的唇瓣有充足且獨立的空間，兩花間能輕易串聯，讓蟲媒方便替其授粉。

香港綬草
Spiranthes hongkongensis

300-400m　3-5月

特徵

未開花時，植株近似禾草，葉僅3枚左右。花序頂生，花10至30餘朵緊密連續自花序軸生出。花序軸、苞片外側、子房、萼片外側基部均密被腺毛，花白色先端略帶粉紅色暈。唇瓣緣撕裂狀。

分布

台北盆地四周丘陵地，土壤含水量較高的區域，在沼澤區域亦能生長得很好，生長於短草叢中，略遮蔭至全日照的環境。

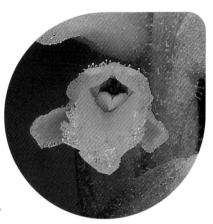

▼ 1. 生態環境。2. 花側面及訪花者。3. 5月中旬果莢。4. 花序。

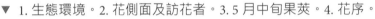

義富綬草

Spiranthes nivea

特徵

本種特徵介於綬草及香港綬草之間，花序軸、子房、萼片外側基部均疏被短腺毛，與綬草光滑無毛及香港綬草的密被腺毛不同。苞片外側具短肉凸，花白色或花被先端具淺紫色，唇瓣捲舌狀。

分布

目前僅知分布於屏東大漢山地區及南投杉林溪地區。學界一度認為義富綬草就是水社綬草。

田野筆記

水社綬草最先在日據時代由植物學家早田文藏發表為 *Spiranthes australis* var. *suishaensis*。義富綬草是王義富先生及翁世翔先生於 2009 年在大漢山發現，由王義富採集標本交由林讚標教授及林維明先生共同發表為義富綬草。

目前爭議較大的是水社綬草，《台灣蘭科植物圖譜》中認為水社綬草就是香港綬草，另有一派學者主張水社綬草就是綬草，這兩派學者的爭議恐不是短時間能夠釐清的。

▲ 白色花型。

▼ 1. 生態環境。2. 白花型花側面。3. 淺紫色花正面。4. 淺紫色花型花序。5. 葉的生長形態。

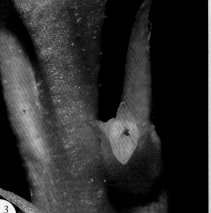

小花綬草

Spiranthes nivea var. *papillata*

 特徵　外形及顏色與綬草均甚相似，但本種花較小。重要特徵在本種花序軸、子房、萼片外側基部均密被短腺毛，苞片外側被疏毛，花被片紫色。唇瓣側緣微向上向內捲，先端向後反折。

分布　目前僅知分布於宜蘭中海拔的公路邊坡及林緣光線較充足之處，生育地乾濕季較不明顯，光線約略遮蔭至全日照的環境。

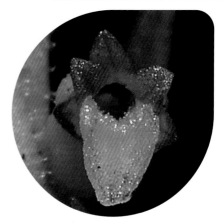

▼　1. 生態環境。2. 花序。3. 花側面。4. 5 月下旬幼果。

1

2

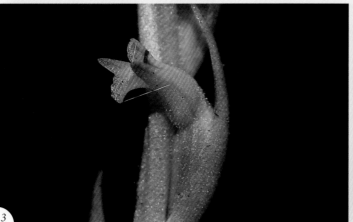

3

4

綏草
別名：清明草、盤龍草

Spiranthes sinensis

 特徵

未開花時，植株近似禾草，葉多枚叢生於短莖上。花序自植株頂端抽出，花數十朵緊密連續自花軸冒出，花序光滑無毛，呈螺旋狀，向左或向右旋轉不一，花自底部依序往頂部開放。紫紅色至淡紫紅色，亦有少數白變種。

 分布

台灣全島以及蘭嶼、小蘭嶼的低海拔地區，乾濕季不明顯、全日照的短草地上，公園、運動場、公路邊、安全島上均曾見過其蹤影。

 田野筆記

開花的時間與春雨之早晚及海拔均有關係，我曾於 7 月初在花蓮玉里海拔近 1,400 公尺處觀察到開花。

▲ 花均朝同一方向展開的植株。

▼ 1. 公園內的生態環境。2. 白色花。3. 花序。4. 葉片形態。5. 種子細小。

2

3

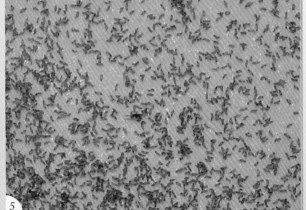

5

肉藥蘭屬 / *Stereosandra*　　本屬台灣僅 1 種。

肉藥蘭
Stereosandra javanica

300-500m　　5-6 月

特徵

花序梗肉質細長圓柱狀，乳白色略具紫暈，苞片不包覆子房，花數朵至 10 餘朵，下垂，淡黃色被紫色脈紋或斑塊，尤以花被先端紫色斑塊最為明顯。開花時，花被微張呈筒狀，僅上萼片向後反折。唇瓣不裂，先端銳尖。子房外側具縱向排列疣狀物。

分布

目前僅知分布於恆春半島山區，闊葉林下，東北季風盛行且乾濕季不明顯的環境，梅雨季後開花。梅雨季的早晚及雨量多寡會左右開花時間及數量。光線約為半透光至略遮蔭的環境。

▼ 1. 生態環境。2. 花上面看及側面看。3. 花序。

1

2

3

本屬台灣僅 1 種。

絲柱蘭
Stigmatodactylus sikokianus

特徵 多鬚根，生於疏鬆的腐葉堆內，偶可於腐葉隙縫中觀察到鬚根的生長生態，莖肉質細圓柱狀，具數條縱稜。葉 1 枚，卵形先端漸尖。花 1 至 3 朵，具葉狀苞片，花萼及側瓣淡綠色，線形向內捲曲。唇瓣圓形紫紅色，唇瓣基部及蕊柱內側中段具凸起物。

分布 南投至桃園中海拔雲霧帶山區，竹林、闊葉林、柳杉林或闊葉柳杉混合林下，目前發現的族群以新竹縣最多。生育環境為落葉多的林下，常小群聚落散生，光線約為半透光環境。

田野筆記 絲柱蘭是很特殊的物種，除了每朵花的抽出點具一小枚的葉狀苞片外，只有在花序梗上具 1 片和葉狀苞片相同的葉片。葉狀苞片和葉片均很小，比花的唇瓣還小，加上絲柱蘭開花時所見的族群，絕大多數均為開花株，代表絲柱蘭不必經過多年的蓄積養分就能開花結果。如此小的葉片能在光合作用時製造開花結果所需的足夠養分，推測絲柱蘭可能是從葉綠素植物演化至真菌異營的過渡物種。這僅是我個人的見解，還需經過科學研究論述。

2

3

▶ ▼ 1. 生態環境。2. 花側面。3. 訪花者。4. 天然露頭的地下組織。5. 9 月底成熟果莢。

1

4

5

落苞根節蘭屬 / *Styloglossum*

本屬源自根節蘭屬 *Calanthe*，本書依循《台灣原生植物全圖鑑》的分類，將本屬獨立為落苞根節蘭屬，原有學名仍列為別名，方便讀者以舊學名在索引中找到資料。假球莖叢生，葉長橢圓形，基出平行脈，具明顯縱稜。花序自假球莖側邊抽出，花密生，苞片白色至黃色，甚長，於花展開前後掉落。

輻射根節蘭

別名：*Calanthe actinomorphum*；
Calanthe lyroglossa var. *actinomorpha* 輻形根節蘭

Styloglossum actinomorpha

500-900m　12-3 月

特徵
假球莖叢生，葉長橢圓形，綠色，植株外形和黃苞根節蘭完全相同，僅花有所區隔。花序長約葉叢的一半到與葉叢約略等長，花黃色，花多數，從全展到閉鎖花都有，花不轉位。唇瓣花瓣化，形態與側瓣相同，無距。因為本種花多微展，但結果率高，所以推斷是自花授粉的物種，有少數花被會展開，開啟基因交流的功能。

分布
僅分布於北部及東部，乾濕季不明顯的低海拔山區，光線為半透光的環境。本種在較濕潤的環境花可完全開展，但在稍乾旱的環境花僅微展，甚或為閉鎖花。

▼ 1. 生態環境。2. 花序。3. 7 月上旬裂果及種子。4. 花側面。

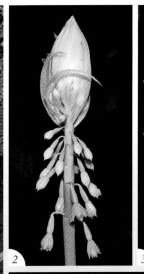

棒距根節蘭
Styloglossum × clavatum

相關物種：擬竹葉根節蘭 *Styloglossum pseudodensiflorum*；*Calanthe × clavata*

1000-1700m　9-11 月

特徵

外形與竹葉根節蘭十分相似，推斷可能是竹葉根節蘭與矮根節蘭的雜交種，但植株大都承襲竹葉根節蘭的特性，僅花的蕊柱與竹葉根節蘭有些許不同。擬竹葉根節蘭蕊柱具側翼，白色，基部側翼與唇瓣合生。竹葉根節蘭蕊柱無側翼，黃色，蕊柱和唇瓣合生部份較少。距圓柱狀，向後伸展。

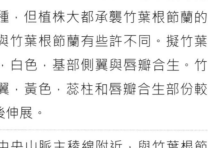

分布

屏東及台東交界的中央山脈主稜線附近，與竹葉根節蘭及矮根節蘭共域生長。乾濕季不明顯，光線則為半遮蔭至略遮蔭的環境。

田野筆記

棒距根節蘭是蘇鴻傑教授所發表，因其生育地為矮根節蘭與與台灣根節蘭共域生長，推測為矮根節蘭與台灣根節蘭之雜交種。《台灣原生植物全圖鑑》的作者許天銓先生近年在中央山脈南南段發現一種根節蘭，初步鑑定為棒距根節蘭，可能是因為共域生長的是矮根節蘭及竹葉根節蘭，和蘇鴻傑教授發表之棒距根節蘭不同，因此以擬竹葉根節蘭稱之，但兩者特徵並無不同。

▼ 1. 生態環境。2. 花序側面。3. 花序正面。4. 蕊柱側翼寬大與唇瓣合生。

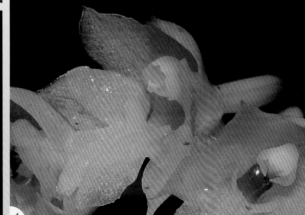

1

2

3

4

竹葉根節蘭
別名：*Calanthe densiflora*

Styloglossum densiflorum

特徵

葉綠色狹長，花序不到葉叢一半的長度，花黃色，數十朵聚生於花序頂，朝光線強的方向展開，整朵花大都為黃色。唇瓣三裂，有些生育地的唇瓣表面具紅色斑紋，蕊柱與側萼片分離，相對於擬竹葉根節蘭明顯較長。距圓柱狀，長約與花被等長，微向上彎。

分布

台灣全島中海拔山區廣泛分布，除乾濕季不明顯的區域有廣大族群外，乾濕季分明的中南部霧林帶內亦有不少族群。喜腐植質多的環境，常見半腐斷木上面長滿成群的竹葉根節蘭。匍匐根莖發達，可以在莖節處萌櫱繁殖，常見大片群落生長，可能有近緣種不易授粉的現象，因此結果率不高。北部開花較早，南部開花較晚。

▲ 花序正面。

▼ 1. 生態環境。2. 蕊柱無側翼。3. 花序側面。4. 12 月中旬果莢。

1

2

3

4

台灣根節蘭

別名：*Calanthe formosana*；*Calanthe speciosa*

Styloglossum formosanum

特徵

是落苞根節蘭屬中體形最大的物種，葉長橢圓形，綠色，植株與輻射根節蘭及黃苞根節蘭相似。台灣根節蘭葉片稍寬大，葉表面較光亮較深綠，輻射根節蘭及黃苞根節蘭葉面則稍狹小，葉面較霧狀較淺綠，但不是很明顯的差別。花序自假球莖側抽出，1 莖 1 花序或 2 花序，花序約葉叢一半的長度到葉叢的長度。花苞時花不轉位，至花被片展開時漸次轉位。花黃色，花數多，萼片外形與側瓣相似，約僅半展。唇瓣三裂，側裂片三角形，向兩旁伸展，中裂片約為長方形，先端緣微向上收縮，先端中間下方具小凸尖。距圓柱狀，長約與花被等長，多數向後上方微彎。

分布

大體上沿著東北季風到達的地區分布，從桃園、新北、宜蘭、花蓮、台東到屏東南部，乾濕季較不明顯的環境。中南部偶有零星分布，但數量不多，蘭嶼亦有族群生長，光線為半透光至略遮蔭的環境。

▼ 1. 生態環境。2. 花側面。3. 花序。4. 3 月中旬果莢。

黃苞根節蘭

別名：連翹根節蘭；*Calanthe lyroglossa*；*Calanthe forsythiiflora*

Styloglossum lyroglossum

300-1200m 1-5月

特徵

葉長橢圓形，綠色，植株和輻射根節蘭完全相同，僅花有所區隔。花序約與葉叢等長，花黃色，花數多，向四周開展或微展或閉鎖。唇瓣基部具二齒狀凸起物，三裂，側裂片較小，中裂片扇形，先端再淺裂成二片。距圓柱狀，向後伸展，尾端略膨大彎曲。不管花完全展開或半展開或閉鎖，結果率均高，推斷自花授粉的現象十分普遍。

分布

大體上沿著東北季風到達的地區分布，從桃園、新北、宜蘭、花蓮、台東到屏東南部，乾濕季較不明顯的區域，光線為半遮蔭至略遮蔭的環境。本種在較濕潤的環境花可完全開展，但在稍乾旱的環境花僅部分展開，或為閉鎖花。

▼ 1. 生態環境。2. 7 月中旬裂開的果莢。3. 花序。4. 花側面。

矮根節蘭

別名：*Styloglossum angustifolium*；*Calanthe angustifolia*

Styloglossum pumilum

特徵

本種在落苞根節蘭屬中植株最小，葉狹長深綠色。花序短於葉長，花數約 5 至 20 餘朵。花白色，僅半展，朝光線較強的方向展開。萼片外形與側瓣相似，先端尖銳。唇瓣三裂，唇瓣及蕊柱具紫暈，紫暈以唇瓣側裂片較多。唇瓣基部與蕊柱側翼合生。距圓柱狀，向後伸展，尾端微向上翹起。

分布

目前僅知分布於台東海岸山脈和屏東與台東交界的中央山脈稜線附近，乾濕季不明顯的原始林下，半透光至略遮蔭的環境。

▼ 1. 生態環境。2. 花序正面。3. 花粉塊體。4. 訪花者。5. 10 月中旬果莢。

蜘蛛蘭屬 / *Taeniophyllum*

莖極短，僅為一點，根系發達，向四周輻射狀伸出，匍匐附生於宿主上，無葉片或少數具葉片，根綠色，扁平或圓柱狀，是行光合作用的主要器官。花序自莖點抽出，一次抽 1 花序或多花序，1 花序花單朵至 10 餘朵，單朵花壽約 3 天，同一時間花展開數 1 至多朵。花極小，徑僅約 1 至 5 公釐大小，自然觀察幾乎不可能看到內部特徵，常用其他部位特徵來分辨，如根的形狀、有無葉片、有無腺點或腺毛、花序長短、距、苞片的疏密多寡形狀、同一時間內花朵數、花被寬窄、果莢及種子的形狀等等。萼片及側瓣多少合生成花被筒，花被筒後方延生成距，圓形或橢圓形。果莢內具種子及絲狀物，種子圓形或長條形，散布能力不佳，因此植株常密生在同一棵大樹或近距離內的樹上。

小蜘蛛蘭 別名：蜘蛛蘭
Taeniophyllum aphyllum

300-1200m　4-6 月

特徵

莖僅一點，葉退化，根綠色或灰綠色，圓柱狀，橫斷面為圓形，向四方輻射狀伸出，主要以根行光合作用。花序自莖點抽出，一次可抽 1 至 3 個花序，花序表面無腺點。單個花序可開 1 至 4 朵花，於短時間內全部展開，子房密被短腺毛，花甚小，約 2 至 3 公釐，淡黃綠色，花被片較狹長，萼片基部不及一半與側瓣合生。唇瓣先端具鉤狀物，鉤狀物較短少彎曲，明顯由粗轉細，內角略大於 45 度。距於花被筒後方伸出，半橢圓球形。果莢橢圓球形。

本種與長鉤蜘蛛蘭極度相似，長久以來均被鑑定為同一種。本種開花時可看出子房明顯被短腺毛，鉤狀物較短少彎曲，長鉤蜘蛛蘭則子房稀被腺毛，鉤狀物較細較長，內角小於 45 度，弧狀向下彎曲。

▲ 唇瓣具鉤狀物。

分布

台灣全島低海拔，大都附生於樹木的小枝條上，喜空氣濕潤的環境，最常附生於柳杉樹冠層頂的細枝或葉片上，但因長在樹冠層上，不易見到，平日賞花可到園藝樹種的小枝條上找，如杜鵑花、茶花等，或至柳杉林下找尋斷落的枝條。光線為略遮蔭。

▼ 1. 根及花序。2. 12 月初果莢。3. 剛發芽長出新植株。

1

2

3

溪頭蜘蛛蘭
相關物種：腺蜘蛛蘭 *Taeniophyllum glandulosum*
Taeniophyllum chitouensis

1000-1600m　3-4月

特徵

外表近似小蜘蛛蘭，莖僅一點。葉退化，根綠色或灰綠色，圓柱狀，向四方輻射狀伸出，是行光合作用的主要部位。花序自莖點抽出，花序柄及花序軸表面密被細小腺狀乳突。花數朵漸次開放，花淡黃綠色。側瓣與萼片約 3 分之 2 合生。唇瓣先端具一細長的鉤狀物，鉤的內角約 90 度，鉤狀物無不規則凹凸。距半橢圓球形。

溪頭蜘蛛蘭與台東蜘蛛蘭極為相似，可以「根是否為圓柱狀或波浪狀」及「唇瓣先端反折物是否不規則凹凸」區別。

分布

中南部中海拔山區，生於霧林帶樹幹上。

田野筆記

溪頭蜘蛛蘭首見於應紹舜教授的著作中，其描述除花序軸光滑無毛外，其他均與本書所述特徵吻合，但其著作中照片太過模糊，本種植株又細小，花序光滑無毛與密被細小腺狀乳突也許只是觀察錯誤，在此說明。

《台灣原生植物全圖鑑第二卷》將本種處理為腺蜘蛛蘭，本書將腺蜘蛛蘭列為相關物種。

▼　1. 花斜側面。2. 花序柄表面密被細小腺狀乳突。3. 根系。4. 果莢及花。

1

2

3

4

假蜘蛛蘭
Taeniophyllum compactum

特徵

植株和小蜘蛛蘭相近，根以莖點為中心，輻射狀向四方伸出，不同處在於假蜘蛛蘭通常具有 2 至 4 片綠色葉片，花序軸具兩列 10 餘片葉狀苞片，花謝後苞片宿存，是最容易觀察的不同點。花序由莖點抽出，一次可抽 1 至 7 個花序，單 1 花序大多開 1 至 2 朵花，極少數開 3 朵花。花黃綠色，展開度不佳，花被片約呈正三角形，合生部分不及三分之一。唇瓣較小蜘蛛蘭短，同樣於先端具一反折的鉤狀物，鉤狀物短略往外彎，鉤的內角大於 60 度，外角圓鈍。距圓球狀，果莢歪卵形。

▲　花由上往下看。

分布

零星分布於北部、東部等東北季風盛行區，以及台中、南投和嘉義等地的霧林帶，因為植株極小不易發覺，應該還有分布地未被發現。喜濕潤的環境，光線為略遮蔭。

▼　1. 生態環境。2. 花側面，距球形
　　3. 6 月底果莢。4. 基部具葉片。

扁蜘蛛蘭
Taeniophyllum complanatum

 特徵 莖僅 1 點，葉完全退化，根扁平狀，以莖為中心，向四方輻射狀伸出。花序自莖點抽出，花由基部漸次向先端展開，一花序多者可達 10 餘朵花，花密生，但同時展開者僅為 1 或 2 朵。花序軸及萼片外表密被細小腺狀乳突。花淡黃綠色，萼片及側瓣較寬，寬度與大扁根蜘蛛蘭相若，萼片與側瓣合生部分約為一半。唇瓣先端具一反折的鉤狀物，鉤狀物短，略向內彎，反折的內角角度約為 60 度。花末期時可見 10 餘個苞片宿存，宿存苞片較大。

本種與大扁根蜘蛛蘭外形相似，其不同處為大扁根蜘蛛蘭花疏生，1 花序花在 5 朵以下，苞片較窄較小，花序軸較細。本種花密生，1 花序多者可達 10 餘朵，苞片較大，花序軸較粗。

▼ 1. 生態環境。2. 花序。3. 花微側面，可見唇瓣先端鉤狀物。4. 3 月初幼果。

分布 已知分布在台中和平、嘉義、南投，生長環境為霧林帶，雖然東北季風無法到達，但四季均有涼爽潮濕的空氣，附生於中低位樹幹上，光線約為半透光的環境。

1

2

3

4

厚蜘蛛蘭 別名：長腳蜘蛛蘭
Taeniophyllum crassipes

特徵

莖僅 1 點，葉完全退化，根扁壓狀，但扁壓程度不如大扁根蜘蛛蘭及扁蜘蛛蘭，以莖為中心，向四方輻射狀伸出，長度可達 20 公分以上。花序自莖點抽出，花序梗及花序軸密被細小腺狀乳突，單株通常 1 年抽 1 個花序，花序梗宿存，常可見多枝宿存花序梗，如僅開少數花，宿存花序梗僅約 1 公分左右，宿存花序軸極短或無，如開花數多，花序軸可長達 2 公分左右，花密生，最多約可開 20 朵花左右，依序開放，花期甚長，同一時間只能見 1 朵花展開。花淡黃綠色。萼片、側瓣及根的寬度均較扁蜘蛛蘭及大扁根蜘蛛蘭為窄，萼片及側瓣合生部分約為三分之一。唇瓣先端具一反折的鉤狀物，鉤狀物細長，微向內彎，反折的內角角度約為 45 度銳角，距圓球形。

▼ 1. 生態環境。2. 花側面。3. 花序。
　 4. 裂開果莢內絲狀物及種子。

本種有 2 種類形，大河谷上方的花被片較狹長，迎風坡富含水氣的環境花被片稍寬些，兩者差別極微，必須細心觀察，因此本書將它們視為同 1 種。

分布

分布於花蓮、台東、南投和桃園，生育地在大河谷上方的原始林內，以及迎風坡富含水氣的環境。光線為半透光。

2

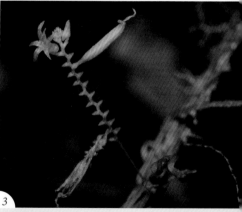

3

1

4

大雪山蜘蛛蘭
Taeniophyllum daxueshanensis

  1400-2000m 6-7 月

特徵

莖僅 1 點，葉退化，根綠色或灰綠色，圓柱略扁壓狀，向四方輻射狀伸出，主要以根行光合作用。花序自莖點抽出，一次可抽 1 至 4 個花序，花序梗極短，僅約根寬的長度或更短。花序表面無被毛。單個花序可開 1 至 2 朵花，於短時間內全部開放，花淡黃綠色，花的長度約為花序梗的 2 倍長。唇瓣先端具鉤狀物，鉤狀物短，不彎曲，內角小於 45 度。距於唇瓣後方伸出，圓錐狀，尾端圓鈍。果莢長橢圓柱狀，略彎曲，內含絲狀物及種子，種子圓卵狀。花期短，賞花期約為 3 天。

分布

台灣全島中海拔霧林帶原始林內，大都附生於稜線附近較粗的樹幹上，中低位附生，植株小，花也小，但因附生位置較低，並不難發現。喜空氣濕潤、光線為半透光至略遮蔭的環境。

▼ 1. 生態環境。2. 花側面。3. 裂開的果莢及散布在根上的種子。4. 9 月底果莢。

1

2

3

4

玉蜘蛛蘭
Taeniophyllum lishanianum

特徵

莖僅 1 點，葉退化，根綠色或灰綠色，圓柱狀，向四方輻射狀伸出，是行光合作用的主要部位。花序自莖點抽出，一次約抽出 2 個花序，花序梗表面具不規則稀疏的乳突物。1 個花序約 5 至 10 朵花，漸次展開，同時間可見 2 朵以上的花展開。花被片約一半以上合生，花萼及側瓣三角形，唇瓣先端具一反折的鉤狀物，鉤狀物細長。

分布

目前僅知分布於台中和平梨山地區。附生於低位樹幹上，與苔蘚伴生，光線為半透光的環境。

▼ 1. 生態環境 (Y.H. Liao 攝)。2. 花側面，距長橢圓形 (Y.H. Liao 攝)。3. 果序 (Y.H. Liao 攝)。

▲ 花正面 (Y.H. Liao 攝)。

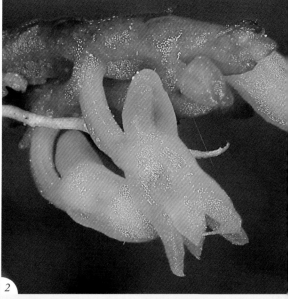

1

2

3

大扁根蜘蛛蘭
Taeniophyllum taiwanensis

  200-900m 7-8月

特徵
莖僅 1 點，葉退化，根綠色或灰綠色，寬大扁平狀，向四方輻射狀伸出，是行光合作用的主要器官。花序自莖點抽出；一次可抽 1 至 5 個花序，花序梗表面密被細小腺狀乳突，單個花序可開 1 至 5 朵花。花疏生，淡黃綠色，萼片及側瓣的寬度和扁蜘蛛蘭相若，萼片與側瓣合生部分約三分之一。唇瓣先端具一反折的鉤狀物，反折的內角角度約為 45 度的銳角。苞片較窄較小，花序軸較細。與扁蜘蛛蘭不同處請見扁蜘蛛蘭的說明。

分布
生於低海拔河流兩側的樹幹上及北部迎風坡的樹幹上，富含水氣半透光的環境。

田野筆記
《台灣原生植物全圖鑑第二卷》說明本種曾被鑑定為 *T. radiatum*，但因形態有顯著差異而用 *T. sp.*。

▼ 1. 植株生態。2. 花疏生，苞片小。3. 花側面。4. 果莢及果序。

1

2

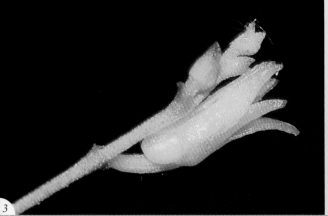

3

4

台東蜘蛛蘭
Taeniophyllum sp.

特徵
莖僅 1 點，葉退化，根綠色，略扁壓，波浪狀，向四方伸出，主要以根行光合作用。花序自莖點抽出，整個花序及花均密被細小腺狀乳突，1 花序花可達 10 餘朵，從花序基部依序向先端開出，每隔約 1 星期開 1 朵花，花期甚長，宿存花苞片寬大。花僅半展，花被片長約 2 公釐，合生部分約二分之一，但展開度不佳。子房稀被腺狀乳突，唇瓣先端具鉤狀物，唇瓣及鉤狀物密布極細小疣狀物，鉤狀物略不規則彎曲，內角小於 90 度，果莢縱稜面凹凸不平整。果莢內具絲狀物及種子，種子長米粒狀。

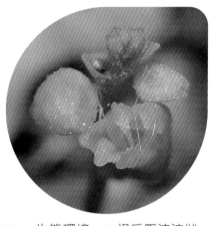

分布
目前僅知分布於台東新武呂溪流域，附生於空氣流通、光線為半透光至略遮蔭的環境。

▼ 1. 生態環境。2. 根扁壓波浪狀。
3. 果莢縱稜面凹凸不平整。
4. 花側面。5. 花序，表面密布腺狀乳突。6. 果莢絲狀物及種子。

油茶蜘蛛蘭
Taeniophyllum sp.

特徵 最大特徵為根三角柱狀，盤旋成叢，花序自莖點抽出，花序柄極短，1 花序約 5 朵花左右，分批展開，每次僅開 1 朵。花於傍晚開始展開，單朵花壽命約 3 天，2 朵花開花時間約隔 1 至 2 週。花僅半展，極小，花被片長度僅 1 至 2 公釐，正三角形，前段約二分之一至三分之一部分合生，側萼片下緣明顯離生，是目前已知蜘蛛蘭屬中花最小的。唇瓣寬短，先端形成鉤狀物，鉤狀物轉折處外角圓鈍，內角約呈 90 度。距長橢圓形。

分布 目前僅知分布於南投低海拔山區，空氣含水量高、光線為略遮蔭的環境，附生於灌木的小枝條上。

▼ 1. 生態環境。2. 花側面。
3. 花序梗無腺點及腺毛。

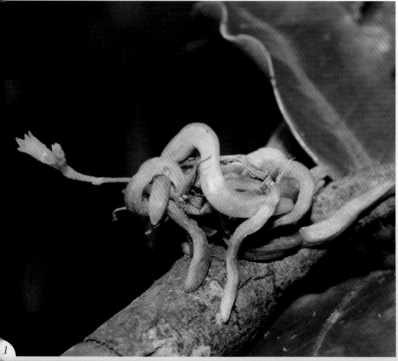

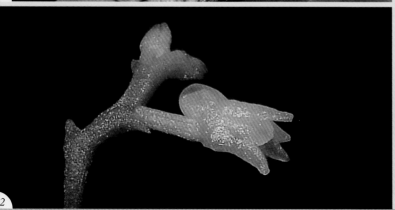

長鉤蜘蛛蘭
Taeniophyllum sp.

特徵

莖僅 1 點，葉退化，根綠色或灰綠色，圓柱狀，向四方輻射狀伸出，主要以根行光合作用。花序自莖點抽出，一次可抽 1 至 4 個花序，花序柄長僅約 1 公分左右，單個花序可開 1 至 4 朵花，於短時間內全部開放。花淡黃綠色，花被片較小蜘蛛蘭短，約 1 至 2 公釐，萼片與側瓣合生部分約一半，子房稀被腺毛。唇瓣先端具鉤狀物，鉤狀物細長向內弧狀彎曲，內角略小於 45 度。距於花被筒後方伸出，圓球形。果莢橢圓球狀，內含絲狀物及種子，種子長米粒狀。植株小，花及果亦小，平時不易見到，加上外形與小蜘蛛蘭極度相似，容易被鑑定為小蜘蛛蘭。

▲ 唇瓣先端鉤狀物細長，內角略小於 45 度。

分布

目前僅知分布於新北低海拔山區，大都附生於樹木的小枝條上，喜濕潤的環境，光線為半透光至略遮蔭。

田野筆記

本種的根表面常可見長滿細毛及白色真菌，細毛看似真菌，這些真菌是否為其共生菌，有待進一步觀察研究。本種與小蜘蛛蘭極度相似，特徵比較請看小蜘蛛蘭的內容說明。

▼ 1. 生態環境，根表面長滿細毛及白色真菌。2. 2 月中旬裂果及種子。3. 花側面。4. 花序梗、花被片不被毛。5. 果莢。

1

2

3

4

5

箭蜘蛛蘭
Taeniophyllum sp.

1200-1800m　7-8月

特徵

莖僅 1 點，葉完全退化，根扁壓狀，但扁壓程度不如大扁根蜘蛛蘭及扁蜘蛛蘭，以莖為中心，向四方輻射狀伸出，長度可達 20 公分以上。花序自莖點抽出，花序梗及花序軸密被細小腺狀乳突，植株外形像厚蜘蛛蘭，僅花不同。1 花序可開 10 餘朵花，由基部往先端漸次展開，同時間可見 2 朵花展開，花被合生部分不及五分之一，側萼片下緣則完全離生，側瓣中段至基部急縮，急縮開始處具凸尖，外觀似箭簇，故取名箭蜘蛛蘭。厚蜘蛛蘭花被片較窄，花被片合生部分約三分之一，側瓣外觀無急縮成箭簇的現象，兩者可明確區分。

分布

目前僅知分布於中央山脈西側中海拔原始闊葉林中，生育環境為大溪谷旁的迎風山坡上，喜濕潤及半透光的環境。

▲ 側瓣中段凸尖。

▼ 1. 生態環境。2. 花序，側瓣與
萼片合生不及 5 分之 1。
3. 花腹面。4. 側瓣中段急縮。

1

2

3

4

澐蜘蛛蘭
Taeniophyllum sp.

特徵

莖僅 1 點，葉退化，根綠色或灰綠色，略扁壓狀，向四方輻射狀伸出，主要以根行光合作用。花序自莖點抽出，一次可抽 1 至 2 個花序，花序柄長僅約 1 至 2 公分左右，單個花序可開 1 至 10 餘朵花，同時間 1 個花序只開 1 朵花，由基部至先端漸次開放。花淡黃綠色，花被片長約 2 公釐，萼片與側瓣合生部分約一半，子房稀被腺毛。唇瓣先端具鉤狀物，鉤狀物微向內彎曲，內角略小於 90 度。距於花被筒後方伸出，半圓球形。果莢長橢圓球狀，微彎。花多者具宿存花序軸，花少者則無，花序軸上可見 10 餘個宿存苞片。

分布

目前僅知分布於中央山脈西側中海拔原始闊葉林中，大溪谷旁的迎風山坡上，喜濕潤及半透光的環境。

田野筆記

本種花形與玉蜘蛛蘭相似，但同時間只開 1 朵花，花序柄無不規則疣狀物，且花期不同。生育地地名具一個雲字，且位於雲霧帶內水氣充足環境，故取名為澐蜘蛛蘭。

桃園復興有一種蜘蛛蘭外形與本種十分相似，且花期近似，但因植株不多，未見具有較長宿存花序軸的個體，因此無法判斷是否為同一物種，還需進一步追蹤。

▼ 1. 生態環境。2. 花側面。3. 果莢。4. 桃園復興的蜘蛛蘭。5. 宿存花序軸。

塔山蜘蛛蘭
Taeniophyllum tumulusum

特徵

莖僅一點，葉退化，根綠色或淺灰綠色，中度扁壓狀，寬度不如扁蜘蛛蘭及大扁根蜘蛛蘭，向四方輻射狀伸出，主要以根行光合作用。花序自莖點抽出，花序梗、花序軸、苞片及子房表面密被細小腺狀乳突。花被片合生部分約 3 分之 1，花展開度較佳，展開後的花被片為銳三角形狀。唇瓣基部具 2 粒凸起物，先端突縮成尖狀物，尖狀物下方為鉤狀物，鉤狀物細長微向內彎，反折的內角角度約為 45 度銳角，距圓球形。少數成熟老株根系發達，糾結成團，但大部分植株均無此特徵，因為蜘蛛蘭的種子傳播能力不強，果莢裂開後種子絕大部分都只是落在母株根系範圍附近，甚至落在本身的根上，只要年歲夠久，種子發芽長大後就會糾結成團，但不多見，不能視為塔山蜘蛛蘭的特徵。本種除了根系糾結成團外，其他特徵與厚蜘蛛蘭相同，是否就是厚蜘蛛蘭，需由讀者自行觀察了解。

▼ 1. 花側面。2. 生態環境。3. 根系發達，糾結成團，是因為多棵植株長在一起而形成。4. 4 月初幼果。

分布

目前僅知分布於嘉義阿里山，附生於霧林帶空氣流通、光線為半透光的環境。

田野筆記

本種是樂國柱先生於 2017 年左右發現，近年採得標本給林讚標教授鑑定為新種，發表為塔山蜘蛛蘭。

1

2

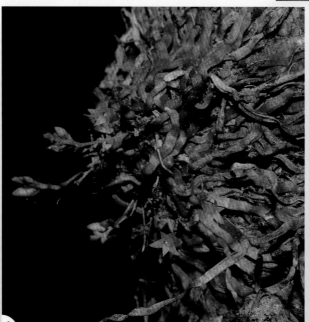

3

4

杜鵑蘭屬 / *Tainia*

杜鵑蘭屬可分為兩大類型，第一類為心葉葵蘭，假球莖不明顯，第二類為長葉杜鵑蘭及闊葉杜鵑蘭，假球莖明顯。

心葉葵蘭

別名：*Mischobulbum cordifolium*；葵蘭

Tainia cordifolia

300-1000m　5-6 月

特徵　假球莖圓柱狀，肉質，密生，狀似葉柄。葉長橢圓形，甚大，葉基心形，具一條基出主脈及數條基出不明顯側脈，主脈深凹陷，葉表灰綠色，側脈兩旁常有圓形下凹，下凹處呈深綠色。花序自假球莖旁抽出，1 葉 1 花序交替緊密成列而生。1 花序花約 2 至 6 朵，萼片及側瓣黃褐色，被數條紫色縱向脈紋。唇瓣基部白色被紫色斑塊，先端黃色，中間具 2 條縱向高稜脊，2 高稜脊間具 1 較低的稜脊，均為黃色。

分布　台灣全島低海拔闊葉林下，西南部較少，通常生在土壤富含水分的環境，除了水分，其他要求並不嚴苛，常在土壤沖刷裸露無腐植層的土地上仍能見其蹤影。所需光線較少，半透光至遮蔭較多的環境。

▼ 1. 生態環境。2. 花側面。
3. 花背面。有一條尺蠖在側萼片上
4. 8 月初果莢。

1

2

3

4

長葉杜鵑蘭

別名：帶唇蘭；密花杜鵑蘭 *Tainia dunnii* var. *caterva*
相關物種：黃花小杜鵑蘭 *Tainia hualienia*

Tainia dunnii

400-1600m3-5月

特徵

假球莖自地下莖頂冒出，假球莖紫黑色長圓柱狀，1 球 1 葉，葉狹長，具 3 條基出主脈，表面具縱摺。花序自假球莖基部旁抽出，花 10 餘朵疏生。萼片及側瓣黃褐色。唇瓣黃色三裂，側裂片向兩側翹起呈 U 形狀，內面被不規則褐色斑塊。唇盤上方具 3 至 5 條縱向稜脊，最中央稜脊較低，中央稜脊兩側的稜脊較長且較高，最兩旁稜脊則較短，或 1 條或 2 條或無。藥蓋上方具 2 個紫色凸起物。

分布

台灣全島中低海拔林下，西南部少見，生長在乾濕季不明顯的環境，光線約為半透光至略遮蔭。

田野筆記

我曾於烏來某遊樂區看到一盆自山上移植下來的長葉杜鵑蘭，開花時花朵密生，類似所謂的密花杜鵑蘭，我也到採集的原生地觀察，與長葉杜鵑蘭並無不同，所以我判斷密花杜鵑蘭就是長葉杜鵑蘭。其之所以花序變密，可能是移植後的新環境日照較多，如果長葉杜鵑蘭在野外因其他原因短期內日照變多，其花序的花朵可能就會密生，所以我將密花杜鵑蘭列為長葉杜鵑蘭的別名。南部及低海拔花期早，北部及高海拔花期晚。

3

▼ ▶ 1. 生態環境。2. 花序。3. 花側面。4. 假球莖生態。
　　5. 葉已被動物全部啃食，仍會由基部側邊抽出花芽。

4

1

2

5

闊葉杜鵑蘭
別名：橢圓杜鵑蘭 Tainia elliptica

Tainia latifolia

200-1400m | 8-10 月

特徵

假球莖長卵形圓柱狀，密生，綠色或紫綠色，1 球 1 葉，葉卵狀橢圓形，深綠色，表面光滑帶光澤，僅中脈較明顯，花序自當年生假球莖基部側邊抽出，花數可由不足 10 朵至 20 餘朵。萼片及側瓣黃褐色，唇瓣三裂，側裂片白色被紅色斑紋，向上翹起呈 U 字形。中裂片黃色，唇盤上方具 3 條稜脊，外側 2 條縱向稜脊較高且較長，2 稜脊中間的稜脊不易察覺或無，僅先端一小截較為明顯。藥蓋上方具兩個紫色凸起物。1 假球莖僅能開花 1 次，葉約可存續 3 年，當年生的假球莖上的葉片即便遭外力破壞，仍能抽出花序開花，推斷是前一年及前二年的假球莖能供給其開花所必需的養分。

▼ 1. 生態環境。2. 花序。3. 花序自假球莖基部側邊抽出。4. 葉表面。5. 花側面。

分布

台灣西部中低海拔山麓廊帶，生育地零星，數量不多，北部分布海拔較低，南部分布地海拔較高。

八粉蘭屬（短柱蘭屬）/ *Thelasis*

本屬台灣僅 1 種，閉花八粉蘭與白芙樂蘭植株外形相若，扁圓形的假球莖幾無法分別，花的形態卻差很多。

閉花八粉蘭 別名：矮柱蘭
Thelasis pygmaea

特徵

根莖匍匐緊貼宿主而生，假球莖扁圓形叢生。頂生 1 或 2 片葉，兩葉不等長，葉長橢圓形。花序梗圓柱狀，自假球莖基部抽出，花聚生於花序頂端，自底端往上漸次長大，花淡黃色，為閉鎖花，結果率低。

分布

花蓮、台東、屏東、高雄等地，附生於低海拔河谷兩旁大樹上，喜空氣潮溼溫暖的環境，光線為半遮蔭。

田野筆記

本種十分稀有。一般植物若為閉鎖花，通常為自花授粉，有很高的結果率，本種雖為閉鎖花，結果率卻十分低，原因值得進一步研究。又，曾在網路上看過開花的閉花八粉蘭照片，只開 1 朵，是否多開幾朵就有機會異花授粉而結果，我想答案可能是肯定的。

▼ 1. 生態環境。2. 假球莖及葉面。花序自假球莖基部抽出。3. 植株生態。4. 與豹紋蘭伴生。

風蘭屬 (白點蘭屬、長果蘭屬、風鈴蘭屬) *Thrixspermum*

附生蘭，葉二列互生，除厚葉風蘭外，均不分枝。依花壽的長短，可分為二種型態。第一種型態是單朵花壽僅半天，開花時通常在同 1 天開花，早上開下午謝，1 年可數次開花。第二種型態為單朵花壽有數天，1 年僅開 1 次花。花均不轉位。通常果莢比葉還長。

果莢內具絲狀物及種子，果莢裂開後種子先一步飄散，絲狀物仍宿存於果莢內。

鉤唇風鈴蘭 別名：白毛風蘭；白毛風鈴蘭、鉤唇風蘭
Thrixspermum annamense

100-800m　1-5 月

特徵

莖短，葉二裂互生，長橢圓形，類似台灣風蘭，但較寬較硬挺，最大特徵為其花序梗細長且筆直，最長可達葉片的兩倍，先端及花序軸膨大不明顯。花簇生於花序的頂端，在花季期間內分批開展。唇瓣囊袋半卵形，內側先端密被白毛。

分布

目前已知分布地為恆春半島、台東南端、南投魚池。魚池鄉分布於海拔 600 公尺至 800 公尺的次生林內，生長環境為溪谷、迎風坡或湖泊兩側富含水氣的山坡地，附生樹種為福州杉、肖楠及杜鵑。恆春半島、台東南端的生育地皆為河谷地形，主要靠河水的上升水氣生長，所以均長在離河水 10 公尺內的樹上，大都附生於宿主的小枝條上。附生宿主以山黃梔最多，亦曾見到附生在九芎的大樹幹上，但該附生處是在九芎樹橫向樹幹的上方，此區的生育地海拔偏低，大多在海拔 200 公尺以下。光線為略遮蔭的環境。

▼ 1. 生態環境。

田野筆記

鉤唇風鈴蘭自 1 月開始開花，其花序會不斷有花苞自花序頂端形成。花苞約於早上 8 點開始裂開，9 點左右才展開，約於下午 4 點左右閉合。

約 1 至 4 週開花 1 次，每次每個花序開 1 朵或 2 朵花，直到那個花序成功結果或花季結束為止。期間亦有新的花序會自其他葉腋間冒出來，1 棵植株花序可多達 5 個左右。

中高位附生，曾見附生於江某、山黃梔、九芎、殼斗科、福州杉、杜鵑、榕樹等樹上，大部分附生在宿主頂端的小枝幹及細枝條上，偶有附生在斜生的大樹幹上。

▼▶ 2. 3 月下旬果莢。3. 花背面。4. 花側面。5. 花謝後兩天生態。

2

3

4

5

異色瓣 別名：異色風蘭
Thrixspermum eximium

特徵

葉長橢圓形，與金唇風蘭及高士佛風蘭十分相似。花序梗約與葉長等長，開花點密集生於花序梗頂端，1 花序約可開 10 餘朵花，在花季期間陸續開放，每隔數天或十幾天開花 1 次。每次開花約 1 至 2 朵，開花時同一區塊的花均同 1 天展開，每次開花僅 1 天或連續 2 天，單朵花壽命只有半天，早上開花，下午閉合。花白色，唇瓣囊狀，內側黃色，具橫向紫紅色紋路，先端內面左右各具一簇粗毛，粗毛後方具兩片縱向凸起的片狀稜脊，稜脊左右各具一牙齒狀肉凸。花不轉位，1 個花序成功結果後，該花序即停止開花。

分布

已知分布地分南北兩端，均位於東北季風盛行區內，北端在宜蘭，南端在屏東及台東，含水量豐富的山坡地或稜線上。南端族群大多是附生在大野牡丹及柳杉樹上，宜蘭境內的附生樹種則以山龍眼為主。光線為略遮蔭的環境。宜蘭境內海拔分布高度約 600 公尺至 800 公尺，南部海拔分布高度約 900 公尺至 1,500 公尺。

▼ 1. 生態環境。2. 花側面。3. 花謝後第 2 天。
4. 唇瓣內部。5. 6 月中旬果莢。

金唇風蘭 別名：金唇風鈴蘭
Thrixspermum fantasticum

特徵

葉長橢圓形，葉尖微凹陷。花序梗約與葉長等長，開花點密集生於花序梗頂端，1 花序約可開 10 餘朵花，在花季期間陸續開放。每次開花約 1 至 2 朵，開花時，同一區塊的花均同一天展開。花白色，不轉位，唇瓣囊狀具不規則黃色斑塊。1 個花序成功結果後，該花序即停止開花。

分布

新北、宜蘭、恆春半島東北季風盛行區，宿主不分樹種，常見生於杜鵑樹小枝條、柳杉樹小枝條、茶樹小枝條上，光線為略遮蔭的環境。

田野筆記

2020 年 3 月 21 日早上，忽然接到一位花友的電話，說新北某知名步道有人正在刷洗樹幹上的青苔，並清除樹上的附生植物，而附生植物有很大部分是金唇風蘭，希望我想辦法阻止。我知道那條步道有很多金唇風蘭，於是馬上請人聯絡清除雜草的主辦人，經過一番努力，終於保存了大部分的附生植物，包括金唇風蘭及烏來黃吊蘭等。事後得知，原來是有遊客向區公所反應步道旁的路樹長滿青苔及雜草，希望清潔整理一下，區公所便發包請人刷洗樹幹及清除附生植物。如果不是現場剛好有熱心花友，珍稀的金唇風蘭就會被當雜草清除了，豈不可惜。

▼ 1. 生態環境。2. 植株生態。3. 花背面。4. 8 月上旬果莢。5. 茶樹被區公所僱工洗刷後的狀況。

台灣風蘭
別名：台灣風鈴蘭、參實蘭

Thrixspermum formosanum

特徵

葉線形硬挺，外形近似鉤唇風鈴蘭，恆春半島所生葉形較寬，與白毛風蘭相若，但大體上葉寬較白毛風蘭窄。花序梗約與葉等長或稍長，白毛風蘭的花序梗長度則約葉長的兩倍。開花點密集生於花序梗頂端，1 花序約可開 10 餘朵花，在花季期間陸續展開。每次開花約 1 至 2 朵，開花時，同一區塊的花均同 1 天展開。早上開花，下午閉合，偶有傍晚展開的花，花壽僅 1 天。花白色，唇瓣囊狀，具紅色或黃色斑塊，花不轉位，具香氣。1 個花序結果成功後，仍會繼續開花，花序軸膨大，宿存苞片明顯。

分布

台灣全島均有分布，喜陽光充足及水氣多的環境，最常見於河流兩岸樹木上，其次是迎風坡水氣充足的地區。許多遊樂區及公家機關、學校等的庭園植栽上常發現大量族群，中南部雲霧帶的果樹上也有大量族群。光線為略遮蔭的環境。中低位附生，常見附生樹種有杜鵑、茶樹、柳杉、龍柏、梅樹、各種藤蔓，連樹皮光滑的九芎也見過生長的植株，幾乎各種樹種均能附生。

▼ 1. 生態環境。2. 若未結果，一個花序開花可達 10 餘朵。3. 花背面。4. 蝶蛾幼蟲吃花。
　 5. 5 月初果莢。南部葉面較寬。

1

2

3

4

5

高士佛風蘭 別名：高士佛風鈴蘭
Thrixspermum merguense

特徵

葉長橢圓形。花序梗比葉短，花序軸亦短，開花點密集生於花序頂端，1 枝花序軸可開多朵花，在花季期間陸續展開。每次開花約 1 至 2 朵，開花時，同一區塊的花均同 1 天展開。花黃色，唇瓣囊狀，唇盤具縱向紅色條紋，具二凸出物或先端捲成 U 字型，先端被毛。早上開花，下午即閉合。南部可能全年都會開花。

分布

喜陽光及水氣充足的地區，東岸從台東南端至宜蘭，沿河流兩岸或海岸迎風坡水氣充足地區的樹上。光線為略遮蔭的環境。高位附生，附生於樹頂的細枝條，只見過附生於桑科榕屬的水同木、白榕、小葉桑及 獼猴桃科水冬瓜 *Saurauia oldhamii* 等少數樹種，其中小葉桑及水冬瓜只見過 1 次，宿主幾乎都是水同木及白榕，僅有少數例外。

田野筆記

本種極度依賴水氣，生存條件與鉤唇風鈴蘭類似，僅生長在行水區約 10 公尺內的樹上，在迎風坡上的生長區域則是低海拔沿太平洋的霧林帶，亦是水氣充足的地區。依學者的研究，附生物種並不會影響宿主的生長，但常見本種大群植株附生的水同木小枝條常有枯死的現象，究竟是小枝條枯死後才長植株，還是長了植株後造成小枝條的枯死，是一個值得研究的題材。

▼ ▶ 1. 生態環境。2. 果莢、裂開果莢只剩絲狀物。3. 花序先端萌蘗出新植株。4. 唇瓣內部。5. 枯枝上常有大片群落。

1

5

懸垂風鈴蘭 別名：倒垂風蘭
Thrixspermum pensile

特徵 莖懸垂，扁平，可長達 1 公尺餘，葉兩列互生。花序自莖側抽出，1 次可開 1 至多個花序，1 個花序大多為 2 朵花，少數有 4 朵花，花大都同 1 天展開。單朵花壽僅半天，1 年可開花數次。

分布 主要分布地區為恆春半島至台東及花蓮地區，南投竹山及嘉義南部與高雄亦有分布。附生於河流兩側高大喬木樹冠層頂端，尤以大樹幹的分枝最常見，喜空氣溼潤流通良好的環境，光線為略遮蔭。

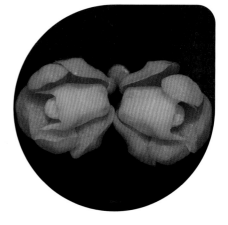

▼ 1. 生態環境。2. 花側面。3. 一個開花點至少可分 2 次抽出花序。4. 花序。5. 果莢。

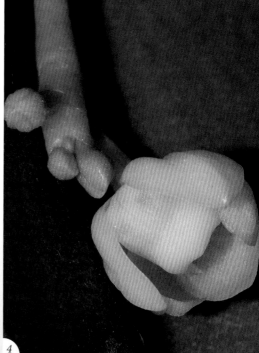

黃蛾蘭
別名：新竹風蘭、新竹風鈴蘭；*Thrixspermum laurisilvaticum*

Thrixspermum pygmaeum

特徵

葉長橢圓形，與小白蛾蘭極為相似。1 棵植株有數個花序，花序梗長度與葉長相若或稍長，花疏生，開花時花序先端花先開，基部稍晚展開。單朵花壽命約 1 星期，常見黃蛾蘭 1 棵植株有數十朵花同時開放。花黃色或淡黃色，北部花色為黃色，花東地區為淡黃色。唇瓣囊狀，內側具橫向紫色條紋。另花東地區的花，有少部分蕊柱縱向捲成筒狀，不知生態上有何意義。

分布

新北、桃園、新竹、苗栗、宜蘭、花蓮、台東、南投、嘉義等地，喜迎風坡水氣充足的地方，北部霧林帶及東海岸的霧林帶是賞花好地方。光線為略遮蔭的環境。中低位附生，附生不分宿主，常見的附生宿主有杜鵑、柳杉、肖楠等。

▼ ▶ 1. 生態環境。2. 囊袋底內面具一簇毛。3. 蕊柱變異成捲筒狀的花。
4. 東南部的花顏色較淡。5. 裂開果莢，種子已飄散，只剩絲狀物。

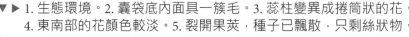

小白蛾蘭　別名：溪頭風蘭、溪頭風鈴蘭

Thrixspermum saruwatarii

特徵

莖短，葉長橢圓形，若無人為干預，常聚生成叢。花序自莖側抽出，單株可同時抽多個花序，花序軸隨花期漸次伸長，花疏生，單個花序同時有多朵花展開，單朵花壽命有數天之久，因此在花季可看到數十朵花以上同時開放的盛況。花白色，萼片及側瓣兩面具淡紫色縱向紋路，唇瓣內側具橫向紫色條紋。根系發達，可能是本種較能適應乾旱的原因。

分布

全島各地低中海拔地區，原始林、次生林、果園、遊樂區均可發現。最北端觀察到的生育地在宜蘭大同及新北三峽，三峽地區海拔高度只有 200 公尺。風蘭屬中本種是比較耐旱的物種，因此能分布在冬季缺雨的南投、嘉義等地，但大都在霧林帶內，東部迎東北季風坡面及霧林帶內亦有不少分布。花期西部南北差距不大，宜花地區略晚。中低位附生，無特定附生宿主，較易賞花的附生宿主有杜鵑花、水同木、梅樹等。

▼ 1. 生態環境。2. 盛花。3. 果樹被砍除後殘存在枝幹上的植株。4. 9 月成熟未裂開果莢。
5. 裂開果莢種子已飄散，僅留絲狀物在果莢內，右側花被上留存數顆種子。

厚葉風蘭　別名：肥垂蘭、厚葉風鈴蘭
Thrixspermum subulatum

特徵

莖下垂，具分枝功能，年歲久的植株會一大叢懸垂於大樹的橫幹上，長度超過 1 公尺，十分壯觀。葉肥厚，故有肥垂蘭的別稱。花序自莖側面抽出，1 枝條可抽數個花序，花序梗短，花密集生於花序頂端，於花期內分數次陸續展開，1 個花序 1 次約可開 1 至 4 朵花。花淡黃色，唇瓣成囊狀，外側為黃色，單朵花壽僅 1 天，結果後仍可繼續開花。果熟裂開，裂縫向下，可保護絲狀物及種子不被雨淋濕，種子緩慢釋出，絲狀物宿存果莢內。

分布

南投南端、高雄、屏東、台東等地，生長在溪谷兩岸的大樹上，此區域冬季乾旱，需靠溪谷的水氣才能度過。

田野筆記

近年冬季乾旱似有加劇，在乾旱較嚴重的地區，常有厚葉風蘭掉在地上，我戲稱此為逃生現象。因為離地越近，水氣越多，若高處已乾旱無法生存，只好往下掉尋求生機，運氣好的會掛在低一點的樹枝上，還能有活命機會，掉在地上則通常會面臨日照不足及通風不良，雖能苟延殘喘一段時間，還是有開花結果延續後代的機會，但最終難免步上死亡。我曾在高雄山區某河谷旁看過樹上掉下來的植株，長約 1 公尺，根系十分發達，已十分乾燥，粗估至少有幾十年的生長歷史，令人印象深刻。

開花的最重要因素是雨季，生育地是冬季乾旱的區域，每年春雨過後才會啟動開花機制，所以第一批花和春雨早晚有很大關係，如果春雨來得早，花就會開得較早。

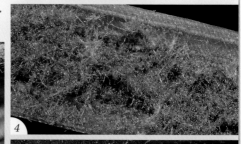

▼▶ 1. 生態環境。2. 一個花序的花。3. 結果率高。4. 厚葉風蘭裂開果莢，內部種子未完全飄散，留存在絲狀物中間。5. 落在葉面上的種子。

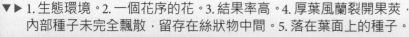

蠅蘭屬（飛鶴蘭屬）/ Tipularia

蠅蘭屬在台灣有 2 種，細花蠅蘭與南湖蠅蘭。因為外形相似，在超過一甲子的時間裡，很多學者都將細花蠅蘭鑑定為南湖蠅蘭，直至 21 世紀初，才由蘇鴻傑教授將細花蠅蘭發表正名。兩者最大的差別為細花蠅蘭葉寬，唇瓣不裂；南湖蠅蘭葉長卵形，唇瓣三裂，距細長。

細花蠅蘭 別名：細花軟葉蘭；*Didiciea cunninghamii*
Tipularia cunninghamii

特徵 葉橢圓形，單生，表面密布氣孔，綠色。花序軸褐色具數條縱稜。花轉位 360 度，唇瓣不裂，距短或無。

分布 目前僅有少數點分布，且植株不多，大約為雪山山脈及中央山脈高海拔地區的原始林下，生長於苔蘚群中，半透光至略遮蔭的環境。

▼ 1. 生態環境。2. 葉表面。3. 花授粉後因子房膨大增重而垂頭，有訪花者。4. 花序。5. 7 月上旬果莢。

▲ 花轉位近 360 度。

南湖蠅蘭
Tipularia odorata

特徵 地下球莖圓柱狀，表面具紫色斑點。葉單生，自地下球莖頂端生出，卵狀橢圓形先端銳尖，葉基微心形，上表面密布氣孔，綠色，被墨綠色斑塊或無，葉背紫紅色。花序自球莖頂抽出，花序梗紫褐色具數條縱稜，花序可長達 20 餘公分。花疏生，轉位，左右不對稱，少者近 10 朵，多者近 20 朵。唇瓣三裂，側裂片粗鋸齒緣，中裂片常扭曲。距甚長，約為子房的 2 倍長。結果率不高，果莢約於 9 月以後才會成熟。

分布 全島中海拔原始林下，生長於苔蘚群中，喜潮溼涼爽，光線約為半透光的環境。

▼ 1. 生態環境。2. 葉表面不具斑點的植株。3. 葉表面具斑點的植株。4. 花側面。5. 花序。6. 9 月上旬果莢。

鳳尾蘭屬（毛舌蘭屬）/ Trichoglottis

本屬台灣有 2 種，豹紋蘭及鳳尾蘭，外形差異甚大，如果只憑外觀，很難讓人將它們視為同一屬。

豹紋蘭　別名：屈子花
Trichoglottis luchuensis

800m 以下　3-5 月

特徵　附生於大樹幹上，通常莖直立，不分枝，葉硬革質兩列互生，基部具關節，莖不長根，葉尖不凹陷。花序梗圓柱形，自莖側抽出，常有分枝。花淡黃色，被紅褐色斑塊，蕊柱與唇瓣間具舌狀附屬物，蕊柱、唇瓣上表面被毛。

分布　台灣全島及蘭嶼低海拔山區，長在河谷兩旁大樹或季風帶迎風山坡的大樹上，喜潮溼及空氣流通良好的環境，光線則為半透光至略遮蔭。

田野筆記　本種在未開花時外形與虎紋隔距蘭相似，可觀察「莖側是否長眾多氣生根」及「葉尖是否深裂凹陷」來區別。豹紋蘭莖側甚少長氣生根，葉尖不凹陷。虎紋隔距蘭反之。

▼ 1. 生態環境。2. 枝幹無氣生根。3. 葉尖不凹陷。4. 花序。5. 10 月初果莢。

鳳尾蘭 別名：短穗毛舌蘭

Trichoglottis rosea

特徵

根系發達，莖叢生懸垂，常分枝，若年代夠久，可長達近 2 公尺，1 叢植株有高達數十枝懸垂莖。葉兩側互生，具關節。花序自莖側抽出，一懸垂莖同時有多個點抽出花序，1 個點可同時抽出數個花序，並同時開花，1 個開花點的花序可開數朵至 10 餘朵花，因此花的數量非常多。花白色，唇瓣及蕊柱具紫暈，開花時，整叢植株布滿了白紫相間的花朵，美不勝收。花晚期蕊柱及唇瓣漸次轉為黃色。

分布

恆春半島沿東岸至宜蘭，大部分族群分布在恆春半島及台東，喜潮溼及空氣流通良好的環境，光線為略遮蔭。

▲ 一個開花點長出的花。

▼ 1. 生態環境。2. 一枝懸垂莖花數眾多。3. 右花為新鮮花，左花為晚期花。4. 果莢，一個開花點至少兩個花序。

1

2

3

4

摺唇蘭屬 / *Tropidia*

葉為基出平行脈，具縱摺，花序頂生或腋生，花不轉位，白色、淡綠色至淡黃色，側萼片多少合生，合生多寡亦是判定種別的特徵之一。

矮摺唇蘭 別名：相馬氏摺唇蘭；*Tropidia somae*
Tropidia angulosa

特徵 植株外形與日本摺唇蘭及蘇氏摺唇蘭相近。本種葉橢圓形，比日本摺唇蘭寬，和蘇氏摺唇蘭相若，但蘇氏摺唇蘭相對的植株高很多。本種 1 莖 1 花序，在花苞期即可明確辨識，因其花序軸較長，花苞較多，花苞先端銳尖。花白色，上萼片狹長，側萼片合生，僅先端一小部分分離，側瓣向兩側伸展。唇瓣不裂，唇盤中心具一黃色斑塊，花不轉位。單朵花賞花期僅 1 至 2 天。

分布 台灣全島及蘭嶼低海拔闊葉林下零星分布，南部及東部較多，西部及北部較少，最北可達新北，光線約為半透光至略遮蔭的環境。

▲ 花正面，側萼片（上方）僅少許分離。

▼ 1. 生態環境。2. 花序。3. 花側面。4. 葉表面。5. 10 月底果莢。

1

2

3

4

5

仙茅摺唇蘭 別名：仙茅竹莖蘭
Tropidia curculigoides

特徵

莖叢生，基部竹節狀，不膨大，常有分枝。葉外形類似棕葉狗尾草 *Setaria palmifolia*，花序頂生或腋生，單莖可有數個花序，單一花序花多者可達 10 餘朵。萼片及側瓣淺綠色，側萼片反折，僅基部少部分合生。唇瓣白色先端反折淺二裂，蕊柱淺黃色，花不轉位。單朵花賞花期僅 1 至 2 天。

分布

分布於台灣全島闊葉林下較潮溼的環境，光線則為半透光至略遮蔭的環境。

▼ 1. 生態環境。2. 花側面。3. 山豬覓食造成植株外露。4. 11 月下旬果莢。

台灣摺唇蘭 別名：南化摺唇蘭 *Tropidia nanhuae*
Tropidia formosana

400m 以下　7-9 月

特徵　莖單生或叢生，偶有分枝。葉多枚，長橢圓狀先端漸尖，葉鞘包莖，基出平行脈。花序頂生，頭狀花序，花自邊緣漸次往中間展開。上萼片及側瓣向前伸展，側萼片橫向反摺，先端分離基部合生。唇瓣不裂，花不轉位。單朵花賞花期僅 1 至 2 天。

分布　南投以南至恆春半島低海拔闊葉林或竹林下，可適應乾濕季明顯的環境，光線為半透光至略遮蔭。

田野筆記　本種在 1895 年即已正式發表，但因為時代背景造成知識斷層，直至 2006 年再由學者在 *Taiwania* 發表為南化摺唇蘭 *Tropidia nanhuae*，但 *Tropidia formosana* 發表在前，是為合法的學名。

▼ 1. 生態環境。2. 花序正面看。
　3. 花序由上往下看。
　4. 花腹面，側萼片一半合生。
　5. 11 月上旬果莢。

拉瑪夏摺唇蘭　別名：那瑪夏摺唇蘭
Tropidia namasiae

特徵

葉近對生，花序自葉腋抽出，1 株可同時抽出數個花序，花密生成球狀，花不轉位，白色，側萼片合生。

分布

目前僅知分布於高雄那瑪夏甲仙農路的一條林道支線旁，闊葉林下，與冷清草伴生，光線為半遮蔭的環境。

田野筆記

本種是我少數未曾目睹的蘭科物種，雖然生育地離台北約 400 公里，我還是多次前往找尋，希望拍到本種的生態照。本種生育地在林道邊，發現者廖俊奎博士是在 2009 年 88 風災之前所發現，發表文章還註明生育地的座標，當時林道狀況良好，開車可直達生育地，可是 88 風災過後，林道柔腸寸斷，我第 1 次前往該地是沿舊時的甲仙農路前往，未到半途即遇大崩塌，不可能橫渡，高繞又太過於費時，只好返回。回家後利用網路找到曲積山越嶺可越過甲仙農路崩塌處，於是另擇日期前往，此次成功越過曲積山，推進至甲仙農路和林道交叉口，離生育地直線距離不到 300 公尺，又因崩塌及時間不足再度鎩羽而歸。回來後將新路線與花友分享，花友先我一步前進至生育地，也未找到那瑪夏摺唇蘭的植株。我仍不氣餒，第 3 度踏上找尋生育地的行程，雖然順利到達目的地，還是無所獲。除了前往原發現地外，也多次前往附近相同生態環境的山域尋找，始終無緣覓得。

▲　花正面 (Tang moss 攝)。

2

3

▼ ▶ 1. 那瑪夏摺唇蘭生育地。2. 花序腋生 (Tang moss 攝)。
　　3. 花不轉位 (Tang moss 攝)。4. 開花株形態 (Tang moss 攝)。

1

4

日本摺唇蘭 別名：狹葉摺唇蘭；*Tropidia angustifolia*
Tropidia nipponica

特徵 莖具分枝，葉狹長，花序梗自莖頂或分枝頂抽出，1 株可有多個花序。單花序花多者可達 10 餘朵，白色，花不轉位。側萼片幾乎完全合生，僅先端微裂，唇瓣先端反折，黃色。單朵花賞花期僅 1 至 2 天。

分布 全島闊葉林下，乾季不致太乾的環境，新竹、苗栗、台東、屏東等地較多，光線為遮蔭較多至半透光的環境。

▼ 1. 生態環境。2. 側萼片大部分合生，僅先端微裂。3. 葉面。4. 訪花者。5. 11 月下旬果莢。

蘇氏摺唇蘭
Tropidia sui

特徵

植株比日本摺唇蘭及矮摺唇蘭高，葉寬與矮摺唇蘭相若，比日本摺唇蘭寬。花外形與日本摺唇蘭相若，但日本摺唇蘭側萼片合生的部位較多，僅先端微裂，蘇氏摺唇蘭則分離部位較多，可明顯看出裂口。

分布

早期本種都被鑑定為日本摺唇蘭，雖已正名，但究竟多少分布地未被更正並不確定，已確定的分布地為新北及恆春半島，未來應可增加許多分布地，其生育環境為溼潤的河谷或山坡地形，光線為半透光的環境。

▼ 1. 生態環境。2. 花序及葉面。3. 花側面。4. 側萼片先端有一小段離生。5. 1 月果莢及種子。

紅頭蘭屬（管唇蘭屬）/ *Tuberolabium*

台灣僅 1 種，分布於蘭嶼。

紅頭蘭　別名：管唇蘭
Tuberolabium kotoense

400m 以下 ｜ 11-1 月

特徵
莖甚短。葉兩列互生，厚革質，中肋微凹先端微二裂，兩端不等長，葉與葉間距小。花序自莖側抽出，單株 1 至 5 個花序，1 個花序數十朵花至近百朵花，花白色，甚小，有香氣。唇瓣三裂，側裂片三角形，甚小，向兩側斜向上伸展。側裂片及蕊柱兩側紅色，藥蓋白色。唇瓣中裂片正面看為圓底囊袋，囊袋外側具紫色斑點。囊袋後端具距，距約與囊袋等長。

分布
僅分布於蘭嶼，生於溪谷兩旁及迎風山坡的樹林內，附生於較大的樹幹上，尤以溪谷兩旁空氣富含水氣的環境較多。

▼ 1. 生態環境。2. 新舊花序生態。3. 花序。
4. 帶果莢植株。

1

2

3

4　　5

萬代蘭屬 / *Vanda*

台灣僅 1 種，生於蘭嶼海邊的岩壁上或樹冠層頂端。

雅美萬代蘭
Vanda lamellata

 200m 以下 2-3 月

特徵

葉兩列密互生，厚革質，中肋凹陷，先端二裂，葉基具關節。花序自葉腋抽出，本種在蘭嶼有兩種形態，植株完全相同，花色則有所不同。在蘭嶼西北部的族群，除唇瓣先端半部為淡紫色外，萼片及側瓣為白色至淡黃色，無深紅色斑塊；而在蘭嶼東南部的族群除唇瓣先端半部為淡紫色相同外，唇瓣中段、萼片及側瓣則為白色，具深紅色斑塊。距三角錐狀，甚短。

分布

僅分布於蘭嶼，生於低海拔的樹冠層頂端或長在向陽的岩壁上，常可見成群生長，當地終年受海風吹襲，因此氣候溫暖潮溼。光線為略遮蔭至全日照環境。

▼ 1. 蘭嶼東南部族群的花。2. 果莢。3. 蘭嶼西北部族群生態。4. 岩壁上有不少族群。

1

3

4

2

梵尼蘭屬 / *Vanilla*　　台灣僅 1 種。

台灣梵尼蘭
Vanilla somae

 特徵

莖圓柱藤蔓狀，甚長，具莖節，莖節處一邊長根，相對邊長葉，葉互生長卵形。莖節長度約等於葉寬，攀緣附生後懸垂，花序自懸垂莖的葉腋抽出，常有不規則分枝延伸多個開花點或筆直延伸多個開花點，開花點為多年生，可持續多年開花。單一開花點每次開花多為 2 朵，多為同時展開或少數僅差 1 天。萼片及側瓣黃綠色，唇瓣白色具紅橙色暈，包覆成圓筒狀，唇瓣內面具兩排長滿粗肉刺的稜脊。果長圓柱狀，是為漿果，成熟後爆裂流出乳白色果汁及黑色種子。

 分布

台灣全島低海拔林下均有分布，但以苗栗以北較多，大都生於闊葉林或桂竹林下，常長在疏林下或道路兩旁的樹木上。幼株時是地生，但長大後即攀緣樹幹、竹幹或岩石往上生長，到頂端無法再往上攀緣而變成懸垂生長，郊區常可見樹幹上垂下一叢叢台灣梵尼蘭的植株。

▼ 1. 生態環境。2. 根莖葉生長情形。

1

2

田野筆記

小時地生，長大後攀緣樹幹，亦有很多是攀緣岩石，若天氣乾旱，靠基部一段可能乾枯死亡，而變成附生。

本種通常看到的結果率偏低，很少看到果莢，但我有一次在遠離開墾地的地方，看到本種結果甚多，推測與訪花的蟲媒有關，如有訪花的蟲媒結果率會高。我在當地雖未看到訪花蟲媒，但有發現一個蛾的繭，就掛在台灣梵尼蘭的枯葉上，外形有一點像成熟的果莢，讓我想到此種蛾會不會以台灣梵尼蘭為食草，並將繭擬態成宿主的果莢，極可能就是台灣梵尼蘭的傳粉者或種子的傳播者，兩者互利共生，此點還需進一步觀察研究。次年再度前往觀察，都沒看見果莢，原因成謎。

2016 年初，霸王寒流侵襲台灣，北部很多低海拔下雪，許多台灣梵尼蘭被凍死。據此推測台灣梵尼蘭無法生存在零度以下的環境。

香草是著名香料，香草就是梵尼蘭屬的一個品種，根據網路上的資料，「香草果莢成熟後需用 63℃ 的熱水泡 3 分鐘殺青，再經 50℃ 的溫度發酵 3 天，曬乾後才是香草成品，乾燥後水分約保持在 15% 到 20%」。台灣梵尼蘭的果莢目前並未被利用做為香草的種源。

▼ 3. 花。4. 花序。5. 花與裂開果莢同在。6. 7 月底果莢。7. 果莢內的種子及果漿。
8. 2016 年霸王寒流被凍死的植株。

二尾蘭屬 / *Vrydagzynea*　台灣僅 1 種，分布於本島北部地區。

二尾蘭　別名：*Vrydagzynea formosana*
Vrydagzynea nuda

特徵　根莖匍匐，先端向上成直立莖，葉約 3 至 6 枚，綠色，表面具光澤。花序頂生，花序梗圓柱狀，密被毛。花密生，苞片外側、子房、萼片外側均被毛，花萼基部約三分之二為綠色，先端三分之一為白色，花萼僅微張，很難看見唇瓣及蕊柱的形狀。距圓錐狀，約與花萼等長。

分布　多數分布於新北烏來及坪林、宜蘭等低海拔地區，喜乾濕季不明顯的區域，光線約為半透光的環境。

▼　1. 開花植株。2. 花腹面。3. 花序。4. 花正面。5. 花側面。
6. 花未乾枯果莢已膨大。

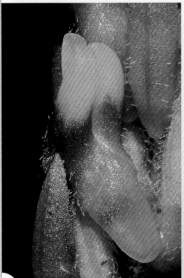

長花柄蘭屬 / *Yoania*

無葉綠素，與真菌共生，台灣有2種，其中1種是台灣特有種。顧名思義，本屬成員具有很長的花梗，與他屬較為不同的是距粗短且向前彎，彎曲幅度甚大，長花柄蘭的距就彎曲到幾可貼到唇瓣的底端。

密鱗長花柄蘭

Yoania amagiensis var. *squamipes*

特徵　花序由地下組織抽出，甚長，1花序花多者可達6朵。花萼片外側淡紅褐色，越往先端顏色越深。萼片內側與側瓣內側白色，均具紅褐色縱向脈紋，蕊柱及唇瓣白底被深紅褐色斑塊。距粗短向前彎曲。

分布　目前僅知分布於嘉義瑞里山區至奮起湖山區，以及高雄桃源，生於竹林下或闊葉林下，均位於霧林帶，氣候涼爽，乾季也不會特別乾燥，光線為半透光至略遮蔭的環境。

▼ 1. 生態環境。2. 花序。3. 花側面。4. 花腹面。5. 幼果。

長花柄蘭
Yoania japonica

特徵

花序由地下組織抽出，甚長，1 花序花多者可達 7 朵。花萼及側瓣粉紅色，整片顏色均勻，不若密鱗長花柄蘭顏色由淺入深。萼片內側被紅色縱向脈紋，側瓣脈紋不明顯，側瓣內側被暗紅色斑點。唇瓣黃色，唇盤被暗紅色斑點。距粗短向前向上彎曲，先端離唇瓣下緣甚近。

分布

目前僅知分布於宜蘭大同及花蓮秀林，雲霧帶闊葉林下或林緣的短草叢中底層，半透光至略遮陰的環境。

▼ 1. 生態環境。2. 花側面。距先端及上萼片先端有訪花者。3. 一棵花的花序。4. 花正面，有訪花者。

▲ 唇瓣黃色被深色斑點。

線柱蘭屬 / *Zeuxine*

具匍匐地下莖，延伸向上為直立莖。葉 2 至 5 枚，具或不具白色脈紋，通常於開花前後枯萎。花序頂生，被毛或不被毛，花被片常形成罩狀，花轉位，無距，果莢成熟需時約僅 1 個月。

白花線柱蘭
Zeuxine affinis

特徵　地上莖直立，葉淡綠色，表面具 3 條基出不甚明顯的白色脈紋，或僅中肋具白色脈紋。葉鞘不具緣毛，花序頂生，花萼外側淡綠色，花序梗、苞片外側、子房、萼片外側均被毛。花白色，疏生，上萼片與側瓣形成罩狀。唇瓣二深裂，側裂片近圓形。

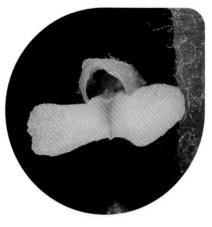

分布　僅見於恆春半島及蘭嶼，冬季東北季風多少會下雨的地區，過於乾燥地區則無，生於疏林下或林緣，光線為半透光至略遮蔭的環境。蘭嶼大都生於 200 公尺以下。

▼ 1. 生態環境。2. 花側面。3. 葉面。4. 先端花剛謝，第一個果莢已成熟裂開。

阿玉線柱蘭 別名：綠葉角唇蘭
Zeuxine agyokuana

特徵 葉表面深綠色，花序頂生，花序梗被毛，苞片具緣毛，子房及萼片不被毛。花被除側萼片展開外，餘均不甚展開，上萼片與側瓣形成罩狀，唇瓣全緣不裂。開花前後葉不枯萎。

分布 台灣全島零星分布，北台灣較多，分布海拔較低，南台灣較少，分布海拔較高，約半透光至遮蔭較多的環境。在線柱蘭屬中，阿玉線柱蘭光線的需求較弱。通常分布在乾濕季不太明顯的區域，在中南部乾濕季較明顯的區域，僅霧林帶可見。

田野筆記 單一地點的花期甚短，海拔越低花期越早，海拔越高花期越晚，南部海拔 1,700 公尺處，10 月初還可見到盛開的花朵。

▼ 1. 花側面。2. 葉表面。3. 11 月初果莢，果莢被動物啃食露出種子。4. 花序。

阿里山線柱蘭 別名：*Zeuxine reflexa*
Zeuxine arisanensis

  600-1600m 1-5月

特徵
葉長橢圓形，葉鞘不被緣毛。花序頂生，萼片外側深綠色，花白色密生，花序梗、苞片外側、子房、萼片外側均被毛，單株花約 10 至 30 餘朵。上萼片與側瓣形成罩狀，側萼片僅微展。唇瓣二深裂，裂片約為平行四邊形，呈 Y 字形。開花後半段時期葉片大都枯萎，但在較濕潤的環境葉片有時仍可保持鮮綠。

分布
西部低海拔至中海拔狹長廊帶，生於闊葉林下或竹林下，尤以南投的孟宗竹林下數量最多，光線為半透光至略遮蔭的環境。

田野筆記
《台灣原生植物全圖鑑》中，阿里山線柱蘭的學名為 *Zeuxine reflexa*，但未有相關說明，所以本書仍沿用 *Zeuxine arisanensis*。

附圖中有一張是阿里山線柱蘭的變異，第一年看到時以為是新種線柱蘭，次年證實是阿里山線柱蘭，所以發現變異的花需要長時間觀察，以免誤認為是新種蘭花。

▼ 1. 生態環境。2. 花側面。3. 阿里山線柱蘭的變異。4. 花序。
5. 3 月上旬果序。

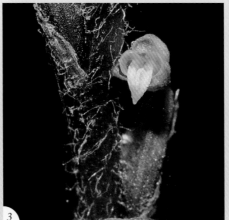

黃唇線柱蘭
Zeuxine boninensis

別名：*Zeuxine sakagutii*；*Zeuxine kantokeiensis*
關刀溪線柱蘭；黃花線柱蘭

特徵

葉長橢圓形淡綠色，葉鞘不被緣毛。花序頂生，總狀花序，花黃色密生。花序梗、苞片外側、萼片外側均被毛，單株花約 10 至 30 餘朵。上萼片與側瓣形成罩狀，側萼片僅微展。唇瓣二深裂，裂片約為圓形至長方形。開花後半期葉片大都枯萎，但在較濕潤的環境葉片有時仍可保持鮮綠。

分布

台灣全島及蘭嶼中海拔以下的疏林或林緣、步道、林道兩側，光線為半透光至略遮蔭的環境。乾濕季不明顯或乾濕季明顯的區域均有分布，對乾季耐受度稍差。南部分布海拔較高，北部較低。

田野筆記

《台灣原生植物全圖鑑》中，黃唇線柱蘭的學名為 *Zeuxine sakagutii*，但未有相關說明，所以本書仍沿用 *Zeuxine boninensis*，是《台灣蘭科植物圖譜第二版》所用學名。

▼ 1. 生態環境。2. 花序。3. 葉表面。4. 花側面。5. 4 月果莢。

屏東線柱蘭 別名：*Zeuxine pingtungensis*

Zeuxine boninensis var. *pingtungensis*

  1300m 以下 2-4 月

特徵 植株外形與黃唇線柱蘭完全一樣，僅唇瓣不同。本種唇瓣舟形，全緣不裂，僅微展開，有部分個體唇瓣具微鋸齒緣或微波浪緣，而黃唇線柱蘭唇瓣二裂全展，兩者可明確區分。

分布 我所見的分布地均與黃唇線柱蘭伴生，但有黃唇線柱蘭的區域不一定有屏東線柱蘭，因此其生育地較黃唇線柱蘭為狹隘，所需光照及濕度均與黃唇線柱蘭相同。

南部分布海拔較高，北部較低，生育地與黃唇線柱蘭重疊。

▼ 1. 生態環境。2. 花序。3. 葉片。4. 花側面。5. 4 月中旬果莢。

全唇線柱蘭
Zeuxine integrilabella

  700-1800m 9-11月

特徵

葉深綠色，中肋明顯被白色帶狀線條，綠色葉面與白色線條界線十分明顯。花序頂生，花序梗被毛，苞片具緣毛，子房、萼片不被毛或僅偶具極疏短毛。花白色半展，側瓣與上萼片形成罩狀，側萼片稍展開，唇瓣全緣如舌狀。

分布

新竹至嘉義的中低海拔山區，大部分族群都長在海拔1,500 公尺左右，但新竹尖石曾記錄到長於海拔約 700 公尺的河谷邊坡。生育環境為霧林帶的迎風山坡，半透光至略遮蔭的環境，常見生於原始林下或柳杉林下光照稍多的區域或是步道兩側。

▼ 1. 未開花植株。2. 花側面。3. 花序。
4. 3 月初裂開果莢及種子。

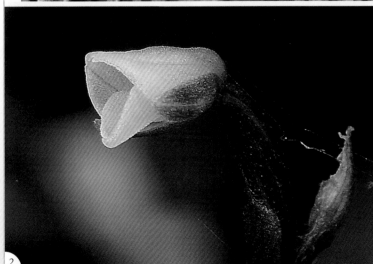

芳線柱蘭 別名：台灣線柱蘭
Zeuxine nervosa

特徵 本種葉片顏色多變化，從全綠色到葉中肋兩旁被白色帶狀線條，但葉面的綠色與白色帶狀線條分界呈暈染狀，不若全唇線柱蘭的涇渭分明，兩者可明顯區別。花序頂生，花序梗及苞片外側密被短毛，子房及萼片外側偶被短毛。上萼片與側瓣形成罩狀，側萼片向前伸展且向內縱向捲曲。唇瓣基部具淡綠色暈，無稜脊，先端深二裂，裂口較窄，二裂片圓形。

分布 東北季風可到達的低海拔地區普遍分布，尤以台北、新北、宜蘭、花蓮、台東及屏東較多，常生於林緣、廢棄道路、廢棄果園或廢耕農地上，甚或長在久未通車的柏油路上，是在文明邊緣常可見到的蘭花，光線約為半透光至略遮蔭的環境。

▼ 1. 生態環境。2. 花序。3. 葉面變化多。4. 花側面。
　5. 4月中旬果莢及種子。

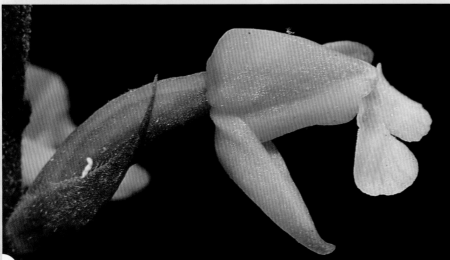

香線柱蘭
Zeuxine odorata

特徵

香線柱蘭與芳線柱蘭外表十分相似,所不同者,在葉片方面,香線柱蘭葉表面全為綠色,表面具光澤,不若芳線柱蘭葉表多變化。在花方面,香線柱蘭萼片外側及子房密被短毛,而芳線柱蘭大都表面無毛,僅偶見萼片外側及子房具極稀短毛。唇盤基部綠色,具2條隆起稜脊,先端二裂,二裂片形狀多變化。

分布

目前僅記錄於蘭嶼原始林下,常整片成群生長,曾記錄到與毛萼緋赤箭伴生。光線為半透光環境。

▼ 1. 生態環境。2. 花序。3. 花側面。

1

2

3

菲律賓線柱蘭
Zeuxine philippinensis

特徵

菲律賓線柱蘭的葉片呈銳角等腰三角形，表面布滿淡黃色斑塊，相當顯眼，即使不開花，一眼就能認出是菲律賓線柱蘭。花序頂生，花序梗、苞片外側、子房、萼片外側均密被毛。上萼片與側瓣形成罩狀，側萼片半展向內縱向捲曲。唇瓣不裂，先端向後反折。

分布

僅分布於蘭嶼原始林下，常見於稜線林下及登山步道兩旁，族群不大，光線為半透光至略遮蔭的環境。

▼ 1. 生態環境。2. 花側面。3. 葉面。4. 4月下旬果序。
5. 裂果及種子。

小天池線柱蘭
Zeuxine sp.

特徵

植株和香線柱蘭十分相似，本種苞片外側、子房、萼片外側疏被毛或不被毛，而香線柱蘭苞片外側、子房、萼片外側密被毛，兩者有別。

分布

目前僅知分布於蘭嶼小天池附近。生於熱帶雨林下，溫暖潮溼，光線為半透光的環境。

田野筆記

2014 年 4 月 22 日，我在蘭嶼小天池附近攝得本種花剛謝的圖相，雖花已謝，苞片外側、子房、萼片外側疏被毛或不被毛的特徵仍清晰可見，但至今尚未查知是何物種。依地緣關係，我推測是菲律賓的物種。小天池生育地也追蹤過數次，均未再見到植株。

▼ 1. 生態環境。2. 苞片外側、子房、萼片外側疏被毛或不被毛。3. 葉表面。

線柱蘭
Zeuxine strateumatica

特徵 葉片線狀披針形，與伴生的小草極相似，因此未開花時很難發現，開花時花序抽長即特別顯眼，尤以唇瓣黃色是其特點，很容易與伴生的小草區別。花序頂生，花序梗、苞片、子房、萼片均不被毛，苞片長度較子房長度長。花被均為白色，上萼片與側瓣形成半圓筒狀，包覆蕊柱，側萼片半展向前伸展。唇瓣先端黃色，全緣不裂，中間下凹成溝。

分布 分布於台灣全島低海拔的開闊草原內，常伴生禾本科等小型草本植物，校園、道路兩旁、河床常可見其成群生長，即使是熱鬧繁華的都會區公園亦有其蹤跡，常生於全日照下的短草叢中。

▼ 1. 生態環境。2. 訪花者。
3. 植株含花及葉片。
4. 花序。5. 裂開的果莢。

1

2

3

4

5

毛鞘線柱蘭
Zeuxine tenuifolia

特徵

與阿里山線柱蘭、白花線柱蘭、蘭嶼線柱蘭十分相似，本種特點在於葉鞘邊緣大都具疏生的緣毛，其他 3 種線柱蘭則無，此特點即是中文名命名依據。但此特徵並非絕對，偶可見葉鞘不具緣毛的毛鞘線柱蘭，仍需從其他特徵來辨識。花序頂生，總狀花序，花密生，花序梗、苞片外側、子房、萼片外側均密被毛。側萼片僅微展，唇瓣白色，先端不裂或大角度淺裂，不裂者整個唇瓣如半圓形，大角度淺裂者，整個唇瓣如同長方形。開花後半期葉片大都枯萎，但較濕潤的環境有時仍有鮮綠的葉片。

分布

分布於台灣全島中低海拔地區，西部較多，東部較少，新北分布海拔可達 100 多公尺，若非平原土地開發殆盡，生長海拔可能更低，中南部數量較多，生長海拔高度較高，光線為半透光至略遮蔭的環境。

▼ 1. 在乾燥的環境，開花時葉片乾枯。2. 花序。3. 葉表面，葉鞘具緣毛。4. 花側面。5. 裂開果莢。

蘭嶼線柱蘭

Zeuxine yehii

特徵

與毛鞘線柱蘭、阿里山線柱蘭、白花線柱蘭十分相似，本種葉鞘無緣毛，可與毛鞘線柱蘭的葉鞘具緣毛分別。本種花疏生，與阿里山線柱蘭花密生不同。本種花序密被長毛，相對於白花線柱蘭被毛較疏較短也不同。本種花展開後，展開面略朝向上方，需由上向下看才可看到整片唇瓣，不像阿里山線柱蘭、白花線柱蘭開花時展開面會朝前或略朝下，此特點可分辨與阿里山線柱蘭、白花線柱蘭的不同。

分布

目前僅記錄於蘭嶼熱帶原始闊葉林下，生於稜線附近，半透光的環境。與近似種白花線柱蘭的生育地不同，白花線柱蘭在蘭嶼的分布海拔高度大都在 200 公尺以下，且光線需求較強。

▼ 1. 生態環境。2. 花序。3. 花側面。4. 葉面。

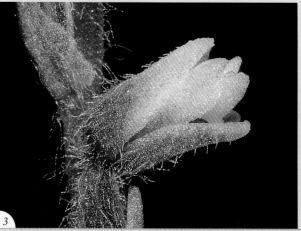

中文名索引

（一畫）

一枝瘤　109
一莖九華　**205**
一葉羊耳蒜　413
一葉罈花蘭　**53**
一葉蘭屬　**552**
一點癀　467

（二畫）

九華蘭　205
二尾蘭　**622**
二尾蘭屬　**622**
二裂唇莪白蘭　**483**
二囊齒唇蘭　499
八代赤箭　331
八粉蘭屬　**597**

（三畫）

三伯肖頭蕊蘭　**154**
三伯花柱蘭　194
三伯脈葉蘭　480
三伯脈葉蘭　**482**
三角唇松蘭　**301**
三角雙葉蘭　461
三板根節蘭　148
三星石斛　263
三裂皿蘭　**395**
三裂羊耳蒜　429
三稜蝦脊蘭　148
三褶蝦脊蘭　149
三藥細筆蘭　**290**
上鬚蘭屬　279
千鳥粉蝶蘭　**546**
叉柱蘭屬　157
叉瓣玉鳳蘭　374

士賢皿柱蘭　**397**
大山雙葉蘭　**462**
大竹柏蘭　**218**
大芋蘭　**504**
大武斑葉蘭　**346**
大芙樂蘭　**532**
大花羊耳蒜　**424**
大花豆蘭　116
大花斑葉蘭　342
大花雙葉蘭　**451**
大扁根蜘蛛蘭　**587**
大根蘭　**220**
大理盔蘭　182
大莪白蘭　**484**
大雪山蜘蛛蘭　**585**
大鹿捲瓣蘭　**107**
大斑葉蘭　564
大斑葉蘭屬　**564**
大黃花蝦脊蘭　146
大腳筒蘭　**537**
大萼金釵蘭　441
大葉絨蘭　**287**
大漢山脈葉蘭　480
大蜘蛛蘭　**172**
大蜘蛛蘭屬　**171**
大雙花石斛　251
大霸山蘭　**506**
小小羊耳蒜　414
小小斑葉蘭　**357**
小天池線柱蘭　**634**
小白花石豆蘭　128
小白蛾蘭　**606**
小老虎七　226
小豆蘭　**94**
小沼蘭屬　**491**

小花羊耳蒜　428
小花綬草　**570**
小柱蘭屬　**444**
小唇蘭　**288**
小唇蘭屬　**288**
小鬼蘭　**269**
小兜蕊蘭　59
小軟葉蘭　**491**
小鹿角蘭　**389**
小麥脈葉蘭　480
小喜普鞋蘭　**226**
小腳筒蘭　**534**
小葉豆蘭　**128**
小精靈蘭屬　534
小蜘蛛蘭　**580**
小蝶蘭屬　**556**
小雙花石斛　**264**
小雙葉蘭　**454**
小雛蘭　**58**
小騎士蘭　**485**
小攀龍　**263**
小囊山珊瑚　233
小鬚唇蘭　**554**
山芋蘭　**299**
山赤箭　**328**
山林無葉蘭　68
山珊瑚　**232**
山蘭屬　**506**
川上氏羊耳蒜　**427**

（四畫）

中國指柱蘭　**157**
中華叉柱蘭　157
反捲根節蘭　**145**
天池捲瓣蘭　**110**

天麻　322
天麻屬　312
心唇小柱蘭　**191**
心唇金釵蘭　**443**
心葉羊耳蒜　**417**
心葉葵蘭　**594**
日本上鬚蘭　**280**
日本赤箭　**334**
日本捲瓣蘭　**102**
日本摺唇蘭　**616**
日本雙葉蘭　454
木斛　244
毛舌蘭屬　610
毛苞斑葉蘭　565
毛唇玉鳳蘭　**375**
毛萼山珊瑚　232
毛萼緋赤箭　**316**
毛緣萼豆蘭　**89**
毛緣萼捲瓣蘭　89
毛鞘線柱蘭　**636**
毛藥捲瓣蘭　**112**
水社綬草　569
火燒蘭　**277**
火燒蘭屬　277
爪哇赤箭　**329**

（五畫）

世富暫花蘭　**262**
仙茅竹莖蘭　613
仙茅摺唇蘭　**613**
冬赤箭　**336**
冬鳳蘭　202
凹舌蘭屬　237
凹唇小柱蘭　**192**
凹唇軟葉蘭　192

北大武豆蘭	105	台灣釵子股	441	白花肖頭蕊蘭	152	多花蘭	206
北大武苞葉蘭	81	台灣喜普鞋蘭	227	白花豆蘭	114	多葉斑葉蘭	347
北大武捲瓣蘭	105	台灣黃唇蘭	174	白花新竹石斛	250	安蘭屬	60
北插天赤箭	335	台灣萬代蘭	514	白花線柱蘭	625	尖唇鳥巢蘭	446
半柱毛蘭	285	台灣鈴蘭	278	白唇赤箭	332	尖葉暫花蘭	266
半轉位金線蓮	66	台灣摺唇蘭	614	白葉竹柏蘭	215	早田蘭屬	382
卡保山羊耳蘭	410	台灣蜻蛉蘭	545	白鳳蘭	368	朱紅冠毛蘭	99
古氏脈葉蘭	470	台灣線柱蘭	631	白齒唇蘭	492	朵朵香	208
台中石豆蘭	86	台灣蝴蝶蘭	528	白髭皿蘭	394	百合豆蘭	115
台東赤箭	321	台灣蝶花蘭	513	白點伴蘭	562	竹柏蘭	213
台東蜘蛛蘭	588	台灣擬囊唇蘭	563	白點蘭屬	598	竹節蘭屬	72
台灣一葉蘭	552	台灣糠穗蘭	56	白鶴蘭	149	竹葉根節蘭	576
台灣上鬚蘭	284	台灣罈花蘭	54	皿柱蘭屬	392	竹葉蘭	77
台灣小蝶蘭	559	台灣鎧蘭	186	皿蘭屬	392	竹葉蘭屬	77
台灣白及	78	台灣鵑娜蘭	377	石山桃屬	529	羊耳草	424
台灣皿蘭	406	台灣鷺草	516	石仙桃豆蘭	106	羊耳蒜屬	410
台灣石斛	260	四季竹柏蘭	221	石仙桃捲瓣蘭	106	羽唇指柱蘭	164
台灣全唇皿蘭	399	四季蘭	204	石豆蘭屬	82	羽唇根節蘭	132
台灣全唇蘭	496	四重溪脈葉蘭	477	石斛蘭	257	耳唇石豆蘭	94
台灣竹節蘭	74	玉山一葉蘭	384	石斛蘭屬	238	肉果蘭	236
台灣舌唇蘭	545	玉山一葉蘭屬	384	禾草芋蘭	298	肉果蘭屬	232
台灣吻蘭	179	玉山雙葉蘭	458	禾葉蘭屬	56	肉藥蘭	572
台灣杓蘭	227	玉蜂蘭	366			肉藥蘭屬	572
台灣松蘭	302	玉蜘蛛蘭	586	**（六畫）**		舌喙蘭	384
台灣芙樂蘭	533	玉鳳蘭屬	365	光唇蘭屬	391	舌喙蘭屬	384
台灣金釵蘭	441	玉簪羊耳蒜	422	全唇皿柱蘭	396	舟形指柱蘭	165
台灣金線蓮	62	白及屬	78	全唇早田蘭	383	血紅肉果蘭	234
台灣指柱蘭	157	白毛豆蘭	84	全唇指柱蘭	158		
台灣春蘭	207	白毛風鈴蘭	598	全唇脈葉蘭	478	**（七畫）**	
台灣柯麗白蘭	179	白毛風蘭	598	全唇線柱蘭	630	串珠石斛	249
台灣風鈴蘭	602	白毛捲瓣蘭	84	印度山蘭	508	伴蘭屬	387
台灣風蘭	602	白皿柱蘭	401	合歡山山蘭	508	低山捲瓣蘭	99
台灣根節蘭	577	白石斛	257	合歡山雙葉蘭	453	何氏松蘭	308
台灣假吻蘭	179	白肋角唇蘭	562	合歡松蘭	309	余氏鈴蘭	277
台灣捲瓣蘭	125	白赤箭	312	吊鐘鬼蘭	270	克森豆蘭	104
台灣梵尼蘭	620	白芙樂蘭	533	多枝竹節蘭	73	克森捲瓣蘭	104
台灣蕺白蘭	486	白花羊耳蒜	410	多花脆蘭	50	卵唇粉蝶蘭	544

吳鉅山蘭	511	明潭羊耳蒜	421	長苞脈葉蘭	479	青花玉鳳蘭	520
呂氏金釵蘭	440	東亞脈葉蘭	467	長苞斑葉蘭	565	非豆蘭	114
呂宋石斛	256	松田氏根節蘭	138	長距白鶴蘭	139	非洲紅蘭	225
尾唇羊耳蒜	436	松葉蘭	390	長距石斛	240	非洲紅蘭屬	225
尾唇根節蘭	133	松蘭屬	300	長距根節蘭	144		
尾唇斑葉蘭	564	油茶蜘蛛蘭	589	長距粉蝶蘭	543	九畫	
杉林溪豆蘭	86	沼蘭屬	189	長距蝦脊蘭	144	冠毛玉鳳蘭	374
杉林溪捲瓣蘭	86	泛亞上鬚蘭	283	長軸肖頭蕊蘭	154	南仁山小柱蘭	194
杉林溪盔蘭	182	波密斑葉蘭	344	長軸捲瓣蘭	124	南化摺唇蘭	614
杉野氏皿蘭	404	直立山珊瑚	233	長腳羊耳蒜	416	南投玉鳳蘭	517
枸蘭屬	226	肥垂蘭	607	長腳羊耳蒜	439	南投羊耳蒜	422
杜鵑蘭屬	594	芙樂蘭屬	530	長腳蜘蛛蘭	584	南投赤箭	333
沈氏指柱蘭	166	花柱蘭	193	長萼白毛豆蘭	85	南投指柱蘭	161
牡丹金釵蘭	442	花格斑葉蘭	359	長萼白毛捲瓣蘭	85	南投鬼蘭	271
肖頭蕊蘭屬	152	花蓮捲瓣蘭	99	長葉竹節蘭	72	南投斑葉蘭	354
良如羊耳蒜	429	芳線柱蘭	631	長葉羊耳蒜	430	南投蜻蛉蘭	545
芋蘭屬	296	虎紋隔距蘭	176	長葉杜鵑蘭	595	南投闊蕊蘭	517
角唇蘭屬	562	虎紋蘭	176	長葉根節蘭	137	南洋芋蘭	504
豆蘭屬	82	虎頭石	430	長葉斑葉蘭	358	南湖山蘭	509
赤色毛花蘭	535	金石斛	254	長葉蜻蛉蘭	541	南湖斑葉蘭	353
赤唇石豆蘭	83	金松蘭	307	長鉤蜘蛛蘭	590	南湖雙葉蘭	450
赤箭屬	312	金枝雙花豆蘭	126	長橢圓葉伴蘭	388	南湖雙葉蘭	459
辛氏盔蘭	184	金唇風鈴蘭	601	長頸肖頭蕊蘭	152	南湖雛蘭	556
那瑪夏摺唇蘭	615	金唇風蘭	601	長穗玉鳳蘭	373	南湖蠅蘭	609
		金草	242	長穗羊耳蒜	420	南嶺齒唇蘭	500
八畫		金釵蘭屬	440	阿玉線柱蘭	626	厚唇粉蝶蘭	547
亞輻射皿蘭	398	金稜邊	206	阿里山小柱蘭	444	厚唇斑葉蘭	347
和社指柱蘭	167	金線蓮	65	阿里山全唇蘭	494	厚葉風鈴蘭	607
奇萊紅蘭	558	金線蓮屬	62	阿里山豆蘭	115	厚葉風蘭	607
奇萊喜普鞋蘭	230	金蟬蘭	175	阿里山指柱蘭	158	厚蜘蛛蘭	584
奇萊雙葉蘭	452	金蟬蘭屬	174	阿里山根節蘭	134	垂枝斑葉蘭	355
屈子花	610	金蘭屬	150	阿里山脈葉蘭	466	垂莖芙樂蘭	530
岩坡玉鳳蘭	372	長耳蘭	416	阿里山莪白蘭	486	垂葉斑葉蘭	355
延齡鍾馗蘭屬	52	長果蘭屬	598	阿里山軟蘭	444	垂頭地寶蘭	296
延齡罈花蘭	52	長花柄蘭	624	阿里山斑葉蘭	354	屋久全唇皿蘭	400
弧距蝦脊蘭	133	長花柄蘭屬	623	阿里山線柱蘭	627	屋久島黑莖皿柱蘭	400
拉瑪夏摺唇蘭	615	長花斑葉蘭	342	青石蛋	522	屏東石豆蘭	116

屏東捲瓣蘭 **116**
屏東紫紋無葉蘭 69
屏東線柱蘭 **629**
建蘭 204
恆春羊耳蒜 **425**
恆春金線蓮 **64**
恆春鳥喙斑葉蘭 295
恆春歌綠懷蘭 295
扁球羊耳蒜 **419**
扁蜘蛛蘭 **583**
拜歲蘭 222
指柱蘭屬 **157**
春赤箭 **326**
春蘭 207
柯麗白蘭 **178**
柯麗白蘭屬 **178**
柳氏赤箭 **331**
柳杉豆蘭 92
柳杉捲瓣蘭 **92**
流蘇豆蘭 **96**
流蘇捲瓣蘭 96
流蘇蝦脊蘭 132
盆距蘭屬 300
相馬氏摺唇蘭 612
秋赤箭 335
紅小蝶蘭 558
紅心豆蘭 **118**
紅石斛 252
紅衣指柱蘭 **168**
紅花石斛 **252**
紅盔蘭 **186**
紅斑松蘭 **304**
紅斑蘭 **561**
紅鈴蟲蘭 425
紅頭蘭 **618**
紅頭蘭屬 **618**
紅檜松蘭 **310**

紅寶石赤箭 **337**
紅鶴蘭 526
紅鸝石斛 249
美冠蘭 **298**
美冠蘭屬 296
苞舌蘭屬 **567**
苞葉蘭屬 **80**
韭葉蘭 **445**
韭葉蘭屬 **445**
風鈴蘭屬 598
風蘭屬 **598**
飛鶴蘭屬 608
香花毛蘭 287
香花羊耳蒜 **433**
香莎草蘭 **200**
香港安蘭 **60**
香港金線蓮 65
香港帶唇蘭 60
香港絨蘭 **286**
香港綬草 **568**
香線柱蘭 **632**
香蘭 **381**
香蘭屬 **381**

（十畫）

倒吊蘭 292
倒吊蘭屬 **292**
倒垂風蘭 604
倒垂蘭 273
勐海赤箭 335
夏赤箭 **324**
姬蝴蝶蘭 527
容氏開唇蘭 65
根節蘭屬 **130**
桃紅蝴蝶蘭 **527**
桃園盔蘭 **185**
氣穗蘭屬 55

泰雅雙葉蘭 **447**
烏來石山桃 **529**
烏來石仙桃 529
烏來赤箭 **341**
烏來倒垂蘭 274
烏來假吻蘭 178
烏來捲瓣蘭 **109**
烏來閉口蘭 177
烏來黃吊蘭 **274**
烏來隔距蘭 177
狹唇粉蝶蘭 550
狹萼豆蘭 **95**
狹葉摺唇蘭 616
狹瓣玉鳳蘭 378
狹瓣粉蝶蘭 550
琉球石斛 **258**
琉球指柱蘭 **159**
琉球蜻蛉蘭 **549**
窄唇蜘蛛蘭 76
粉口蘭 **512**
粉口蘭屬 512
粉蝶蘭屬 538
紋皿柱蘭 **407**
紋星蘭 83
能高羊耳蒜 **432**
脆蘭屬 **50**
脈羊耳蒜 **431**
脈葉蘭屬 **466**
豹紋蘭 **610**
馬鞭蘭 **188**
馬鞭蘭屬 188
高士佛羊耳蒜 **437**
高士佛豆蘭 83
高士佛風鈴蘭 603
高士佛風蘭 **603**
高士佛莪白蘭 486
高山小蝶蘭 560

高山金蘭 **151**
高山紅蘭 560
高山粉蝶蘭 **542**
高山斑葉蘭 **352**
高山絨蘭 **536**
高山頭蕊蘭 151
高山雛蘭 556
高赤箭 **322**
高斑葉蘭 356
高雄赤箭 **330**
高嶺鳥嘴蓮 **363**
高嶺斑葉蘭 347
鬼蘭 270
鬼蘭屬 **269**

（十一畫）

假日本雙葉蘭 457
假羽蝶蘭屬 58
假金線蓮 350
假蜘蛛蘭 **582**
假囊唇蘭 563
兜蕊蘭屬 **59**
參實蘭 602
密花小唇蘭 288
密花小騎士蘭 **490**
密花山蘭 **507**
密花杜鵑蘭 595
密鱗長花柄蘭 **623**
帶唇蘭 595
張氏捲瓣蘭 99
彩虹皿柱蘭 408
桶後羊耳蒜 414
梅峰雙葉蘭 **456**
梨山捲瓣蘭 120
梵尼蘭屬 **620**
涼草 189
淡紅歌綠懷蘭 294

淡綠羊耳蒜	439	閉口蘭屬	176	無蕊喙赤箭	314	著頦蘭	263
淺黃肖頭蕊蘭	155	閉花八粉蘭	597	焦尾蘭	204	裂唇早田蘭	382
淺黃暫花蘭	265	閉花赤箭	318	短柱赤箭	340	裂唇軟葉蘭	189
清水山石斛	238	陰粉蝶蘭	551	短柱齒唇蘭	492	裂唇線柱蘭	382
清水氏赤箭	338	陳氏赤箭	332	短柱蘭屬	597	裂唇闊蕊蘭	520
清明草	571	雪山松蘭	305	短高嶺斑葉蘭	348	裂瓣玉鳳蘭	376
畢祿溪豆蘭	122	鳥仔花	77	短梗豆蘭	88	裂瓣莪白蘭	488
畢祿溪捲瓣蘭	122	鳥巢蘭	446	短梗捲瓣蘭	88	開唇蘭屬	62
異色風蘭	600	鳥巢蘭屬	446	短裂闊蕊蘭	519	間型上鬚蘭	282
異色瓣	600	鳥喙斑葉蘭	294	短距粉蝶蘭	538	雅美萬代蘭	619
盔蘭屬	180	鳥嘴蓮	361	短葶雙葉蘭	448	雲頂羊耳蒜	434
粗莖鶴頂蘭	525			短穗毛舌蘭	611	雲葉蘭	464
細赤箭	328	**十二畫**		短穗斑葉蘭	351	雲葉蘭屬	464
細花山蘭	510	傘花捲瓣蘭	129	童山白蘭	351	黃皿柱蘭	393
細花玉鳳蘭	520	喜馬拉雅盔蘭	182	紫皿柱蘭	393	黃石斛	238
細花根節蘭	140	喜普鞋蘭屬	226	紫芋蘭	297	黃吊蘭	273
細花軟葉蘭	608	單花脈葉蘭	480	紫花脈葉蘭	474	黃吊蘭屬	273
細花絨蘭	55	單葉軟葉蘭	444	紫花軟葉蘭	195	黃赤箭	329
細花蠅蘭	608	單囊齒唇蘭	497	紫花鶴頂蘭	524	黃松蘭	306
細莖石斛	253	報歲蘭	222	紫背一點癀	474	黃花小杜鵑蘭	595
細莖鶴頂蘭	524	壺花赤箭	327	紫背脈葉蘭	474	黃花石豆蘭	97
細距鶴頂蘭	524	寒蘭	211	紫背軟葉蘭	190	黃花石斛	238
細葉肖頭蕊蘭	153	惠粉蝶蘭	540	紫苞舌蘭	567	黃花羊耳蒜	438
細葉春蘭	208	掌裂蘭屬	237	紫紋東亞脈葉蘭	468	黃花老虎七	228
細葉莪白蘭	486	插天山羊耳蒜	438	紫紋捲瓣蘭	111	黃花肖頭蕊蘭	156
細葉零餘子草	386	斑紋鳥嘴蓮	361	紫紋無葉蘭	68	黃花線柱蘭	628
細點根節蘭	130	斑葉指柱蘭	163	紫晶皿蘭	406	黃花鶴頂蘭	522
羞花蘭	566	斑葉蘭	352	紫葉旗唇蘭	503	黃苞根節蘭	578
羞花蘭屬	566	斑葉蘭	359	紫葉齒唇蘭	495	黃唇線柱蘭	628
莪白蘭屬	483	斑葉蘭屬	342	紫鈴蟲蘭	436	黃根節蘭	146
蛇舌蘭屬	273	棒距根節蘭	575	絨蘭屬	285	黃絨蘭	285
袋唇蘭屬	391	無毛捲瓣蘭	100	絲柱蘭	573	黃萼捲瓣蘭	117
袖珍斑葉蘭	354	無柱蘭屬	58	絲柱蘭屬	573	黃蛾蘭	605
連珠絨蘭	536	無距細筆蘭	291	絳唇羊耳蒜	435	黃綠沼蘭	196
連翹根節蘭	578	無葉上鬚蘭	279	菅草蘭	224	黃穗蘭	267
釵子股屬	440	無葉蘭屬	68	菲律賓線柱蘭	633	黃繡球蘭	555

黃翹距根節蘭　142
黑豆蘭　101

（十三畫）
圓唇小柱蘭　197
圓唇小騎士蘭　485
圓唇伴蘭　387
圓唇羢白蘭　486
圓唇軟葉蘭　197
圓瓣無葉蘭　70
塔山蜘蛛蘭　593
塔塔加雙葉蘭　463
微耳雙葉蘭　457
新北皿柱蘭　405
新竹玉鳳蘭　370
新竹石斛　249
新竹風鈴蘭　605
新竹風蘭　605
新竹根節蘭　141
新竹盔蘭　182
楊氏玉鳳蘭　367
溪頭羊耳蒜　417
溪頭豆蘭　98
溪頭風鈴蘭　606
溪頭風蘭　606
溪頭蜘蛛蘭　581
滇蘭屬　380
矮竹柏蘭　214
矮柱蘭　597
矮根節蘭　579
矮摺唇蘭　612
義富綬草　569
聖稜粉蝶蘭　548
聖稜雙葉蘭　460
腳根蘭　386
腳根蘭屬　386

腳盤蘭屬　386
腺蜘蛛蘭　581
萬代蘭屬　619
落苞根節蘭屬　574
葉氏松蘭　311
葉氏斑葉蘭　362
葵蘭　594
達悟斑葉蘭　349
鈴木氏雙葉蘭　461
鈴蘭屬　277
鉗喙蘭　288
鉤唇風鈴蘭　598
鉤唇風蘭　598
隔距蘭屬　176
雉尾指柱蘭　162
零餘子草屬　386

（十四畫）
葦草蘭　77
葦草蘭屬　77
僧蘭屬　504
壽卡小柱蘭　194
摺柱赤箭　325
摺柱春蘭　210
摺唇蘭屬　612
摺疊羊耳蒜　413
旗唇蘭　503
歌綠懷蘭　293
歌綠懷蘭屬　293
滿綠隱柱蘭　198
漢考克蘭　380
漢考克蘭屬　380
碧湖皿柱蘭　396
碧綠溪雙葉蘭　459
窩舌蘭　237
窩舌蘭屬　237

管花蘭　187
管花蘭屬　187
管唇蘭　618
管唇蘭屬　618
精巧旗唇蘭　503
綠皿蘭　408
綠花凹舌蘭　237
綠花台灣羢白蘭　486
綠花安蘭　61
綠花竹柏蘭　212
綠花肖頭蕊蘭　156
綠花隔距蘭　177
綠花寶石蘭　119
綠葉角唇蘭　626
綠葉旗唇蘭　498
綬草　571
綬草屬　568
維明豆蘭　87
維明捲瓣蘭　87
緋赤箭　315
翠華捲瓣蘭　97
蜘蛛蘭　580
蜘蛛蘭屬　580
銀鈴蟲蘭　417
銀線脈葉蘭　477
銀線蓮　350
銀蘭　150
鳳尾蘭　611
鳳尾蘭屬　610
鳳凰山石豆蘭　118
鳳蝶蘭屬　513
鳳蘭　202

（十五畫）
墨綠指柱蘭　159
寬唇松蘭　307

寬唇金線蓮　66
寬唇苞葉蘭　80
寬唇脈葉蘭　475
寬萼捲瓣蘭　108
寬囊大蜘蛛蘭　171
廣葉軟葉蘭　193
德基羊耳蒜　418
德基指柱蘭　160
撕唇闊蕊蘭　520
撬唇蘭　390
撬唇蘭屬　389
樂氏玉鳳蘭　365
樂氏捲瓣蘭　113
歐氏赤箭　330
澐蜘蛛蘭　592
瘤唇捲瓣蘭　102
盤龍草　571
箭蜘蛛蘭　591
線柱蘭　635
線柱蘭屬　625
線瓣玉鳳蘭　378
緣毛松蘭　300
蓬萊芙樂蘭　531
蓬萊隱柱蘭　199
蓮座葉斑葉蘭　344
蔓莖山珊瑚　292
蔓莖山珊瑚屬　292
蔡氏玉鳳蘭　379
蝦脊蘭屬　130
蝴蝶蘭屬　527
蝶花蘭屬　513
賤蘭屬　556
齒爪齒唇蘭　502
齒唇羊耳蒜　426
齒唇羢白蘭　489
齒唇蘭屬　492

【十六畫】

墾丁上鬚蘭　281
樹絨蘭　535
樹葉羊耳蒜　428
樹蘭屬　276
橢圓杜鵑蘭　596
燕石斛　248
燕尾豆蘭　92
蕉蘭　50
蕙蘭屬　200
貓尾蘭　193
貓鬚蘭　515
輻形根節蘭　574
輻射大芋蘭　505
輻射根節蘭　574
輻射暫花蘭　266
輻射糙莖皿柱蘭　403
頭花山蘭　507
頭蕊蘭屬　150
鴛鴦蘭屬　275
龍爪蘭　76
龍爪蘭屬　76

【十七畫】

擬八代赤箭　320
擬台灣鳳蝶蘭　513
擬竹葉根節蘭　575
擬和社指柱蘭　169
擬紅衣指柱蘭　170
擬粉蝶蘭　80
擬莪白蘭屬　491
擬囊唇蘭屬　563
穗花捲瓣蘭　101
穗花斑葉蘭　356
穗花蘭　267
穗花蘭屬　267

糙莖皿蘭　402
糠穗蘭屬　56
薄唇無葉蘭　69
錨柱蘭　268
錨柱蘭屬　268
鍬形脈葉蘭　476
鍾氏齒唇蘭　495
闊葉杜鵑蘭　596
闊葉沼蘭　193
闊葉春蘭　224
闊葉根節蘭　136
闊蕊蘭　517
闊蕊蘭屬　515
隱柱蘭屬　198
鴿石斛　246

【十八畫】

叢生羊耳蒜　414
斷尾捲瓣蘭　90
壁綠竹柏蘭　216
繳形捲瓣蘭　129
繡球蘭屬　555
繡邊根節蘭　148
罈花蘭　54
罈花蘭屬　52
翹唇玉鳳蘭　373
翹距根節蘭　136
鎧蘭屬　180
鎮西堡雙葉蘭　450
雙板山蘭　506
雙板斑葉蘭　358
雙花石斛　251
雙花斑葉蘭　342
雙唇蘭屬　269
雙袋蘭　275
雙袋蘭屬　275

雙葉羊耳蒜　422
雙葉蘭屬　446
雙囊齒唇蘭　499
雛蝶蘭　557
雛蘭屬　58
雜交樹蘭　276
離瓣斑葉蘭　360
魏氏闊蕊蘭　521
鵝毛玉鳳花　368

【十九畫】

臘石斛　259
臘連珠　259
臘著頦蘭　259
蠅蘭屬　608
關刀溪線柱蘭　628
關山雙葉蘭　455

【二十畫】

寶島羊耳蒜　423
寶島杓蘭　228
寶島芙樂蘭　531
寶島喜普鞋蘭　228
懸垂風鈴蘭　604
蘇氏赤箭　339
蘇氏摺唇蘭　617
蘋蘭屬　534

【二十一畫】

櫻石斛　254
蘭花雙葉草屬　226
蘭嶼小柱蘭　189
蘭嶼白及　78
蘭嶼光唇蘭　391
蘭嶼竹節蘭　75
蘭嶼金銀草　364

蘭嶼脈葉蘭　473
蘭嶼草蘭　275
蘭嶼鬼蘭　272
蘭嶼袋唇蘭　391
蘭嶼線柱蘭　637
鐮唇脈葉蘭　471
鶴頂蘭　526
鶴頂蘭屬　522

【二十二畫】

巒大石斛　240
彎柱羊耳蒜　415
鬚唇羊耳蒜　412
鬚唇暫花蘭　244
鬚唇蘭屬　554

【二十三畫以上】

纖花根節蘭　140
纖細闊蕊蘭　518
艷紫盔蘭　180
鷹爪石斛　240
觀霧豆蘭　103
觀霧捲瓣蘭　103
鸛冠蘭　120

學名索引

A

Acampe 50
Acampe praemorsa var. longepedunculata 50
Acampe rigida 50
Acanthephippium 52
Acanthephippium pictum 52
Acanthephippium striatum 53
Acanthephippium sylhetense 54
Aeridostachya 55
Aeridostachya robusta 55
Agrostophyllum 56
Agrostophyllum formosanum 56
Amitostigma 58
Amitostigma alpestris 556
Amitostigma gracile 58
Amitostigma yuukiana 58
Androcorys 59
Androcorys pusillus 59
Ania 60
Ania hongkongensis 60
Ania penangiana 61
Anoectochilus 62
Anoectochilus formosanus 62
Anoectochilus koshunensis 64
Anoectochilus roxburghii 65
Anoectochilus semiresupinatus 66
Anoectochilus yungianus 65
Aphyllorchis 68
Aphyllorchis montana 68
Aphyllorchis montana var. membranacea 69
Aphyllorchis montana var. pingtungensis 69
Aphyllorchis montana var. rotundatipetala 70
Aphyllorchis simplex 70
Appendicula 72
Appendicula fenixii 72
Appendicula formosana 74
Appendicula kotoensis 75
Appendicula lucbanensis 73
Appendicula reflexa 74
Appendicula reflexa var. kotoensis 75
Appendicula terrestris 72
Arachnis 76
Arachnis labrosa 76
Arundina 77
Arundina graminifolia 77

B

Bletilla 78
Bletilla formosana 78
Bletilla formosana f. kotoensis 78
Brachycorythis 80
Brachycorythis galeandra 80
Brachycorythis helferi 81
Brachycorythis peitawuensis 81
Bulbophyllum 82
Bulbophyllum × omerumbellatum 113
Bulbophyllum affine 83
Bulbophyllum albociliatum 84
Bulbophyllum albociliatum var. brevipedunculatum 88
Bulbophyllum albociliatum var. remotifolium 85
Bulbophyllum albociliatum var. shanlinshiense 86
Bulbophyllum albociliatum var. weiminianum 87
Bulbophyllum aureolabellum 94
Bulbophyllum brevipedunculatum 88
Bulbophyllum ciliisepalum 89
Bulbophyllum confragosum 90
Bulbophyllum cryptomeriicola 92
Bulbophyllum curranii 94
Bulbophyllum derchianum 128
Bulbophyllum drymoglossum 95
Bulbophyllum drymoglossum var. somae 95
Bulbophyllum electrinum var. sui 124
Bulbophyllum electrinum var. calvum 100
Bulbophyllum fenghuangshanianum 118
Bulbophyllum fimbriperianthium 96
Bulbophyllum flaviflorum 97
Bulbophyllum griffithii 98
Bulbophyllum hirundinis 99
Bulbophyllum hirundinis var. calvum 100
Bulbophyllum hirundinis var. pinlinianum 99

Bulbophyllum hirundinis var. *puniceum*	99	**Calanthe alismifolia**	130	
Bulbophyllum hymenanthum	126	**Calanthe alpina**	132	
Bulbophyllum hymenanthum var. *tenuislinguae*	126	*Calanthe angustifolia*	579	
Bulbophyllum insulsoides	101	**Calanthe arcuata**	133	
Bulbophyllum japonicum	102	**Calanthe arisanensis**	134	
Bulbophyllum karenkoensis var. *calvum*	100	**Calanthe aristulifera**	136	
Bulbophyllum kuanwuense	103	**Calanthe davidii**	137	
Bulbophyllum kuanwuense var. *luchuense*	104	**Calanthe davidii** var. **matsudae**	138	
Bulbophyllum kuanwuense var. *peitawuense*	105	*Calanthe densiflora*	576	
Bulbophyllum kuanwuense var. *rutilum*	106	*Calanthe fimbriata*	132	
Bulbophyllum macraei	109	*Calanthe flava*	522	
Bulbophyllum makoyanum	97	*Calanthe formosana*	577	
Bulbophyllum maxi	110	*Calanthe forsythiiflora*	578	
Bulbophyllum melanoglossum	111	**Calanthe graciliflora**	140	
Bulbophyllum omerandrum	112	*Calanthe kawakamii*	146	
Bulbophyllum pauciflorum	114	*Calanthe kooshunensis*	153	
Bulbophyllum pectinatum	115	*Calanthe lyroglossa*	578	
Bulbophyllum pingtungense	116	*Calanthe lyroglossa* var. *actinomorpha*	574	
Bulbophyllum retusiusculum	117	**Calanthe masuca**	144	
Bulbophyllum rubrolabellum	118	*Calanthe mishmensis*	524	
Bulbophyllum sasakii	119	**Calanthe puberula**	145	
Bulbophyllum setaceum var. *confragosum*	90	*Calanthe reflexa* Maxim.	145	
Bulbophyllum setaceum var. *pilusiense*	122	**Calanthe sieboldii**	146	
Bulbophyllum setaceum var. *setaceum*	120	*Calanthe speciosa*	577	
Bulbophyllum somae	95	*Calanthe striata*	146	
Bulbophyllum sp.	107	*Calanthe takeoi*	525	
Bulbophyllum sp.	108	*Calanthe tankervilleae*	526	
Bulbophyllum sui	124	**Calanthe tricarinata**	148	
Bulbophyllum taichungianum	86	**Calanthe triplicata**	149	
Bulbophyllum taiwanense	125	**Calanthe davidii**	137	
Bulbophyllum tenuislinguae	126	**Cephalanthera**	150	
Bulbophyllum tokioi	128	*Cephalanthera alpicola*	151	
Bulbophyllum transarisanense	115	**Cephalanthera erecta**	150	
Bulbophyllum umbellatum	129	**Cephalanthera longifolia**	151	
Bulbophyllum weiminianum	87	**Cephalantheropsis**	152	
		Cephalantheropsis dolichopoda	152	
C		**Cephalantheropsis halconensis**	153	
		Cephalantheropsis longipes	152	
Calanthe	130	**Cephalantheropsis longipes**	154	
Calanthe × clavata	575	**Cephalantheropsis obcordata** var. **alboflavescens**	155	
Calanthe × insularis	142	**Cephalantheropsis obcordata** var. **obcordata**	156	
Calanthe × dominyi	139	*Cestichis bootanensis*	413	
Calanthe × hsinchuensis	141	*Cestichis caespitosa*	414	
Calanthe actinomorpha	574			

Cestichis condylobulbon	416	**Collabium**	178
Cestichis elliptica	419	**Collabium chinense**	178
Cestichis grossa	425	**Collabium formosanum**	179
Cestichis kawakamii	427	**Corybas**	180
Cestichis laurisilvatica	428	*Corybas himalaicus*	182
Cestichis mannii	429	**Corybas puniceus**	180
Cestichis nakaharae	430	**Corybas purpureus**	182
Cestichis nokoensis	432	*Corybas shanlinshiensis*	182
Cestichis somae	437	*Corybas shanlinshiensis* f. *hsinchui*	182
Cestichis viridiflora	439	**Corybas sinii**	184
Chamaegastrodia poilanei	502	**Corybas** sp.	185
Cheirostylis	157	**Corybas taiwanensis**	186
Cheirostylis chinensis	157	*Corybas taliensis*	182
Cheirostylis chinensis var. **takeoi**	158	**Corymborkis**	187
Cheirostylis cochinchinensis	162	**Corymborkis veratrifolia**	187
Cheirostylis cochinchinensis var. *clibborndyeri*	163	**Cremastra**	188
Cheirostylis derchiensis	160	**Cremastra appendiculata** var. **appendiculata**	188
Cheirostylis liukiuensis	159	*Cremastra appendiculata* var. *variabilis*	188
Cheirostylis liukiuensis var. **derchiensis**	160	**Crepidium**	189
Cheirostylis liukiuensis var. **nantouensis**	161	**Crepidium** × **cordilabium**	191
Cheirostylis monteiroi	162	**Crepidium bancanoides**	189
Cheirostylis monteiroi var. **clibborndyeri**	163	**Crepidium bancanoides** var. **roohutuense** ined.	190
Cheirostylis nantouensis	161	**Crepidium matsudae**	192
Cheirostylis octodactyla	164	**Crepidium ophrydis**	193
Cheirostylis octodactyla forma **cymbiformes**	165	**Crepidium ophrydis** var. **shuicae** ined.	194
Cheirostylis pusilla var. **simplex**	166	**Crepidium purpureum**	195
Cheirostylis rubrifolia	168	**Crepidium ramosii**	197
Cheirostylis sp.	169	*Crepidium roohutuense*	190
Cheirostylis takeoi	158	**Crepidium** sp.	196
Cheirostylis tortilacinia	167	**Cryptostylis**	198
Cheirostylis tortilacinia var. **rubrifolia**	168	**Cryptostylis arachnites**	198
Cheirostylis tortilacinia var. **wutaiensis**	170	*Cryptostylis taiwaniana*	199
Chiloschista	171	**Cymbidium**	200
Chiloschista parishii	171	**Cymbidium** × **oblancifolium**	221
Chiloschista segawae	172	**Cymbidium cochleare**	200
Chrysoglossum	174	**Cymbidium dayanum**	202
Chrysoglossum formosanum	174	**Cymbidium ensifolium**	204
Chrysoglossum ornatum	175	**Cymbidium faberi**	205
Cleisostoma	176	**Cymbidium floribundum**	206
Cleisostoma paniculatum	176	**Cymbidium formosanum**	207
Cleisostoma uraiensis	177	*Cymbidium formosanum* var. *gracillimum*	208
Coelogyne cantonensis	529	*Cymbidium goeringii*	207
Coelogyne uncata	267	**Cymbidium goeringii** var. **gracillimum**	208

Cymbidium kanran	211
Cymbidium lancifolium var. *aspidistrifolium*	212
Cymbidium lancifolium var. *lancifolium*	213
Cymbidium lancifolium var. *papuanum*	214
Cymbidium lancifolium var. *syunitianum*	218
Cymbidium macrorhizon	220
Cymbidium sinense	222
Cymbidium sp.	210
Cymbidium sp.	215
Cymbidium sp.	216
Cymbidium tortisepalum	224
Cynorkis	225
Cynorkis fastigiata	225
Cyperorchis babae	200
Cypripedium	226
Cypripedium debile	226
Cypripedium formosanum	227
Cypripedium segawae	228
Cypripedium taiwanalpinum	230
Cyrtosia	232
Cyrtosia falconeri	233
Cyrtosia javanica	236
Cyrtosia lindleyana	232
Cyrtosia lindleyana var. *falconeri ined.*	233
Cyrtosia septentrionalis	234
Cyrtosia taiwanica	236

D

Dactylorhiza	237
Dactylorhiza viridis	237
Dendrobium	238
Dendrobium catenatum	238
Dendrobium chameleon	240
Dendrobium chryseum	242
Dendrobium comatum	244
Dendrobium crumenatum	246
Dendrobium equitans	248
Dendrobium falconeri	249
Dendrobium falconeri var. *erythroglossum*	249
Dendrobium fargesii	263
Dendrobium furcatopedicellatum	251
Dendrobium goldschmidtianum	252
Dendrobium leptocladum	253

Dendrobium linawianum	254
Dendrobium luzonense	256
Dendrobium moniliforme	257
Dendrobium moniliforme var. *okinawense*	258
Dendrobium nakaharae	259
Dendrobium nobile var. *formosanum*	260
Dendrobium officinale	238
Dendrobium okinawense	258
Dendrobium parietiforme	262
Dendrobium sanseiense	263
Dendrobium somae	264
Dendrobium sp.	250
Dendrobium tosaense var. *chingshuishanianum*	238
Dendrobium xantholeucum	265
Dendrobium xantholeucum var. *tairukounium*	266
Dendrochilum	267
Dendrochilum formosanum	267
Dendrochilum uncatum	267
Didiciea cunninghamii	608
Didymoplexiella	268
Didymoplexiella siamensis	268
Didymoplexis	269
Didymoplexis micradenia	269
Didymoplexis pallens	270
Didymoplexis pallens var. *nantouensis*	271
Didymoplexis sp.	272
Dienia ophrydis	193
Dienia shuicae	194
Diploprora	273
Diploprora championii	273
Diploprora championii var. *uraiensis*	274
Disperis	275
Disperis neilgherrensis	275

E

Empusa barbata	412
Empusa ferruginea	421
Empusa formosana	423
Empusa gigantea	424
Empusa henryi	426
Empusa nervosa	431
Empusa odorata	433
Empusa sootenzanensis	438

Epidendrum	276	*Eulophia picta*	296
Epidendrum × *obrienianum*	276	*Eulophia pulchra*	504
Epigeneium fargesii	263	*Eulophia pulchra* var. *pelorica*	505
Epigeneium nakaharae	259	*Eulophia taiwanensis*	297
Epipactis	277	**Eulophia zollingeri**	299
Epipactis fascicularis	277		
Epipactis helleborine	277	**F**	
Epipactis ohwii	278	*Flickingeria comata*	244
Epipogium	279	*Flickingeria parietiformis*	262
Epipogium × **meridianum**	282	*Flickingeria shihfuana*	262
Epipogium aphyllum	279	*Flickingeria tairukounia*	266
Epipogium japonicum	280		
Epipogium kentingense	281	**G**	
Epipogium roseum	283	*Galeola falconeri*	233
Epipogium taiwanense	284	*Galeola lindleyana*	232
Eria	285	**Gastrochilus**	300
Eria amica	534	**Gastrochilus** × **hsuehshanensis**	305
Eria corneri	285	**Gastrochilus ciliaris**	300
Eria formosan	535	**Gastrochilus deltoglossus**	301
Eria gagnepainii	286	*Gastrochilus flavus* T.P. Lin	307
Eria herklotsii	286	**Gastrochilus formosanus**	302
Eria japonica	536	**Gastrochilus fuscopunctatus**	304
Eria javanica	287	*Gastrochilus hoi*	308
Eria ovata	537	**Gastrochilus japonicus**	306
Eria robusta	55	*Gastrochilus linii*	307
Eria scabrilinguis	285	**Gastrochilus matsudae**	307
Eria tomentosiflora	535	**Gastrochilus matsudae** var. *hoi*	308
Erythrodes	288	**Gastrochilus rantabunensis**	309
Erythrodes aggregatus	288	**Gastrochilus raraensis**	310
Erythrodes chinensis	288	*Gastrochilus somae*	306
Erythrodes triantherae var. *ecalcarata*	291	**Gastrochilus yehii**	311
Erythrodes triantherae var. *triantherae*	290	**Gastrodia**	312
Erythrorchis	292	**Gastrodia albida**	312
Erythrorchis altissima	292	**Gastrodia appendiculata**	314
Eucosia	293	*Gastrodia autumnalis*	335
Eucosia hengchunensis	295	**Gastrodia callosa**	315
Eucosia longirostrata	293	**Gastrodia clausa**	318
Eucosia viridiflora	294	*Gastrodia confusa*	331
Eucosia viridiflora var. *hengchunensis ined.*	295	**Gastrodia confusoides** var. *confusoides*	320
Eulophia	296	**Gastrodia confusoides** var. *taitungensis*	321
Eulophia cernua	296	*Gastrodia elata*	322
Eulophia dentata	297	**Gastrodia flavilabella**	324
Eulophia graminea	298	**Gastrodia flexistyla**	325

Gastrodia fontinalis	*326*	*Goodyera maximowicziana*	*348*
Gastrodia fontinalis var. *suburceolata*	*327*	*Goodyera nankoensis*	*353*
Gastrodia gracilis	*328*	*Goodyera nantoensis*	*354*
Gastrodia hiemalis	*336*	*Goodyera pendula*	*355*
Gastrodia javanica	*329*	*Goodyera procera*	*356*
Gastrodia kaohsiungensis	*330*	*Goodyera pusilla*	*357*
Gastrodia leoui	*331*	*Goodyera recurva*	*355*
Gastrodia leucochila	*332*	*Goodyera robusta*	*358*
Gastrodia menghaiensis	*335*	*Goodyera rubicunda*	*565*
Gastrodia nantoensis	*333*	*Goodyera schlechtendaliana*	*352*
Gastrodia nipponica	*334*	*Goodyera schlechtendaliana*	*359*
Gastrodia oui	*330*	*Goodyera seikoomontana*	*293*
Gastrodia peichiatieniana	*335*	*Goodyera similis*	*361*
Gastrodia pubilabiata	*336*	*Goodyera similis* var. *albonervosa*	*361*
Gastrodia rubinea	*337*	*Goodyera similis* var. *similoides*	*362*
Gastrodia shimizuana	*338*	*Goodyera* sp.	*360*
Gastrodia sp.	*316*	*Goodyera viridiflora*	*294*
Gastrodia stapfii	*329*	*Goodyera yamiana*	*364*
Gastrodia sui	*339*	*Goodyera yangmeishanensis*	*357*
Gastrodia theana	*340*		
Gastrodia uraiensis	*341*	**H**	
Geodorum densiflorum	*296*	*Habenaria*	*365*
Goodyera	*342*	*Habenaria* × *tsaiana*	*379*
Goodyera × *tanakae*	*363*	*Habenaria alishanensis*	*365*
Goodyera arisanensis	*354*	*Habenaria ciliolaris*	*366*
Goodyera biflora	*342*	*Habenaria crassilabia*	*373*
Goodyera bilamellata	*358*	*Habenaria dentata*	*368*
Goodyera bomiensis	*344*	*Habenaria furcata*	*370*
Goodyera brachystegia	*344*	*Habenaria iyoensis*	*372*
Goodyera cordata	*294*	*Habenaria longidenticulata*	*374*
Goodyera daibuzanensis	*346*	*Habenaria longiracema*	*373*
Goodyera foliosa	*347*	*Habenaria pantlingiana*	*374*
Goodyera foliosa var. *maximowicziana*	*348*	*Habenaria petelotii*	*375*
Goodyera foliosa var. *taoana*	*349*	*Habenaria polytricha*	*376*
Goodyera fumata	*564*	*Habenaria* sp.	*367*
Goodyera grandis	*565*	*Habenaria* sp.	*377*
Goodyera hachijoensis var. *matsumurana*	*350*	*Habenaria stenopetala*	*378*
Goodyera hengchunensis	*295*	*Hancockia*	*380*
Goodyera henryi	*351*	*Hancockia uniflora*	*380*
Goodyera kwangtungensis	*359*	*Haraella*	*381*
Goodyera longirostrata	*293*	*Haraella retrocalla*	*381*
Goodyera maculata	*352*	*Hayata*	*382*
Goodyera matsumurana	*350*	*Hayata merrillii*	*383*

Hayata tabiyahanensis	382	*Lecanorchis* sp.	399
Hayata tabiyahanensis var. *merrillii*	383	*Lecanorchis subpelorica*	398
Hemipilia	384	*Lecanorchis subpelorica* var. *latens*	397
Hemipilia × *alpestroides*	557	*Lecanorchis suginoana*	404
Hemipilia alpestris	556	*Lecanorchis tabugawaensis*	405
Hemipilia cordifolia	384	*Lecanorchis taiwaniana*	406
Hemipilia gracile	58	*Lecanorchis thalassica*	407
Hemipilia kiraishiensis	558	*Lecanorchis trachycaula*	402
Hemipilia takasagomontana	560	*Lecanorchis triloba*	395
Hemipilia takasagomontana var. *taitungensis*	559	*Lecanorchis vietnamica*	394
Hemipilia tominagae	561	*Lecanorchis virella*	408
Herminium	386	*Liparis*	410
Herminium lanceum	386	*Liparis amabilis*	410
Herminium lanceum var. *longicrure*	386	*Liparis auriculata*	422
Herminium pusillum	59	*Liparis barbata*	412
Hetaeria	387	*Liparis bootanensis*	413
Hetaeria anomala	387	*Liparis caespitosa*	414
Hetaeria cristata	562	*Liparis campylostalix*	415
Hetaeria oblongifolia	388	*Liparis condylobulbon*	416
Hippeophyllum seidenfadenii	490	*Liparis cordifolia*	417
Holcoglossum	389	*Liparis derchiensis*	418
Holcoglossum pumilum	389	*Liparis elliptica*	419
Holcoglossum quasipinifolium	390	*Liparis elongata*	420
Hylophila	391	*Liparis ferruginea*	421
Hylophila nipponica	391	*Liparis formosamontana*	422
		Liparis formosana	423
		Liparis gigantea	424
L		*Liparis grossa*	425
Lecanorchis	392	*Liparis henryi*	426
Lecanorchis amethystea	406	*Liparis kawakamii*	427
Lecanorchis cerina	393	*Liparis laurisilvatica*	428
Lecanorchis cerina var. *albida*	401	*Liparis liangzuensis*	429
Lecanorchis flavicans var. *acutiloba*	394	*Liparis mannii*	429
Lecanorchis japonica var. *thalassica*	407	*Liparis monoceros*	422
Lecanorchis kiusiana var. *albida*	401	*Liparis nakaharae*	430
Lecanorchis latens	397	*Liparis nervosa*	431
Lecanorchis multiflora	395	*Liparis nokoensis*	432
Lecanorchis multiflora var. *bihuensis*	396	*Liparis odorata*	433
Lecanorchis multiflora var. *latens* ined.	397	*Liparis petiolata*	422
Lecanorchis multiflora var. *subpelorica*	398	*Liparis pulchella*	422
Lecanorchis nigricans var. *yakushimensis*	400	*Liparis reckoniana*	434
Lecanorchis ohwii	401	*Liparis rubrotincta*	435
Lecanorchis purpurea	402	*Liparis sasakii*	436
Lecanorchis purpurea var. *actinomorpha*	403		

Liparis somae	437
Liparis sootenzanensis	438
Liparis viridiflora	439
Listera	446
Listera japonica	454
Listera kuanshanensis	455
Listera meifongensis	456
Listera morrisonicola	458
Listera suzukii	461
Listera taizanensis	462
Luisia	440
Luisia × *lui*	440
Luisia cordata	443
Luisia megasepala	441
Luisia teres	442
Luisia teretifolia	443
Luisia tristis	443

M

Malaxis	444
Malaxis bancanoides	189
Malaxis latifolia	193
Malaxis matsudae	192
Malaxis microtatantha	491
Malaxis monophyllos	444
Malaxis purpurea	195
Malaxis ramosii	197
Malaxis roohutuense	190
Malaxis sampoae	194
Malaxis shuicae	194
Microtis	445
Microtis unifolia	445
Mischobulbum cordifolium	594
Myrmechis drymoglossifolia	494

N

Neottia	446
Neottia acuminata	446
Neottia atayalica	447
Neottia breviscapa	448
Neottia cinsbuensis	450
Neottia deltoidea	461
Neottia fukuyamae var. *chilaiensis*	452

Neottia fukuyamae var. *fukuyamae*	451
Neottia hohuanshanensis	453
Neottia japonica	454
Neottia kuanshanensis	455
Neottia meifongensis	456
Neottia microauriculata	457
Neottia morrisonicola	458
Neottia piluchiensis	459
Neottia pseudonipponica	457
Neottia shenlengiana	460
Neottia suzukii	461
Neottia taizanensis	462
Neottia tatakaensis	463
Neottia wardii	451
Nephelaphyllum	464
Nephelaphyllum tenuiflorum	464
Nervilia	466
Nervilia alishanensis	466
Nervilia aragoana	467
Nervilia concolor	467
Nervilia crociformis	477
Nervilia cumberlegii	470
Nervilia falcata	471
Nervilia hungii	471
Nervilia lanyuensis	473
Nervilia linearilabia	480
Nervilia plicata	474
Nervilia purpureotincta	475
Nervilia septemtrionarius	476
Nervilia simplex	477
Nervilia sp.	468
Nervilia sp.	478
Nervilia sp.	479
Nervilia taitoensis	480
Nervilia taiwanian	480
Nervilia taiwaniana var. *ratis*	480
Nervilia taiwaniana var. *ratis*	482
Nervilia taiwaniana var. *tahanshanensis*	480

O

Oberonia	483
Oberonia arisanensis	486
Oberonia caulescens	483

Oberonia costeriana	484	**P**		
Oberonia formosana	486	*Pachystoma*	512
Oberonia formosana f. *viridiflora*	486	*Pachystoma pubescens*	512
Oberonia gigantea	484	*Papilionanthe*	513
Oberonia insularis	485	*Papilionanthe pseudotaiwaniana*	513
Oberonia insularis formr *rotunda*	485	*Papilionanthe taiwaniana*	514
Oberonia japonica	486	*Paraphaius takeoi*	525
Oberonia kusukusensis	486	*Peristylus*	515
Oberonia linguae	486	*Peristylus calcaratus*	515
Oberonia microphylla	488	*Peristylus formosanus*	516
Oberonia rosea	488	*Peristylus goodyeroides*	517
Oberonia segawae	489	*Peristylus gracilis* susp. *insularis*	518
Oberonia seidenfadenii	490	*Peristylus intrudens*	519
Oberonia sinica	485	*Peristylus lacertifer*	520
Oberonioides	491	*Peristylus monticola*	515
Oberonioides pusillus	491	*Peristylus* sp.	521
Odontochilus	492	*Phaius*	522
Odontochilus bisaccatus	499	*Phaius flavus*	522
Odontochilus brevistylus ssp. *candidus*	492	*Phaius mishmensis*	524
Odontochilus drymoglossifolia	494	*Phaius takeoi*	525
Odontochilus elwesii	495	*Phaius tankervilleae*	526
Odontochilus formosanus	496	*Phalaenopsis*	527
Odontochilus inabae	497	*Phalaenopsis equestris*	527
Odontochilus integrus	498	*Phalaenopsis formosana*	528
Odontochilus lanceolatus	499	*Pholidota*	529
Odontochilus nanlingensis	500	*Pholidota cantonensis*	529
Odontochilus poilanei	502	*Pholidota uraiensis*	529
Odontochilus tortus ssp. *tashiroi*	497	*Phreatia*	530
Odontochilus yakushimensis	503	*Phreatia caulescens*	530
Oeceoclades	504	*Phreatia formosana*	531
Oeceoclades pelorica	505	*Phreatia morii*	532
Oeceoclades pulchra	504	*Phreatia taiwaniana*	533
Oeceoclades pulchra var. *pelorica*	505	*Pinalia*	534
Oreorchis	506	*Pinalia amica*	534
Oreorchis bilamellata	506	*Pinalia formosana*	535
Oreorchis fargesii	507	*Pinalia japonica*	536
Oreorchis foliosa	508	*Pinalia ovata*	537
Oreorchis gracilis var. *gracillima*	510	*Platanthera*	538
Oreorchis indica	508	*Platanthera brevicalcarata*	538
Oreorchis micrantha	509	*Platanthera concinna*	540
Oreorchis patens var. *gracilis*	510	*Platanthera devolii*	541
Oreorchis wumanae	511	*Platanthera formosana*	540
		Platanthera longibracteata	542

Platanthera longicalcarata	543
Platanthera mandarinorum subsp. formosana	540
Platanthera mandarinorum subsp. ophrydioides	546
Platanthera mandarinorum subsp. pachyglossa	547
Platanthera minor	544
Platanthera nantousylvatica	545
Platanthera ophrydioides	546
Platanthera pachyglossa	547
Platanthera quadricalcarata	548
Platanthera sachalinensis	542
Platanthera sonoharae	549
Platanthera stenoglossa	550
Platanthera taiwanensis	545
Platanthera yangmeiensis	551
Pleione	552
Pleione formosana	552
Pogonia	554
Pogonia minor	554
Pomatocalpa	555
Pomatocalpa acuminata	555
Pomatocalpa undulatum subsp. **acuminatum**	555
Ponerorchis	556
Ponerorchis × alpestroides	557
Ponerorchis alpestris	556
Ponerorchis kiraishiensis	558
Ponerorchis taiwanensis	559
Ponerorchis takasagomontana	560
Ponerorchis tominagae	561

R

Rhomboda	562
Rhomboda abbreviata	562
Rhomboda tokioi	562
Rhomboda yakusimensis	562

S

Saccolabiopsis	563
Saccolabiopsis viridiflora	563
Saccolabiopsis viridiflora subsp. **taiwaniana**	563
Salacistis	564
Salacistis fumata	564
Salacistis rubicunda	565
Schoenorchis	566

Schoenorchis vanoverberghii	566
Spathoglottis	567
Spathoglottis plicata	567
Spiranthes	568
Spiranthes australis var. suishaensis	569
Spiranthes hongkongensis	568
Spiranthes nivea	569
Spiranthes nivea var. **papillata**	570
Spiranthes sinensis	571
Stereosandra	572
Stereosandra javanica	572
Stigmatodactylus	573
Stigmatodactylus sikokianus	573
Styloglossum	574
Styloglossum × clavatum	575
Styloglossum actinomorpha	574
Styloglossum angustifolium	579
Styloglossum densiflorum	576
Styloglossum formosanum	577
Styloglossum lyroglossum	578
Styloglossum pseudodensiflorum	575
Styloglossum pumilum	579
Sunipia andersonii	119

T

Taeniophyllum	580
Taeniophyllum aphyllum	580
Taeniophyllum chitouensis	581
Taeniophyllum compactum	582
Taeniophyllum complanatum	583
Taeniophyllum crassipes	584
Taeniophyllum daxueshanensis	585
Taeniophyllum glandulosum	581
Taeniophyllum lishanianum	586
Taeniophyllum sp.	588
Taeniophyllum sp.	589
Taeniophyllum sp.	590
Taeniophyllum sp.	591
Taeniophyllum sp.	592
Taeniophyllum taiwanensis	587
Taeniophyllum tumulusum	593
Tainia	594
Tainia cordifolia	594

Tainia dunnii **595**
Tainia dunnii var. caterva **595**
Tainia elliptica **596**
Tainia hohuanshanensis **508**
Tainia hualienia **595**
Tainia latifolia **596**
Thelasis **597**
Thelasis pygmaea **597**
Thrixspermum **598**
Thrixspermum annamense **598**
Thrixspermum eximium **600**
Thrixspermum fantasticum **601**
Thrixspermum formosanum **602**
Thrixspermum laurisilvaticum **605**
Thrixspermum merguense **603**
Thrixspermum pensile **604**
Thrixspermum pygmaeum **605**
Thrixspermum saruwatarii **606**
Thrixspermum subulatum **607**
Tipularia **608**
Tipularia cunninghamii **608**
Tipularia odorata **609**
Trichoglottis **610**
Trichoglottis luchuensis **610**
Trichoglottis rosea **611**
Tropidia **612**
Tropidia angulosa **612**
Tropidia angustifolia **616**
Tropidia curculigoides **613**
Tropidia formosana **614**
Tropidia namasiae **615**
Tropidia nanhuae **614**
Tropidia nipponica **616**
Tropidia somae **612**
Tropidia sui **617**
Tuberolabium **618**
Tuberolabium kotoense **618**

V

Vanda **619**
Vanda lamellata **619**
Vanilla **620**
Vanilla somae **620**

Vexillabium nakaianum **503**
Vrydagzynea **622**
Vrydagzynea formosana **622**
Vrydagzynea nuda **622**

Y

Yoania **623**
Yoania amagiensis var. squamipes **623**
Yoania japonica **624**

Z

Zeuxine **625**
Zeuxine affinis **625**
Zeuxine agyokuana **626**
Zeuxine arisanensis **627**
Zeuxine boninensis **628**
Zeuxine boninensis var. pingtungensis **629**
Zeuxine integrilabella **630**
Zeuxine kantokeiensis **628**
Zeuxine merrillii **383**
Zeuxine nervosa **631**
Zeuxine odorata **632**
Zeuxine philippinensis **633**
Zeuxine pingtungensis **629**
Zeuxine reflexa **627**
Zeuxine sakagutii **628**
Zeuxine sp. **634**
Zeuxine strateumatica **635**
Zeuxine tabiyahanensis **382**
Zeuxine tenuifolia **636**
Zeuxine yehii **637**

◆ EARTH 031

台灣原生蘭生態觀察圖鑑

Orchids of Taiwan : A Field Guide

作　　　者 / 余勝焜 YU, SHENG-KUN
協　　　力 / 徐春菊
特 別 感 謝 / 林讚標・周敬庭
責 任 編 輯 / 辜雅穗
美 術 編 輯 / 莊小貴圖像設計工作室
印　　　刷 / 卡樂彩色製版印刷有限公司
發 　行 　人 / 何飛鵬
總 經 　理 / 黃淑貞
總 編 　輯 / 辜雅穗

出　　　版 / 紅樹林出版 臺北市南港區昆陽街16號4樓
　　　　　　電話：02-25007008
發　　　行 / 英屬蓋曼群島商家庭傳媒股份有限公司城邦分公司
　　　　　　客服專線：02-25007718
香港發行所 / 城邦（香港）出版集團有限公司 香港九龍土瓜灣土瓜灣道86號
　　　　　　順聯工業大廈6樓A室 電話：852-25086231
　　　　　　Email：hkcite@biznetvigator.com
馬新發行所 / 城邦（馬新）出版集團 Cité(M)Sdn. Bhd. 電話：603-90563833
　　　　　　Email：services@cite.my
經　　　銷 / 聯合發行股份有限公司 電話：02-291780225

2024年12月初版　定價2200元　ISBN 978-626-98309-7-8
著作權所有・翻印必究 Printed in Taiwan

國家圖書館出版品預行編目(CIP)資料

台灣原生蘭生態觀察圖鑑/余勝焜著. -- 初版. -- 臺北市：
紅樹林出版：英屬蓋曼群島商家庭傳媒股份有限公司城邦
分公司發行, 2024.12
　656面；19*26 公分. -- (Earth；31)
ISBN 978-626-98309-7-8(精裝)

1.CST: 蘭花 2.CST: 植物生態學 3.CST: 臺灣
　　435.431　　　　　113015000